21 世纪高等学校机械设计制造及其自动化专业系列教材

工程热力学

主 编 黄晓明 刘志春 范爱武

主 审 许国良

华中科技大学出版社

中国·武汉

内容简介

本书是普通高等教育“十一五”国家级规划教材，是根据教育部制定的普通高等教育多学时《工程热力学课程教学基本要求》，同时考虑适当反映科学技术新进展以适应新世纪教学需求，并结合编者多年教学实践经验编写而成的。

本书以能量传递、转换过程中数量守恒和质量蜕变为主要线索，阐述了工程热力学的基本概念、基本定律，气体及蒸汽的热力性质，各种热力过程和循环分析方法等内容。书中附有例题、思考题、习题及必要的热工图表。

本书可作为普通高等学校能源动力类、机械类、航空航天类、交通运输类及化工、冶金类各专业本科教学用书，亦可供其他专业选用和有关工程技术人员参考。

图书在版编目(CIP)数据

工程热力学/黄晓明　刘志春　范爱武　主编. —武汉：华中科技大学出版社，2011.9

ISBN　978-7-5609-7247-3

Ⅰ.工…　Ⅱ.①黄…　②刘…　③范…　Ⅲ.工程热力学-高等学校-教材　Ⅳ.TK123

中国版本图书馆 CIP 数据核字(2011)第 149861 号

工程热力学　　黄晓明　刘志春　范爱武　主编

策划编辑：刘　勤

责任编辑：刘　勤

封面设计：潘　群

责任校对：周　娟

责任监印：张正林

出版发行：华中科技大学出版社(中国·武汉)

武昌喻家山　邮编：430074　电话：(027)87557437

录　排：武汉楚海文化传播有限公司

印　刷：湖北通山金地印务有限公司

开　本：710mm×1000mm　1/16

印　张：18.5

字　数：380 千字

版　次：2011 年 9 月第 1 版第 1 次印刷

定　价：34.80 元

前　言

工程热力学是从工程的观点出发，研究物质的热力性质、能量转换规律及热能利用等问题的基础学科。它是能源动力工程、机械工程、航空航天工程、材料工程、化学工程、生物工程等领域相关专业的重要技术基础课，是培养在涉及能源特别是与热能相关的各领域中具有创新能力人才的基础课，也是培养21世纪工科学生科学素质的一门公共技术基础课。

本书以大机械类培养模式的改革为背景。书中内容既符合国家教育委员会制定的多学时《工程热力学课程教学基本要求》，也参照了教育部机械学科教学指导委员会关于工科教材编写的有关精神，并融合了编者多年来的教学实践经验。在阐述基本理论的同时，参考最新国内外技术动态资讯，力求反映工程热力学的基本知识、广泛应用领域及最新应用成果。在内容编排上，注意先进性与实用性的统一，同时注重知识面的广阔性；在文字叙述上，注意简练通俗、层次分明，并遵循由点到面、由浅入深的认识规律。

全书共分12章，主要包括热力学基本概念、基本定律、工质的热力性质与计算、混合气体及湿空气、气体流动、各种热力循环分析等内容。第1～7章是热力学基本概念和基本理论知识部分，着重介绍了热力学基本概念和基本定律的实质，以及如何灵活运用热力学基本理论对各种热力过程进行分析，为能源科学研究及应用打下理论基础。第8～12章为热力学理论在工程实际中应用部分，既是前面基本理论的具体应用，又是进一步联系工程实际的桥梁，着重培养学生应用热力学知识解决实际问题的能力。

本书在章节的编排上不仅考虑了多学时教学规律的需求，还同时考虑了大机械类少学时平台课程的教学安排。少学时教学可以第1～5章为主，并根据专业的不同需要，对后面热力循环部分，重点讲授其中一种或两种循环。书中打*号的各节及第6章，内容相对独立，可根据教学的具体情况部分或全部予以删减而不影响全书的系统性。

参加本书编写工作的有华中科技大学黄晓明(绪论,第2、7、8、10、11章)、刘志春(第4、6、9、12章)、范爱武(第1、3、5章),全书最后由黄晓明统稿,由许国良主审。华中科技大学黄文迪教授、明廷臻副教授和王英双博士为本书的编写工作提供了大力支持。本书在编写过程中,还得到了华中科技大学精品教材立项基金的资助,在此一并表示真挚的感谢!

由于编者水平有限,书中错误和不当之处在所难免,恳请广大同行专家与读者批评、指正。

编　者

2011年6月

主要符号表

A	面积,m^2
c_f	流速,m/s
c	比热容(质量比热容),J/(kg·K);浓度,mol/m^3
c_p	比定压热容,J/(kg·K)
c_V	比定容热容,J/(kg·K)
C_m	摩尔热容,J/(mol·K)
$C_{p,m}$	摩尔定压热容,J/(mol·K)
$C_{V,m}$	摩尔定容热容,J/(mol·K)
d	含湿量,kg(水蒸气)/kg(干空气);耗气率,kg/J
E	总能(储存能),J
E_x	㶲,J
$E_{x,Q}$	热量㶲,J
$E_{x,U}$	热力学能㶲,J
$E_{x,H}$	焓㶲,J
E_k	宏观动能,J
E_p	宏观位能,J
F	力,N;亥姆霍兹函数,J
G	吉布斯函数,J
H	焓,J
H_m	摩尔焓,J/mol
I	做功能力损失(㶲损失),J
k	等熵指数,比热容比
M	摩尔质量,kg/mol
Ma	马赫数
M_{eq}	平均摩尔质量(折合摩尔质量),kg/mol
n	多变指数,物质的量,mol
p	绝对压力,Pa
p_0	大气环境压力,Pa
x_i	摩尔分数
z	压缩因子
p_b	大气环境压力,背压,Pa
p_e	表压力,Pa
p_i	分压力,Pa
p_s	饱和压力,Pa
p_v	真空度,湿空气中水蒸气的分压力,Pa
p_N	最大转变压力,Pa
Q	热量,J
q_m	质量流量,kg/s
q_V	体积流量,m^3/s
R	摩尔气体常数,J/(mol·K)
R_g	气体常数,J/(kg·K)
$R_{g,eq}$	平均气体常数,J/(kg·K)
S	熵,J/K
S_g	熵产,J/K
S_f	(热)熵流,J/K
S_m	摩尔熵,J/(mol·K)
S_m^0	标准摩尔绝对熵,J/(mol·K)
T	热力学温度,K
T_i	转变温度,K
t	摄氏温度,℃
t_s	饱和温度,℃
t_w	湿球温度,℃
U	热力学能,J
U_m	摩尔热力学能,J/mol
V_m	摩尔体积,m^3/mol
V	体积,m^3
w_i	质量分数
α	抽气量,kg
α_V	体膨胀系数,K^{-1}

γ	汽化潜热
ε	制冷系数;压缩比
ε'	供暖系数
η_c	卡诺循环热效率
$\eta_{C,s}$	压气机绝热效率
η_{e_x}	㶲效率
η_T	蒸汽轮机、燃气轮机的相对内效率
η_t	循环热效率
κ_s	等熵压缩率,Pa^{-1}
κ_T	等温压缩率,Pa^{-1}
θ	顶锥角度
W	膨胀功,J
W_{net}	循环净功,J
W_i	内部功,J
W_s	轴功,J
W_t	技术功,J
W_u	有用功,J
π	压力比(增压比)
x	干度
υ_{cr}	临界压力比
ρ	密度,kg/m^3;预胀比
σ	回热度
φ	相对湿度;喷管速度系数
ϕ_i	体积分数

下标

a	湿空气中干空气的参数
c	卡诺循环
C	压气机
CM	控制质量
cr	临界点参数;临界流动状况参数
CV	控制体积
in	进口参数
iso	孤立系统
m	每摩尔物质的物理量
s	饱和参数;相平衡参数
out	出口参数
v	湿空气中水蒸气的物理量
0	环境参数;滞止参数

绪论

0.1 热能及其利用

能源是人类社会不可缺少的物质基础之一，人类社会的发展史与人类开发利用能源的广度和深度密切相连。

所谓能源，是指提供各种有效能量的物质资源。迄今为止，自然界中已为人们发现的可被利用的能源主要有：风能、水能、太阳能、地热能、海洋能、核能和燃料的化学能等。在这些能源中，除风能、水能和海洋潮汐能是以机械能的形式提供给人们的之外，其余各种能源往往以热能的形式提供给人们。例如：太阳能是直接的热能；燃料（如煤、石油、天然气等）的化学能，常通过燃烧将其化学能释放并转换为热能；核能通过裂变反应或聚变反应释放出高温热能。据统计，经过热能形式而被利用的能量，在我国占 90％以上，在世界其他各国的平均占比超过 85％。因此从某种意义上讲，能源的开发和利用大部分就是热能的利用。各种能源与热能的转换及热能的利用情况如图 0-1 所示。

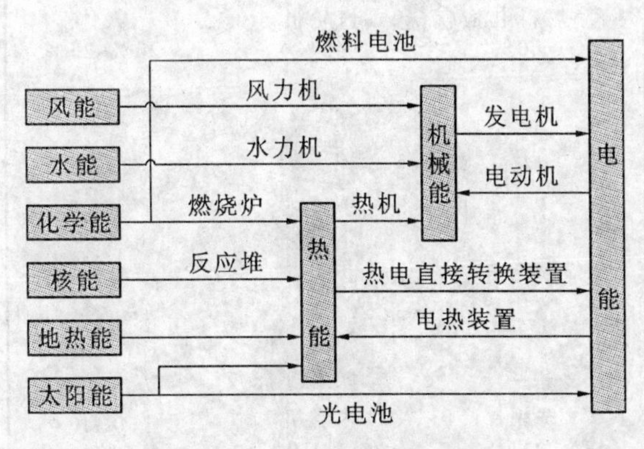

图 0-1　能量利用过程示意图

热能的利用，有以下两种基本方式：一种是直接利用，即将热能直接用于加热物体，如烘干、采暖、熔炼等；另一种是间接利用，通常是指将热能转变为其他形式的能量，如机械能或电能而加以利用，如汽轮机、内燃机、燃气轮机、喷气发动机等均可将热能转变为其他形式的能量。

直接用热能加热物体，为生产或生活服务固然重要，然而间接使用热能，使之变为机械能或电能向人类提供动力或电能，其意义更为重要。因为电能具有传输和使用方便等优点，所以一般将热能最终转变为电能的形式。人均用电水平是衡量一个国家工业化发展程度的重要指标。据2000年统计，我国电能占人均总能消耗的比例为30%，一般发达国家为45%以上。

在热能的间接利用中，能量转换是最核心的部分。各种热能动力装置工作的实质都是将热能转换成机械能，或者再通过动力机将热能最终转化成电能的形式使用，即采用热能→机械能，或热能→机械能→电能的间接利用方式。目前正在研究的热能直接转化成电能的装置，如磁流体发电机、燃料电池等，可望进一步提高热能转换的效率。但是，各种热能动力装置仍然是目前为人类提供动力和生产、生活用能的主要装置。

图0-2给出了几种典型的能量转换装置及它们的能量转换热效率。可以看出，热能通过热能动力装置转换为机械能的效率是较低的。在动力需求日益增长的今天，如何开发新的能源，如何更有效地实现能量转换，是摆在能量转换学科及动力工作者面前的一个十分迫切而又重要的课题。

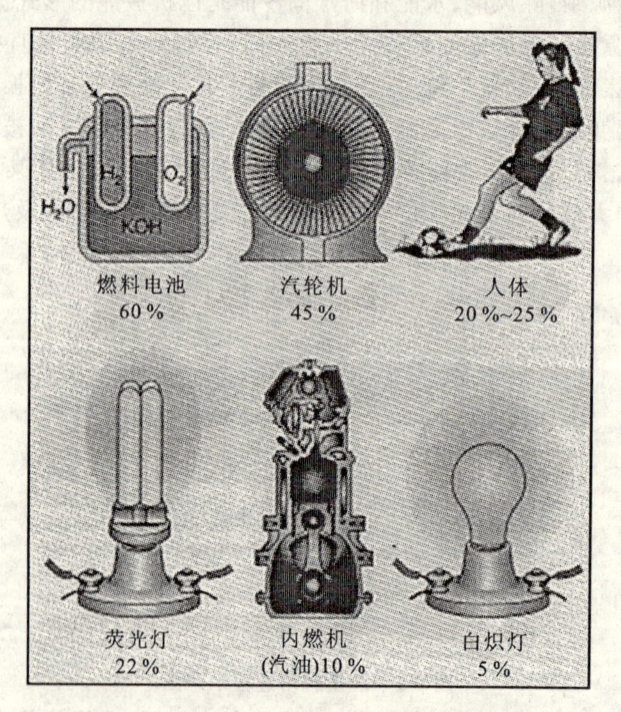

图0-2　各种能量转换装置及其能量转换效率

因此，工程热力学是研究热能与机械能及其相互转换规律的一门科学，其目的就是提高机械能和热能之间相互转换的效率，以消耗最少的热能获得最多的机械能，或者以花费最少的机械能获得最多的热能。

0.2 热力学及其发展简史

热现象是人类最早、最广泛接触到的自然现象之一。18 世纪以前，人们对于热只有一些粗略的概念，不可能建立正确的、科学的理论。1714 年法伦海脱建立华氏温标，此后热力学才走上实验科学的道路。随着实验的进展，一种解释简单实验结果的热质说产生了。热质说认为：热是一种无质量的流体，称为热质，可以进入一切物体中，不生不灭；物体的热和冷取决于物体所含热质的多少。热质说是一种错误的学说，不能解释大家熟知的摩擦生热等热现象，最终被科学界抛弃。

与热质说相对立的运动说认为：热是运动的一种表现。最先用实验事实驳斥热质说的是伦福德。他在 1798 年的一篇论文中指出：制造枪炮所切下的铁屑温度很高，而且不断切削，高温铁屑就不断产生。既然可以不断产生热，热就非是一种运动不可。之后，戴维在 1799 年用两块冰互相摩擦使之融化来支持热的运动说。当时，他们的工作并未引起物理界的重视，原因在于还没有找到热功转换的数量关系。

1824 年，德国医生迈耶提出能量守恒原理，认为热是能量的一种形式，可以与机械能互相转换，并从空气的比定压热容和比定容热容之差算出了热功当量。同一时期，焦耳用各种不同的机械生热法也测出了结果一致的热功当量。这就说明，热是一种能量，可以和机械能互相转换，从而用实验证明了能量守恒定律。至此，热质说被最后否定，能量守恒定律得到科学界的公认，导致热力学第一定律的诞生。

紧接着，开尔文和克劳修斯分别于 1848 年和 1850 年提出了有关热现象的第二个重要定律——热力学第二定律。尽管他们对此定律有不同的表述，但却揭示了热过程共有的、区别于其他物理过程的一个重要特性——实际热过程不可逆，从而使热力学成为独立于其他物理学科的一门学科。

热力学第一定律（实质就是能量守恒定律）的建立，给制造不消耗能量而可源源不断产生功的第一类永动机的企图以粉碎性打击。热力学第二定律（能量贬值原理）的建立指出了热变功的最高效率，点明了单热源机（第二类永动机）是造不成的。热力学第一、第二定律奠定了热力学的理论基础。1906 年，奈斯特根据低温下化学反应的许多实验事实，归纳出热力学第三定律。这一定律确认绝对零度不能达到。热力学第三定律的建立使热力学理论更臻完善。

如上所述，热机的发明、应用和发展不断促进了热力学理论的研究，使热力学理论逐步完善，而热力学理论又有力地指导了热机的改进和发展。由于热力学理论所揭示的是能量转换过程的普遍规律，因此它不仅能指导热机的发展，而且在化工、冶金、制冷、空调及低温、超导、反应堆以致气象、医学、生物等多个科技领域中，获得了越来越广泛的应用。因而它的研究范围已扩大到了化学、物理化学、电、磁、辐射等领域。

0.3 能量转换装置的工作过程

工程热力学是研究能量(特别是热能)性质及其转换规律的科学。在学习本课程的过程中,会涉及各种能量转换装置,如蒸汽动力装置、内燃机、燃气轮机装置、喷气发动机及制冷装置等。为了从这些装置中总结出能量转换的基本规律,更好地了解工程热力学所研究的内容,在本节中将简要地介绍一些主要热力设备的实际工作过程。

图 0-3 是燃烧汽油的内燃机示意图,其主要部分为气缸和活塞。内部的能量转换过程简述如下:当活塞下行时,进气阀打开,排气阀关闭。雾化的汽油与空气混合物通过进气阀吸入气缸内。然后活塞上行,进气阀关闭,缸内气体受到压缩。电火花将燃料点燃后,燃烧过程产生的热量使缸内气体的压力和温度迅速升高。高温高压的气体推动活塞向下运动,通过连杆机构将机械能传送出去。活塞再次上行,排气阀打开,进气阀关闭,将做功后的废气排出气缸,活塞回到初始状态,整个装置完成一个循环。之后,新循环又重新开始。气缸内这种周而复始的循环过程,不断地将热能转换成机械能。

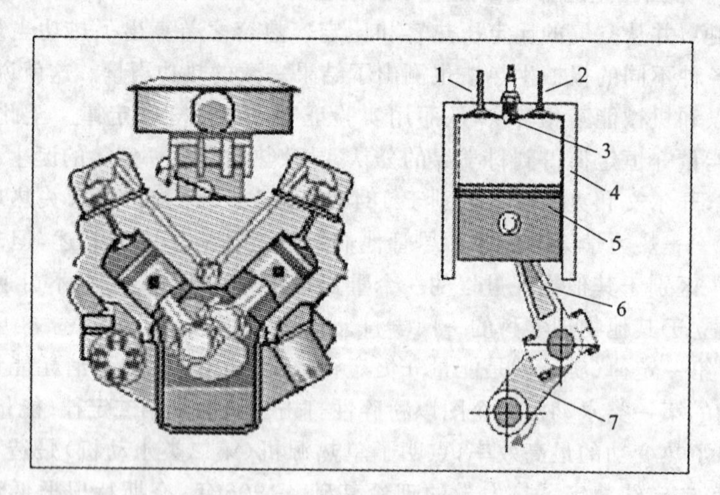

图 0-3　内燃机示意图

1—进气阀;2—排气阀;3—火花塞;4—气缸;5—活塞;6—连杆;7—曲轴

图 0-4 是近代热力发电厂中采用的蒸汽动力循环装置。煤在锅炉中燃烧,产生大量的热能,使锅炉管中的水变成水蒸气。高温高压的水蒸气进入汽轮机中推动叶轮转动并利用转轴输出机械功。所产生的机械功带动同一转轴上的发电机转子,使之产生旋转运动,从而使发电机发出电能。汽轮机排出的乏汽经冷凝器冷却成液体后再送回锅炉内重新加热汽化,完成一个循环。这样就可以连续地将燃料燃烧产生的热能部分地转变为电能供给用户使用。

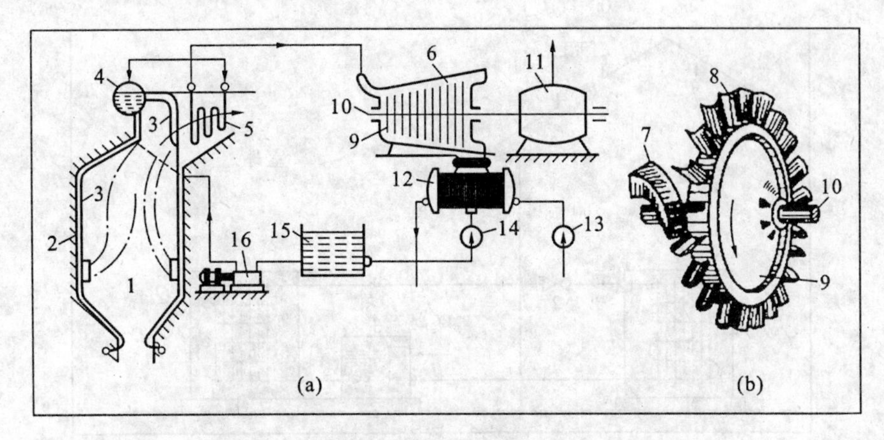

图 0-4 蒸汽发电装置

1—锅炉；2—炉墙；3—沸水管；4—汽水筒；5—过热器；6—汽轮机；7—喷管；8—叶片；9—转轮；10—轴；11—发电机；12—冷凝器；13、14、16—泵；15—水箱

核电站蒸汽动力装置的构成和工作过程与上述普通的热力发电厂动力装置比较，主要区别在于用反应堆代替了蒸汽锅炉，如图 0-5 所示。目前的反应堆多用浓缩铀作燃料，而用载热质（如水、重水或某些碱金属蒸气等）将反应堆中的大量热能携出，并在热交换器中将热能传递给水和水蒸气。水蒸气的循环则与蒸汽动力循环完全相同。

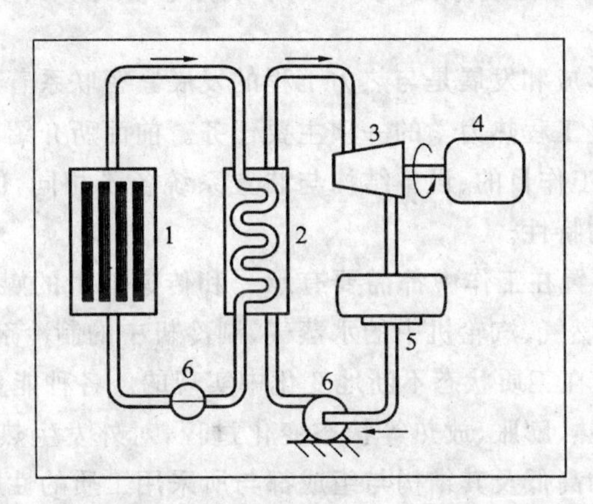

图 0-5 核电站蒸汽动力装置

1—反应堆；2—热交换器；3—汽轮机；4—发电机；5—冷凝器；6—泵

以上介绍的都是热能动力装置，它们的目的是将热能转换为机械能。在工程上还有另一类作用与之相反的能量转换装置，它们消耗外部机械功（或热能）来实现热能由低温物体到高温物体的转移，这类装置通常称为制冷装置，在以供热为目的时称为热泵。现以压缩蒸汽制冷装置为例介绍如下。

图 0-6 是以室内空调、电冰箱为代表的压缩蒸汽制冷装置工作原理示意图。由电动机带动的压缩机把在冷库（室内）吸热汽化的制冷剂压缩，使其温度、压力升高，

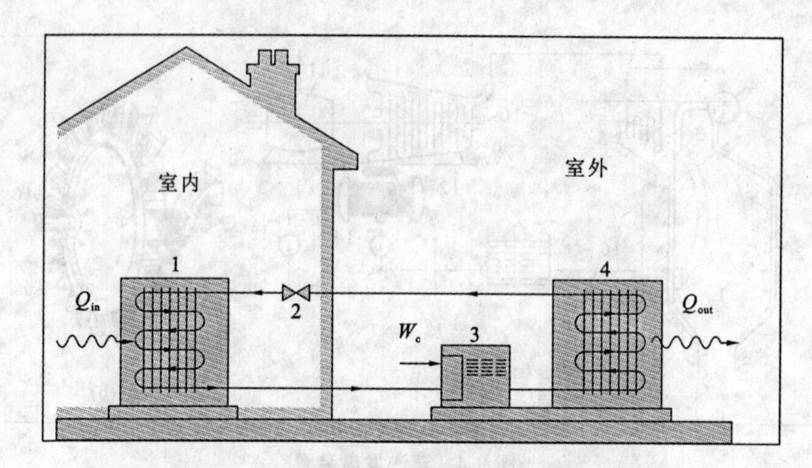

图 0-6 压缩蒸汽制冷装置工作示意图

1—蒸发器；2—膨胀阀；3—压缩机；4—冷凝器

然后进入冷凝器向环境介质放热，并冷凝成液体，再在节流阀内降压、降温到冷库温度，进入冷库蒸发器，汽化吸热完成循环。所以制冷机消耗外功，通过制冷剂吸热、压缩、放热、膨胀，实现把热能由低温物体（室内环境）向高温物体（室外环境）输送。

0.4 工程热力学的研究内容和研究方法

工程热力学的形成和发展是与热力工程的发展紧密联系着的。从理论上阐明提高热机效率的途径是工程热力学的一项主要任务。前面所介绍的各种热能动力装置和制冷装置，尽管其工作目的、设备结构与装置系统各不相同，但它们实现能量转换的过程有许多共同的特性。

(1) 能量转换装置在工作中都需要有承受和传递能量的媒介或载体，通常称为工质，如内燃机中的燃气、汽轮机中的水蒸气、制冷机中的制冷剂等。

(2) 能量转换是在工质状态不断地变化中实现的。各种能量转换装置中的工质都必须经历压缩、吸热、膨胀、放热等状态变化过程，对外发生热和功的交换。因此，各种装置工作效率的高低及其结构与组成都与所采用工质的性质密切相关。

(3) 能量的连续转换是在周而复始的循环中实现的。动力循环中将吸热量中的一部分转换为机械能，剩余的部分排向冷却水或环境；制冷循环则消耗机械能，将热量由低温物体排向高温物体。

因此，为了了解能量的转换过程，研究提高转换效率的途径，工程热力学的主要内容包括下列三部分。

(1) 热力学基本定律　它是分析问题的依据和基础，主要研究热能和其他形式的能量（主要是机械能）之间相互转换的客观规律。

(2) 工质的热力性质　工质是能量的载体，必须对其相关性质有充分的了解，才能对利用工质实施的能量转换过程进行分析研究。

(3) 各种热力装置工作情况的分析　主要是应用热力学原理结合工质性质对工程上常见的热能动力装置和制冷装置的工作过程和循环进行具体的分析。探讨影响能量转换效果的因素及提高转换效果的途径。

工程热力学主要采用经典热力学的研究方法,即宏观和唯象的研究方法。这种方法把物质看成连续的整体,并用宏观物理量描述其状态,以大量的观察和实验所总结出的基本定律为依据,进行演绎和推理,得出具有可靠性的和普遍适用的结论、公式,以解决热力工程中的能量转换问题。宏观研究方法简单、可靠,但由于这种方法不考虑物质的微观结构和运动规律,故对许多物理现象及其本质,对物质的一些性质等不能说明。为此,工程热力学在必要时要引用微观的气体分子运动论和统计热力学的方法、观点和理论对一些物理现象、物质的性质等进行说明和解释。

像其他学科一样,在工程热力学中也普遍采用抽象、概括、理想化和简化的方法。这种略去细节、抽出共性、抓住主要矛盾的处理问题的方法,在进行理论分析时特别有用。这种科学的抽象,不但不脱离实际,而且更深刻地反映了事物的本质,是科学研究的重要方法。

0.5 工程热力学常用的计量单位

在工程热力学中涉及比较多的物理量,因此会涉及对这些物理量采用什么单位的问题。近年来,世界各国逐步采用统一的国际单位制(简称 SI),以避免由于单位制不同而引起的混乱现象和烦琐的换算。我国以国际单位制为基础制定了《中华人民共和国法定计量单位》,于 1984 年颁布执行。因此,本书采用我国法定计量单位。考虑到目前的实际情况,本书中对我国早期所采用的工程单位制也作了适当的介绍。

国家法定计量单位中给出了长度、质量、时间、电流、热力学温度、物质的量和光强度共七个基本单位。工程热力学中各常用物理量涉及的基本单位有五个,即长度、质量、时间、热力学温度和物质的量,表 0-1 列出了它们的符号与单位名称。

表 0-1　国家法定计量单位的基本单位(部分)

量	单位名称	单位符号
长度	米	m
质量	千克(公斤)	kg
时间	秒	s
热力学温度	开[尔文]*	K
物质的量	摩[尔]*	mol

注:* 去掉方括号时为单位名称的全称;去掉方括号中的字时,即成为单位名称的简称,下同。

除了SI基本单位外，国际单位制中还包括SI导出单位。导出单位是用基本单位以代数形式表示的单位，在这种单位符号中的乘和除采用数学符号，例如速度的SI单位为米每秒(m/s)，属于这种形式的单位称为组合单位。表0-2列出了工程热力学中常用的导出单位。国家法定计量单位比较科学合理，各导出单位和基本单位之间的关系式中的系数都等于1，因此换算简单。关于压力、能量和功率的各种单位之间的换算关系可查阅本书附表1。

表0-2　SI导出单位示例

量的名称	SI导出单位		
	名　称	符号	用SI基本单位和SI导出单位表示
力	牛[顿]	N	$1\ N=1\ kg\cdot m/s^2$
压力，压强，应力	帕[斯卡]	Pa	$1\ Pa=1\ N/m^2$
能[量]，功，热量	焦[耳]	J	$1\ J=1\ N\cdot m$
功率	瓦[特]	W	$1\ W=1\ J/s$
表面张力	牛[顿]每米	N/m	$1\ N/m=1\ kg/s^2$
热流密度	瓦[特]每平方米	W/m^2	$1\ W/m^2=1\ kg\cdot s$
热容，熵	焦[耳]每开[尔文]	J/K	$1\ J/K=1\ m^2\ kg/(s^2\cdot K)$
比热[容]，比熵	焦[耳]每千克每开[尔文]	J/(kg·K)	$1\ J/(kg\cdot K)=1\ m^2/(s^2\cdot K)$
比能[量]，比焓	焦[耳]每千克	J/kg	$1\ J/kg=1\ m^2/s^2$

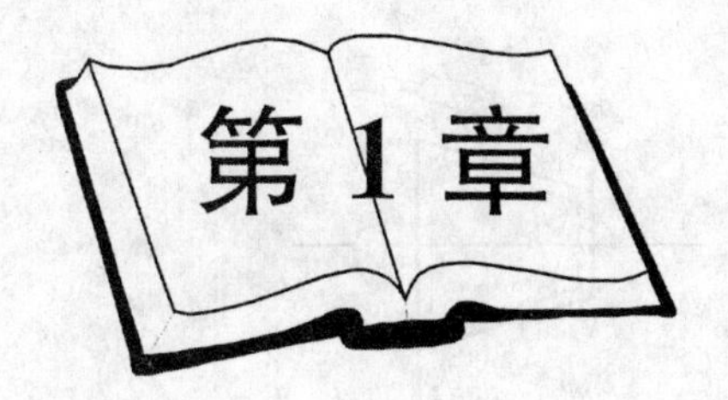

基本概念

本章主要讨论热力学系统、热力学平衡、热力学状态参数、热力过程等基本概念，这些基本概念在本课程的后续章节随时都会遇到。

学完本章后要求：

(1) 掌握热力学系统的基本概念和分类；

(2) 掌握热力学平衡的基本概念；

(3) 掌握热力学状态的基本概念和状态参数的特性；

(4) 熟悉压力、温度和比体积的基本概念；

(5) 掌握可逆过程的基本概念。

1.1　热力学系统和外界

1.1.1　热力学系统

分析热力学问题时首先必须明确所分析的对象是什么。热力学基本定律都是针对一定的系统而言的，因此，定义热力学系统是分析热力学问题的基本工作之一。

在研究热力学问题时，通常定义的研究对象称为热力学系统（thermodynamic system），简称热力系或系统。例如，一块金属或发动机一个气缸内的气体，是简单热力系的例子，而一台发动机、一套制冷装置或由许多热力设备组成的一个发电厂，则是复杂热力系的例子。一般来说，热力学系统分为控制质量和控制容积两类。

控制质量（control mass，CM）是指所定义的系统为特定的某一部分物质，亦称闭口系统（closed system），或简称闭口系（见图 1-1）。控制质量的特点是：在整个研究分析过程中，系统始终都是由同一部分物质构成，不作更替。“闭”是指系统的边界不对物质流开放，即在所研究分析的过程中，没有物质流穿越系统的边界。例如，研究分析内燃机气缸中燃气的膨胀做功过程时取其中的燃气为研究分析对象，该系统即为控制质量。

控制容积（control volume，CV）是指所定义的系统为某一特定的空间范围，亦称开口系统（open system），或简称开口系（见图 1-2）。控制容积的特点是：研究分析问题时针对的是某一特定的空间范围，凡是出现在该空间范围内的一切物体都是研

图 1-1　闭口系统　　　　图 1-2　开口系统

究的对象。这种系统允许与外界有物质交换。“开”是指系统的边界允许物质流穿越，系统对外界物质是开放的。例如，研究分析汽轮机装置的工作时，常需研究分析蒸汽流过汽轮机过程中对外界所做的功。由于在汽轮机的整个工作过程中，不断地有蒸汽流入和流出，因而通常并不针对特定的某一部分蒸汽来进行研究，而取汽轮机的内部空间区域作为研究分析的对象。这时汽轮机的内部空间就是控制容积，亦称控制体。

在分析热力学问题时，需要正确理解热力系的几种一般性质。

(1) 系统都以一定的界面与其他的物质体系分隔开来。系统的界面既可以是真实的，也可以是假想的；既可以是静止的，也可以是运动的。边界面的尺寸和形状都可以变化。通常将系统的界面算做外界，而不属于系统本身。所谓系统与外界之间的相互作用，实际上就是发生在边界上、穿越边界的能量交换和物质交换。

(2) 系统常以其所经历的热力过程的特点或其与外界的关系而冠名，如绝热系统、孤立系统、定温定容系统、稳态稳流系统等。

(3) 热力系本身可能会相对某一参考系作宏观运动。此种情况下，计算系统的能量时需要计及其宏观运动的动能和重力位能；系统的形状及其容积的大小可能会发生变化，边界可能会在压力的作用下发生移动，由此系统与外界之间会有相应的功(容积功)的相互作用，发生能量交换。所谓刚体容器指的是在外力作用下不会变形，其边界不会移动，容积不会变化的容器。分析研究问题时，应对特定的问题做具体处理。

(4) 重力场是一种普遍存在的特殊物质。通常重力场被视为系统内部的一种存在，因此，在分析具有宏观运动的具体系统时，计及物系的重力位能，而不计重力所做的功。

(5)本书在分析理论问题时所取的系统，若没有特别说明，通常指的是控制质量。

热能与机械能的相互传递与转换是通过热力设备中工作物质状态的变化来实现的。这种工作物质简称为工质。气态物质由于具有良好的膨胀与压缩能力而被广泛应用于各种热力设备中，所以工程热力学所选取的热力系往往就是气体工质系统。

1.1.2　外界

除系统以外的所有客观存在即为外界(surroundings)。当然，所谓外界也并不是漫无边际的，而是有限的，即与热力系发生相互作用的一切物质。在热力学中常见的有两种特殊的外界：环境(environment)和热源(heat source)。环境是指在与系统发生相互作用的过程中，其本身的压力、温度，以及化学组成等特性都保持不变的庞大而静止的外界物系。地壳、大气、海洋等均可以抽象地认为是环境。热源是指热力过程中与系统发生热交换的外界物系。

热力学中讨论问题时泛称的热源，通常指的是恒温热源，亦称热库(heat reservoir)或热汇(heat sink)。讨论循环问题时常将向工质供热的外界物系特称为热源，而将自工质吸热的外界物系特称为冷源。当热源由质量和热容量都有限的物系构成时，应属于变温热源。

1.2 热力学平衡

1.2.1 热力学系统的状态

为了研究能量的传递与转换规律，首先就得观察和分析发生此种传递与转换的物质系统，即热力系的变化。所谓热力学状态(thermodynamic state)就是系统在某一时刻所呈现出来的热力学方面的宏观物理状况。系统的热力学状态，简称状态，实际上是系统内部数量巨大的微观粒子运动状况在宏观上的统计平均的反映，即由系统的状态参数来表征系统的情况。

热力学平衡状态是指在不受外界作用的条件下，系统能够长久保持而不会发生变化的一种热力学状态。或者说，在不受外界作用的条件下，系统宏观热力性质不随时间改变的状态。不受外界作用指的是不与外界发生传热，以及不发生功的交换。

1.2.2 热力学平衡

平衡有许多类型，为了满足热力学平衡条件，各类平衡均需满足。其中包括热平衡、力平衡及化学平衡。要达到热力学平衡状态，必须不存在使热力系发生任何自发变化的趋势，即没有物质的宏观运动和能量传递的趋势。

当热力系内部不存在不平衡力的作用，热力系内部相互间不会做功，从而不会引起其压力变化和密度变化，就称该热力系处于力平衡状态。对于气体或液体组成的热力系来说，当不考虑外势场作用时，力平衡的条件为：热力系内各部分之间的压力必须相等。当此条件不满足时，热力系本身就会发生变化，直到力平衡重新建立为止。

如果热力系各部分间不存在温度差别，系统内部不同部分间将不会发生传热现象，则称该热力系处于热平衡状态。当热力系各处温度不相等时，相互之间必定存在着能量的传递，直至热力系内部温度处处相等为止。

当不存在系统内部结构的自发变化(如化学反应)或系统各部分之间及系统与外

界之间的物质输运(如扩散或溶解)的趋势时,称该热力系处于化学平衡状态。当系统未处于化学平衡状态时,必定经历着状态变化,不论这种变化有时看来是多么缓慢,只有在达到化学平衡时,变化方告终止。化学势就是促使上述现象发生,从而导致在不同相之间发生质量转移的一种推动势。“相”指的是物质内部性质均匀一致的聚集体。

当系统内各部分间不存在温差、未平衡力及不平衡的化学势时,系统就达到了热力学平衡状态。只要不受外界的影响,它的状态就不会随时间发生改变,平衡也不会被破坏。不满足平衡条件的系统,将发生状态的变化,其内就有能量的传递或宏观的位移,而变化的结果一定会使这种传递或位移逐渐减弱,直至完全停止。故不平衡状态在没有外界影响的条件下,总会自发地趋于平衡状态。只有处于平衡状态的热力系,各部分才具有一致的强度参数。

工程热力学中所分析的系统,往往不存在化学反应,也不存在相变现象(属于单相系),这种情况下的系统只要达到了热平衡和力平衡,就算达到了热力学平衡。当系统达到热力学平衡状态时,将有确切的一组压力和温度参数。

热力学平衡是经典热力学理论中最基本、最重要的概念之一,是对系统的状态和热力过程进行描述和分析的基础。热力学基本理论所描述的实际上是系统的平衡特性。原则上经典热力学中所说的状态,指的都是热力学平衡状态;所说的热力过程,指的是由一系列平衡状态构成的过程。热力学中用于描述、分析状态和过程的热力学状态参数也都只在平衡状态下才有定义。

经典热力学以平衡态为基础来讨论系统的热力特性和过程,因此这种热力学理论也称为平衡热力学。

1.2.3　热力学平衡的自发性

1. 状态可以自由变化的一切系统都自发趋于平衡态

由于受到某种外界作用,系统处于不平衡状态时因各部分间存在着不平衡势差,此时只要不存在约束,无须再有外界的作用,系统的状态也会因各部分间的相互作用而发生变化,直至重新达到平衡为止。因此,若系统原来就处于平衡态,那么,如果没有外界的作用,它的状态是不会改变的;但若系统处于非平衡态,那么,即使没有外界的作用,它的状态也会发生变化。

一切系统都将自发趋于平衡状态,这是自然界的一条普遍规律。

2. 系统状态变化的必然历程

系统状态的变化历程必然是:原有平衡被打破→不平衡→建立新的平衡。

由于系统处于热力学平衡状态时,各部分间的一切不平衡势差均已消失,不会发生相互作用,因而其自身是再也不可能发生状态变化的。系统一旦达到了平衡状态之后,其状态的变化只能依靠外界的作用。

由于外界对系统的作用(做功或传热)总是发生在边界上,然后再逐步向系统的内部扩展。只要系统与外界之间的这种相互作用是在有限势差作用下以一定速度进行的,那么,外界作用传播的结果,必定会造成系统各部分之间存在一定的不平衡势差(如温差),也就是说系统原有的平衡将被打破。只有等到外界的作用停止以后,随着时间的推移,系统内各部分间通过相互作用,其不平衡势差才会慢慢消失,达到一个新的平衡状态。

1.2.4 热力学平衡不等同于稳定

稳定指的是事物不随时间变化,至于在什么条件下达到却没有限定;热力学平衡的含义则不同,应当注意到它是限定在没有外界作用的条件下达到的。因此,不要混淆了这两个概念。例如,在一定的环境中,用热源(如酒精灯)加热金属棒的一端,经过足够长时间后金属棒内的温度分布不再变化,保持恒定,这时我们说金属棒达到了稳定加热工况。值得注意的是,金属棒温度分布不变是在外界(酒精灯)的作用下达到的,如果撤走了酒精灯,它就会立刻变化,这里并不存在什么热平衡的问题。

1.2.5 均匀不是热力学平衡的必然结果

(1) 复相系处于热力学平衡时,系统中各相的密度是不均匀的。

(2) 流体系统,特别是液体系统,即使处于平衡态,在重力场的影响下不同高度上的压力是不同的。重力场的作用不能认为是外界的作用。

1.3 热力学状态参数

1.3.1 状态参数

热力学状态参数就是系统某方面的特性,用来描述系统热力学状态的一些物理量,原则上它能够通过对系统所进行的运算和测试来确定。宏观意义上定义的参数,既不必借助于物质的特定分子模型,也无须依靠系统内粒子微观行为的统计计算。压力、温度、质量、体积、密度、膨胀系数等均是状态参数。

1. 状态参数的单值性

状态参数只与系统当前的状态有关,与系统状态的过去变化情况及将来的发展无关。

对应于系统特定的状态,状态参数应有确定的、唯一的值。由此可知,状态参数只对平衡状态才有意义。

2. 状态参数的数学性质

状态参数在数学上应为态函数。若 x、y、z 均为系统的状态参数,且系统的状态可由两个独立的状态参数确定,譬如由 x、y 两者一起确定,则有 $z=f(x,y)$ 为状态函数,其数学上的特性为存在恰当微分(即全微分),即

$$dz=\left(\frac{\partial z}{\partial x}\right)_y dx+\left(\frac{\partial z}{\partial y}\right)_x dy$$

且有

$$\left.\begin{aligned}\int_1^2 dz &= z_2 - z_1\\ \oint dz &= 0\end{aligned}\right\}\ \text{（积分结果与路径无关）}$$

3. 状态参数在数学上的组合也是状态参数

如状态参数焓的定义式为 $h=u+Pv$，式中的 u、P、v 均为状态参数，h 是它们数学上的一种组合，也是系统的一个状态参数。

4. 状态参数是系统对应的某种微观特性的统计平均结果

根据分子运动论可知

$$\frac{m\overline{w}^2}{2}=BT$$

式中：$\overline{w}$ 为气体分子平移运动的均方根速度；m 为气体分子的质量；B 为波尔兹曼常数。

实际上热力学温度只不过是气体分子运动强弱在宏观上的反映。

1.3.2 强度参数和广延参数

从几何意义上讲，热力学状态参数有可加与不可加之分，即有强度参数与广延参数(intensive and extensive properties)之分。区分强度量和广延量这两种不同类型的参数是简便的。设有相互平衡的同样两部分物质，如果把它们合在一起并视为一个系统，那么新系统的能量和容积一定是两个部分的能量与容积之和。但是新系统的温度和压力则与每个部分原先的温度及压力一样。与系统大小或范围有关的参数称为广延参数。容积、质量、能量和表面积都属于广延参数。无论系统是否处于平衡状态，广延参数都有自己的值。相反，与系统大小无关的参数称为强度参数。温度和压力等都属于强度参数。通常，仅对处于平衡状态下的系统这些参数才有意义。

由于强度参数与系统的规模无关，所以描述系统的状态时常使用强度参数；一般习惯于定义出一些与广延参数相关联的附加强度参数。例如，单位质量的容积、热力学能、焓和熵被称为比体积（比容）$v=\frac{V}{m}$ m^3/kg、比热力学能 $u=\frac{U}{m}$ J/kg、比焓 $h=\frac{H}{m}$ J/kg、比熵 $s=\frac{S}{m}$ J/(kg·K)等。

习惯上广延参数都采用大写符号表示；对应的比参数则采用小写符号表示。

1.3.3 基本状态参数

在众多热力学参数中，压力 P、比体积（比容）v、温度 T、比热力学能（内能）u、比

熵 s 具有特别重要的意义，被当做基本的热力学状态参数。

所谓“基本”，是指通常的热力学函数和状态方程多以它们为基础进行表达。其中 P、v、T 三者是可直接测量的参数，具有简单、直观的物理意义，通常使用最多；热力学能与热力学第一定律紧密关联，是建立热力学第一定律解析式的基础；热力学第二定律也被称为关于熵的定律，其数学表达式建立在熵参数基础之上，热力学第二定律分析实际上就是熵的分析。纵观以上原因，以这样 5 个参数作为基本参数是非常自然的事。

下面一节马上就要介绍状态参数 P、v、T，第 2 章中也会频繁地接触到比热力学能 u 这个参数；五个参数中唯有比熵 s 这个参数是人们最陌生的，将在第 5 章较为系统地讨论这个参数，但在此之前的一些分析计算常会涉及熵这个参数，因此，这里先将熵的定义介绍给大家，以便使用。

熵的定义是：在可逆的微元过程中，系统的熵变量 $\mathrm{d}S$ 等于该微元过程中系统所吸入的热量 δQ 除以吸热时的热源温度 T，即

$$\mathrm{d}S = \left(\frac{\delta Q}{T}\right)_{\text{可逆}} \quad \mathrm{J/K} \tag{1-1}$$

在一个过程中，系统吸热量的多少与系统中工质的数量——系统的规模有关，因此，熵是一个广延参数。对于一个平衡的系统，针对其中的 1 kg 工质，引入比熵 s，有

$$\mathrm{d}s = \frac{\mathrm{d}S}{m} = \left(\frac{\delta q}{T}\right)_{\text{可逆}} \quad \mathrm{J/(kg \cdot K)} \tag{1-2}$$

式中：m 为系统的质量；δq 为过程中 1 kg 工质的吸热量。

1.4　比体积(比容)、压力、温度和热力学第零定律

1.4.1　比体积(比容)

1. 比体积(比容)

比体积(specific volume)的定义是：系统中单位量物质所具有的容积。相对于 1 kg 质量的比体积，用小写符号 v 表示，有

$$v = \frac{V}{m} \quad \mathrm{m^3/kg} \tag{1-3}$$

比体积的倒数为密度，即

$$\rho = \frac{1}{v} \quad \mathrm{m^3/kg} \tag{1-4}$$

2. 千摩尔和千摩尔容积的概念

摩尔(mol)是国际单位制中用以表示物质的量的一种计量单位。物质中所包含的基本单元(可以是各种微观粒子或其特定的稳定组合，通常为分子)数与 0.012 kg C12 中的原子数相等时定义为 1 mol。0.012 kg C12 中含有 $6.022\,5\times10^{23}$ 个原子，

因此,任何 1 mol 物质中均含有 6.0225×10^{23} 个基本单元(分子)。1 mol 物质的质量称为摩尔质量(M),摩尔质量随物质而异。一种物质的相对分子质量(分子量)为 M_r g,则 1 千摩尔(kmol)该种物质的质量为 M_r kg。

如果以复合符号 $M_r v$ 表示 1 千摩尔物质的容积——千摩尔容积(比体积的一种表示方法),则有

$$1\ M_r v = M_r \times v$$

物理学中已经知道:标准状况(273.15 K,0.1013 MPa)下,任何 1 kmol 气体均具有 22.4 m^3 的体积。由于一定质量气体的体积与其状态有关,所以标准状况下的气体体积单位特称为标准立方米,表示为 Nm^3。若以 $M_r v_0$ 表示标准状况下气体的千摩尔容积,则有

$$1\ M_r v_0 = 22.4\ Nm^3$$

1.4.2 压力

压力(pressure)的定义为:垂直作用在单位面积上的力,即物理学中的压强。

压力都是用压力计测量出来的。由于受环境介质(大气)压力的作用,实际上各种压力计的指示值都只是气体的真实压力(绝对压力)p 与环境介质(大气)压力 p_b 之差,特称为表压力 p_e,即

$$p = p_b + p_e \tag{1-5}$$

当绝对压力大于大气压力时,称系统处于正压的情况;当绝对压力小于大气压力时,则称系统处于真空的情况,或说系统具有负压。通常所说的负压或真空值,是指大气压力与绝对压力之差,即

$$p_v = p_b - p \tag{1-6}$$

压力的基本单位是帕(Pa),1 Pa=1 N/m²,Pa 是个很小的单位,工程上常使用 MPa 为单位,1 MPa=1×10^6 Pa。

真空计常用毫米汞柱(mm Hg)或毫米水柱(mm H_2O)为单位。此外,工程上或老的资料中还会见到“巴”(bar)和“工程大气压”(at)这样的单位,这些单位与帕之间的换算关系为

$$1\ \text{mm}\ H_2O = 1\ \text{kgf/m}^2 = 9.81\ \text{Pa}$$

$$1\ \text{mm Hg} = 133.3\ \text{Pa} = 13.6\ \text{mm}\ H_2O$$

$$1\ \text{at} = 1\ \text{kgf/cm}^2 = 1\times10^4\ \text{mm}\ H_2O = 10\ \text{m}\ H_2O = 0.981\times10^5\ \text{Pa}$$

$$1\ \text{bar} = 1\times10^5\ \text{Pa}$$

物理学中还有标准大气压(atm)(也称物理大气压)的概念,有

$$1\ \text{atm} = 760\ \text{mmHg} = 0.1013\ \text{MPa}$$

需要强调的是,作为状态参数的应当是气体的绝对压力(真实压力)。表压力改变时不一定就意味着气体的真实压力有了改变(状态变化);即使气体的绝对压力不变,由于大气压力改变也会引起表压力变化。

相对一定的大气压力 p_b 而言，绝对压力 p、真空（负压）p_v、表压力 p_e 相互间的关系如图 1-3 所示。

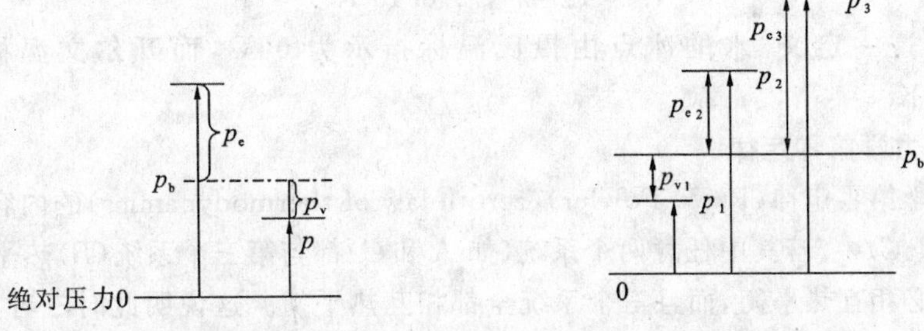

图 1-3　压力的概念　　　　图 1-4　例 1-1 图

例 1-1　设在当场大气压力为 p_b=770 mmHg 时测出三种压力：① 真空度 p_v=200 mmHg；② 表压力 p_e=1.5 at；③ 绝对压力 p=3 at，试在同一基准线（绝对压力取零）上画出以上各线，并写出计算式（比例尺取 1 at=20mm）。

解　① $p_1 = p_b - p_{v1} = (770-200)\times 13.6\times 10^{-4}$ at

$= 1.05-0.27$ at$=0.78$ at

② $p_2 = p_{e2} + p_b = 1.5+1.05$ at$=2.55$ at

③ $p_{e3} = p_3 - p_b = 3-1.05$ at$=1.95$ at

1.4.3　温度和热力学第零定律

1. 温度

温度（temperature）是热量传递的推动势，温度差的存在是发生传热这种能量传递现象的原因。温度是系统在热平衡方面的一种特性；相互热平衡的不同系统所具有的一种共同的特性就是温度。

温度用温度计测量，而温度计则是利用温标刻度的，所谓温标就是度量温度的一种标尺。温标分为热力学温标和经验温标两种。热力学温标是根据由热力学第二定律原理推导出的普适函数而制定的；经验温标则是借助物质的某种与温度有关的性质制定的。前者不依赖于个别物质的性质，显然要比后者精确得多、科学得多。

根据热力学温标而确定的温度为热力学温度，开尔文温度就是这样的一种温度。开尔文温度的单位是“开尔文”(K)。热力学温标将绝对零度设为 0，因此也称为绝对温标。热力学温度是基本温度，常采用符号 T 作为代表。

工程上还常使用根据“摄氏温标”确定的所谓摄氏温度，它的代表符号为 t，单位是摄氏度(℃)。1 摄氏度(℃)与 1 开尔文(K)是相等的，即 1 ℃=1 K，也就是说，物体的温度变化 1 ℃与变化 1 K 是一致的。但是，由于开尔文温标的起算零点与摄氏温标的不同，因此，对于同一温度两者的指示值不同。开尔文温标取水(H_2O)物质的三相点（汽、水、冰平衡共存的一种唯一的状态）温度的 1/273.15 为 1 K，而摄氏温标则据此被定义为

$$t = T - 273.15\ ℃ \tag{1-7}$$

即

$$T = t + 273.15\ \mathrm{K} \tag{1-8}$$

根据这一定义，水的冰点由摄氏温标指示为 0 ℃，而开尔文温标则指示为273.15 K。

2. 热力学第零定律

热力学第零定律(R. W. Fowler)(zeroth law of thermodynamics)的内容为：三个系统(A、B、C)中，若其中任意两个系统(如 A 和 C)都与第三个系统(B)热平衡，则这两个系统必相互热平衡，而且三个系统全都相互热平衡。这说明此时三者具有一种共同的特性，这种特性就是温度。

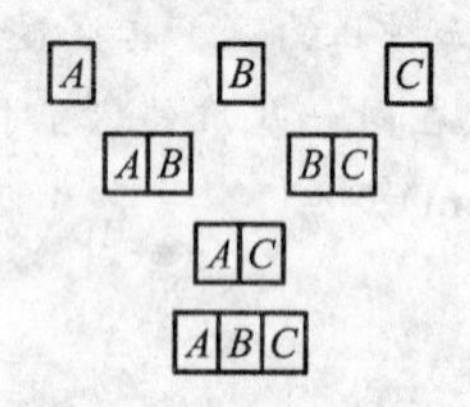

图 1-5　热力学第零定律

热力学第零定律说明了热平衡系统之间的相互关系。在图 1-5 所示例子中，借助于热力学第零定律，可以不必依靠 A、C 两个系统的直接接触而能判断它们的平衡关系，这就为使用温度计以统一的标准测量温度提供了基础。其中的系统 B 即为以某种温标作为刻度的温度计。

1.5　热力过程与循环

1.5.1　热力过程

过程是指系统自一平衡状态到另一平衡状态的转换。对一过程的典型描述包括详细说明其初、终平衡态，过程所经的路径(若可确定的话)，以及当过程进行时通过系统边界所发生的相互作用。热力学所说的路径指的是对系统所经历的一系列状态的具体描述。

然而，仅当系统处于热力学平衡时才有确定的状态，才能用热力学状态参数加以描述。因此，严格说来，仅当过程中系统经历的全是平衡状态时，才可能对该热力过程准确地加以描述。热力过程(thermodynamic process)实际上是系统在外界的作用下，从热力学平衡被打破到重新建立热力学平衡的过程。热力过程本身就意味着不平衡，因此，平衡过程只是理想中的，是不可能实现的。在热力学中具有特殊意义的是准静态过程。

1.5.2　准静态过程

经历某一过程时，如果系统时刻都处在一种无限接近热力学平衡的状态中，这样的过程就称为准静态过程(quasi-static process)。

如果外界对系统的作用极其微小，即相互间的作用势差(如温度差、力差等)为无限小，过程将进行得无限缓慢，这种情况下系统内各部分间的不平衡势差也将为无穷小。由于实际的系统都有很强的恢复平衡的能力（气体分子运动的均方根速度常达每秒数百米，甚至更高，在273 K时，氧气为1 838 m/s；氦气为1 300 m/s），在不平衡势差很小的情况下，从平衡被打破到重新恢复平衡所需要的时间——弛豫时间（relaxation time）极其短促（一般气体系统使压力趋于均匀所需的时间仅为1×10^{-10} s），如果外界对系统的相邻两次作用之间经历足够长的时间，则可认为系统时刻处在一种非常接近于热力学平衡的状态中。也就是说，在作用势差足够小，过程进行得足够缓慢的情况下，实际系统的热力过程可以看做是准静态过程。

显然，准静态过程承认了不平衡势差和不平衡现象的存在，因而它是现实的，是可以实现的。而且，由于不平衡只是无限小，从极限的意义上说来，过程中的所有状态是可以确切地加以描述的。经典热力学（平衡热力学）就以这种过程作为分析的基础。

关于准静态过程通常有两种说法：① 准静态过程是指在过程中系统始终无限接近平衡状态的过程，由于准静态和平衡态的差异可以小到趋于零，两者的性质相同，所以实际上可认为准静态过程是由一系列平衡态所组成；② 处在平衡态的系统所受外力只作微小变动，以至于使系统内部的未平衡力为无限小，以这种方式进行的过程称为准静态过程。

1.5.3 可逆过程和不可逆过程

可逆过程的定义：系统完成某一过程后，若能沿该路径逆行而使系统及其外界都回复到原来的状态，不遗留下任何变化，则称此过程为可逆过程（reversible process），否则为不可逆过程（irreversible process）。

由于可逆过程要求完成正、逆过程后系统和外界都完全复原，也就是说，系统经历正、逆过程后，与外界的所有相互作用应当正好一一抵消。

无论是因系统与其外界之间，或系统内各部分之间存在有限势差作用而发生的过程，其结果最终都只能是使该势差消失，达到热力学平衡，至此，过程也就终止了。这类过程既不可能继续进行下去，也不可能自动地反转过来使系统回复到原来的状态。自然界所有的自发过程都属于这样的过程。从这种意义上讲，自发过程都具有方向性，都不可逆。由此看来，一个过程要想能够无条件地逆转，首先必须是一个准静态的过程。

此外，机械摩擦、流体的黏性运动现象从来都只是消耗机械能，使之转变为热能，而反现象是从来也看不到的；电流通过电阻时消耗电能使之转变为热能，反现象也是不存在的。可见机械摩擦、黏性流动、电阻等都是固有的不可逆的因素。上述这些不可逆现象称为能量的耗散（dissipation）效应。无论过程准静态与否，只要存在着能量耗散效应，过程就一定是不可逆的。

由此看来，可逆过程应当是在无限小势差（如温度差、压力差等）作用下缓慢进行的，不存在机械摩擦、电阻、黏滞等现象的热力过程。换句话说，凡是在有限温差、力差作用下进行的过程,存在摩擦、电阻、黏性流动现象的过程(实际上是所有的实际过程),都是不可逆的过程。简单说来,可逆过程要求准静态,再加上无摩擦、无黏性、无电阻等。

准静态过程不等于可逆过程。准静态过程仅从系统内部的性状提出要求;可逆过程既从系统的内部性状、也从系统与外界间的关系提出了要求,因而是一种要求更严格的过程。

可逆过程是一种理想化的,从热力学第二定律的角度说来是没有损失的、完美的过程。经典热力学中分析研究的主要是可逆过程。研究分析可逆过程的目的是为性质相近的实际过程指明可以达到的最高境界,以及可以取得的最佳效果。

常见的不可逆过程大致有如下几种:非准静态(在有限势差作用下以一定速度进行)的过程;存在电阻、磁滞现象的过程;存在摩擦、黏滞作用的过程;流体的自由膨胀(向真空膨胀)过程;节流过程;不同状态流体的混合过程;自发的化学反应过程;一相溶入另一相的过程。

1.5.4 循环

初、终态相同的过程定义为循环过程,简称为循环(cycle)。对循环来说,任何参数值的变化均等于零。循环实际上是由首尾相接的多个过程所组成的。

循环的分类有多种方式。

(1) 按照组成循环的过程的可逆性来划分　如果组成循环的所有过程均为可逆过程,则该循环称为可逆循环。若循环中有部分过程或全部过程是不可逆的,则该循环称为不可逆循环。

(2) 根据循环的效果及进行的方向来划分　可以把循环分为正向循环和逆向循环。将热能转化为机械能的循环称为正向循环,它使外界得到功;将热量从低温热源传给高温热源的循环称为逆向循环。一般来说逆向循环要消耗外功。

(3) 按照应用领域来划分　可分为蒸汽动力循环、气体动力循环、制冷循环等。

1.6 独立变量与状态公理

由于热力学强度参数间存在着种种关系,所以物质的热力学参数不是都能独立变化的。例如,气体的压力、温度和比容间的相互关系常被理想化为

$$pv = R_g T$$

式中:R_g 是气体常数。在 p、v 和 T 三者中,仅有两个能够独立变化。这一节我们将导出确定任何物质能够独立变化的热力学参数数目的规则。

1.6.1 功与可逆功模式

系统与外界环境的相互作用主要有两种方式:一是热量的传递,二是做功。按照

力学中所使用的定义，使系统内部物质的位置发生一无穷小变化时，外界以功的方式传递给系统的能量(对系统所做的功)为

$$\delta W = F \cdot \mathrm{d}X$$

式中：F 是外界作用于系统内部物质上的力，$\mathrm{d}X$ 是观测期间这些物质在力 F 方向上的无穷小位移。F 和 X 都必须是宏观上可以测量的量。

应该强调的是，$\mathrm{d}X$ 必须是根据所选坐标系而观测到的位移。如果所选的坐标系和系统内的物质连接在一起，那么在这种特定条件下就没有以功的方式传递能量。同样，力必须是外界作用于系统内部物质上的；系统不同部分物质间的作用力可能会引起能量在系统内部重新安排，但不会引起越过系统边界的能量传递。因此，为了辨认出以功的方式传递能量并对它进行计算，人们必须把注意力集中于系统的边界。

功的形式有许多种，如机械功、电功、磁化功等。从本质上来说，每一种功模式都属于 $F \cdot \mathrm{d}X$ 这种形式。这里 F 是某种广义力，X 是某种广义位移。如果 F 与过程的方向及变化的速率无关，那么，当 X 增加 $\mathrm{d}X$ 时，传递给系统的能量必定精确地等于当 X 减小同一 $\mathrm{d}X$ 时从系统传出的能量。在一个过程中加进的能量可以通过其逆过程再取出来，这就意味着这种功的模式是可逆的。对于任何功模式来说，如果 F 是物质的一个热力学状态参数，它就一定是可逆的。根据上述讨论可以得到这样一种结论：对每一种可逆的功模式来说，只存在一个可以自由变化的参数——广义位移 X。然而也可以保持所有的 X 不变而通过以热的方式传递能量来改变能量，因此，一种已知物质如果与 n 种可逆功模式有关，那么它就仅有 $n+1$ 个可以独立变化的热力学参数。

1.6.2 状态公理

状态公理：对于一个给定的系统，可以独立变化的热力学参数数目等于有关的可逆功模式数目加 1。

这里包含好几个概念："给定的系统"指的是数量确定的某种特定物质；"热力学参数"指的是那些与能量及热力学平衡状态有关的特性；"有关的可逆功模式"意味着仅考虑适用于所研究系统重要的功模式，而且不考虑不可逆功模式；"加 1"是指通过加热或不可逆功独立地控制能量。

注意，这一规则指出独立参数的数目是 $n+1$，而不是说任何 $n+1$ 个参数都是独立的。可是，n 个 X 和热力学能 U 总是构成一个独立组。

仅有一种可逆功模式的系统称为简单系统。工程热力学中接触最多的一种系统是简单可压缩系统。仅有容积功一种可逆功模式的系统，称为简单可压缩系统(simple compressible system)。一般的流体系统都属于简单可压缩系统。简单系统仅有两个独立的状态参数，即其状态由两个状态参数可以完全确定。

1.7　热力学状态的描述

1.7.1　状态方程

系统的状态一般可以通过数学表达式来描述其基本状态参数间的关系，这种数学表达式称为系统（物质）的状态方程。如理想气体的状态方程，即克拉贝龙方程 $pv=R_g T$，实际上是理想气体 p、v、T 三个状态参数间的函数关系 $T=f(p,v)$，也可以表示成隐函数关系 $F(p,v,T)=0$。利用状态方程，可以在已知两个独立状态参数的情况下求得第三个参数，然后通过各种热力学函数再求得其他更多的参数。

状态方程都只对纯物质给出。所谓纯物质（pure substance）是指化学成分均匀不变的物质。纯物质系统为单组分系统，因此也称为单元系。

化学上稳定的均匀混合物也可以看做是纯物质，如气态的空气。但部分液化了的空气则不能看做是纯物质，因为这时空气中液相的含氮量比气相的要少，系统在化学成分上不均匀，不是单组分的单元系。

1.7.2　热力学性质表

描述系统热力学状态的另一种方法是采用列表的形式，按一定间隔具体地给出同一状态下工质各基本状态参数的值。这种表称为热力学性质表。

在热力学性质表中实际描述了工质的许多状态，根据任意给定的两个独立状态参数，可以从表 1-1 中查得同一状态下的其他基本状态参数。像水和水蒸气热力学性质表就是这样的表（见表 1-1）。

表 1-1　水和水蒸气热力学性质表

p/MPa \ t/℃	100	200	300	…
0.1	$v=1.6961$ m³/kg $h=2675.9$ kJ/kg $s=7.3609$ kJ/(kg·K)	$v=2.1723$ m³/kg $h=2874.8$ kJ/kg $s=7.8334$ kJ/(kg·K)	⋮	⋮
⋮	⋮	⋮	⋮	⋮

1.7.3　状态参数坐标图

热力学状态的第三种描述方法是以独立状态参数为坐标，将已知的各状态参数画到坐标图上（一般画成一些等值线群），这个坐标图便是状态参数坐标图。像水蒸气的焓-熵（h-s）图、湿空气的焓-湿（h-d）图、制冷工质的温-熵（T-s）图等都是这种图。

无论上述哪一种描述方法，都以平衡状态为基础，非平衡态是不可能用这些方式描述出来的。准静态由于距平衡态只是无穷小，从极限的角度上讲，可以将它们视为等同于平衡态，因此以上描述方法适用于描述准静态，状态参数坐标图上的任何一点都代表一个平衡态或准静态，其上的任何一条实线都代表一个准静态过程。

原则上不可逆过程是无法在状态参数坐标图上表示出来的。不可逆过程的起点和终点一般说来应该都是平衡状态，为了表示不可逆过程，通常在其起点和终点间用一条虚线连接起来代表该过程，其实该虚线并不代表过程的具体路径，虚线上的点也不代表过程中的任何状态。

思考题

1. 闭口系统与外界没有质量交换，因而系统质量保持恒定，那么系统内质量保持恒定的热力系一定是闭口系统吗？

2. 有人认为开口系统中系统与外界有物质交换，而物质与能量不可分割，所以开口系统不可能是绝热系，对不对，为什么？

3. 孤立系统和绝热系统有何区别和联系？

4. 汽车发动机产生的大部分能量通过散热器水箱排放到大气中，应如何选择系统进行分析？

5. 系统要处于热力学平衡，是否温度和压力必须处处相等？

6. 系统处于平衡是否一定稳定？系统稳定是否一定平衡？

7. 平衡系统和均匀系统是否为一回事？

8. 什么是准平衡过程？引进这个概念在工程上有什么好处？

9. 什么是可逆过程？实现可逆过程的基本条件是什么？

10. 孤立房间中的空气状态可由温度和压力来完全确定吗？

11. 一支酒精温度计和一支水银温度计在冰点都是 0 ℃、在沸点都是 100 ℃，两点之间都是 100 等份。问：若被测温度为 55 ℃，这两支温度计会精确给出相同的读数吗？

12. 由工质及气缸、活塞组成的系统经循环后，系统输出功中是否要减去活塞排斥大气功才是有用功？

习题

1-1　风机进口管上的真空表读数为 15.24 cmH_2O，环境大气压为 99 963 Pa，试确定管道内的绝对压力。水的密度为 999.30 kg/m^3，重力加速度为 $g=9.753\ 6\ m/s^2$。

1-2　容器内绝对压力为 0.2 bar，环境大气压力为 0.1 MPa，则安装在容器壁内的压力计的读数为多少？它是表压力读数还是真空读数？

1-3　一位高山徒步旅行者的气压表开始时的读数是 0.93 bar，在终点时是 0.78 bar。忽略高度对当地重力加速度的影响，假定空气的平均密度为 1.20 kg/m^3，试确定爬高的垂直距离(1 bar=10^5 Pa)。

1-4 分别将 0 ℃、25 ℃、36.5 ℃、100 ℃换算成绝对温度、华氏温度和朗肯温度。

1-5 直径为 1 m 的球形刚性容器,抽气后真空度为 752.5 mmHg。(1) 求容器内的绝对压力。(2) 若当地大气压力为 0.101 MPa,求容器表面压力。

1-6 用斜管压力机测量锅炉烟道中烟气的真空度,管子的倾斜角为 30°,压力计中使用密度为 0.8×10^3 kg/m^3 的煤油,斜管中液柱的长度 l=200 mm。当地大气压力为 745 mmHg。求烟气的真空度及其绝对压力。

1-7 可用气压表来测定建筑物的高度。如果气压表在楼顶和楼底时的读数分别是 730 mmHg 和 755 mmHg,试确定建筑物的高度。假定空气的平均密度为1.18 kg/m^3。

1-8 试确定施加于海平面下 30 m 深处的潜水员身上的压力。假定气压表的读数是 0.01 MPa,海水的密度是 1.03 g/cm^3。

1-9 一台垂直放置的无摩擦的、活塞气缸装置内含气体,活塞质量为 4 kg,横断面积为 35 cm^2,活塞上的压缩弹簧施加 60 N 的力于活塞上。如果大气压是 95 kPa,试确定气缸内气体的压力。

1-10 一个含油压力计与空气罐相连。如果压力计油位差 45 cm,大气压是 98 kPa。假定油的平均密度为 849.5 kg/m^3,试确定罐内空气的绝对压力。

1-11 有人提出一个新的绝对温标,它对应水的冰点是 150°S,对应水的沸点是 300°S。试确定:(1) 100°S 和 400°S 分别对应的摄氏温度℃;(2) 1°S 与 1 K 的大小之比。

1-12 一个压力锅由盖中央的小型减压开关周期地自动放汽来维持锅内表压 100 kPa,放汽孔横断面积为 4 mm^2,大气压是 10 kPa,试确定该小型减压开关的重量。

1-13 将容器 A 置于容器 B 中,容器 A 外壁上的压力表读数为 1.4 bar,其环境是容器 B 中的空气。安装在容器 B 外壁上的 U 形管压力计内含水银,两液面差为 20 cm,容器 B 外大气压为 101 kPa,水银密度为 13.95 g/cm^3,当地重力加速度 g=9.81 m/s^2。试确定容器 A 和容器 B 中空气的绝对压力。

1-14 将容器 A 置于容器 B 中,容器 A 和容器 B 的压力表读数都为 0.21 MPa,容器 B 外大气压为 0.1 kPa。试确定容器 A 和容器 B 中气体的绝对压力。

1-15 一真空表指示某封闭容器中空气的压力为真空 0.2 bar,环境大气压为 750 mmHg,水银密度为 13.59 g/cm^3,当地重力加速度 g=9.81 m/s^2。试确定容器内的绝对压力。

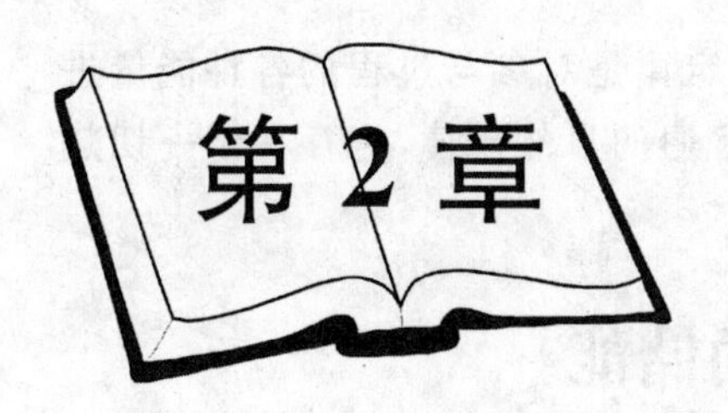

热力学第一定律

热力学第一定律是能量转换与守恒定律在热力学中的应用,它确定了热能与其他形式能量转换时相互之间的数量关系。热力学第一定律是热力学的基本定律之一,根据这个定律所建立起来的能量方程,是对热力学系统进行能量分析和计算的基础。本章重点是闭口系统和稳定流动开口系统能量方程的建立及其应用。

学完本章后要求:

(1) 掌握热力学第一定律的实质及其表述;

(2) 准确掌握系统储能与热力学能的概念,掌握热力学能作为状态参数所呈现的特点;

(3) 正确理解体积功、技术功与轴功的概念及其相互联系;

(4) 熟练掌握闭口系统及开口系统能量平衡方程,能运用能量方程解决一些工程实际问题。

2.1 热力学第一定律的实质

自然界的物质处在不断地运动转换中,转换中的守恒和守恒中的转换是自然界的基本法则之一。人们在长期的实践中认识和总结出自然界中能量转换与守恒的基本定律。这个定律告诉我们:“自然界一切物质都具有能量。能量既不可能被创造,也不可能被消灭,而只能从一种形式转变为另一种形式。在转换中,能量的总量恒定不变。”

热力学第一定律是能量守恒与转换定律在热现象中的应用,是热力学的基本定律之一。由于热力学研究的主要内容是热能和其他形式能量相互转换的规律,因此热力学第一定律主要是说明机械能和热能在转换时守恒。它可以更具体地表述为:热能可以转换为功,功也可以转换为热能,一定量的热能消失时,必产生一定量的功,消失了一定量的功时,必然产生与之相对应的一定量的热。

历史上,热力学第一定律的建立正好在资本主义发展初期。那时,有人曾幻想创造不消耗能量而获得动力的“永动机”,但都遇到失败。热力学第一定律的诞生,标志着用科学的理论否决了制造第 类永动机是不可能成功的。因此,热力学第一定律也可表述为:“第一类永动机是不可能制造成功的。”

在任何热力系进行的任意过程中，热力学第一定律是对参与过程的各种能量进行量的分析的基本依据。热力学第一定律是一个普遍的自然规律，它存在于一切热力过程中，并贯穿于过程的始终。

2.2 热力系统的储能

能量是物质运动的量度。运动有各种不同的形式，相应的就有各种不同的能量。系统储存的能量称为储存能，它有内部储存能和外部储存能之分。

2.2.1 内部储能——热力学能

热力学能是指组成热力系统的大量微观粒子本身所具有的能量，通常用 U 表示，单位为 J 或 kJ。单位质量工质所具有的热力学能，称为比热力学能，用 u 表示，单位为 J/kg 或 kJ/kg，同时，可写为

$$u = \frac{U}{m} \tag{2-1}$$

根据热力学能的含义，热力学能应是以下各种能量的总和。

(1) 分子热运动形成的内动能　它包括分子的移动动能、转动动能及分子中原子的振动动能。温度越高，内动能越大，所以热力学能是温度的函数。

(2) 分子间相互作用力形成的内位能　内位能取决于分子间的距离，因此热力学能又是比体积的函数。

(3) 维持一定分子结构的化学能、原子核内部的原子能及电磁场作用下的电磁能等。

由于在热能和机械能的转换过程中，一般不涉及化学变化和核反应，从而化学能和原子能不发生变化，因此在工程热力学中，热力学能只考虑两部分，即内动能和内位能。因前者取决于工质的温度，后者取决于工质的比体积，所以工质的热力学能取决于工质的温度和比体积，即决定于工质的热力状态，是状态参数，可表示为

$$u = f(T,v), \quad 或 \quad u = f(T,p), \quad 或 \quad u = f(p,v) \tag{2-2}$$

物质的运动是永恒的，要找到一个没有运动而热力学能为绝对零值的基点是不可能的，因此热力学能的绝对值无法测定。在工程计算中，通常关心的是热力学能的相对变化量 ΔU，所以实际上可任意选取某一状态的热力学能为零值，作为计算基准。

2.2.2 外部储存能

除了储存在热力系内部的热力学能外，在系统外的参考坐标系中，热力系作为一个整体，由于其宏观运动速度的不同或在重力场中由于高度的不同，而储存着不同数量的机械能，称为宏观动能和重力位能。这种储存能又称外部储存能。

1. 宏观动能

热力系作为一个整体，相对于热力系以外的参考坐标，由于宏观运动速度而具有的能量，称为宏观动能，用 E_k 表示。若热力系质量为 m kg，运动速度为 c_f，则热力系的宏观动能为

$$E_k = \frac{1}{2} m c_f^2 \tag{2-3}$$

2. 重力位能

热力系在重力场中，由于重力的作用而具有的能量称为重力位能，用 E_p 表示。若热力系质量为 m kg，热力系质量中心在参考坐标系中高度为 z，重力加速度为 g，则热力系的重力位能为

$$E_p = mgz \tag{2-4}$$

c_f、z 为力学变量。处于同一热力状态的物体可以是不同的 c_f、z。从这个意义上讲，c_f、z 是独立于热力系内部状态的，因此称它们为外参数。在外部参考坐标系中，c_f、z 为点函数。

2.2.3　热力系统的总储存能

热力系统的总储存能 E 为内储存能与外储存能之和，即

$$E = U + E_k + E_p = U + \frac{1}{2} m c_f^2 + mgz \tag{2-5}$$

对于质量为 1 kg 的热力系统，其比储存能为

$$e = u + \frac{1}{2} c_f^2 + gz \tag{2-6}$$

对于没有宏观运动，并且高度为零的系统，系统总储存能就等于热力学能，即

$$E = U \quad 或 \quad e = u$$

系统的储能是状态的函数，仅取决于状态，所以系统在两个平衡状态之间储能的变化量仅由初、终两个状态的热力学能的差值确定，与中间的过程无关。

2.3　功量和热量——迁移能

能量是状态参数，但能量在传递和转换时，则以做功或传热的方式表现出来。因此，功量和热量都是系统与外界所传递的能量，而不是系统本身所具有的能量，其值并不由系统的状态而定，而是与传递时所经历的具体过程有关。所以功量和热量不是系统的状态参数，而是与过程特征有关的过程量，称为迁移能。不能说热力系在某一状态下有多少功，多少热量，而只能说热力系在某一过程中对外做出了或从外界获得了多少功，从外界吸收了或向外界放出了多少热量。

做功往往伴随着能量形态的转化。如图 2-1 所示，当工质膨胀推动活塞做功的过程中，工质把热力学能传递给活塞和飞轮，成为动能，此时热力学能转变成机械能。

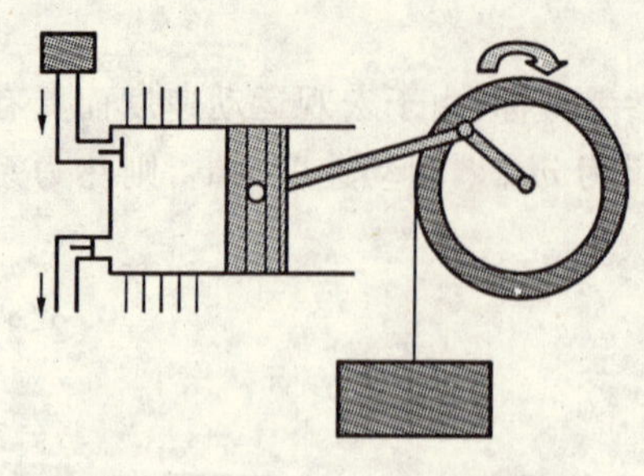

图 2-1 气缸内气体的膨胀过程

当过程反过来进行时，活塞和飞轮的动能(机械能)又转变成了工质的热力学能。由此还可看出，热能变机械能的过程往往包含两类过程：一是能量转换的热力学过程，在此过程中首先由热能传递转变为工质的热力学能，然后由工质膨胀把热力学能变为机械能，转换过程中工质的热力状态发生变化，能量的形式也发生变化；二是单纯的机械过程，在此过程中由热能转换而得的机械能再变成活塞和飞轮的动能，若考虑工质本身的速度和离地面高度的变化，则还变成工质的动能和位能，其余部分则通过机器轴对外输出。

由上面分析还可以看出，热力系统与外界交换的功的形式也是多种的。这里着重介绍与本书密切相关的几种类型的功。

2.3.1 体积功

体积功又称膨胀功，它是系统体积膨胀或被压缩时与外界交换的功量，在分析可逆过程时，已推导了体积功的计算公式。对于可逆过程，系统对外做的体积功为

$$W=\int_{1}^{2} p\mathrm{d}V \tag{2-7}$$

W 的正负取决于 $\mathrm{d}V$ 的正负。系统膨胀时对外做正功(膨胀功)，反之做负功(压缩功)。由于热能和机械能的可逆转换总是和工质的膨胀或压缩联系在一起的，所以体积变化功是热变功的源泉，而体积变化功和其他能量形式间的关系，则属于机械能的转换。

2.3.2 轴功

系统通过叶轮机械的轴与外界交换的功量称为轴功。如图 2-2(a)所示，外界功源向刚性绝热闭口系统输入轴功 W_s，该轴功通过耗散效应转换成热量，被系统吸收，增加系统的内能。但是，由于刚性容器中的工质不能膨胀，热量不可能自动地转换为机械功，因此，刚性闭口系统不能向外界输出膨胀功。

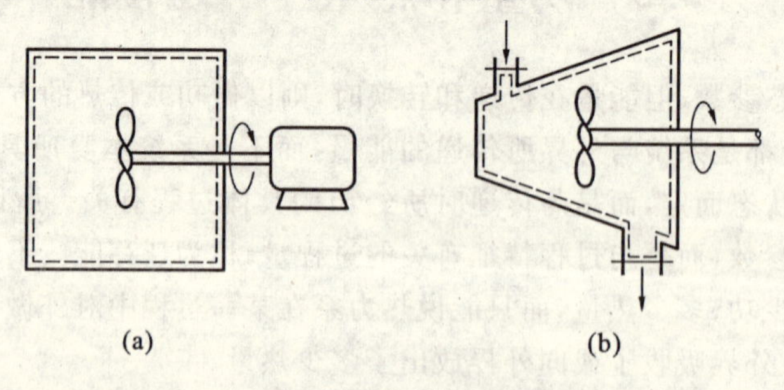

图 2-2 轴功示意图

(a) 闭口系统；(b) 开口系统

图 2-2(b)所示为开口系统与外界传递的轴功 W_s(输入或输出),工程上许多动力机械,如汽轮机、内燃机、风机、压气机等都靠机械轴传递机械功。轴功可来源于能量的转换,如汽轮机中热能转换为机械能;也可能是机械能的直接传递,如水轮机、风车等。

单位质量的轴功的符号采用 w_s,通常规定系统输出轴功为正功,输入轴功为负功。

2.3.3 推动功和流动功

在开口系统中,物质进入或离开控制体积也需要做功。如图 2-3(a)所示,取虚线所围空间为控制体积 CV。CV 内的压力为 p,若要把体积为 V、质量为 m 的流体 B 推入控制体积,则外界需要做功。这种功称为推动功。若把 B 左面的流体想象成一面积为 A 的假想活塞,把 B 推入 CV 时移动距离为 x,则外界克服 CV 内流体的压力对系统所做的推动功为

$$pAx = pV = mpv$$

从系统来说,对外界做的推动功为

$$-pAx = -pV = -mpv$$

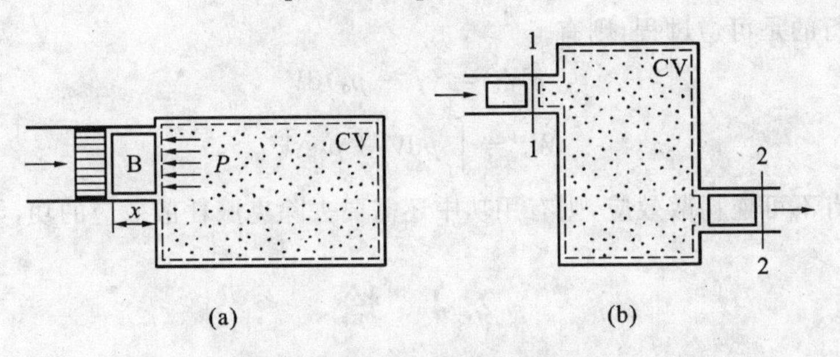

图 2-3　推动功和流动功的示意图

(a) 推动功;(b) 流动功

对于有进、出口的开口系统,如图 2-3(b)所示,质量为 m 的流体由进口截面进入控制容积,控制容积做推动功 $-(mpv)_1$。同时,质量为 m 的流体从出口截面离开控制容积,则控制容积需要对外做推动功 $(mpv)_2$。因此,为使物质流进和流出控制容积必须做的功为

$$W_f = (mpv)_2 - (mpv)_1 = (pV)_2 - (pV)_1 \tag{2-8}$$

W_f 是维持物质流动所必需的功,称为流动功,它是系统进、出推动功之和。

可以看出,流动功是一种特殊的功,其数值取决于控制体进出口界面工质的热力状态。这里还要注意:① 在做推动功时工质状态没有改变,当然它的热力学能也未改变,因此能量是从别处传来的;② 工质发生移动时总是从后面获得推动功,而对前面做出推动功;③ 当工质不流动时,虽然也具有一定的状态参数 p 和 v,但这时的 pv 并不代表推动功;④ 工质在做推动功时,由于没有热力状态的改变,当然也无能量形态的转化,此处工质的作用只是单纯传输能量。

2.3.4 有用功和无用功

系统对外界所做的功通常可以区分为有用功和无用功两个部分。凡是可以用来提升重物、驱动机器的功统称为有用功；反之，则称为无用功。系统膨胀对外界做功时通常包含对环境介质(大气)做挤压功，不能用来提升重物，因此是无用功；提升重物时所做的机械功，以及动力装置从转轴上传出的轴功都属于有用功。工质流过装置时的宏观动能和重力位能变化与装置和外界间的轴功交换相当，也可算做有用功。

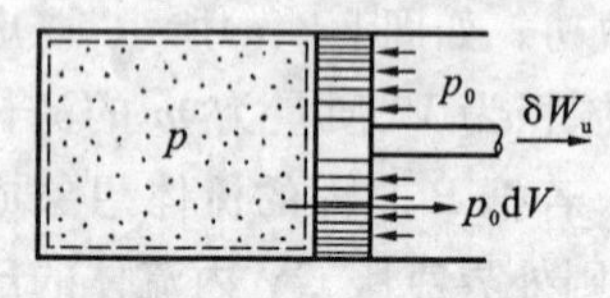

图 2-4 有用功和无用功

如图 2-4 所示为活塞-气缸机构中气体的做功过程。该系统处在大气环境包围之中，大气环境具有恒定的压力为 p_0。当系统膨胀时，做出膨胀功 δW，其中克服大气压力 p_0 所做的功为 $p_0\mathrm{d}V$，是无用功。系统对外所做的有用功为 δW_u，则

$$\delta W_\mathrm{u} = \delta W - p_0\mathrm{d}V$$

或

$$W_\mathrm{u} = W - p_0\Delta V \tag{2-9}$$

若系统进行的是可逆过程，则有

$$\delta W_\mathrm{u} = (p - p_0)\mathrm{d}V$$

$$W_\mathrm{u} = \int_1^2 p\mathrm{d}V - p_0\Delta V \tag{2-10}$$

若过程中有不可逆耗散效应，则有用功中还需要去除克服耗散效应的功，如摩擦功。

2.4 焓

流动工质传递的总能包括物质流本身储存的能量及流动功，即

$$U + \frac{1}{2}mc^2 + mgz + pV$$

或

$$u + \frac{1}{2}c^2 + gz + pv \tag{2-11}$$

其中，u 和 pv 取决于工质的热力状态。为简化计算，这里引入一新的物理量——焓。令

$$H = U + pV$$

$$h = u + pv \tag{2-12}$$

其中，H 或 h 称为焓，因为 u 和 p、v 都是工质的状态参数，所以焓也是工质的状态参数。

焓的物理意义：对于流动工质，焓＝内能＋流动功，即焓具有能量意义，它表示流动工质向流动前方传递的总能量中取决于热力状态的那部分能量。如果工质的动能和位能可以忽略，则焓代表随流动工质传递的总能量。对于不流动工质，因 pv 不是

流动功，焓只是一个复合状态参数，没有明确的物理意义。

2.5　热力学第一定律表达式

热力学中能量的转换是在热力系与外界之间进行的。转换中，热力系可以从外界获得一部分能量，也可向外界输出一部分能量。根据能量守恒原则，外界能量的减少量应该等于热力系能量的增加量。单就热力系而言，应有

进入热力系的能量－离开热力系的能量＝热力系储存能量的变化　　(2-13)

式(2-13)是系统能量平衡的基本表达式，任何系统的任何过程均可据此原则建立其平衡式。

对于闭口系统，进入和离开系统的能量只有热量和做功两项；对于开口系统，因有物质进出分界面，所以进入系统的能量和离开系统的能量除以上两项外，还有随同物质带进和带出系统的能量。由于这些区别，热力学第一定律应用于不同热力系统将导出不同的能量方程。下面将对工程热力学中最常见的各种典型热力系进行分析，分别导出应用于它们的能量方程式的具体形式。

2.5.1　闭口系统的能量方程

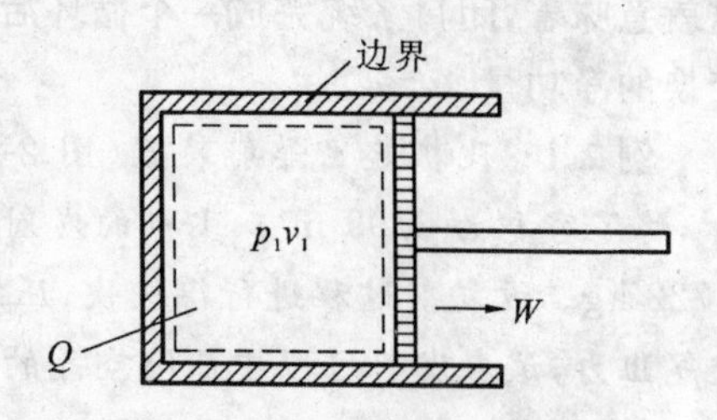

图 2-5　闭口系统能量转换分析

图 2-5 所示为由活塞和气缸组成的典型闭口系统。当工质自外界吸入热量 Q 后，从平衡态 1 变化到平衡态 2，完成了膨胀做功 W。根据能量平衡式，进入热力系的能量为 Q，离开热力系的能量为 W，热力系的储存能中，宏观动能、重力位能的变化量为零，储存能的变化中只有 ΔU，所以

$$Q - W = \Delta U = U_2 - U_1$$

即

$$Q = \Delta U + W \tag{2-14}$$

式(2-14)是热力学第一定律应用于闭口系统而得到的能量方程式，称为热力学第一定律的第一解析式，是最基本的能量方程式。它表达了一个闭口热力系在一个热力过程中，通过热力系边界的热量、功量和热力系的热力学能三者之间的数量关系，并且从量的角度，说明了它们之间是可以互相转换的，即加给工质的热量一部分用于增加工质的热力学能，储存于工质的内部，余下的以功的形式传递至外界；转换为机械能的部分为 $Q-\Delta U$。

对于闭口系统内的一个微元热力过程，第一解析式的微分形式为

$$\delta Q = \mathrm{d}U + \delta W \tag{2-15}$$

对于 1 kg 工质，则有

$$q = \Delta u + w \tag{2-16}$$

或

$$\delta q = \mathrm{d}u + \delta w \tag{2-17}$$

式(2-14)～式(2-17)直接由能量守恒与转换的普遍原理得出，没有作任何假定，因此它们对闭口系统普遍适用，既适用于可逆过程也适用于不可逆过程；对工质的性质也没有限制，无论是理想气体还是实际气体，甚至是液体都适用。

对于可逆过程，$\delta W = p\mathrm{d}V$，所以有

$$\delta Q = \mathrm{d}U + p\mathrm{d}V \quad \text{或} \quad Q = \Delta U + \int_1^2 p\mathrm{d}V \tag{2-18}$$

对单位工质，有

$$\delta q = \mathrm{d}u + p\mathrm{d}v \quad \text{或} \quad q = \Delta u + \int_1^2 p\mathrm{d}v \tag{2-19}$$

当热力系经历了一个循环，工质恢复到原来的状态，热力学能变化量为零，即 $\oint \mathrm{d}U = 0$，于是

$$\oint \delta Q = \oint \delta W$$

这就意味着，闭口系统完成一个循环后，它在循环中与外界交换的净热量等于与外界交换的净功量。

例 2-1　飞机起飞弹射装置(图 2-6)在气缸内装有压缩空气，初始容积为 0.28 $\mathrm{m^3}$，终了容积为 0.99 $\mathrm{m^3}$。飞机的发射速度为61 m/s，活塞、连杆和飞机的总重量为 2 722 kg。设发射过程进行得极快，压缩空气和外界间无传热现象，若不计摩擦力和空气阻力，试求发射过程中压缩空气的热力学能变化。

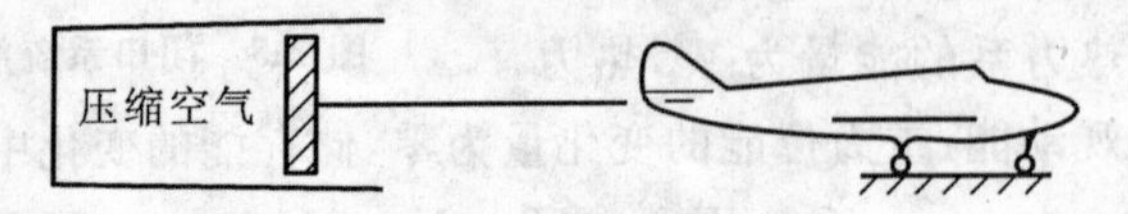

图 2-6　例 2-1 图

解　取压缩空气为系统。这是闭口系统，其能量方程为

$$Q = \Delta U + W$$

压缩空气与外界无传热现象，$Q=0$，故有

$$\Delta U = -W$$

其中 W 应包含排斥大气做功和飞机的动能增量

$$\begin{aligned} W &= \frac{1}{2}mc^2 + p_0(V_2 - V_1) \\ &= \left[\frac{1}{2} \times 2\,722 \times (61)^2 + 1.01 \times 10^5 \times (0.99 - 0.28)\right] \mathrm{J} \\ &= 5\,135\,991\ \mathrm{J} = 5\,136\ \mathrm{kJ} \end{aligned}$$

故有

$$\Delta U = -W = -5\,136\ \mathrm{kJ}$$

注：本例题还可以取整个飞机加弹射装置作为闭口系统进行能量分析，得到的结

果一致。读者可进行自行推导。

2.5.2　开口系统能量方程

在实际热力设备中实施的能量转换过程常常是很复杂的，工质要在热力装置中循环不断地流经各个相互衔接的热力设备，完成不同的热力过程，实现能量转换。分析这类设备时，常采用开口系统，即控制容积的分析方法。

工质在设备内流动，其热力状态参数及流速在不同的截面上是不同的，即使在同一截面上，各点的参数也不一定相同。但由于工质分子热运动的影响，同一截面上各点的温度及压力差别不大，可近似地认为是均匀的。其他参数都是 p、T 的函数，故也可近似地认为相同。为简便起见，常取截面上各点流速的平均值为该截面的流速，即认为同一截面上各点有相同的流速。

在一般情况下，工质流进与流出热力系的质量是随时间而变化的。为了建立开口系统的能量方程式，考察图 2-7 所示的开口热力系在某一微元时间 $d\tau$ 内所进行的微元过程：质量为 δm_1 的工质通过截面 1—1 进入热力系，流入工质的比能量为 e_1，向热力系做推动功 $p_1v_1\delta m_1$；另有质量为 δm_2 的工质通过截面 2—2 流出热力系，流出工质的比能量为 e_2。热力系向外界做推动功 $p_1v_1\delta m_2$；同时，在 $d\tau$ 时间内还有热量 δQ 传给热力系，热力系对外输出轴功 δW_s，热力系自身能量的变化为 dE_{CV}。因此，在该微元过程中：

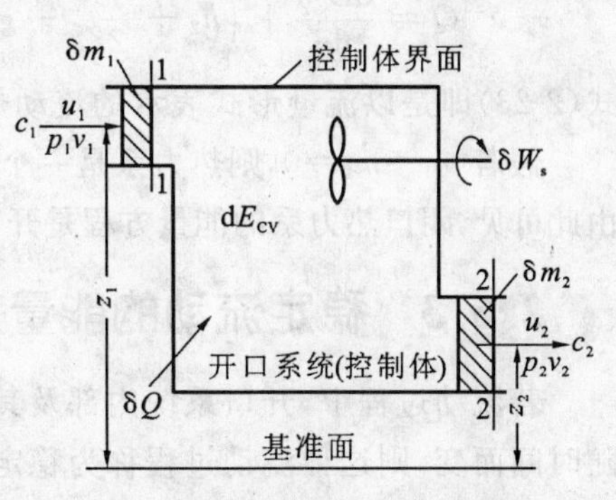

图 2-7　开口系统能量平衡

进入系统的能量为　　$e_1\delta m_1 + p_1v_1\delta m_1 + \delta Q$

离开系统的能量为　　$e_2\delta m_2 + p_2v_2\delta m_2 + \delta W_s$

控制容积的储存能增量为　　dE_{CV}

式中，$e_1 = u_1 + \frac{1}{2}c_1^2 + gz_1$，$e_2 = u_2 + \frac{1}{2}c_2^2 + gz_2$，$dE_{CV} = dU_{CV} + dE_k + dE_p$。将上述各项代入式(2-13)，并整理后可得开口系统能量方程为

$$\delta Q = dE_{CV} + \left(u_2 + \frac{1}{2}c_2^2 + gz_2 + p_2v_2\right)\delta m_2 - \left(u_1 + \frac{1}{2}c_1^2 + gz_1 + p_1v_1\right)\delta m_1 + \delta W_s \tag{2-20}$$

用焓表示，上式可写为

$$\delta Q = dE_{CV} + \left(h_2 + \frac{1}{2}c_2^2 + gz_2\right)\delta m_2 - \left(h_1 + \frac{1}{2}c_1^2 + gz_1\right)\delta m_1 + \delta W_s \tag{2-21}$$

如果流进、流出控制容积的工质各有若干股，则式(2-21)可写为

$$\delta Q = \mathrm{d}E_{\mathrm{CV}} + \sum_j \left(h + \frac{1}{2}c^2 + gz\right)_{\mathrm{out}} \delta m_{\mathrm{out}} - \sum_i \left(h + \frac{1}{2}c^2 + gz\right)_{\mathrm{in}} \delta m_{\mathrm{in}} + \delta W_{\mathrm{s}} \tag{2-22}$$

若考虑单位时间内系统能量关系，仅需在式(2-22)两边均除以 $\mathrm{d}\tau$ 即可。令：

$\frac{\delta Q}{\mathrm{d}\tau}=\dot{Q}$ 为单位时间进入热力系的热量(传热率)；

$\frac{\delta m}{\mathrm{d}\tau}=\dot{m}$ 为单位时间工质的流动质量(即流量)；

$\frac{\delta W_{\mathrm{s}}}{\mathrm{d}\tau}=\dot{W}_{\mathrm{s}}$ 为单位时间热力系向外界做出的轴功(即轴功率)。

则式(2-21)变为

$$\dot{Q} = \frac{\mathrm{d}E_{\mathrm{CV}}}{\mathrm{d}\tau} + \left(h_2 + \frac{1}{2}c_2^2 + gz_2\right)\dot{m}_2 - \left(h_1 + \frac{1}{2}c_1^2 + gz_1\right)\dot{m}_1 + \dot{W}_{\mathrm{s}} \tag{2-23}$$

式(2-23)即是以流量形式表示的流动热力系的能量方程式。

假若 $\dot{m}_1=\dot{m}_2=0$，则热力系是一个闭口系统，此时式(2-23)和式(2-14)是等价的。由此可见，闭口热力系的能量方程是开口热力系能量方程在流量为零时的特殊形式。

2.5.3 稳定流动的能量方程

若流动过程中，开口系统内部及其边界上各点工质的热力参数及运动参数都不随时间而变，则这种流动过程称为稳定流动过程。当热力设备在稳定工况下工作时，工质的流动可视为稳定流动过程。

因为稳定流动时，热力系任何截面上工质的一切参数不随时间而变，因此必须确保系统与外界进行物质和能量的交换不随时间而改变。这样热力系实现稳定流动的必要条件可表示为

$$\frac{\mathrm{d}E_{\mathrm{CV}}}{\mathrm{d}\tau} = 0, \quad \dot{m}_1 = \dot{m}_2 = 常数 = \dot{m}$$

将这些条件代入式(2-23)，并将式(2-23)除以 $\dot{m}$，得

$$q = \Delta h + \frac{1}{2}\Delta c_{\mathrm{f}}^2 + g\Delta z + w_{\mathrm{s}} \tag{2-24}$$

或写成微量形式：

$$\delta q = \mathrm{d}h + \frac{1}{2}\mathrm{d}c_{\mathrm{f}}^2 + g\mathrm{d}z + \delta w_{\mathrm{s}} \tag{2-25}$$

当流入质量为 m 的流体时，稳定流动能量方程可写为

$$Q = \Delta H + \frac{1}{2}\Delta c_{\mathrm{f}}^2 + mg\Delta z + w_{\mathrm{s}} \tag{2-26}$$

或写成微量形式：

$$\delta Q = \mathrm{d}H + \frac{1}{2}m\mathrm{d}c_{\mathrm{f}}^2 + mg\mathrm{d}z + \delta w_{\mathrm{s}} \tag{2-27}$$

式(2-24)至式(2-27)为不同形式的稳定流动能量方程式,它们是根据能量守恒与转换定律导出的,除流动必须稳定外,无任何附加条件,故而不论热力系统内部如何改变、可逆与否,均适用,是工程上常用的基本公式之一。

2.5.4 稳定流动能量方程式的分析

考虑到 $\Delta h=\Delta u+\Delta(pv)$,式(2-24)可改写为

$$q-\Delta u=\frac{1}{2}\Delta c_f^2+g\Delta z+\Delta(pv)+w_s \tag{2-28}$$

上式等号右边由四项组成,前两项即$\frac{1}{2}\Delta c_f^2$ 和 $g\Delta z$ 是工质机械能变化;第三项 $\Delta(pv)$ 是维持工质流动所需的流动功;第四项 w_s 是工质对机器做的功。它们均源自于工质在状态变化过程中通过膨胀而实施的热能转变成的机械能。等号左边是工质在过程中的容积变化功。因此上式说明,工质在状态变化过程中,从热能转变而来的机械能总和等于膨胀功。由于机械能可全部转变为功,所以$\frac{1}{2}\Delta c_f^2$、$g\Delta z$ 和 w_s 之和是技术上可资利用的功,称之为技术功,用 w_t 表示,即

$$w_t=w_s+\frac{1}{2}\Delta c_f^2+g\Delta z \tag{2-29}$$

由式(2-28)并考虑到 $q-\Delta u=w$,可得

$$w_t=w-\Delta(pv)=w-(p_2v_2-p_1v_1) \tag{2-30}$$

对可逆过程

$$w_t=\int_1^2 p\mathrm{d}v+p_1v_1-p_2v_2=\int_1^2 p\mathrm{d}v-\int_1^2 \mathrm{d}(pv)=-\int_1^2 v\mathrm{d}p \tag{2-31}$$

式中,$-v\mathrm{d}p$ 可用图 2-8 中画斜线的微元面积表示,$-\int_1^2 v\mathrm{d}p$ 则可用面积 5-1-2-6-5 表示。

在微元过程中,则

$$\delta w_t=-v\mathrm{d}p \tag{2-32}$$

由式(2-32)可见,若 $\mathrm{d}p$ 为负,即过程中工质压力降低,则技术功为正,此时工质对机器做功。汽轮机、燃气轮机属于前一种情况,活塞式压气机和叶轮式压气机属于后一种情况。

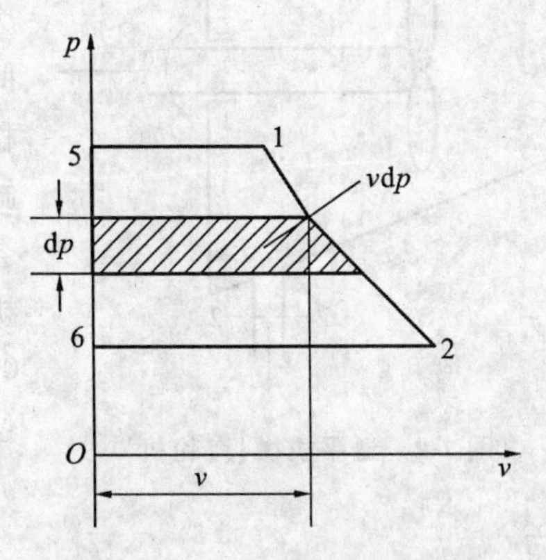

图 2-8 技术功的表示

引进技术功概念后,稳定流动能量方程(2-24)可以写为

$$q=\Delta h+w_t \quad 或 \quad \delta q=\mathrm{d}h+\delta w_t \tag{2-33}$$

式(2-33)也可由热力学第一定律的解析式直接导出，即

$$\begin{aligned}\delta q &= \mathrm{d}u + p\mathrm{d}v = \mathrm{d}(h - pv) + p\mathrm{d}v \\ &= \mathrm{d}h - p\mathrm{d}v - v\mathrm{d}p + p\mathrm{d}v\end{aligned}$$

得

$$\delta q = \mathrm{d}h - v\mathrm{d}p \tag{2-34}$$

因此，热力学第一定律的各种能量方程式虽然采用不同形式的能量方程，但它们之间是可以互相转换的，这反映了热力系中由热变功的本质是一致的。式(2-34)被称为热力学第一定律的第二解析式。

2.6 能量方程的工程应用举例

前面介绍了热力学第一定律的不同表达式，它们的实质都是能量转换与守恒定律，只是在不同的情况下为使用方便而采用不同的形式。为了加深理解，下面不妨应用热力学第一定律的能量方程式来分析一些常见的工程问题。

对热力设备进行能量分析的思路一般是这样的：

(1) 划定适当的边界，选取合适的热力系统；

(2) 写出相应的热力学第一定律的一般性能量方程；

(3) 根据具体问题的不同条件，进行某种假定和简化，使能量方程更加简单明了；

(4) 通过推导、演绎、计算得到所研究问题的相关结论。

2.6.1 透平机械

透平机械是将热能转变为机械功并向外输出的旋转设备，也简称透平或涡轮，工程上常用的汽轮机、燃气轮机、航空(喷气)发动机等都是典型的透平机械。图 2-9 所示为一个汽轮机的示意图，气体流经汽轮机而对外做功。为分析汽轮机中的能量转换，取 1—1、2—2 截面间的流体作为热力系。在正常工作情况下，工质稳定流动，可以看做稳态稳流开口系统。进入气缸的蒸汽由于高温会向环境散热，但一般汽轮机会采取一定的保温措施，而且这点散热量与发动机所做功相比要小得多，故可近似视为绝热，$q=0$；从进口和出口的速度相差不多，动能差很小，位能差极微，可以不计。把这些条件代入稳态稳流能量方程(2-24)，可得 1 kg 工质对机器所做的功为

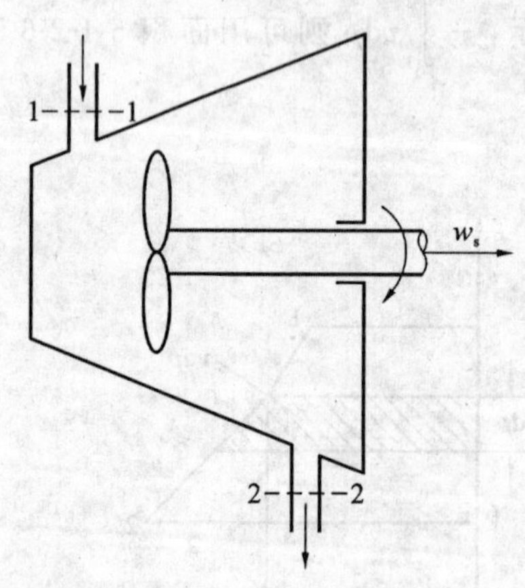

图 2-9 透平机械(汽轮机)

$$w_t = h_1 - h_2 \tag{2-35}$$

2.6.2　压缩机械

压缩机械是用来压缩气体使气体压力升高的设备。如空气压缩机(简称压气机)、冰箱(空调)的压缩机等都是常用的压缩机械。由于其压力升高,显然要消耗外界功,热力过程与热力发动机正好相反。以叶轮式空气压缩机为例,如图 2-10 所示,工质(空气)进出口正好与图 2-9 相反。正常工作时,取系统为稳态稳流开口系统。工质进出口宏观动能和宏观位能也由于进出口的位置高度和流动速度差异不大而忽略不计,但对外散热量与热力发动机有所不同,为了减少压力机耗功需要尽量向外散热,包括采取冷却措施,因此,散热不可忽略。这样,由式(2-24)可写出

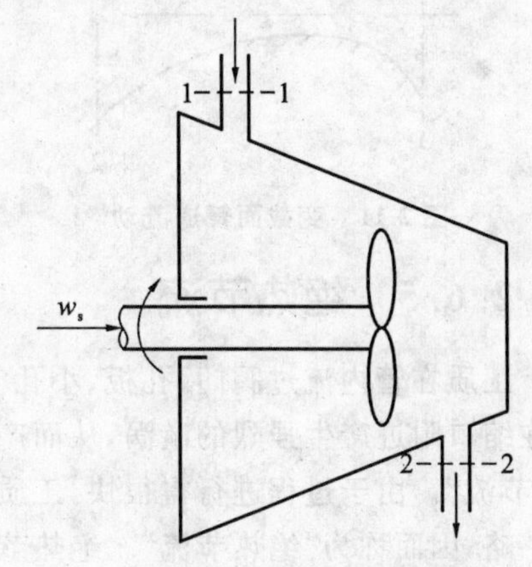

图 2-10　压缩机械(叶轮式空气压缩机)

$$-w_t = h_2 - h_1 - q \tag{2-36}$$

2.6.3　喷管和扩压管

喷管和扩压管都是一种变截面管道,如图 2-11 所示。在分析中,取其进、出口截面间的流体为热力系,并假定流动是稳定的。它们的共同特点是:气流迅速流过喷管,其散热损失甚微,几乎可以忽略不计;没有转轴,因而没有轴功输入与输出。将上述条件代入式(2-24),可得到 1 kg 流体动能的增量为

$$\frac{1}{2}(c_{f2}^2 - c_{f1}^2) = h_2 - h_1 \tag{2-37}$$

可见,喷管中气流宏观动能的增量是由气流进、出口焓差转换而来的。

2.6.4　换热器

换热器是利用冷热流体温差将热量由热流体传至冷流体的设备。在热能的生产、输送和使用过程中,在供热工程、制冷工程、空调工程、低温工程、化工工程中广泛应用的各种加热器、冷却器都是各种形式的加热器。如图 2-12 所示的间壁式换热器,冷、热流体被金属管壁隔开,两边各构成一个开口系统 CV_1 和 CV_2,通过金属壁传递热量,其特点是:只有热量交换而无功量交换。若忽略宏观动能和位能的变化,则对于稳定工作的换热器,其能量方程为

$$q = h_2 - h_1 \tag{2-38}$$

式(2-38)对两种流体均适用。它说明:工质在被加热(冷却)过程中得到(失去)的热量等于其焓的增加量。

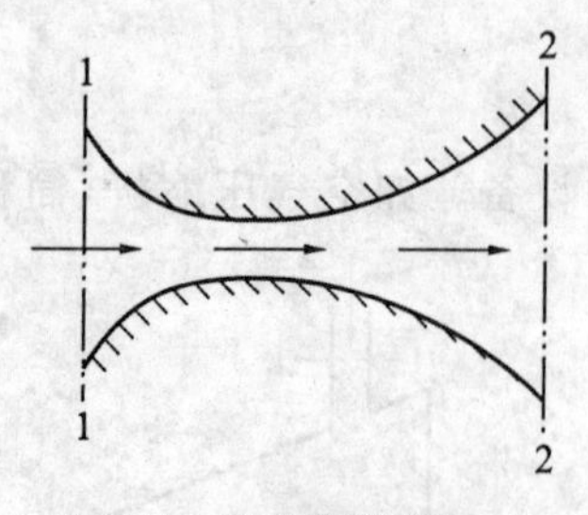

图 2-11 变截面管道流动

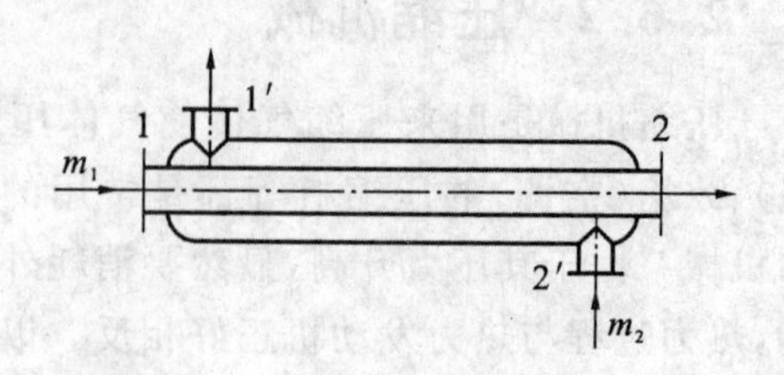

图 2-12 间壁式换热器

2.6.5 绝热节流

工质在管内流过阀门、孔板、小孔等使流通截面突然缩小的装置(见图 2-13)时，会在缩口附近产生强烈的漩涡，从而产生所谓“局部阻力”，使压力下降，这种现象称为“节流”。由于过程进行得很快，工质的散热量与其所携带的能量相比很小，通常可以忽略，因而称为“绝热节流”。绝热节流过程的一个重要特征是：存在涡流和摩擦，这是一个典型的不可逆过程。

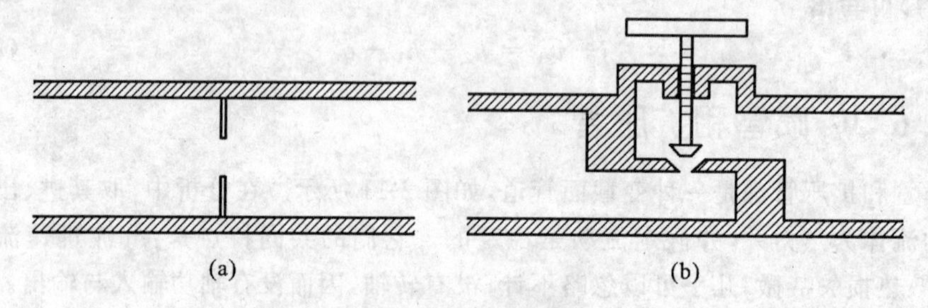

图 2-13 节流装置

(a) 孔板；(b) 球阀

为了用热力学方法来研究这一问题，可以取距离缩孔稍远处的两个截面为热力系的进、出口截面。在这些位置，流动受到的缩孔影响较小，工质的状态趋于平衡，这样就可以认为选择的热力系统仍满足稳态稳流方程。过程进行的具体条件可简化为：绝热 $q=0$；无轴功输出 $w_s=0$；进、出口气体的动能差和重力位能差可忽略，即 $\frac{1}{2}\Delta c_f^2=0$、$g\Delta z=0$。将上述条件代入式(2-24)，可得 1 kg 工质发生绝热节流过程的能量方程为

$$h_2 = h_1 \tag{2-39}$$

可见，在绝热节流过程中，节流前后工质的焓值不变。

例 2-2 空气在某活塞式压气机中被压缩。压缩前的空气参数是：$p_1=0.1$ MPa，$v_1=0.86$ m^3/kg；压缩后的空气参数是：$p_2=1$ MPa，$v_2=0.2$ m^3/kg。设在压缩过程中每千克空气的热力学能增加 180 kJ，同时向外放出热量 55 kJ，压气机每分钟生产压缩空气 10 kg。求：

(1) 压缩过程中对每千克空气所做的功；

(2) 每生产 1 kg 的压缩气体所需的功；

(3) 带动此压气机至少需要多大功率的电动机?

解　(1) 在气体的压缩过程中，气缸的进、排气阀均关闭，故此时的热力系统是闭口系统，与外界交换的功是体积变化功 w，如图 2-14(a)所示。根据闭口系统能量方程，有

$$w = q - \Delta u = (-55 - 180)\ \text{kJ/kg} = -235\ \text{kJ/kg}$$

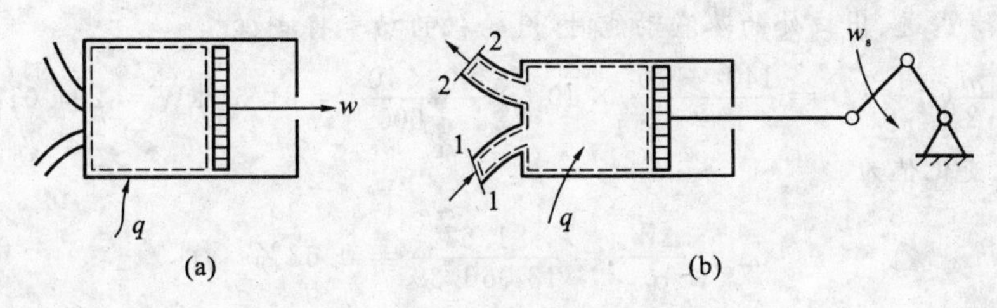

图 2-14　例 2-2 图

(2) 生产压缩气体时，压气机的进、排气阀要周期性地打开和关闭，工作过程包括进气、压缩和排气三个过程。取气体的进出口、气缸内壁及活塞左端面所围空间为热力系，如图 2-14(b)中虚线所示，系统为开口系统。稳定运行时，系统可抽象为稳态稳流系统，对外交换轴功 w_s。又考虑到气体动能、位能的变化不大，可忽略，则此功也是技术功 w_t。由开口系统能量方程可得

$$\begin{aligned} w_t &= q - \Delta h = q - \Delta u - \Delta(pv) \\ &= (-55 - 180)\ \text{kJ/kg} - (1.0\times 10^3\ \text{kPa}\times 0.2\ \text{m}^3/\text{kg} - 0.1\times 10^3\ \text{kPa}\times 0.86\ \text{m}^3/\text{kg}) \\ &= -349\ \text{kJ/kg} \end{aligned}$$

(3) 电动机的功率：

$$P = \dot{m}\ |\ w_t\ | = \frac{10\ \text{kg}}{60\ \text{s}} \times 349\ \text{kJ/kg} = 58.2\ \text{kW}$$

例 2-3　某蒸汽动力厂中锅炉以 40 t/h 的蒸汽供入汽轮机，进口处压力表上读数为 9 MPa，蒸汽的焓为 3 441 kJ/kg；汽轮机出口处真空表上的读数为 0.097 4 MPa，出口蒸汽的焓为 2 248 kJ/kg。汽轮机对环境散热为 6.81×10^5 kJ/h。求：

(1) 进、出口处蒸汽的绝对压力(当地大气压是 101 325 Pa)；

(2) 不计进、出口动能差和位能差时汽轮机的功率；

(3) 进口处蒸汽速度为 70 m/s、出口处速度为 140 m/s 时对汽轮机功率的影响；

(4) 蒸汽进、出口高度差为 1.6 m 时对汽轮机功率的影响。

解　(1) 进口处蒸汽的绝对压力为

$$P_1 = P_{e1} + P_b = (9 + 0.101\ 325)\ \text{MPa} = 9.101\ 3\ \text{MPa}$$

出口处蒸汽的绝对压力为

$$P_2 = P_b - P_{2v} = (0.101\ 325 - 0.097\ 4)\ \text{MPa} = 0.003\ 925\ \text{MPa} = 3.925\ \text{kPa}$$

(2)视汽轮机为稳态稳流装置，则能量方程为

$$\dot{Q}=\dot{m}\left[(h_2-h_1)+\frac{1}{2}(c_2^2-c_1^2)+g(z_2-z_1)\right]+\dot{W}_{\text{shaft}}$$

不计蒸汽的动能和重力位能时，汽轮机功率为

$$\begin{aligned}\dot{W}_{\text{shaft}}&=\dot{Q}-\dot{m}(h_2-h_1)\\&=-6.81\times10^5-(2\,248-3\,441)\times40\times10^3=470.39\times10^2\ \text{MJ/h}\\&=13\,066.39\ \text{kW}\end{aligned}$$

(3) 考虑进、出口处的蒸汽动能时，汽轮机的功率将减少

$$\Delta\dot{W}_s=\frac{\dot{m}}{2}(c_2^2-c_1^2)=\frac{140^2-70^2}{2}\times10^{-3}\times\frac{40\times10^3}{3\,600}=81.67\ \text{kW}=294.012\ \text{MJ/h}$$

功率相对变化值为

$$\Delta=\frac{\Delta\dot{W}_s}{\dot{W}_s}=\frac{81.67}{13\,066.39}=0.63\%$$

(4) 考虑进、出口处的蒸汽重力位能时，汽轮机功率将增大

$$\Delta\dot{W}_s=\dot{m}g(z_1-z_2)=\frac{40\times10^3}{3\,600}\times9.81\times1.6=0.174\,4\ \text{kW}=0.627\ \text{MJ/h}$$

功率相对变化值为

$$\Delta=\frac{\Delta\dot{W}_s}{\dot{W}_s}=\frac{0.174\,4}{13\,066.39}=0.001\,33\%$$

*2.6.6　充、放气过程

除了前面遇到的稳定流动外，在工程上还经常会遇到一些非稳定流动过程，例如一个容器的充气过程或充有气体的容器的放气过程就是一个典型的非稳定流动过程。一方面，在充、放气过程中，由于容器内气体质量不断发生变化，气体的状态必然也随时间不断变化，但在每一瞬时可以认为整个容器内气体各处的参数是均匀一致的，即随时处于平衡状态或准静态；另一方面，在充气过程中，虽然流动情况随时间变化，但可认为通过容器边界进入容器的气体进口状态是不随时间变化的。满足上述条件的充、放气过程称为均匀状态稳定流动过程。

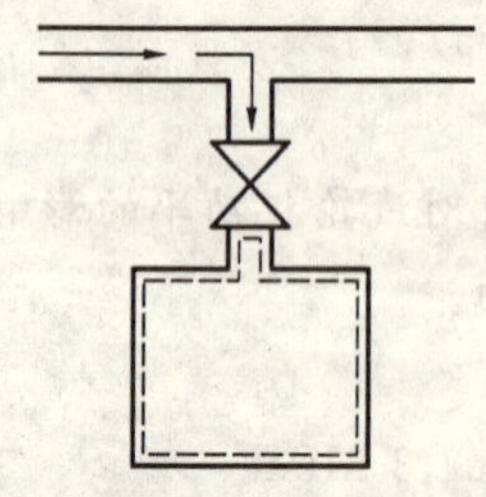

图 2-15　充气装置

下面以充气过程为例来说明能量方程在这类过程中的应用。输气管道中气体向一真空容器充气(见图 2-15)。假定输气管中气体的参数不变，充气过程可进行到容器中气体的压力等于输气管中的压力时为止。自然，也可在任何低于输气管的压力下中止充气过程。

选取容器边界所围的空间(图中虚线所围部分)作为热力系。这是一个开口系统，应满足能量方程(2-21)。进行绝热充气过程的条件可表示为

$$\delta Q = 0, \quad \delta W_s = 0, \quad \delta m_2 = 0$$

将上述条件代入式(2-21),忽略进入容器时气体的动能及位能变化,并用脚标 in 代替 1 表示进入容器的参数,即把 dm_1 改为 dm_{in},把 h_1 改为 h_{in},表示进入容器的质量和每千克工质的焓。于是能量方程可简化为

$$dE_{CV} - h_{in}\delta m_{in} = 0$$

在充气过程中系统本身的宏观动能可忽略不计,因此系统的总能即为系统的热力学能。这样上式可写为

$$dU_{CV} = d(mu)_{CV} = h_{in}\delta m_{in}$$

根据质量守恒定律,微元过程中充气量等于控制体积内气体的增加量,故质量方程为

$$\delta m_{in} = dm$$

对上式进行积分可得

$$\int d(mu)_{CV} = \int h_{in} dm$$

因输气管道中参数不变,故 h_{in} 为常数,上式可简化为

$$(mu)_2 - (mu)_1 = h_{in} m_{in} \tag{2-40a}$$

即

$$U_2 - U_1 = h_{in} m_{in} \tag{2-40b}$$

式(2-40b)说明,在充气过程中,容器内气体热力学能的增量等于充入气体的焓。此式即是充气过程的能量守恒方程式。

若充气前容器内为真空,即 $m_1 = 0$,充气后容器内气体的质量 m_2 等于充入容器的气体质量 m_{in},则式(2-40b)可写为

$$U_2 = m_2 u_2 = m_2 h_{in}$$

或

$$u_2 = h_{in}$$

即容器内气体的比热力学能等于充入气体的比焓。

例 2-4 某输气管内气体的参数为 $p_0 = 0.5$ MPa,$t_0 = 30$ ℃,$h_1 = 305$ kJ/kg。体积为 1 m³ 的绝热刚性容器与干管间通过阀门相连。容器内的气体参数为 $p_1 = 0.15$ MPa,$t_1 = 10$ ℃。现打开阀门对容器充气,直至其压力为 0.5 MPa 时为止。若该气体是理想气体,它的热力学能与温度的关系为 $\{u\}_{kJ/kg} = 0.72\{T\}_K$,气体常数 $R_g = 0.286$ kJ/(kg·K)。求充气过程终了时容器内空气的温度。

解 取容器为控制容积。由题意,充气过程的条件是

$$\delta Q = 0, \quad \delta W_s = 0, \quad \delta m_2 = 0$$

满足式(2-40)的应用条件,即

$$(mu)_2 - (mu)_1 = h_{in} m_{in}$$

$$\{u_1\}_{kJ/kg} = 0.72\{T_1\}_K = (0.72 \times 283.15)\ kJ/kg = 203.87\ kJ/kg$$

$$\{u_2\}_{kJ/kg} = 0.72\{T_2\}_K = (0.72 \times T_2)\ kJ/kg$$

$$m_1 = \frac{p_1 V_1}{R_g T_1} = \frac{0.15 \times 10^6\ Pa \times 1\ m^3}{0.286 \times 10^3\ J/(kg \cdot K) \times 283.15\ K} = 1.85\ kg$$

$$m_2 = \frac{p_2 V_2}{R_g T_2} = \frac{0.55 \times 10^6 \text{ Pa} \times 1 \text{ m}^3}{0.286 \times 10^3 \text{ J/(kg·K)} \times T_2} = 1\,923.08/T_2 \text{ kg}$$

$$m_{in} = \frac{(mu)_2 - (mu)_1}{h_{in}}$$

$$= \frac{(1\,923.08/T_2 \times 0.72 T_2) \text{ kJ} - (0.617 \text{ kg} \times 203.87 \text{ kJ/kg})}{305 \text{ kJ/kg}}$$

$$= 4.127 \text{ kg}$$

$$m_2 = m_1 + m_{in} = (1.85 + 4.127) \text{ kg} = 5.977 \text{ kg}$$

$$T_2 = \frac{1\,923.08}{m_2} = \frac{1\,923.08}{5.977} \text{ K} = 321.7 \text{ K}$$

思 考 题

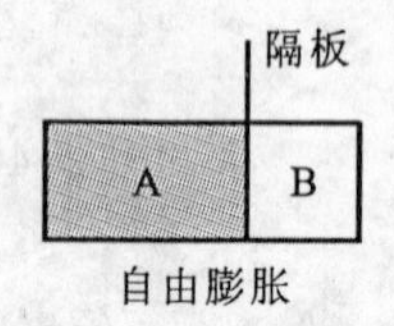

图 2-16 思考题 1 图

1. 刚性绝热容器中间用隔板分为两部分，A 中存有高压空气，B 中保持真空，如图 2-16 所示。若将隔板抽去，分析容器中空气的热力学能如何变化？若隔板上有一小孔，气体漏入 B 中，分析 A、B 两部分压力相同时 A、B 两部分气体的比热力学能如何变化？

2. "对任何系统，只要发生的是可逆过程，它与外界交换的功都可以利用 $\int_1^2 p\mathrm{d}v$ 来计算。"这种说法对吗？

3. 如何理解焓的物理意义？可否将焓认为是系统工质所拥有的能量？

4. 为什么说方程 $\delta q = \mathrm{d}u + \delta w$ 是热力学第一定律的基本方程式？

5. 下面所写的热力学第一定律表达式是否正确？若有错误，请予改正。

① $Q = \Delta u + w$　　② $q = \Delta u + w_s$

③ $q = \Delta h + \frac{1}{2}(c_{f2} - c_{f1})^2 + g\Delta z + w_s$　　④ $q = \mathrm{d}h + \delta w_s$

6. 下列各能量方程式的使用条件是什么？

① $\delta q = \mathrm{d}u + \delta w$　　② $\delta q = \mathrm{d}u + p\mathrm{d}v$

③ $T\mathrm{d}s = \mathrm{d}u + p\mathrm{d}v$　　④ $w_s = -\Delta h$

7. 为什么推动功出现在开口系统能量方程式中，而不出现在闭口系统能量方程式中？

8. 开口系统实施稳定流动过程，是否同时满足下列三式：

$$\delta Q = \mathrm{d}U + \delta W$$

$$\delta Q = \mathrm{d}H + \delta W_t$$

$$\delta Q = \mathrm{d}H + \frac{m}{2}\mathrm{d}c_f^2 + mg\,\mathrm{d}z + \delta W_s$$

上述三式中 W、W_t 和 W_s 的相互关系是什么？

习　题

2-1　在冬季，某加工厂车间要使室内维持一适宜温度。在这一温度下，透过墙壁和玻璃等处，室内向室外每小时传出 0.7×10^6 kcal 的热量。车间各工作机器消耗的动力为 375 kW(认为机器工作时将全部动力变为热能)。另外，室内经常点着 50 盏 100 W 的电灯。要使这个车间的温度维持不变，问每小时需供给多少热量？

2-2　气体在某一过程中吸入热量 11 kJ，同时内能增加 18 kJ。问此过程是膨胀过程还是压缩过程？对外所做的功是多少(不考虑摩擦)？

2-3　某机器运转时，由于润滑不良产生摩擦热，使质量为 100 kg 的钢制机体在 30 min 内温度升高 50 ℃。试计算摩擦引起的功率损失(已知每千克钢的温度每升高 1 ℃需热量 0.461 kJ)。

2-4　一辆汽车在 1.1 h 内消耗汽油 37.5 L，已知输出的功率为 64 kW，汽油的发热量为 44 000 kJ/kg，汽油的密度为 0.75 g/cm³。试求汽车通过排气、水箱及机件散热所放出的热量。

2-5　一活塞气缸设备内装有 5 kg 的水蒸气，由初态的比热力学能 $u_1=2\ 700$ kJ/kg膨胀到 $u_2=2\ 650$ kJ/kg，过程中加给水蒸气的热量为 80 kJ，通过搅拌器的轴输入系统 15 kJ 的轴功，若系统无动能、位能的变化，试求通过活塞所做的功。

2-6　如图 2-17 所示的气缸，其内充以空气。气缸截面积 $A=100\ \text{cm}^2$，活塞距底面高度 $H=10$ cm，活塞及其上重物的总质量 $G_1=195$ kg。当地的大气压力 $p_b=102$ kPa，环境温度 $t_0=27$ ℃。当气缸内的气体与外界处于热平衡时，把活塞重物拿去 100 kg，活塞将会突然上升，最后重新达到热力平衡。假定活塞和气缸壁之间无摩擦，气体可以通过气缸壁与外界充分换热，空气视为理想气体，其状态方程为 $pV=mR_gT$(R_g 是气体常数)，试求活塞上升的距离和气体的换热量。

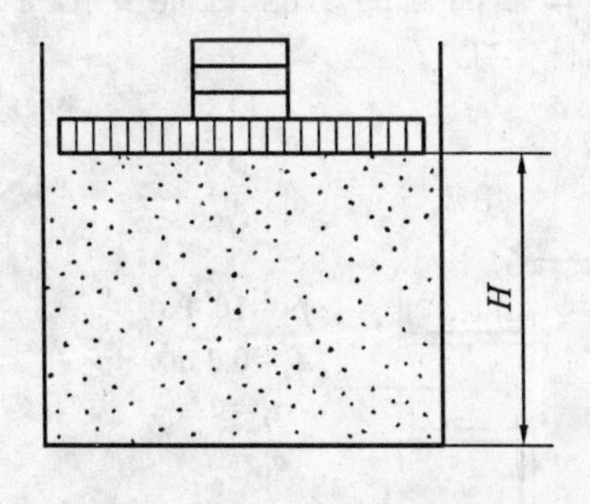

图 2-17　习题 2-6 图

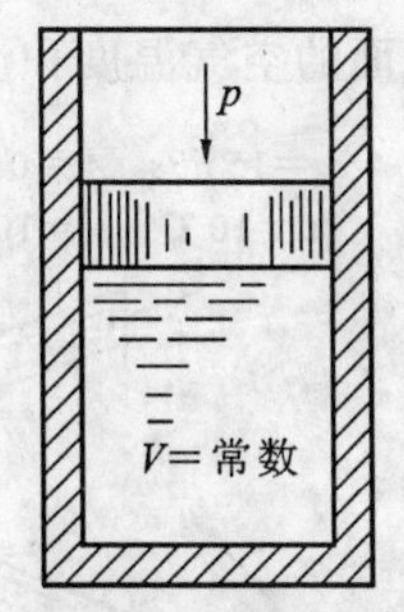

图 2-18　习题 2-7 图

2-7　绝热封闭的气缸中贮存有不可压缩的液体从 0.2 MPa 提高到 4 MPa(见图 2-18)。试求：

(1) 外界对流体所做的功；

(2) 液体内能的变化；

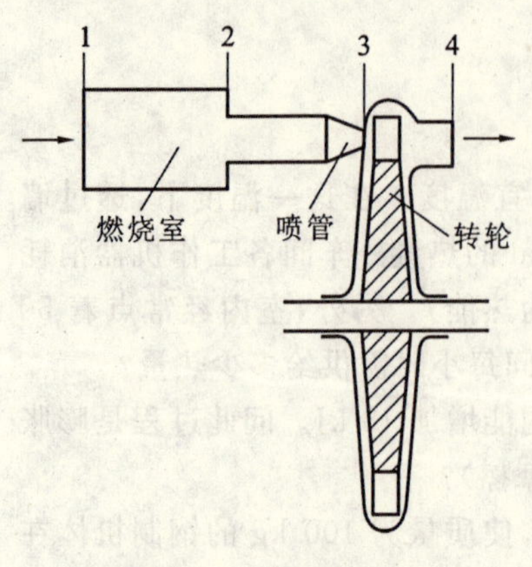

图 2-19　习题 2-8 图

(3) 液体焓的变化。

2-8　某燃气轮机装置如图 2-19 所示。已知 $h_1=286$ kJ/kg 的燃料和空气的混合物，在截面 1 处以 20 m/s 的速度进入燃烧室，并在定压下燃烧，使工质吸入热量 $q=879$ kJ/kg。燃烧后燃气进入喷管，绝热膨胀到状态 3，$h_3=502$ kJ/kg，流速增加到 c_{f3}。此后燃气进入动叶片中，推动转轮回转做功。若燃气在动叶片中的热力状态不变，最后离开燃气轮机时的速度 $c_{f4}=150$ m/s，求：

(1) 燃气在喷管出口的流速 c_{f3}；

(2) 每千克燃气在燃气轮机中所做的功；

(3) 燃气流量为 5.23 kg/s 时，燃气轮机的功率(kW)。

2-9　一汽轮机，进口蒸汽参数为 $p_1=9.0$ MPa，$t_1=500$ ℃，$h_1=3\ 386.8$ kJ/kg，$c_{f1}=50$ m/s，出口蒸汽参数为 $p_2=4.0$ kPa，$h_2=2\ 226.9$ kJ/kg，$c_{f2}=140$ m/s，进、出口高度差为12 m，1 kg 蒸汽经汽轮机散热损失为 15 kJ。试求：

(1) 单位质量蒸汽流经汽轮机对外输出的功；

(2) 不计进、出口动能的变化，对输出功的影响；

(3) 不计进、出口位能差，对输出功的影响；

(4) 不计散热损失，对输出功的影响；

(5) 若蒸汽能量为 220 t/h，汽轮机功率有多大？

2-10　现有两股温度不同的空气，稳定地流过如图 2-20 所示的设备进行绝热混合，已形成第三股所需温度的空气流。各股空气的已知参数如图中所示。设空气可按理想气体计，其焓仅是温度的函数，按 $\{h\}_{kJ/kg}=1.004\{T\}_K$ 计算，理想气体的状态方程为 $pv=R_gT$，$R_g=287$ J/(kg·K)。若进出口截面处的动能、位能变化可忽略，试求出口截面的空气温度和流速。

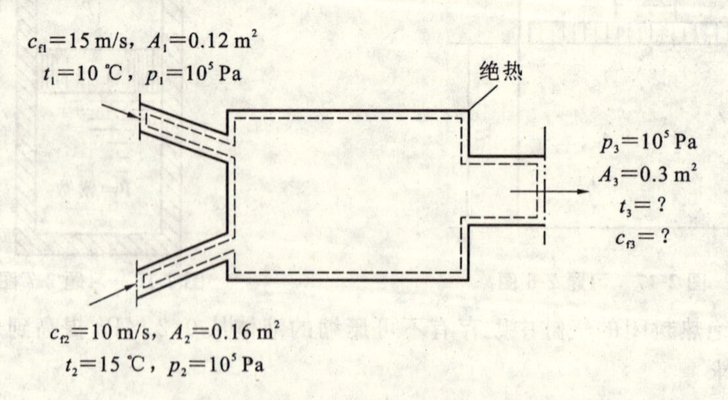

图 2-20　习题 2-10 图

2-11　一燃气轮机装置如图2-21所示，空气由1进入压气机升压后至2，然后进入回热器，吸收从燃气轮机排出的废气中的一部分热量后，经3进入燃烧室。在燃烧室中与油泵送来的油混合并燃烧，生产的热量使燃气温度升高，经4进入燃气轮机(透平)做功。排出的废气由5送入回热器，最后由6排至大气中。其中，压气机、油泵、发电机均由燃气轮机带动。

(1) 试建立整个系统的能量平衡式；

(2) 若空气的质量流量 $q_{m1}=50$ t/h，进口焓 $h_1=12$ kJ/kg，燃油流量 $q_{m7}=700$ kg/h，燃油进口焓 $h_7=42$ kJ/kg，油发热量 $q=41\ 800$ kJ/kg，排出废气焓 $h_6=418$ kJ/kg，求发电机发出的功率。

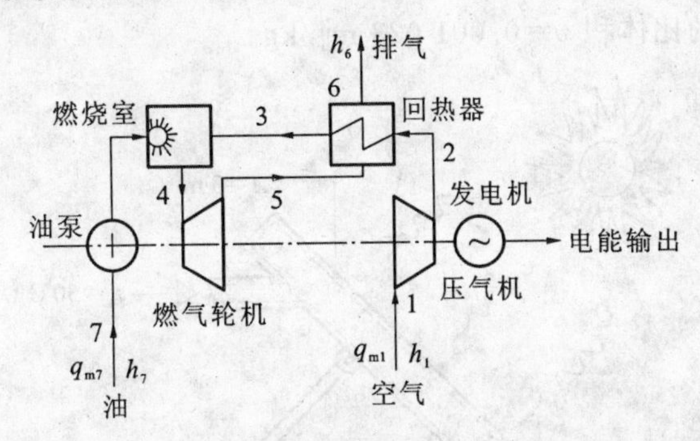

图2-21　习题2-11图

2-12　一刚性绝热容器，容积 $V=0.028\ m^3$，原先装有压力为0.1 MPa、温度为21 ℃的空气。现将连接此容器与输气管道的阀门打开，向容器内快速充气。设输气管道内气体的状态参数保持不变：$p=0.7$ MPa，$t=21$ ℃。当容器中的压力达到0.2 MPa时阀门关闭，求容器内气体可能达到的最高温度。设空气可视为理想气体，其热力学能与温度的关系为 $u=0.72\{T\}_K$ kJ/kg；焓与温度的关系为 $h=1.005\{T\}_K$ kJ/kg。

2-13　医用氧气袋中空时呈扁平状态，内部容积为零。接在压力为14 MPa、温度为17 ℃的钢质氧气瓶上充气。充气后氧气袋隆起，体积为0.008 m³、压力为0.15 MPa。由于充气过程很快，氧气袋与大气换热可以忽略不计，同时因充入氧气袋内气体的质量与钢瓶内气体的质量相比甚少，故可以认为钢瓶内氧气参数不变。设氧气可视为理想气体，其热力学能可表示为 $u=0.657\{T\}_K$ kJ/kg，焓与温度的关系为 $h=0.917\{T\}_K$ kJ/kg，理想气体服从 $pV=mR_gT$，求充入氧气袋内的氧气质量。

2-14　一个很大的容器放出2 kg某种理想气体，过程中系统吸热200 kJ。已知放出的2 kg气体的动能如果完全转化为功，就可以发电3 600 J，其比焓的平均值 $\overline{h}=301.7$ kJ/kg。有人认为此容器中原有20 kg、温度为27 ℃的理想气体，试分析这一结论是否合理。假定该气体的比热力学能 $u=c_VT$，且 $c_V=0.72$ kJ/(kg·K)。

➤ 工程设计

2-15　某国能源部计划在2000—2020年间建新电站总容量为150 000 MW。一种方案是烧煤，烧煤电站的建造费约为1 300 US＄/kW，电站效率为34%。另一种方案是采用清洁燃烧的整体煤气化联合循环(IGCC),其中煤经过加热加压气化,同时脱去硫和灰分,气化煤在燃气轮机装置中燃烧做功,再将排气送入汽轮机装置,利用产生的蒸汽进一步对外做功。联合循环装置的造价为 1 500 US$/kW,效率为 45%。煤的平均热值为 28 000 000 kJ/t。若 IGCC 电站要在 5 年里从燃料节约中弥补其建造费用,则煤价应是多少(US$/t)? 若将时间缩至 3 年,则煤价又应为多少?

2-16 图 2-22 所示的是一面积为 3 m^2 的太阳能集热器板。在集热器板的每平方米上,每小时接受太阳能 1 700 kJ,其中 40%的能量散热给环境,其余的将水从 50 ℃加热到 70 ℃。忽略水流过集热器板的压降及动、位能的变化,求水流过集热器板的质量流量。若在 30 min 内需要提供 70 ℃的热水 0.13 m^3,则需多少个集热器板? 已知 70℃水的比体积 v=0.001 023 m^3/kg。

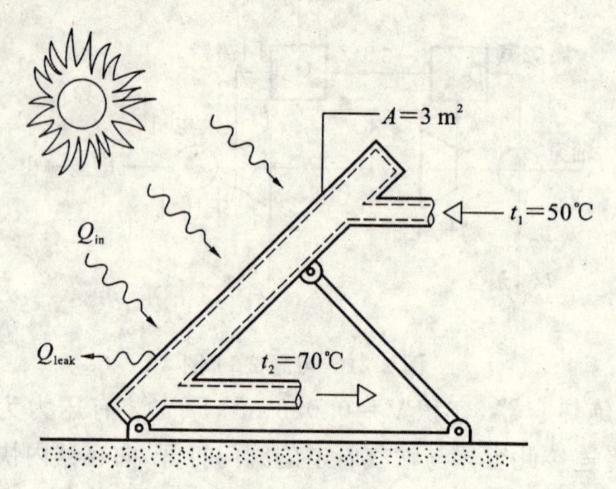

图 2-22 习题 2-16 图

第3章 纯物质的性质

本章主要介绍纯物质的性质，内容包括理想气体状态方程、比热、内能、焓、熵；实际气体内能、比热和焓；纯物质的相变、相平衡等概念。

学完本章后要求：

(1) 掌握理想气体状态方程；

(2) 掌握理想气体比热、内能、焓、熵的基本概念及其计算方法；

(3) 掌握纯物质的相关概念；

(4) 掌握纯物质的相变过程；

(5) 熟练运用液体与蒸汽图表计算物质的热力参数。

3.1 理想气体及其状态方程

3.1.1 理想气体模型

严格地说，自然界中实际存在的气体均为实际气体，实际气体各状态参数之间的关系非常复杂。但是，当实际气体的压力 p 趋于零($p \to 0$)，比容 v 趋于无穷大($v \to \infty$)时，其性质趋向理想气体的热力性质。理想气体是一种从实际气体中抽象出来的假想气体。理想气体亦称完全气体，它的物理模型为：理想气体分子间不存在相互作用力；理想气体的分子是没有体积的完全弹性小球。

通常，氧气(O_2)、氢气(H_2)、氮气(N_2)等远离其液态的气体，可近似看做理想气体。其他如二氧化碳(CO_2)、氨(NH_3)、水蒸气(H_2O)等能否看做理想气体，需要根据它们所处的热力状态(压力和温度)而定。

根据理想气体模型不难推论出：理想气体没有内位能，仅有内动能，因此，理想气体的热力学能仅取决于其温度，即理想气体的热力学能为其温度的单值函数，与温度是相互依赖的。

3.1.2 理想气体状态方程

理想气体的状态方程即克拉贝龙方程(Clapeyron equation)。理想气体状态方程有以下几种不同表达形式，需要时可根据具体条件分别加以利用。

形式一 $$pV=nRT \tag{3-1}$$

式中：n 为气体的千摩尔数，kmol；R 为通用气体常数，8.314 5 kJ/(kmol·K)，与气体的种类和状态无关；p、V、T 分别为气体的压力(Pa)、容积(m^3)和温度(K)。

形式二 $$pV=mR_gT \tag{3-2}$$

式中：m 为气体的质量，kg；R_g 为气体常数，J/(kg·K)，取决于气体的种类，但与气体的状态无关。R_g 与 R 的关系为

$$R_g=\frac{R}{M} \tag{3-3}$$

式中的 M 为气体的千摩尔质量(相对分子质量 M_r 冠以 kg 单位)，kg/kmol。教材的附表 2 中列有各种气体的摩尔质量和气体常数 R_g 的值。

对一定质量的气体(m 为定数)，式(3-2)可表示为

$$\frac{pV}{T}=mR_g=\text{常数}$$

上式说明，一定质量的气体当状态(p,T)不同时，其容积(V)是不同的。

$$pv=R_gT \tag{3-4}$$

式中：v 为气体的比体积。

这是对 1 kg 气体列出的状态方程，是最常使用的形式。

由式(3-2)及式(3-4)取微分并经处理后，分别可得微分形式的理想气体状态方程：

$$\frac{dp}{p}+\frac{dV}{V}=\frac{dT}{T}+\frac{dm}{m} \tag{3-5}$$

以及

$$\frac{dp}{p}+\frac{dv}{v}=\frac{dT}{T} \tag{3-6}$$

进行变质量系统的热力学分析时，将会使用到式(3-5)。

3.2 气体的比热容

物体温度升高 1 K(1 ℃)时所需的热量称为其热容(specific heat)。比热容(比热)的定义是：加热(纯粹加热)单位量物质使其温度升高 1 K(1 ℃)时所需的热量。在对微元加热(单纯加热)的过程中，若 1 kg 物质吸热 δq，温度升高了 dT，则其比热容为

$$c=\frac{\delta q}{dT}\ \text{J/(kg·K)} \tag{3-7a}$$

或

$$c=\frac{\delta q}{dt}\ \text{J/(kg·K)} \tag{3-7b}$$

由此，对于 1 kg 物质的任意微元加热过程，应有

$$\delta q=c\,dT=c\,dt\ \text{J/kg} \tag{3-8}$$

对有限加热过程，有

$$q=\int_1^2 c\mathrm{d}T=\int_1^2 c\mathrm{d}t\ \mathrm{J/kg} \tag{3-9}$$

影响比热容的因素有：物质的种类、所取的计量单位、热力过程的性质，以及物质的状态（气体的温度）。

3.2.1　定容比热容(c_V)和定压比热容(c_p)的定义

气体（简单可压缩物质）的状态可由两个独立状态参数确定。对于热力学能 u，当状态以参数 v、T 给定时，应有热力学能函数 $u=f(v,T)$，存在恰当微分

$$\mathrm{d}u=\left(\frac{\partial u}{\partial T}\right)_v\mathrm{d}T+\left(\frac{\partial u}{\partial v}\right)_T\mathrm{d}v$$

定容过程中 v 为常数，即 $\mathrm{d}v=0$，由此知

$$(\mathrm{d}u)_v=\left(\frac{\partial u}{\partial T}\right)_v\mathrm{d}T$$

定义

$$c_V=\left(\frac{\partial u}{\partial T}\right)_v \tag{3-10}$$

显然，c_V 是一个以偏导数形式给出的状态参数。代入前式，有

$$(\mathrm{d}u)_v=c_V\mathrm{d}T \tag{3-11}$$

另外，对于气体的可逆定容过程，有 $\mathrm{d}v=0$ 及 $p\mathrm{d}v=0$，由热力学第一定律，有

$$\delta q_v=\mathrm{d}u+p\mathrm{d}v=\mathrm{d}u$$

可见

$$\delta q_v=c_V\mathrm{d}T \tag{3-12}$$

式(3-12)适用于所有气体的可逆定容过程。实际上气体的可逆定容过程只能是纯粹的加热过程。对照式(3-8)可知 c_V 的物理意义为定容过程的比热容。

同理，对简单可压缩物质，当以 p、T 给定状态时，应有焓函数 $h=f(p,T)$，存在恰当微分

$$\mathrm{d}h=\left(\frac{\partial h}{\partial T}\right)_p\mathrm{d}T+\left(\frac{\partial h}{\partial p}\right)_T\mathrm{d}p$$

定压过程中 p 为常数，应有 $\mathrm{d}p=0$，由此知

$$(\mathrm{d}h)_p=\left(\frac{\partial h}{\partial T}\right)_p\mathrm{d}T$$

定义

$$c_p=\left(\frac{\partial h}{\partial T}\right)_p \tag{3-13}$$

显然，c_p 是一个以偏导数形式给出的状态参数。代入前式，有

$$(\mathrm{d}h)_p=c_p\mathrm{d}T \tag{3-14}$$

另外，对于气体的可逆定压过程，有 $\mathrm{d}p=0$ 及 $-v\mathrm{d}p=0$，由热力学第一定律，有

$$\delta q_p = \mathrm{d}h - v\mathrm{d}p = \mathrm{d}h$$

可见

$$\delta q_p = c_p \mathrm{d}T \tag{3-15}$$

式(3-15)适用于所有气体的可逆定压过程，对照式(3-8)可知 c_p 的物理意义为定压过程的比热容。

由此可以概括出下列一些比热容性质：c_p 和 c_V 是热力学中以偏导数方式定义的两个重要参数；比热容与物质的种类有关，不同物质其定容比热容 c_V 或定压比热容 c_p 各不相同；对于同一种物质，定容比热容 c_V 与定压比热容 c_p 不同，说明比热容与过程的性质有关。不同热力过程的比热容各不相同；只在纯粹的加热（或内部可逆的）过程中，才能使用对应的比热容经由 $q = \int_1^2 c\mathrm{d}T$ 计算热量。

3.2.2 质量比热容、容积比热容、千摩尔比热容

按照所取的物质量的单位不同，比热容分为：质量比热容、容积比热容和千摩尔比热容。质量比热容（通常简称比热容）定义为加热 1 kg 物质使其温度升高 1 K（℃）所需的热量，称为该物质的质量比热容。质量比热容通常使用符号 c 代表，单位为 kJ/(kg · K)，亦即 kJ/(kg · ℃)。

容积比热容（体积热容）用于气态物质，常以标准立方米（$\mathrm{Nm^3}$）为单位表示物质的数量。加热 1 $\mathrm{Nm^3}$ 气体使其温度升高 1 K（℃）所需的热量称为该气体的容积比热容。容积比热容用符号 C' 代表，单位为 kJ/($\mathrm{Nm^3}$ · K)，亦即 kJ/($\mathrm{Nm^3}$ · ℃)。

千摩尔比热容（C_m）定义为加热 1 kmol 物质使其温度升高 1 K（℃）所需的热量称为该物质的千摩尔比热容。千摩尔比热容用符号 C_m 表示，单位为 kJ/(kmol · K)，亦即 kJ/(kmol · ℃)。

以上三种比热容的换算关系为

$$c = \frac{C_\mathrm{m}}{M} = \frac{22.4C'}{M} \tag{3-16}$$

3.2.3 迈耶公式

物质的定压比热容与定容比热容之比称为比热容比（ratio of specific heat, Mayer's equation），其定义式为

$$k = \frac{c_p}{c_V} \tag{3-17}$$

定容比热容和定压比热容都是系统的热力状态参数，因此比热容比也是系统的一个状态参数。

根据理想气体模型，理想气体分子间不存在相互作用力，因此，理想气体无内位能，仅有内动能。由此得出的结论是，理想气体的热力学能仅为其温度的函数，$u = f(T)$。既然如此，应有

$$c_V = \left(\frac{\partial u}{\partial T}\right)_V = \frac{\mathrm{d}u}{\mathrm{d}T} \tag{3-18}$$

可见对于理想气体，其定容比热容 c_V 像其热力学能一样，仅为其温度的函数。

由理想气体状态方程

$$pv = R_g T$$

及焓的定义式

$$h = u + pv$$

有

$$h = u + R_g T = f(T)$$

显然，理想气体的焓也仅为其温度的函数。既然如此，按定压比热容的定义，对理想气体应有

$$c_p = \left(\frac{\partial h}{\partial T}\right)_p = \frac{\mathrm{d}h}{\mathrm{d}T} \tag{3-19}$$

对于理想气体，其定压比热容 c_p 也仅为其温度的函数。由 $h=u+R_gT$，对 T 求导，有

$$\frac{\mathrm{d}h}{\mathrm{d}T} = \frac{\mathrm{d}u}{\mathrm{d}T} + R_g$$

将式(3-18)及式(3-19)代入上式，有

$$c_p - c_V = R_g \tag{3-20}$$

式(3-20)称为迈耶公式。虽然 c_p、c_V 都是状态函数，但对于理想气体，它们的差值却为定数，等于气体常数 R_g。

由比热容比 γ 的定义式和迈耶公式，可得以下重要关系：

$$c_V = \frac{R_g}{k-1} \quad (\text{理想气体}) \tag{3-21}$$

$$c_p = \frac{k}{k-1} R_g \quad (\text{理想气体}) \tag{3-22}$$

$$k = 1 + \frac{R_g}{c_V} \quad (\text{理想气体}) \tag{3-23}$$

实践表明，任何气体的 c_p、c_V、R_g 均为不等于零的正值，并且 c_p、c_V 随温度升高而增大。据此，由式(3-23)知，物质的比热容比 k 恒大于1，且随温度升高而减小。

3.2.4 真实比热容、定值比热容、平均比热容

气体的比热容主要取决于温度，与压力的关系很小；对理想气体其比热容仅为温度的函数；对蒸汽则还需要考虑比热容与压力的关系。

根据不同精度要求，采取不同手段对比热容与温度的关系进行处理，结果使比热容有真实比热容、定值比热容和平均比热容之分。

1. 真实比热容

按照比热容随温度变化的实际函数关系给出的比热容，称为真实比热容。真实

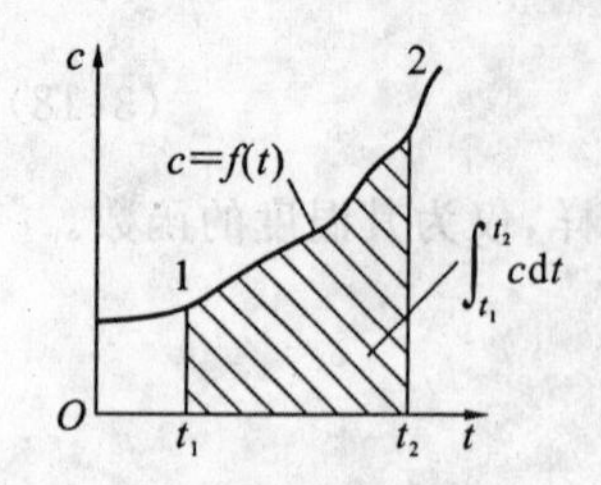

图 3-1　真实比热容与温度的关系曲线

比热容与温度的关系，可表达为一个高次幂方程，即

$$c = a + bt + et^2 + \cdots \tag{3-24}$$

式中：系数 a、b、e、… 与物质和过程的性质有关。如图 3-1 所示，c-t 图上比热容曲线 12 与 t 轴所夹的面积应为$\int_{t_1}^{t_2} c\mathrm{d}t$，根据式(3-9)，$q = \int_1^2 c\mathrm{d}t$，显然该积分就是工质从 t_1 升温至 t_2 时，按真实比热容计算的吸热量。

按真实比热容计算热量时，需要知道比热容与温度的具体函数关系，然后利用积分求解。

2. 定值比热容

对于 He、Ne、Ar 等单原子气体，在很宽的温度范围内它们的比热容几乎保持为常数；一般的理想气体，低压下，当温度不是很高，变化不是太大，作粗略的热工计算时，可将气体的比热容取为定值。这种比热容称为定值比热容。

对于粗略的计算，可按表 3-1 确定理想气体的定值比热容。

表 3-1　理想气体的定值千摩尔比热容和比热容比

R=8.314 5 kJ/(kmol·K)	单原子气体	双原子气体	多原子气体
$C_{V,\mathrm{m}}$ kJ/(kmol·K)	$3\times R/2$	$5\times R/2$	$7\times R/2$
$C_{p,\mathrm{m}}$ kJ/(kmol·K)	$5\times R/2$	$7\times R/2$	$9\times R/2$
$k=C_{p,\mathrm{m}}/C_{V,\mathrm{m}}$	1.67	1.40	1.29

3. 平均比热容

利用真实比热容可以精确求解过程的热量，但是需要进行积分计算，这是件较麻烦的事。为了能够方便而又精确地算出热量，工程上引用平均比热容的概念，并根据需要编制了一些工质的平均比热容表，供热工计算时使用。

讨论真实比热容时介绍过，c-t 图上的比热容曲线下面的面积表示过程的热量。特定过程从 t_1 到 t_2 的热量，在 c-t 图上由曲边梯形 t_1-1-2-t_2-t_1（见图 3-2）表示。从几何学上讲，该曲边梯形完全可转换成一个同高（t_2-t_1）、等面积的矩形 $1'$-$2'$-t_2-t_1-$1'$。该矩形的面积应为

$$\overline{t_1 1'} \times \overline{t_1 t_2} = \int_{t_1}^{t_2} c\mathrm{d}t$$

上式左侧的线段长度$\overline{t_1 t_2}$就是过程的温度范围（t_1，t_2）；矩形宽度$\overline{t_1 1'}$的含义，其实就是（t_1，t_2）温度范围内能够保证精确计算热量的一个折合的恒定比热容值，称为平均比热容。从图上容易看出，对于同一个过程，平均比热容的值与温度范围有关。为了指明平均比热容所适用的特定温度范围，有时也用符号 $c|_{t_1}^{t_2}$ 表示平均比热容。

使用平均比热容计算热量时，有

$$q = \int_1^2 c\mathrm{d}t = c\big|_{t_1}^{t_2}(t_2 - t_1)$$

附表 5、附表 6 给出了一些气体的平均比热容。使用平均比热容表时应当注意以下三点。

(1) 表中所列的平均比热容值都是针对$(0\sim t)$ ℃或$(0\sim T)$ K 温度范围给出的，即 $c\big|_0^t$ 或 $c\big|_0^T$，表上所列的温度，譬如 100 ℃，实际上是指(0～100 ℃)的温度范围；又如，500 K，实际上是指(0～500 K)的温度范围。

(2) 必须注意，温度区间$(0\sim t)$ ℃与$(0\sim T)$ K 的不同，前者的 0 ℃实际是后者的 273 K。

(3) 利用平均比热容表确定(t_1, t_2)温度范围内的平均比热容 $c\big|_{t_1}^{t_2}$时，其方法如下。

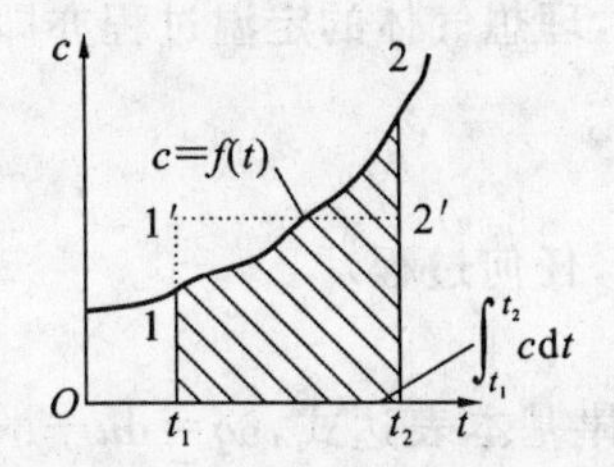

图 3-2　平均比热容的概念

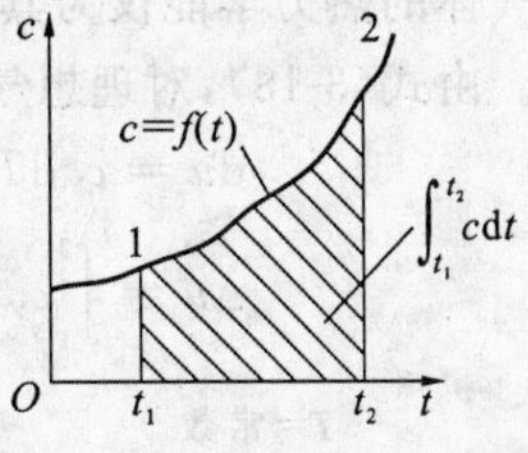

图 3-3　平均比热容的确定

对于特定的过程 1-2(见图 3-3)，应有

$$q_{12} = \int_0^{t_2} c\mathrm{d}t - \int_0^{t_1} c\mathrm{d}t = \int_{t_1}^{t_2} c\mathrm{d}t$$

即

$$c\big|_0^{t_2} \cdot t_2 - c\big|_0^{t_1} \cdot t_1 = c\big|_{t_1}^{t_2}(t_2 - t_1)$$

于是

$$c\big|_{t_1}^{t_2} = \frac{c\big|_0^{t_2} \cdot t_2 - c\big|_0^{t_1} \cdot t_1}{t_2 - t_1} \tag{3-25}$$

从平均比热容表上查得 $c\big|_0^{t_1}$ 和 $c\big|_0^{t_2}$，由式(3-25)即可算出 $c\big|_{t_1}^{t_2}$。

另外，对于平均比热容表上未列出的比热容值，可用线性插值法求得。譬如，表中未列出温度范围为$(0,t)$的待求平均比热容 c，而只列出 t 的上下两个紧邻温度 t_1 和 t_2，对应的平均比热容值分别为 c_1、c_2，则对应于$(0,t)$的平均比热容 c，可用下式近似计算：

$$c = c_1 + \frac{c_2 - c_1}{t_2 - t_1}(t - t_1) \tag{3-26}$$

当未使用线性插值方法时，利用从平均比热容表上查得的平均比热容计算热量是精确的。使用插值法会产生一定误差。当近似取比热容随温度呈线性关系变化时，$c = f(t)$的函数形式为

$$c = a + bt$$

因此

$$q=\int_1^2 (a+bt)\mathrm{d}t = a(t_2-t_1)+\frac{b}{2}(t_2^2-t_1^2)=\left[a+\frac{b}{2}(t_2+t_1)\right](t_2-t_1)$$

显然,式中 $a+\frac{b}{2}(t_2+t_1)$ 为线性关系时的平均比热容。附表 4 给出了气体的平均比热容线性关系式:$c|_{t_1}^{t_2}=a+b't$。使用时式中的 t 实际上应以(t_1+t_2)代入。

3.3 理想气体的热力学能、焓和熵

3.3.1 理想气体的热力学能

理想气体的热力学能仅为其温度的函数,因此,理想气体的定温过程亦即定热力学能过程。由式(3-18),对理想气体有

$$\left.\begin{aligned} \mathrm{d}u &= c_V\mathrm{d}T \\ \Delta u &= \int_1^2 c_V\mathrm{d}T \end{aligned}\right\} \quad (理想气体,任何过程) \qquad (3\text{-}27)$$

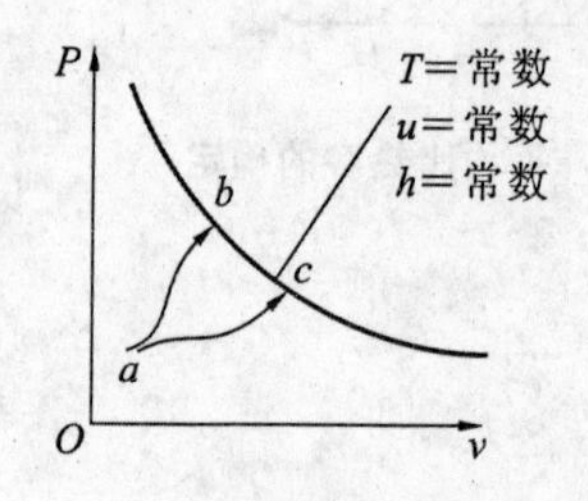

图 3-4 理想气体的热力学能和焓

由热力学第一定律基本表达式,$\delta q=\mathrm{d}u+\delta w$,因对任何气体的可逆定容过程均有 $\delta w=0$,因而有 $\delta q_v=(\mathrm{d}u)_V=c_V\mathrm{d}T$,可见,在可逆定容过程中,式(3-27)对任何气体都是适用的。但是,它对理想气体则适用于一切过程,这是需要给予清楚认识的。例如,对于图 3-4 上示出的理想气体热力过程 ab 和 ac,因 $u_b=u_c$(b、c 在同一定温线上),所以应有

$$\Delta u_{ab}=\Delta u_{ac}$$

对理想气体,当比热容为定值,或 c_V 为平均比热容 $c_V|_0^T$ 时,若取 0 K 时 $u_0=0$,应有

$$\Delta u = u_T - u_0 = \int_0^T c_V\mathrm{d}T = c_V(T-0)=c_VT$$

即

$$u_T = c_VT \quad (理想气体) \qquad (3\text{-}28)$$

3.3.2 理想气体的焓

理想气体的焓仅为其温度的函数,因此,理想气体的定温过程即定焓过程。由式(3-19),有

$$\left.\begin{aligned} \mathrm{d}h &= c_p\mathrm{d}T \\ \Delta h &= \int_1^2 c_p\mathrm{d}T \end{aligned}\right\} \quad (理想气体,任何过程) \qquad (3\text{-}29)$$

同理,对于图 3-4 上示出的热力过程 ab 和 ac,因 b、c 在同一定温线上,所以应有

$$\Delta h_{ab} = \Delta h_{ac}$$

对理想气体,当比热容为定值,或 c_p 为平均比热容 $c_p|_0^T$ 时,若取 0 K 时 $h_0=0$,应有

$$\Delta h = h_T - h_0 = \int_0^T c_p \mathrm{d}T = c_p(T-0) = c_p T$$

即

$$h_T = c_p T \quad \text{（理想气体）} \tag{3-30}$$

3.3.3　理想气体的熵

1. 状态由(T,v)给定时的熵变计算

由热力学第一定律及熵的定义

$$\delta q = \mathrm{d}u + p\mathrm{d}v$$

$$\mathrm{d}s = \left(\frac{\delta q}{T}\right)_{\text{可逆}}$$

有

$$T\mathrm{d}s = \mathrm{d}u + p\mathrm{d}v$$

$$\mathrm{d}s = \frac{\mathrm{d}u}{T} + \frac{p}{T}\mathrm{d}v$$

由理想气体状态方程,有

$$\frac{p}{T} = \frac{R_g}{v}$$

代入上式,有

$$\mathrm{d}s = \frac{\mathrm{d}u}{T} + R_g\frac{\mathrm{d}v}{v}$$

对理想气体,因

$$\mathrm{d}u = c_V \mathrm{d}T$$

代入上式,有

$$\mathrm{d}s = \frac{c_V \mathrm{d}T}{T} + R_g\frac{\mathrm{d}v}{v} \quad \text{（理想气体任何过程）} \tag{3-31}$$

对任意有限过程,有

$$\Delta s = \int_1^2 c_V\frac{\mathrm{d}T}{T} + R_g \ln\frac{v_2}{v_1} \tag{3-32}$$

当比热容为定值时,有

$$\Delta s = c_V \ln\frac{T_2}{T_1} + R_g \ln\frac{v_2}{v_1} \quad \text{（定比热容理想气体）} \tag{3-33}$$

2. 状态由(T,p)给定时的熵变计算

根据热力学第一定律以焓表达的解析式及熵的定义式,有

$$\delta q = \mathrm{d}h - v\mathrm{d}p$$

$$ds = \left(\frac{\delta q}{T}\right)_{可逆}$$

以及对理想气体,有

$$v = \frac{R_g T}{p}$$

$$dh = c_p dT$$

可得

$$ds = c_p \frac{dT}{T} - R_g \frac{dp}{p} \quad (理想气体任何过程) \tag{3-34}$$

对理想气体任意有限过程,有

$$\Delta s = \int_1^2 c_p \frac{dT}{T} - R_g \ln \frac{p_2}{p_1} \tag{3-35}$$

当比热容为定值时,有

$$\Delta s = c_p \ln \frac{T_2}{T_1} - R_g \ln \frac{p_2}{p_1} \quad (定比热容理想气体) \tag{3-36}$$

熵不仅是温度的函数。对气体,通常取标准状况为确定熵相对值的基准态,并令这时的熵值 $s^0_{0\,K}=0$,任意状态(T,p)下的熵值则为

$$s = \int_{T_0}^{T} c_p dT - R_g \ln \frac{p}{p_0}$$

表中 $\int_{T_0}^{T} c_p dT$ 的 s^0 是按真实比热容的求积结果。实际上 s^0 是对应于上述基准态在状态(T,p_0)下的熵相对值。从表中查得 s^0,根据 p 可方便算出精确的熵相对值。

3. 状态由(v,p)给定时的熵变计算

将微分形式的理想气体状态方程式(3-6)及迈耶公式(3-20)

$$\frac{dp}{p} + \frac{dv}{v} = \frac{dT}{T}$$

$$c_p - c_V = R_g$$

代入式(3-31)或式(3-34),经整理后可得

$$ds = c_p \frac{dv}{v} + c_V \frac{dp}{p} \quad (理想气体任何过程) \tag{3-37}$$

$$\Delta s = \int_1^2 c_p \frac{dv}{v} + \int_1^2 c_V \frac{dp}{p} \tag{3-38}$$

当比热容为定值时,有

$$\Delta s = c_p \ln \frac{v_2}{v_1} + c_V \ln \frac{p_2}{p_1} \quad (定比热容理想气体) \tag{3-39}$$

以上理想气体熵变各计算式虽在可逆条件下导得,但是,鉴于熵为状态参数,给定的两状态间系统的熵变将一定,与过程无关,因此,它们适用于任何过程(包括可逆和不可逆过程)。

3.4 纯物质的 p-v-T 关系

纯物质(pure substance)系统是指化学成分均匀一致的物质系统。譬如,氮气、氦气、氢气等都是纯物质,水、二氧化碳、乙醇等化合物组成的系统也是纯物质。此外,各种元素或化合物组成的均匀混合物,其各处具有相同的物理和化学组成,不经历化学反应,也可称为纯物质。只要所有相的化学组成相同,纯物质的多相混合物仍为纯物质。如水的气、液、固态混合物是纯物质,因为其各相的化学组成是完全相同的。

空气系统是一种特殊的物质系统,它是由多种气体组成的混合物。在常温常压下,由氧气、氮气、二氧化碳、水蒸气、惰性气体等组成的混合物——空气,在各处分布均匀,化学组成相同的,可看做是纯物质。但低温时,氧气和氮气将在不同温度下冷凝,所以,在某些情况下,气态空气和液态空气的化学组成不同,不再保持化学均匀性,因此不能视为纯物质。

3.4.1 单元系一级相变的特征

物质内部性质均匀一致的某种聚集体称为相。水有气、液、固三相。相与相之间存在着相界面,界面两边物质的物理性质或化学性质各不相同。就同一物质而言,不同集态将形成不同的相,譬如同一物质的气、液共存系统,蒸汽与液体各成一相,为复相系;对于不同物质相混的系统,即使它们集态相同(如同为液态或气态等),但若不能互溶,相互间存在着明确的界面,则它们也构成复相系,如油与水相混的情况就是如此。

单相系为均匀系统,反之,复相系为非均匀系统。单元系是由单一成分构成的物质系统。单元系的气、液、固三相在一定条件下可以平衡共存,也可以在外界的作用下相互转化。如水(H_2O),在 1 atm,0 ℃的条件下,冰与液态水可以平衡共存,也可以在加热或冷却的条件下发生冰的融解或水的凝固;在 1 atm,100 ℃的条件下,液态水与蒸汽可以平衡共存,也可以在加热或冷却的条件下发生液态水的汽化或蒸汽的凝结。

单元系的相变过程通常具有如下特征:相变时体积要发生变化,伴随有相变潜热。具有以上特征的相变称为一级相变。例如液态水在 1 atm(100 ℃)的条件下汽化时,体积要增大 1 600 倍以上(此时水的比体积为 0.001 043 46 m^3/kg;汽的比体积为 1.673 0 m^3/kg),汽化潜热为 539 kJ/kg。

相变时的体积变化和相变潜热的大小与发生相变时的具体条件有关。一定压力下,相变潜热一定。多数固态物质融解时体积变大,但水例外,4 ℃时液态水具有最大密度(比体积最小),因而当水结冰时体积变大(而非缩小)。1 atm 下冰的融解热为 333 kJ/kg。

3.4.2 气-液相变的若干概念

汽化(vaporization)指物质由液态转变为气态的过程。汽化过程包括蒸发和沸腾两种现象:蒸发特指发生在液体表面上的汽化过程,可在任何温度下发生;而沸腾(boiling)则是在液体内部发生并产生大量气泡的汽化过程,沸腾过程只在沸点下才会发生。一定压力下,任何物质都只在达到各自的某一特定温度时才会发生沸腾,这一温度称为该物质在该压力下的沸点。物质由气态转变为液态的过程称为凝结(condensation),也称液化过程,它是汽化的反过程。

汽化过程中 1 kg 液态物质(饱和液)完全转变为气态时所需的热量称为汽化潜热(latent heat of vaporization)。一定压力下各种物质有自己一定的汽化潜热;物质的汽化潜热随压力增大而减少。同样条件下,同一物质的汽化潜热和凝结热是一样的。

密闭容器中同时存在某种物质的液相和气相时,由于分子运动的结果,两相间一直存在着质量转移现象,即液化和凝结过程实际上总在不断进行着。一定条件下,当液化和汽化过程达到动态平衡,物质气、液两相的质量各自保持不变时,称这时的系统处于饱和状态(saturation)。图 3-5 所示为饱和系统。

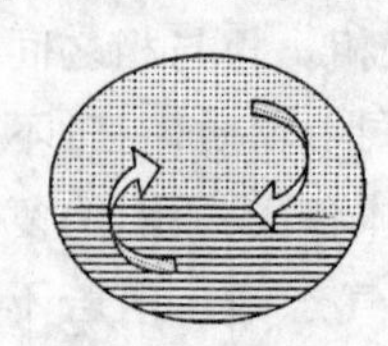

图 3-5 饱和系统

饱和状态下的液体称为饱和液(saturated liquid),相应的蒸汽则称为饱和蒸汽(saturated steam, or vapor)。处在饱和状态时的系统为气、液两相平衡共存系统。因此,任何系统只要处于气、液两相平衡共存的状态下,这时其中的气体应是饱和蒸汽,液体应是饱和液体。当系统中的液体被加热达到沸腾时就属于这种情况。若在沸腾过程中的任一状态下令过程中止下来,并将系统与外界完全隔离,系统中气、液两相将随即平衡共存。因此,沸腾中的液体为对应压力下的饱和液体,所产生的蒸汽为对应压力下的饱和蒸汽。

饱和状态下的蒸汽压力,即液体沸腾时所产生气泡中的蒸汽压力,称为饱和蒸汽压(saturated steam pressure)。对于特定的物质,对应一定温度有一定的饱和蒸汽压;反之,对应一定压力有一定的饱和温度(t_s)。饱和蒸汽压随温度升高而增大,与系统(容器)中蒸汽或液体所占有的容积份额大小无关,也与容器中是否存在别的气体无关。沸腾时产生的气泡中的气压为饱和蒸汽压,它是与外界压力相等的,因此,沸点即外界压力所对应的饱和温度。

3.4.3 安德鲁实验

1. 实际气体的定温压缩实验

1896 年安德鲁以 CO_2 为对象进行定温压缩实验,使其从气态全部变为液态。

在某一温度 T_1 下,当 CO_2 气体被压缩至对应的一定压力 P_1(比体积 v_1'')时开始液化,此后,继续压缩气体不再升压,其过程表现为既定温也定压。随着压缩的进行,系统中的气体不断液化，以致液体逐渐增多，气体逐渐减少，最终完全成为液体（比体积 v_1'）。对液体进行定温压缩的结果，压力将不再保持不变，而是在比体积减少得极少的情况下，压力急剧升高，这反映出液体近似具有不可压缩性。

提高定温压缩过程的温度为 T_2，重复上述压缩过程。情况与前一过程相似，只是气体要到对应的更高的压力 p_2、更小的比体积 v_2'' 时才开始液化。随后的液化过程依然为定温-定压过程。到液化结束时，对应的比体积 v_2' 则相对比前一过程较大。此后，因液体的近似不可压缩性，p-v 图上的定温压缩曲线几乎成为垂直线。

对 CO_2 气体，当压缩过程的温度定在 304.19 K，压缩过程进行到压力 p_c = 7.382 MPa，比体积 v_c = 0.002 136 75 m³/kg 时，发生从气体到液体的连续过渡，理论上可以认为 CO_2 一旦压缩到这一状态，将立即全部液化，不再出现定温-定压的过程段，过程曲线在此处出现一拐点。该点的状态称为物质的临界状态。

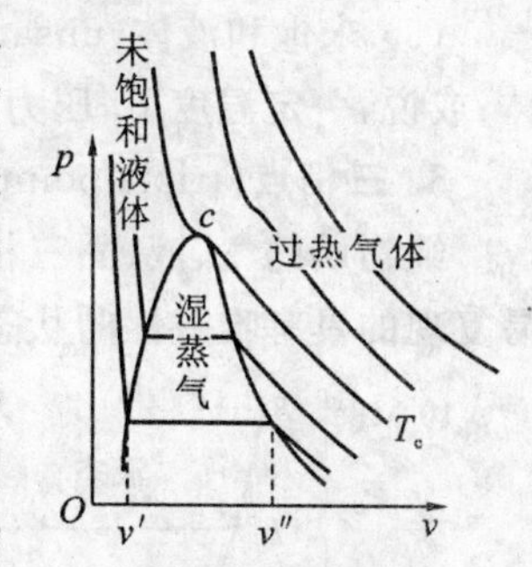

图 3-6　安德鲁实验

在比 304.19 K 更高的温度下对 CO_2 进行压缩时，将不可能使它转变成液体，即在此温度以上不存在液态的 CO_2。随着温度越来越高，p-v 图（见图 3-6）上的定温压缩线将趋向于成为等腰双曲线，表明 CO_2 气体的热力性质趋向于理想气体。

2. 安德鲁实验的结果

根据安德鲁实验的结果，p-v 图中定温过程曲线水平段（定温-定压）上的任一点，代表着系统中某种气液两相平衡共存的状态，其中两端点处应分别为全部是饱和蒸汽和全部是饱和液体的状态。

将 p-v 图上不同温度下安德鲁实验所得的所有饱和蒸汽状态（具有 v_1''，v_2''，…），以及所有的饱和液体状态（具有 v_1'，v_2'）连成线，则两线应汇于临界点 c。于是，安德鲁实验的结果可概括成这样一句话：实际气体的热力特性在坐标图上表现出 1 点、2 线、3 区、5 态的特征。此话的含义如下。

1 点——物质的临界点。临界点是物质的一种重要特性。在临界状态下，物质的气、液两相没有明显区别（$v_c' = v_c''$），相界面极其模糊乃至消失；不存在温度超过 T_c，能够处于稳定平衡态的液体。

2 线——饱和蒸汽状态连线（上界限线）和饱和液体状态连线（下界限线）。

3 区——上界限线与临界等温线上段的右侧区域为气态区；下界限线与临界等温线上段的左侧区域为液态区；上、下界限线之间的钟罩形区域为湿蒸气区。气、液两相平衡共存的系统称为处于湿蒸气状态。

5 态——过热蒸汽状态、饱和蒸汽状态、湿蒸气状态、饱和液体状态、未饱和液体状态。

对实际气体气-液相变过程中所涉及的这五种状态可分别定义如下。

(1) 过热蒸汽(superheat steam)　一定压力下,温度高于对应饱和温度的蒸汽;或说,一定温度下,压力低于对应饱和蒸汽压的蒸汽。过热蒸汽温度与对应饱和温度之差称为过热度,$\Delta t_{sup}=t-t_{sat}$,过热度愈大,气体的热力性质愈接近理想气体。

(2) 饱和蒸汽　一定压力下,温度等于对应饱和温度的蒸汽;或说,一定温度下,压力等于对应饱和蒸汽压的蒸汽。

(3) 湿蒸气(wet steam)　饱和蒸汽与饱和液体的机械混合物(平衡共存)。

(4) 饱和液体　一定压力下,温度等于对应饱和温度的液体;或说,一定温度下,压力等于对应饱和蒸汽压的液体。

(5) 未饱和液体(unsaturated liquid)　一定压力下,温度低于对应饱和温度的液体;或说,一定温度下,压力高于对应饱和蒸汽压的液体。

3. 三相点(triple point)

纯物质的气、液、固三相平衡共存时的状态称为三相点。三相点是物质的一种容易复现的具有唯一性的状态,也是一种因物质而异的重要特性。

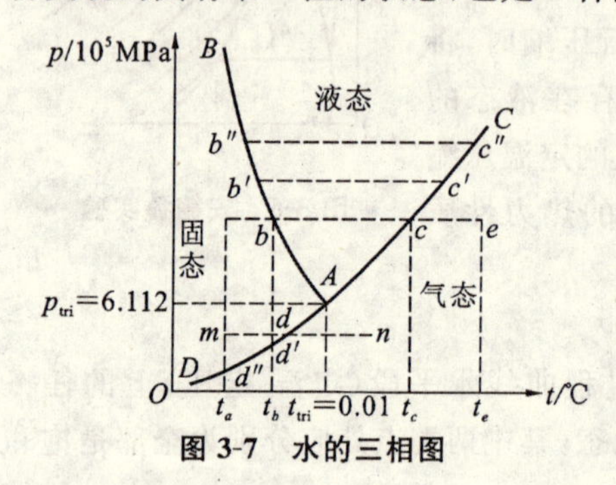

图 3-7　水的三相图

水的三相点参数为:$p_{tri}=611.2$ Pa,$T_{tri}=273.16$ K,$v_{tri}=0.001\ 000\ 22\ \mathrm{m^3/kg}$。

图 3-7 所示为水的气、液、固三相相互转化和平衡关系的 P-t 图,称为三相图。图中所标明的曲线为:AD 为升华曲线;AB 为融解曲线;AC 为汽化曲线。三条曲线的交点 A 称为三相点。由于只在临界温度以下才存在液态物质,所以汽化线 AC 止于临界等温线处。

3.5 水蒸气的热力性质

3.5.1 水的定压气化过程

1. 关于水的熵和内能的国际规定

1963 年第六届国际水蒸气会议规定:对 H_2O,取三相点(273.16 K,0.01 ℃)下液态水的熵和内能为零。

根据焓的定义 $h=u+pv$,由于三相点下液态水的压力和比体积都很小,它的焓值很小,所以也可近似地视为零。由于水的三相点接近 0 ℃,所以可以粗略地认为:0 ℃下液态水的焓、熵、内能均为零。

鉴于液态水近似为不可压缩流体,当对一定温度的液态水进行绝热(定熵)压缩时,它的压力可以改变,但熵不变;根据热力学第一定律,它的内能不变。由于过程中水的内位能不可能改变,因此内动能也不会改变,可知它的温度不改变。据此,同温度而压力不同的液态水,其熵相同、内能相同,焓虽不相同但相差很小。

2. 水蒸气的 T-s 图

将温度为0 ℃、某一压力 p_1 下的水(未饱和水)进行定压加热(0点)。由于过程的压力一定,因此当水加热升温至对应的饱和温度(沸点)T_{s1} 时开始沸腾(饱和水)。此后过程进入定温-定压阶段,饱和水逐渐汽化成为饱和蒸汽,系统处在湿蒸气状态,直至全部水汽化完毕(干饱和水蒸气)。再往后过程不再定温,饱和蒸汽将过热成为过热水蒸气。

提高过程的压力(p_2),水仍从0 ℃开始加热。由于水的熵仍为0,所以过程的起始点仍为0点。因压力提高,对应的饱和温度也提高,水需加热至较高温度 T_{s2} 才开始沸腾,其余情况与上述过程相似,只是水开始沸腾时的熵值(s')较大,沸腾结束时的熵值(s'')则较小。

未饱和水从0 ℃加热至沸点的过程称为水的预热,所需的热量称为液体热。液体的比热随压力变化极小,所有0 ℃的水的状态在 T-s 图上又都集中在0点,因此,各种压力下的未饱和水预热过程曲线,在相同温度区间内几乎是重合在一起的。

饱和水汽化所需的热量为汽化潜热,常用符号 r 表示。由于汽化段为定温-定压过程,因此应有

$$r = T(s'' - s') = h'' - h' \text{ kJ/kg} \tag{3-40}$$

后面章节将会讨论,对简单可压缩物质有 $\left(\dfrac{\partial T}{\partial s}\right)_p = \dfrac{T}{c_p} > 0$,所以 T-s 图(见图3-8)上水的预热段及蒸汽的过热段均为凹向上的指数曲线;汽化段则因此时比热为无穷大而呈水平状。

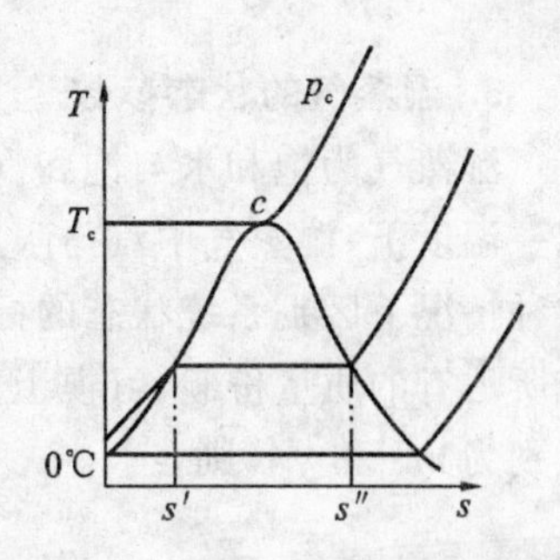

图3-8 水蒸气的定压形成过程

水的临界参数为:$p_c = 22.115$ MPa,$T_c = 647.27$ K(374.12 ℃),$v_c = 0.00317$ m^3/kg。当压力提高至22.115 MPa(临界压力)时,水加热至374.12 ℃(647.27 K,临界温度)立即全部汽化,汽化潜热为零,实现连续相变过程。在该状态(临界点)下 $s' = s''$。高于临界压力22.115 MPa以后的任何压力下,水一旦加热至临界温度374.12 ℃均立即全部汽化。

将 T-s 图上所有的饱和水状态连成线——下界限线;将所有的饱和蒸汽状态连成线——上界限线,也有一点、两线、三区、五态的情况,与安德鲁实验结果相似,只是未饱和水的状态实际并不分布在整个临界等温上界限线与下界限线之间所围出的区域中,而是几乎全部集中落在下界限线上。

3.5.2 水和水蒸气的状态参数

1. 未饱和水的状态参数

未饱和水的压力与温度可以独立变化,通常其状态是以(p,t)形式给定的;未饱

和水的温度总是低于其压力所对应的饱和温度，即 $t<t_s$，而且任何压力下均有 $t<t_c$（$=374.12$ ℃）；对 0 ℃的未饱和水近似有 $s_0=0$、$u_0=0$、$h_0=0$，定压下，未饱和水的比体积 v、熵 s、焓 h 均随温度升高而增大；定温下，它们则随压力升高而减小，但变化不是很显著；通常水的比热近似取为 4.187 kJ/kg；由于水不可压缩，其定容比热与定压比热没有区别，即 $c_p=c_V$。

2. 饱和水及饱和水蒸气的状态参数

饱和状态下温度与压力有着对应的关系，仅凭温度或压力一个参数即可确定饱和水或饱和蒸汽的状态。为了方便使用，饱和水及饱和蒸汽的热力性质表分为按压力排列和按温度排列两种（见附表 8、附表 9）；习惯上对饱和水与饱和蒸汽的参数符号分别用上标“′”和“″”表示，以示区别。

当压力提高时（饱和温度升高），参数 v'、s'、h' 提高，v''、s''减小，而 h''则先是增大，约在 3 MPa 时达到最大值，以后便随压力的增大而减小；汽化潜热随压力增大而减小，至临界压力时汽化潜热变为零。临界点时饱和水与饱和蒸汽的参数全部一样。

对饱和蒸汽，由式(3-40)有

$$h''=h'+T_s(s''-s')=h'+r \tag{3-41}$$

$$s''=s'+\frac{r}{T_s} \tag{3-42}$$

3. 湿蒸气的状态参数

湿蒸气为饱和水与饱和汽的机械混合物，是两者的平衡共存体。同一压力，或说同一温度下，湿蒸气中汽与水所占有的质量份额不同时，系统的状态是不同的。作为这种情况下区别系统状态的标志是它的干度。湿蒸气干度的定义为：系统中饱和蒸汽所占有的质量份额，习惯上用符号“x”表示。若系统中饱和水及饱和蒸汽的质量分别为 m_w 和 m_v，则

$$x=\frac{m_v}{m_v+m_w} \tag{3-43}$$

干度的反义词为湿度，即 $1-x$。湿度这一参数不常使用。

不同干度下的湿蒸气广延参数及对应的比参数，都可以按查得的饱和水及饱和蒸汽的参数利用干度计算求得。计算式为

$$v_x=xv''+(1-x)v'=v'+x(v''-v')\approx xv'' \tag{3-44}$$

$$h_x=xh''+(1-x)h'=h'+x(h''-h')=h'+xr \tag{3-45}$$

$$s_x=xs''+(1-x)s'=s'+x(s''-s')=s'+x\frac{r}{T_s} \tag{3-46}$$

由以上各式可得以下干度表达式为

$$x=\frac{v_x-v'}{v''-v'}=\frac{s_x-s'}{s''-s'}=\frac{h_x-h'}{h''-h'} \tag{3-47}$$

显然，对于饱和水、湿蒸气和（干）饱和蒸汽三者的各种参数，有如下关系：

$$v'<v_x<v''$$

$$s' < s_x < s''$$
$$h' < h_x < h''$$

4. 过热水蒸气的参数

过热水蒸气的温度和压力可以独立变化，通常其状态即以(p,t)形式给定；当压力一定而温度升高时，过热水蒸气的h、s、v均升高；当温度一定而压力增大时过热水蒸气的h、s、v均降低；在相同压力的情况下，过热水蒸气的t、h、s、v均较饱和水蒸气的大。

3.5.3　水蒸气热力性质表和焓-熵图

1. 水蒸气热力性质表

对于饱和水蒸气及饱和水有类似附表 8、附表 9 那样的按温度或压力排列的参数表可查。

对于未饱和水和过热水蒸气，由于它们有温度和压力可以独立变化的同样特性，因此工程上将它们的参数同列在一个表中，称为《未饱和水与过热水蒸气热力性质表》。在未饱和水与过热水蒸气的t、p、v、h、s五个参数中，根据给定的任何两个参数的值可以从表上查得其余 3 个参数。该表中列出的温度和压力均按一定间隔排列，对于表上未列出的值，可用线性插值法近似求得。习惯上以一条阶梯状的粗黑线将表中未饱和水和过热蒸汽的参数区分开来，如像附表 10 那样排列形式时，阶梯线的左侧为未饱和水状态，右侧为过热水蒸气状态。

2. 水蒸气焓-熵图

工程上的水蒸气热力过程多可近似地转化为绝热过程和定压过程。这两种过程的技术功和吸热量均为过程的焓差，因此使用焓-熵图求解过程时有其独特的方便之处。

焓-熵图上也有上、下界限线及临界点，但由于仅使用于过热水蒸气及干度较高的湿蒸气，因此通常给出的只是图 3-9 的右上部分，未包括下界限线和临界点。

焓-熵图上给出各种定值线群，简介如下。

定压线——在湿蒸气区内为倾斜向上的直线段；在过热区则为凹向上的指数曲线。由$\delta q_p = \mathrm{d}h = T\mathrm{d}s$，有$\left(\dfrac{\partial h}{\partial s}\right)_p = T$，湿蒸气区内为定温-定压过程，所以定压线为定斜率的直线。定压线以上的压力值为大。

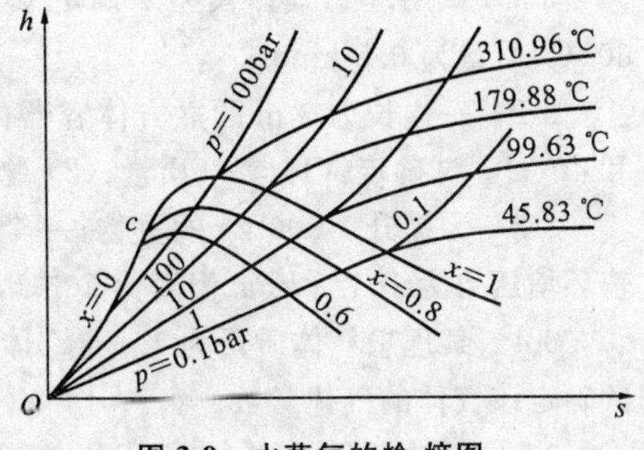

图 3-9　水蒸气的焓-熵图

定温线——湿蒸气区内定压线即定温线；过热区内定温线凹向下，斜向右上方，逐渐趋向于成为水平线（趋于理想气体热力性质）。居于上方的温度值为高。

定容线——凹向上，斜向右上方，斜率

大于定压线。在图中常套色印出。

思 考 题

1. 如何理解理想气体的概念?

2. 通用气体常数 R 是否随气体的种类和状态不同而异,气体常数 R_g 是否随气体的种类和状态不同而异?

3. 某种气体满足 $pv=R_gT$,这种气体是否为理想气体?其比热容、热力学能、焓、熵仅仅是温度的函数吗?

4. 迈耶公式是否适用于实际气体,为什么?若某一气体满足迈耶公式,则随着温度的变化,c_p/c_v 是否为定值?

5. 1 kg 理想气体经历下列两条路径:(1) 定容加热、(2) 定压加热,都从 30 ℃加热到 100 ℃,哪条路径需要较多的能量,为什么?

6. 冰水的混合物是纯物质吗,为什么?

7. 工质临界状态的性质是什么?

8. 什么是物质的临界点?什么是物质的三相点?

9. 物质的相的概念是什么?由 1 kg 的液体-蒸汽两相混合物组成且已知温度 T 和比体积 v 的平衡系统,那么每相的质量能确定吗?

10. 什么是未饱和液体、湿蒸气、饱和液体和过热蒸汽?相应情况下压力和温度是何关系?

11. 试分析哪种情况需要更多的能量?(1) 在 100 ℃下完全蒸发 1 kg 的饱和水;(2) 在 120 ℃下完全蒸发 1 kg 的饱和水。

12. 水蒸气定温变化时,内能变化量是否为零?水定压汽化时内能变化是否为零?

习 题

3-1 试用理想气体模型来确定 CO_2 气体的体积,其压力为 1.5 MPa、温度为 60 ℃、质量为 0.5 kmol。

3-2 一边长为 3 m 的立方体容器内装有氢气,其压力和温度分别为 0.1 MPa 和 40 ℃。试确定:(1) 氢气质量;(2) 物质的量。

3-3 为提升 1 500 kg 的重物,一个氦气球的压力为 101.3 kPa、温度为 40 ℃。若环境压力为 101.3 kPa、温度为 20 ℃,求该气球的体积。

3-4 某理想气体质量为 1.5 kg、体积为 3 m^3、温度为 37 ℃、压力为 0.2 MPa。试确定该气体的气体常数。

3-5 刚性容器 A 内含 1 m^3 的空气,其初始参数为 0.5 MPa 和 25 ℃。刚性容器B内含5 kg的空气,其初始参数为0.2 MPa和35 ℃。现打开连接两容器的阀门直到包括A、B的整个系统与20 ℃外界达到热平衡。试计算:(1) 容器B的容积;(2) 整个系统的终态平衡压力;(3) 整个系统的空气总质量。

3-6　一个6 m^3 的容器在用去4 kg氮气后,容器内的气体压力为0.3 MPa,温度为300 K。若容器内初始温度是320 K,求容器中氮气的初始质量和压力。

3-7　一个6 m^3 的容器含有温度为400 K的氦气,并被从大气压抽真空至740 mmHg。试确定:(1) 留在容器中的氦气质量;(2) 抽出去的氦气的质量;(3) 留下的氦气温度降到10 ℃,那么压力是多少?

3-8　空气从初态温度 $T_1=480$ K、压力 $p_1=0.2$ MPa,经某一状态变化过程被加热到终了状态温度 $T_2=1\,000$ K、压力 $p_2=0.5$ MPa。(1) 分别按平均比热容表、空气热力性质表求1 kg空气的 u_1、u_2、h_1、h_2、Δu、Δh;(2) 若上述过程为定压过程,即 $p_1=p_2=0.2$ MPa,问此时的 u_1、u_2、h_1、h_2、Δu、Δh 怎么改变? (3) 对上述计算结果进行讨论,用平均比热容表和空气热力性质表两种方法计算得到的结果是否相同,为什么?

3-9　试确定氮气从600 K加热到1 000 K的焓变。采用:(1) N_2 的比热容和温度的关系计算;(2) 平均温度时的 c_p 值;(3) 室温时的 c_p 值。

3-10　一绝热刚性容器系统内有初始温度为37 ℃、质量为1.5 kg的空气,吸收80 kJ的搅拌功。求:(1) 终温;(2) 热力学能的变化。

3-11　试填充表3-2中关于水的数据。

表3-2　习题3-11表

温度/℃	压力/kPa	焓/(kJ/kg)	干度	所属相态
	200		0.8	
30		2 000		
	475.71		0.0	
80	500			
	800	3 161.7		

3-12　充满水的饭锅的内径为20 cm,盖子质量为4 kg,若当地大气压是0.1 MPa,求饭锅内水的饱和温度。

3-13　一刚性容器内有5 kg制冷剂R134a,其参数为0.9 MPa和100 ℃。试确定容器的容积和总热力学能。

3-14　容积为0.75 m^3 的刚性容器内有12.5 kg、−30 ℃的R134a。试确定:(1) 压力;(2) 总热力学能;(3) 液相占据的体积。

3-15　一台活塞气缸装置初始内有50 L液态水,其参数为0.3 MPa和20 ℃。对水定压加热直至其完全变成饱和蒸汽。试在 T-v 图上表示该过程并计算:(1) 水的质量；(2) 终温；(3) 总焓变。

3-16　容积为 0.5 m^3 的刚性容器内有初始温度为 100 ℃、干度为 0.8 的湿蒸气。现在对水加热直至达到临界状态。试计算初始时刻液态水的质量及其占据的体积。

3-17　试确定下列状态物质水的相态，(1) p=551.58 kPa，t=155.6 ℃；(2) p=551.58 kPa，t=204.4 ℃；(3) p=2.482 MPa，t=204.4 ℃；(4) p=482.64 kPa，t=160 ℃；(5) p=101.35 kPa，t=−12.2 ℃。

3-18　干度为 0.6、温度为 0 ℃的氨，在容积为 200 L 的刚性容器内被加热到压力为 1 MPa，求加热量。

3-19　某压水堆核电站蒸汽发生器内产生的新蒸汽的压力为 6.53 MPa、干度为 0.995 6，蒸汽的流量为 608.47 kg/s。若蒸汽发生器主蒸汽管内的流速不大于 20 m/s，求新蒸汽的焓及蒸汽发生器主蒸汽管的内径。

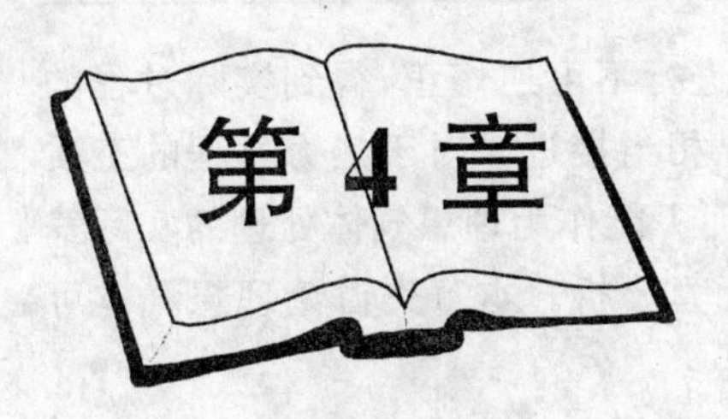

气体的热力学过程

热力系统状态连续变化的过程称为热力过程。工程中实施热力过程的目的有两个方面:一方面通过系统状态变化实现预期的能量转换,如燃气轮机中的燃气的膨胀做功过程;另一方面通过热力过程实现系统的状态变化,如压气机消耗功量使气体压力升高的压缩过程。因此,分析热力过程的目的也有两个:确定过程中状态变化的规律,并根据规律求取相应的状态参数;求取热力过程中能量转换的数量关系,即功量和热量。

学完本章后要求:

(1) 能熟练掌握理想气体的四个基本热力过程及多变过程的参数变化关系,并能够分析过程中能量转化的规律;

(2) 能熟练地将理想气体的四个基本热力过程表示在 p-v、T-s 参数坐标图上,并掌握四种基本过程与多变过程之间的关系;

(3) 会应用水蒸气图表进行水蒸气热力过程计算;

(4) 掌握活塞式压气机采取等温、绝热、多变压缩过程时耗功量的计算方法,了解活塞式压气机采取等温压缩的优点和采取绝热压缩的缺点以及活塞式压气机的余隙体积造成的后果。

4.1 研究热力过程的方法

工程设备中的实际过程都伴随着扰动、摩擦、散热等不可逆因素,十分复杂。为了便于分析,突出主要矛盾,忽略次要因素,把工质经历的热力过程当成理想的可逆过程对待。抓住实际过程中状态参数变化的主要特征,找出过程所具有的简单规律,归纳整理成四种基本过程。例如,汽油机工作时,气缸里被压缩了的汽油和空气的混合物由电火花点燃,在瞬间迅速燃烧,活塞未及移动,气体的压力与温度已迅速升高,此时气体状态变化的过程可看成是定容过程。再如,空气在锅炉的空气预热器内的加热过程,空气的压力变化不大,可当成定压过程处理等。由于定容、定压、定温和定熵过程中各有一个状态参数(分别为比体积、压力、温度和比熵)保持不变,讨论起来比较简单,而且与实际热力设备中工质的状态变化较为接近,所以这四个过程也称基本热力过程。本章将先讨论理想气体的这四种基本过程。对理想的可逆过程进行分析，并在可逆过程分析基础上，借助一些经验系数进行不可逆修正，得到实际过程的近似分析。实践表明，由此计算的结果与实际情况相当接近。对于热力过程的工质有的可视为理想气体，对之常用分析计算的方法；而不能作为理想气体处理的实际气体。由于它们的性质复杂，我们采用图表法进行计算分析。本章先讨论理想气体可逆过程的分析计算，再讨论水蒸气的热力过程。

研究热力过程所采用的方法，通常是利用前面介绍的基本定律（热力学第一定律）、工质的热力学性质及热力过程的相关性质和特点实现的，具体可分为以下五个步骤。

(1) 根据过程特征，结合工质的热力学性质，求得该过程中状态变化的特定规律，即基本状态参数 p、v 之间的关系，即过程方程 $p=f(v)$。

(2) 结合过程方程与状态方程，确定过程中初、终态 p、v、T 之间的关系，根据已知参数求得未知参数。

(3) 将热力过程表示在状态参数坐标图的 p-v 图及 T-s 图上，可直观看出各个过程中工质状态变化及能量转化的情况。

(4) 确定状态参数 u、h、s 的变化 Δu、Δh、Δs。对理想气体，无论过程可逆与否，都可利用下列公式进行计算。考虑比热容为定值时，有

$$\Delta u = c_V(t_2 - t_1)$$

$$\Delta h = c_p(t_2 - t_1)$$

$$\Delta s = c_V \ln \frac{T_2}{T_1} + R_g \ln \frac{v_2}{v_1} = c_p \ln \frac{T_2}{T_1} - R_g \ln \frac{p_2}{p_1} = c_V \ln \frac{p_2}{p_1} + c_p \ln \frac{v_2}{v_1}$$

(5) 根据热力学第一定律，结合过程特征得到过程中能量传递和转换的关系及过程中交换的功量和热量。对于可逆过程，热量可按 $q=\int_1^2 c\mathrm{d}T=\int_1^2 T\mathrm{d}s$ 计算，过程中的膨胀功和技术功分别按 $w=\int_1^2 p\mathrm{d}v$，$w_t=-\int_1^2 v\mathrm{d}p$ 进行计算。

4.2 理想气体的四种基本热力过程

1. 定容过程

气体在状态变化过程中比体积保持不变的过程称为定容过程。实际热力设备中的某些加热过程是在接近定容条件下进行的，如活塞式内燃机中的定容加热过程。其过程方程为

$$\mathrm{d}v = 0 \quad 或 \quad v = 常数 \tag{4-1}$$

过程中初、终态 p、v、T 之间的关系可根据式(4-1)及理想气体状态方程 $pv=R_g T$ 得到：

$$\frac{P}{T} = \frac{R_g}{v} = 定值 \tag{4-2}$$

则有

$$v_1 = v_2 , \quad \frac{p_2}{p_1} = \frac{T_2}{T_1} \tag{4-3}$$

由式(4-3)可知，在理想气体的定容过程中压力和热力学温度成正比。状态参数变化规律可由图4-1示出：1－2过程，压力增大，温度升高，熵增加，系统吸热；1－2′过程，压力减小，温度降低，熵减少，系统放热。

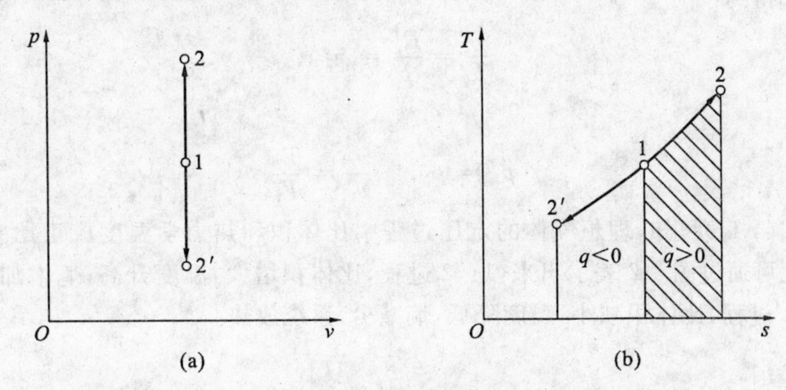

图4-1　定容过程

(a) p-v 图；(b) T-s 图

根据热力学第一定律用于理想气体的可逆过程时有

$$T\mathrm{d}s = c_V T + p\mathrm{d}v \tag{4-4}$$

对于定容过程 $\mathrm{d}v=0$，则有

$$\left(\frac{\partial T}{\partial s}\right)_v = \frac{T}{c_V} \tag{4-5}$$

在 T-s 图上的定容线的斜率为$\frac{T}{c_V}$，且斜率随温度升高而增大，即 T-s 图上的定容线是一条正斜率下凹的曲线，且随温度的升高，曲线越来越陡。过程中能量转换的关系可以根据热力学第一定律 $q=\Delta u+w$ 及 $\mathrm{d}v=0$ 得到：

$$w_v = \int_1^2 p\mathrm{d}v = 0 \tag{4-6}$$

定容过程的膨胀功为零，所以定容过程的热量为

$$q_v = \Delta u = u_2 - u_1 \tag{4-7}$$

定容过程中气体不做膨胀功，加入系统的热量全部转化成系统的内能。这一结论适用于任何气体或其他流体。定容过程中的热量还可以直接用比热容来计算，即

$$q_v = c_V \Delta T$$

定容过程的技术功为

$$w_t = -\int_{p_1}^{p_2} v\mathrm{d}p = v(p_1 - p_2) \tag{4-8}$$

2. 定压过程

气体在状态变化过程中压力保持不变的过程称为定压过程。实际热力设备中的

某些加热过程或放热过程是在接近定压条件下进行的，如燃气轮机中的定压加热过程，过程方程为

$$\begin{aligned} dp &= 0 \\ p &= \text{常数} \end{aligned} \tag{4-9}$$

过程中初、终态 p、v、T 之间的关系可以根据气体过程方程(4-9)及理想气体方程 $pv=R_g T$得到：

$$\frac{v}{T} = \frac{R_g}{p} = \text{定值} \tag{4-10}$$

则有

$$p_1 = p_2, \quad \frac{v_2}{v_1} = \frac{T_2}{T_1} \tag{4-11}$$

由式(4-11)可知，理想气体的定压过程中比体积和热力学温度成正比。状态参数的变化可通过图 4-2 表示出来：1—2 过程，比体积增大，温度升高，熵增加，系统吸热；1—2′过程，比体积减小，温度降低，熵减少，系统放热。

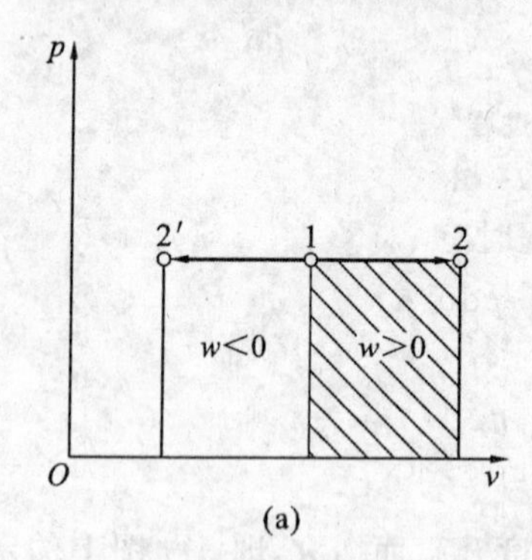

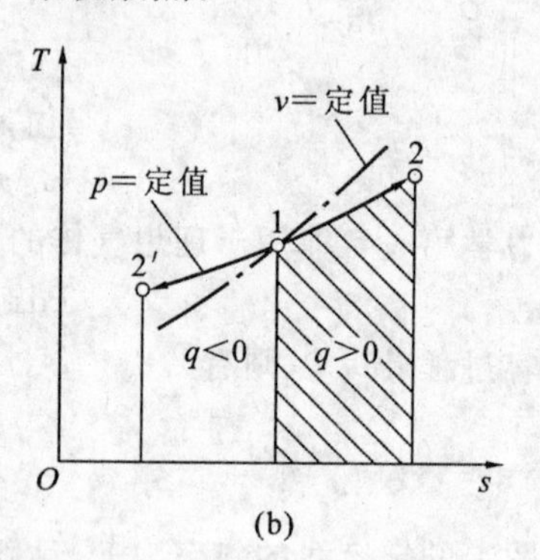

图 4-2　定压过程

(a) p-v 图；(b) T-s 图

图中曲线的斜率可根据热力学第一定律用于理想气体的可逆过程时推导得到：

$$T\mathrm{d}s = c_V \mathrm{d}T - v\mathrm{d}p \tag{4-12}$$

对于定压过程 $\mathrm{d}p=0$，则有

$$\left(\frac{\partial T}{\partial s}\right)_p = \frac{T}{c_p} \tag{4-13}$$

在 T-s 图上的定压线曲线的斜率为$\frac{T}{c_p}$，且斜率随温度升高而增大，即 T-s 图上的定压线越来越陡。对于同一物质总有 $c_p > c_V$，所以在同一温度下，T-s 图上定压线的斜率必定小于定容线，即从同一状态出发，定压线比定容线平坦，如图 4-2 所示。过程中能量转换的关系，可以根据热力学第一定律及 p 为定值得到膨胀功和技术功分别为

$$w_p = \int_1^2 p\mathrm{d}v = p(v_2 - v_1) = R_g(T_2 - T_1) \tag{4-14}$$

$$w_{t,p} = -\int_1^2 -v\mathrm{d}p = 0 \tag{4-15}$$

所以

$$q_p = \Delta h = h_2 - h_1 \tag{4-16}$$

定压过程中气体不做技术功,加入系统的热量全部转化成系统焓的增加。这一结论适用于任何气体或其他流体。定压过程中的热量还可以直接用比热容来计算,即

$$q_p = c_p \Delta T$$

3. 定温过程

气体在状态变化过程中系统的温度保持不变的过程称为定温过程。实际热力设备中的某些过程是在接近定温条件下进行的,如活塞式压气机中,如果气缸套的冷却效果非常理想,压缩过程中气体温度升高很小,这一过程近似于定温过程。根据此过程特征气体的温度保持不变及 $pv=R_g T$,得到过程方程

$$pv = \text{定值} \tag{4-17}$$

过程中初、终态 p、v、T 之间的关系可根据气体过程方程(4-17)及理想气体方程 $pv=R_g T$ 得到:

$$T_1 = T_2, \quad \frac{v_2}{v_1} = \frac{p_1}{p_2} \tag{4-18}$$

由式(4-18)可知,理想气体的定温过程中比体积和压力成反比。定温过程状态参数变化规律如图 4-3 所示:1—2 过程,压力降低,比体积增大,熵增加,系统吸热;1—2′过程,压力升高,比体积减小,熵减少,系统放热。

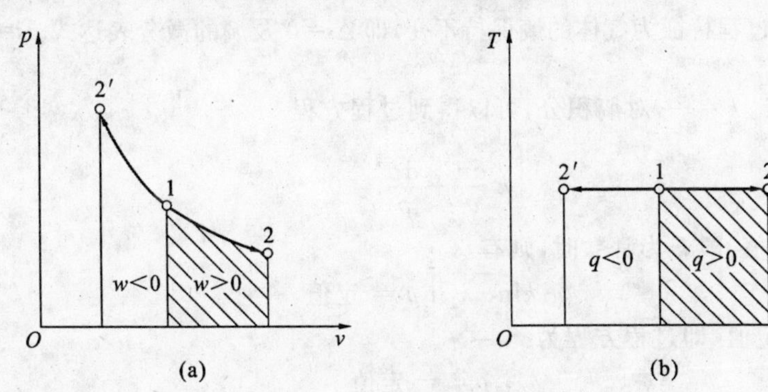

图 4-3 定温过程

(a) p-v 图;(b) T-s 图

p-v 图中曲线的斜率可由理想气体方程 $pv=R_g T$ 求导得到:

$$\left(\frac{\partial p}{\partial v}\right)_T = -\frac{p}{v} \tag{4-19}$$

由图 4-3 可见,p-v 图上理想气体的定温过程为等腰双曲线,其斜率为负,而且离坐标原点越远的定温线其温度值越高。

根据热力学第一定律及理想气体热力性质可得到膨胀功和技术功分别为

$$w_T = q - \Delta u = q \tag{4-20}$$

$$w_{t,T} = q - \Delta h = q \tag{4-21}$$

则

$$q = w = w_t \tag{4-22}$$

而

$$w_T = \int_1^2 p\mathrm{d}v = \int_1^2 pv\frac{\mathrm{d}v}{v} = \int_1^2 R_g T\frac{\mathrm{d}v}{v}$$

$$= R_g T\ln\frac{v_2}{v_1} = p_1 v_1 \ln\frac{v_2}{v_1} = -p_1 v_1 \ln\frac{p_2}{p_1} \tag{4-23}$$

4. 可逆绝热(定熵)过程

气体在状态变化过程中系统与外界没有热量交换的过程称为绝热过程,即

$$\delta q = 0 \tag{4-24}$$

实际热力设备中不能够做到完全的绝热,但是当过程进行得很快,工质来不及与外界换热或者换热量很小时,通常可以把这样的过程近似为绝热过程。在忽略了不可逆因素后,将式(4-24)代入 $\mathrm{d}s=\frac{\delta q}{T}$,得到

$$\mathrm{d}s = 0 \quad 或 \quad \Delta s = 0 \tag{4-25}$$

即绝热过程就是定熵过程。

很多压缩和膨胀过程都可认为是在绝热条件下进行的,如水蒸气在汽轮机中的膨胀做功过程;燃气在燃气轮机和内燃机中的膨胀做功过程;流体在压缩机中被压缩的过程等。其过程特征为气体的熵保持不变,即 $\Delta s=0$ 及熵的微分表达式 $\mathrm{d}s=c_V\frac{\mathrm{d}p}{p}+c_p\frac{\mathrm{d}v}{v}$,令热容比 $k=\frac{c_p}{c_V}$,对熵积分,可以得到过程方程

$$k\frac{\mathrm{d}v}{v} + \frac{\mathrm{d}p}{p} = 0 \tag{4-26}$$

当比热容为定值,即 k 为常数时,则有

$$k\ln v + \ln p = 定值$$

可得 $\ln pv^k=$定值,即过程方程为

$$pv^k = 定值 \tag{4-27}$$

过程中初、终态 p、v、T 之间的关系可根据气体过程方程(4-27)及理想气体方程 $pv=R_g T$ 得到:

$$\left.\begin{aligned} \frac{p_2}{p_1} &= \left(\frac{v_1}{v_2}\right)^k \\ \frac{T_2}{T_1} &= \left(\frac{v_1}{v_2}\right)^{k-1} \\ \frac{T_2}{T_1} &= \left(\frac{p_2}{p_1}\right)^{\frac{k-1}{k}} \end{aligned}\right\} \tag{4-28}$$

定熵过程状态参数变化如图 4-4 所示：1－2 过程，比体积增大，压力减小，温度下降；1－2′过程，比体积减小，压力增大，温度上升。

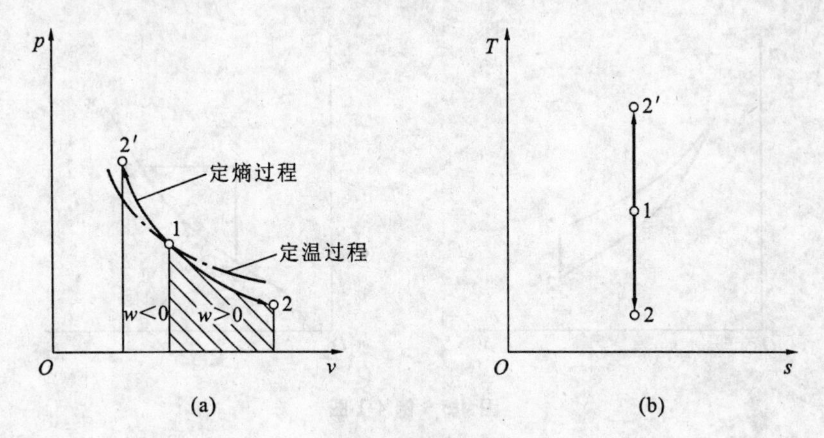

图 4-4　定熵过程

(a) p-v 图；(b) T-s 图

p-v 图中曲线的斜率可由理想气体方程 $pv=R_g T$ 求导得到：

$$\left(\frac{\partial p}{\partial v}\right)_T = -k\frac{p}{v} \tag{4-29}$$

由图 4-4 可见，定熵过程在 p-v 图上为一条高次双曲线，该曲线较定温曲线陡；在 T-s 图上为一条垂直于 s 轴的直线。

定熵过程中能量转换的关系可以根据热力学第一定律得到，膨胀功和技术功分别为

$$w_s = -\Delta u = u_1 - u_2 \tag{4-30}$$

$$w_{s,T} = -\Delta h = h_1 - h_2 \tag{4-31}$$

则

$$q = w = w_t \tag{4-32}$$

由此可知，绝热过程中工质所做的膨胀功等于热力系热力学能的减少；而外界对热力系做的压缩功则全部转换成热力系热力学能的增加；在绝热流动过程中，流动工质所做的技术功全部来自其焓降。

若比热容为定值的理想气体，可以得到

$$W_s = c_V(T_1 - T_2) = \frac{1}{k-1}R_g(T_1 - T_2) = \frac{1}{k-1}(p_1 v_1 - p_2 v_2) \tag{4-33}$$

过程可逆则有

$$w_s = \frac{1}{k-1}R_g T_1\left[1-\left(\frac{p_2}{p_1}\right)^{\frac{k-1}{k}}\right] = \frac{1}{k-1}R_g T_1\left[1-\left(\frac{v_1}{v_2}\right)^{k-1}\right] \tag{4-34}$$

例 4-1　如图 4-5 所示，2 kg 空气分别经过定温膨胀和绝热膨胀的可逆过程，从初态 $p_1=9.807$ bar，$t_1=300$ ℃，膨胀到终态容积为初态容积的 5 倍，试计算不

同过程中空气的终态参数，对外所做的功和交换的热量以及过程中内能、焓、熵的变化量。

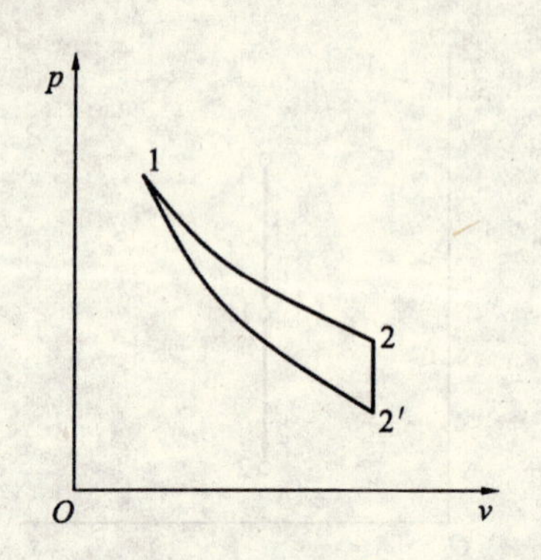

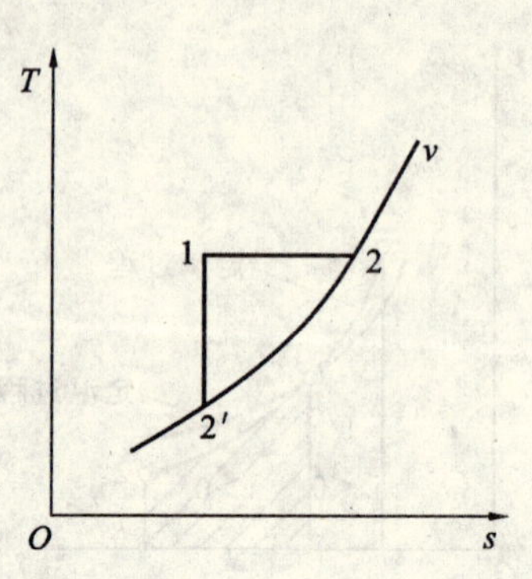

图 4-5　例 4-1 图

解　将空气取作闭口系。因此可逆定温过程 1—2 的状态参数计算如下。

(1) 对可逆定温过程 1—2 进行分析。

由定温过程方程可知　$T_2=T_1=573\ \mathrm{K}$

又根据定温过程中的参数关系可得

$$p_2=p_1\frac{v_1}{v_2}=9.807\times\frac{1}{5}\ \mathrm{bar}=1.961\ \mathrm{bar}$$

按理想气体状态方程，得

$$v_1=\frac{RT_1}{p_1}=0.167\ 7\ \mathrm{m^3/kg}$$

则

$$v_2=5v_1=0.838\ 5\ \mathrm{m^3/kg}$$

$$p_2=1.961\ \mathrm{bar},\quad v_2=0.838\ 5\ \mathrm{m^3/kg},\quad T_2=573\ \mathrm{K}$$

气体对外做的膨胀功及交换的热量为

$$W_T=Q_T=p_1V_1\ln\frac{V_2}{V_1}=529.4\ \mathrm{kJ}$$

过程中内能、焓、熵的变化量分别为

$$\Delta U_{12}=0,\quad \Delta H_{12}=0,\quad \Delta S_{12}=\frac{Q_T}{T_1}=0.923\ 9\ \mathrm{kJ/K}$$

或

$$\Delta S_{12}=mR\ln\frac{V_2}{V_1}=0.923\ 8\ \mathrm{kJ/K}$$

(2) 对可逆绝热过程 1—2′进行分析。

由可逆绝热过程参数间的关系可得

$$p_{2'}=p_1\left(\frac{v_1}{v_2}\right)^k$$

其中，$v_{2'}=v_2=0.838\ 5\ \mathrm{m^3/kg}$

故

$$p_{2'}=9.807\left(\frac{1}{5}\right)^{1.4}\ \text{bar}=1.03\ \text{bar}$$

$$T_{2'}=\frac{p_{2'}v_{2'}}{R}=301\ \text{K}$$

气体对外所做的功及交换的热量为

$$W_s=\frac{1}{k-1}(p_1V_1-p_2V_2)=\frac{1}{k-1}mR(T_1-T_{2'})=390.3\ \text{kJ}$$

$$Q_{s'}=0$$

过程中内能、焓、熵的变化量为

$$\Delta U_{12'}=mc_V(T_{2'}-T_1)=-390.1\ \text{kJ}$$

或

$$\Delta U_{12'}=-W_2=-390.3\ \text{kJ}$$

$$\Delta H_{12'}=mc_p(T_{2'}-T_1)=-546.2\ \text{kJ},\quad \Delta S_{12'}=0$$

4.3　理想气体的多变过程

1. 多变过程与基本过程的关系

4.2节讨论的四种基本热力过程，它们最重要的特点就是某个状态参数保持不变。而实际过程多种多样，有不少过程中工质的状态参数 p、v、T 等都有显著变化，与外界之间的热量也不可忽略不计，不能用这些基本热力过程来描述。通过实验测定的方法发现，一些过程中单位质量工质的压力 p 和 v 的关系，具有如下规律：

$$pv^n=\text{定值}\tag{4-35}$$

这类过程被称为多变过程，其中 n 为多变指数，它可以是 $-\infty$ 到 $+\infty$ 之间的任意数值。多变过程比前述几种特殊过程更为一般化，但也并非任意的过程，它仍然遵循一定的规律变化，即整个过程服从 $pv^n=$定值，n 为某一定值。对于复杂的实际过程，可以将其视为几个多变过程，每段过程中 n 为定值，各段的 n 值不同。当 n 取不同值时，多变过程是具有不同性质的过程。因此，多变过程是一系列热力过程的总称。尤其是当 n 取以下几种数值时，将代表理想气体的基本热力过程。

当 $n=0$ 时，$pv^0=p=$定值，即为定压过程；

当 $n=1$ 时，$pv=$定值或 $T=$定值，即为定温过程；

当 $n=k$ 时，$pv^k=$定值，即为定熵过程；

当 $n\rightarrow\pm\infty$ 时，$p^{1/n}v=p^0v=v=$定值，即为定容过程。

实际工程中 n 不可能严格为以上的取值，比如压缩过程不可能完全绝热即定熵过程，也不可能充分散热即等温过程，只能是介于两者之间即 $1<n<k$。但只要整个

热力过程中 n 保持为某一定值，该过程就是多变过程。多变过程中初、终态参数的关系根据气体过程方程(4-35)及理想气体方程 $pv=R_g T$ 得到：

$$\left.\begin{aligned}\frac{p_2}{p_1}&=\left(\frac{v_1}{v_2}\right)^n\\\frac{T_2}{T_1}&=\left(\frac{v_1}{v_2}\right)^{n-1}\\\frac{T_2}{T_1}&=\left(\frac{p_2}{p_1}\right)^{\frac{n-1}{n}}\end{aligned}\right\}\tag{4-36}$$

多变过程中功量与热量的计算式为

$$w=\int p\mathrm{d}v=\frac{R_g}{n-1}(T_1-T_2)\tag{4-37}$$

$$w_t=nw\tag{4-38}$$

$$\begin{aligned}q=\Delta u+w&=c_V(T_2-T_1)-\frac{R_g}{n-1}(T_2-T_1)\\&=\left(c_V-\frac{R_g}{n-1}\right)(T_2-T_1)=\frac{n-k}{n-1}c_V(T_2-T_1)=c_n(T_2-T_1)\end{aligned}\tag{4-39}$$

根据比热容定义可知，c_n 为多变比热容，即

$$c_n=\frac{n-k}{n-1}c_V\tag{4-40}$$

对于每一个具体过程都存在一个确定的比热容，通过 n 的不同取值可得到基本热力过程的比热容，即

当 $n=0$ 时，$c_n=kc_V$，为定压过程的比热容，即定压比热容；

当 $n=1$ 时，$c_n\rightarrow\pm\infty$，即为定温过程比热容，它表示无论工质吸(放)热多少，温度都不变，容纳热量的能力无穷大；

当 $n=k$ 时，$c_n=0$，即为定熵过程比热容，工质温度的升高或降低不依靠吸收或放出的热量，而是依靠做功达到目的。

当 $n\rightarrow\pm\infty$ 时，$c_n=c_V$，即为定容过程比热容，即定容比热容。

由式(4-40)可知，比热容 c_n 不仅取决于物性参数 c_V 和 k，而且取决于热力过程，即当 n 不同时有不同的比热容，所以如前所述，比热容是一个过程量。从式(4-39)可知，系统吸收的热量的一部分用于温度的升高，即 $c_V(T_2-T_1)$ 部分；另一部分为做功部分，即 $\frac{R_g}{n-1}(T_1-T_2)$ 部分。而只有在定容过程中吸收的热量才全部用于工质的升温，这样看来，$\frac{c_n}{c_V}$ 这个比值实际上反映了多变过程中总的吸热量与工质的热力学能升高所吸收的热量之比。但是定温过程的过程量不能用多变过程的过程量的求解方程，可按式(4-22)和式(4-23)计算。

2. 多变过程的 p-v 图和 T-s 图及其应用

多变过程的曲线 p-v 图和 T-s 图的变化趋势，依然是通过$\dfrac{\partial T}{\partial s}$和$\dfrac{\partial p}{\partial v}$来确定。即通过"$pv^n$＝定值"求导可得

$$-v\mathrm{d}p = np\,\mathrm{d}v$$

即

$$\left(\frac{\partial p}{\partial v}\right)_n = -n\frac{p}{v}$$

根据

$$\mathrm{d}s=\frac{\delta q}{T} \quad 和 \quad \delta q = c_n \mathrm{d}T$$

可得

$$\left(\frac{\partial T}{\partial s}\right)_n = \frac{T}{c_n} \tag{4-41}$$

以上两个偏导数即为多变过程曲线在 p-v 图和 T-s 图上的斜率。通过分析可知：

当 $n=0$ 时，即为定压过程线，$\left(\dfrac{\partial p}{\partial v}\right)_p=0$，$\left(\dfrac{\partial T}{\partial s}\right)_p=\dfrac{T}{c_p}>0$，$p$-$v$ 图为一水平线；T-s 图上由于 T 上升，$\left(\dfrac{\partial T}{\partial s}\right)_p$ 也随之增大，因此为凹向上的曲线；

当 $n=1$ 时，即为定温过程线，$\left(\dfrac{\partial p}{\partial v}\right)_T=-\dfrac{p}{v}<0$，$\left(\dfrac{\partial T}{\partial s}\right)_T=0$，$p$-$v$ 图上由于 v 增大，p 减少，$\left|\left(\dfrac{\partial T}{\partial s}\right)_T\right|$减小，因此为凹向上的曲线；$T$-$s$ 图为一水平线；

当 $n=k$ 时，即为定熵过程线，$\left(\dfrac{\partial p}{\partial v}\right)_s=-k\dfrac{p}{v}<0$，$p$-$v$ 图上由于 v 增大，p 减少，$\left|\left(\dfrac{\partial T}{\partial s}\right)_T\right|$减少，因此为凹向上的曲线；$\left(\dfrac{\partial T}{\partial s}\right)_s\to\infty$，$T$-$s$ 图为一垂线；

当 $n\to\pm\infty$时，即为定容过程线，$\left(\dfrac{\partial p}{\partial v}\right)_v\to\infty$，$p$-$v$ 图为一垂线；$\left(\dfrac{\partial T}{\partial s}\right)_v=\dfrac{T}{c_V}>\dfrac{T}{c_p}>0$，且 T 升高，$\left(\dfrac{\partial T}{\partial s}\right)_v$ 增大，n 值按顺时针方向逐渐增大，T-s 图为一斜率比定压线陡的递增凹曲线。

四个基本热力过程线如图 4-6 所示。通过四个基本热力过程线，可见热力过程线在坐标图上的分布是有规律可循的：n 值按顺时针方向逐渐增大，由 $-\infty\to0\to1\to k\to+\infty$。在确定四个基本热力过程线之后，对任意一个多变过程，已知多变指数 n 就可确定其具体位置。而介于定温和定熵过程之间（$1<n<k$）的多变过程是热机和制冷机中常遇到的过程。

在 p-v 图和 T-s 图上确定了多变过程线之后，状态参数的变化趋势和热力过程中的能量传递方向也可直观地从图中观察得到，如表 4-1 所示。

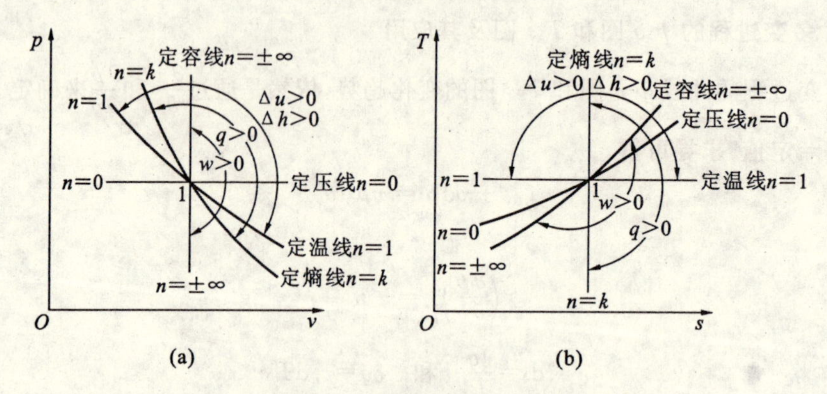

图 4-6　四个基本热力过程线

(a) p-v 图；(b) T-s 图

表 4-1　多变过程的状态参数的变化和能量传递

基　准　线	p-v 图上区域	T-s 图上区域	热力过程参数变化及能量转换
定熵线	定熵线右上区	定熵线右侧区	$\Delta s>0, q>0$
	定熵线左下区	定熵线左侧区	$\Delta s<0, q<0$
定容线	定容线右侧区	定容线右下区	$\Delta v>0, w>0$
	定容线左侧区	定容线左上区	$\Delta v<0, w<0$
定压线	定压线下侧区	定压线右下区	$w_t>0$
	定压线上侧区	定压线左上区	$w_t<0$
定温线	定温线右上区	定温线上侧区	$\Delta T>0, \Delta u>0, \Delta h>0$
	定温线左下区	定温线下侧区	$\Delta T<0, \Delta u<0, \Delta h<0$

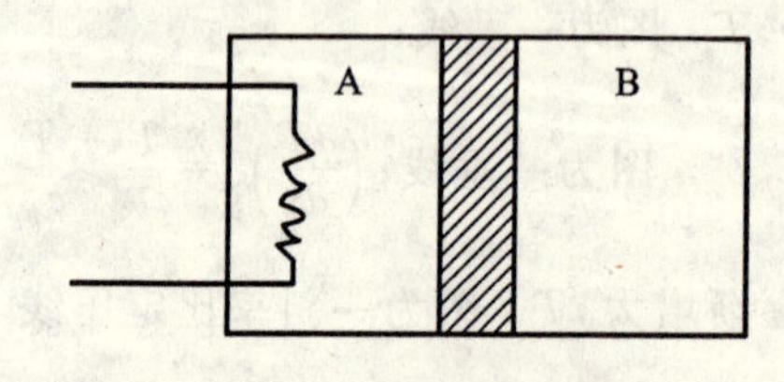

图 4-7　气缸活塞装置

例 4-2　一气缸活塞装置如图 4-7 所示，气缸及活塞均由理想绝热材料组成，活塞与气缸间无摩擦。开始时活塞将气缸分为 A、B 两个相等的部分，两部分中各有 1 kmol 的同一种理想气体，其压力和温度均为 $p_1=1$ bar，$t_1=5$ ℃。若对 A 中的气体缓慢加热（电热），使气体缓慢膨胀，推动活塞压缩 B 中的气体，直至 A 中气体温度升高至 127 ℃。试求过程中在 B 中的气体吸取的热量。设气体 $c_V=12.56$ kJ/(kmol·K)，$c_p=20.88$ kJ/(kmol·K)。气缸与活塞的热容量可以忽略不计。

解　取整个气缸内气体为闭口系。闭口系能量方程为

$$\Delta U = Q - W$$

因为没有系统之外的力使其移动，所以 $W=0$，则

$$Q=\Delta U=\Delta U_A+\Delta U_B=n_A c_V \Delta T_A+n_B c_V \Delta T_B$$

其中　$$n_A = n_B = 1\ \text{kmol}$$

故　$$Q = c_V(\Delta T_A + \Delta T_B) \tag{1}$$

在该方程中 ΔT_A 是已知的，即 $\Delta T_A = T_{A2} - T_{A1} = T_{A2} - T_1$。只有 ΔT_B 是未知量。

当加热 A 中气体时，A 中气体的温度和压力将升高，并发生膨胀推动活塞右移，使 B 中的气体受到压缩。因为气缸和活塞都是不导热的，而且其热容量可以忽略不计，所以 B 中气体进行的是绝热过程。又因为活塞与气缸壁间无摩擦，而且过程是缓慢进行的，所以 B 中气体进行的是可逆绝热压缩过程。

按理想气体可逆绝热过程参数间的关系

$$\frac{T_{B2}}{T_1} = \left(\frac{p_2}{p_1}\right)^{\frac{k-1}{k}} \tag{2}$$

由理想气体状态方程，得

初态时　$$V_1 = \frac{(n_A + n_B)R_M T_1}{p_1}$$

终态时　$$V_2 = \frac{(n_A R_M T_{A2} + n_B R_M T_{B2})}{p_2}$$

其中 V_1 和 V_2 是过程初、终态气体的总容积，即气缸的容积，其在过程前后不变，故 $V_1 = V_2$，得

$$\frac{(n_A + n_B)R_M T_3}{p_3} = \frac{(n_A R_M T_{A2} + n_B R_M T_{B2})}{p_2}$$

因为　$$n_A = n_B = 1\ \text{kmol}$$

所以　$$2\left(\frac{p_2}{p_1}\right) = \frac{T_{A2}}{T_1} + \frac{T_{B2}}{T_1} \tag{3}$$

合并式(2)与式(3)，得

$$2\left(\frac{p_2}{p_1}\right) = \frac{T_{A2}}{T_1} + \left(\frac{p_2}{p_1}\right)^{\frac{k-1}{k}}$$

比值$\frac{p_2}{p_1}$可用试算法求得。

按题意已知

$$T_{A2} = (273 + 172)\ \text{K} = 445\ \text{K}, \quad T_1 = (273 + 5)\ \text{K} = 278\ \text{K}$$

$$\frac{k-1}{k} = 1 - \frac{1}{k} = 1 - \frac{c_V}{c_p} = 1 - \frac{12.56}{20.88} = 0.40$$

故　$$2\left(\frac{p_2}{p_1}\right) = \frac{445}{278} + \left(\frac{p_2}{p_1}\right)^{0.4}$$

计算得　$$\frac{p_2}{p_1} = 1.367$$

代入式(2)，得

$$T_{B2} = T_1\left(\frac{p_2}{p_1}\right)^{\frac{k-1}{k}} = 278 \times (1.367)^{0.4}\ \text{K} = 315\ \text{K}$$

代入式(1),得

$$Q = 12.56[(445 - 278) + (315 - 278)]\ \text{kJ} = 2\ 562\ \text{kJ}$$

4.4 水蒸气的基本热力过程

当工质不是理想气体而是水蒸气时,其基本热力过程也包括定容、定压、定温和定熵四种基本过程。研究其基本过程的目的依然是分析并计算初、终态的参数变化及过程中传递的能量和功。然而在研究水蒸气的基本热力过程时,由于水蒸气与理想气体有着本质的区别:一则水蒸气的基本参数不能用简单的状态方程来表示,很难用分析法来求取各个参数;再则由于水蒸气的定容比热容 c_p、定压比热容 c_V、u 和 h 不再是 T 的单值函数,而是与 p、v、T 之间存在着复杂的函数关系,因而求取初、终态的参数及过程中传递的能量和功宜用图表或专门的计算软件进行计算。当然计算时依然要以热力学第一定律为基础,即应有如下关系式可利用:

$$q = \Delta u + w, \quad q = \Delta h + w_t$$

$$q_v = u_2 - u_1, \quad q_p = h_2 - h_1$$

过程可逆时

$$w = \int_1^2 p\mathrm{d}v, \quad w_t = -\int_1^2 v\mathrm{d}p, \quad q = \int_1^2 T\mathrm{d}s$$

通过图表分析蒸汽的热力过程一般可分如下三个步骤:

(1) 根据已知初态的两个独立参数,在图上(或水蒸气表上)找到代表初态的点,并查出其他初态参数值;

(2) 根据过程条件(沿定压线、定容线、定温线、定熵线)和终态的一个参数值,找到终态的点,并查出终态的其他参数值;

(3) 根据已求的初、终态参数,应用热力学第一和第二定律等基本方程,计算工质与外界传递的能量,即 q、w 和 Δu 等。

对于定容过程有

$$w = \int_1^2 p\mathrm{d}v = 0, \quad w_t = \int_1^2 v\mathrm{d}p = v(p_1 - p_2)$$

$$q = \Delta u = u_2 - u_1 = h_2 - h_1 - v(p_2 - p_1)$$

对于定压过程有

$$w = \int_1^2 p\mathrm{d}v = p(v_2 - v_1), \quad w_t = \int_1^2 v\mathrm{d}p = 0$$

$$q = \Delta h = h_2 - h_1, \quad \Delta u = h_2 - h_1 - p(v_2 - v_1)$$

对于定温过程有

$$q = \int_1^2 T\mathrm{d}s = T(s_2 - s_1)$$

$$\Delta u = h_2 - h_1 - (p_2 v_2 - p_1 v_1)$$

$$w = q - \Delta u$$

$$w_t = q - \Delta h = T(s_2 - s_1) - (h_2 - h_1)$$

对于定熵过程有

$$q = 0$$

$$\Delta u = h_2 - h_1 - (p_2 v_2 - p_1 v_1)$$

$$w = -\Delta u$$

$$w_t = -\Delta h = h_1 - h_2$$

由于在实际工程中，水蒸气的定压、绝热过程是非常重要的，下面以此两个过程为例对水蒸气热力过程进行分析。

1. 定压过程

工程计算中经常遇到定压过程，如水在锅炉中吸热形成水蒸气的过程；水蒸气通过各种换热器进行热交换的过程。

若已知初参数 p_1、x_1 及终参数 t_2，则根据 p_1、x_1，可在 h-s 图上确定初状态点 1，如图 4-8 所示；并查出其他初态参数 v_1、t_1、h_1 和 s_1；根据定压过程特性，过点 1 作定压线与终参数 t_2 线相交，可得到终状态点 2，查出终态点的其他参数为 v_2、h_2 和 s_2。连接定压线上的 1、2 两点，可得定压过程线 1—2。

由水蒸气定熵过程的 h-s 图可以直观地看出定压过程的初、终状态参数的变化规律为：定压加热时温度升高，比容增大，焓及熵增大；定压放热时温度降低，比容减小，内能、焓及熵都减小。

2. 绝热过程

工程计算中也经常遇到绝热过程，如水蒸气通过汽轮机膨胀而对外做功；又如水蒸气通过喷管的过程等都是绝热过程。

若已知初参数 p_1、t_1 及终参数 p_2，则根据 p_1、t_1，可在 h-s 图上确定初状态点 1，如图 4-9 所示，并查出其他初态参数；根据定熵过程特性，过点 1 作定熵线与终参数 p_2 线相交，可得终状态点 2，查出终状态点的其他参数为 v_2、t_2、h_2 和 s_2。连接定熵线上的 1、2 两点，可得定熵过程线 1—2。

由水蒸气定熵过程的 h-s 图可以直观地看出定熵过程的初、终状态参数的变化为：绝热膨胀时，比容增大，压力和温度下降，内能和焓减小；绝热压缩时，比容减小，压力和温度上升，内能和焓增大。

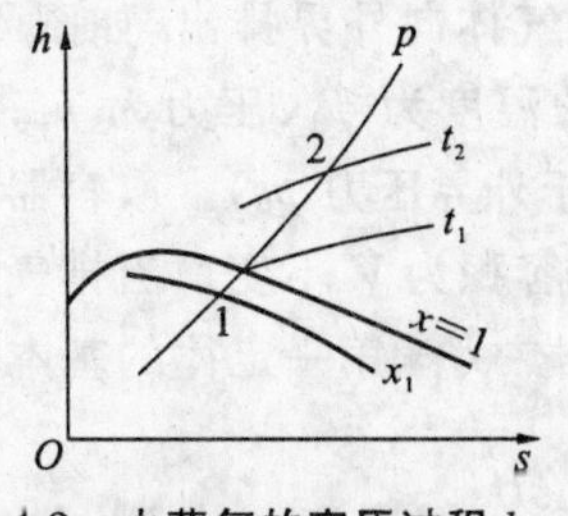

图 4-8　水蒸气的定压过程 h-s 图

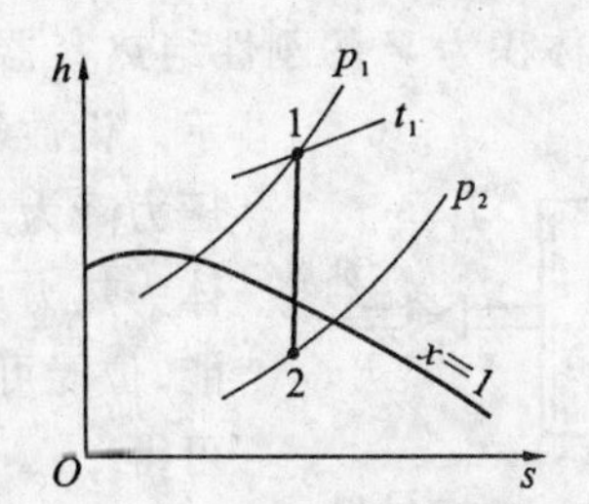

图 4-9　水蒸气的定熵过程 h-s 图

例 4-3 1 kg 蒸汽，$p_1=3$ MPa、$t_1=450$ ℃，绝热膨胀至 $p_2=0.004$ MPa，试用 h-s 图求终状态参数 t_2、v_2、h_2、s_2，并求膨胀功 w 和技术功 w_t。

解 由 h-s 图查得：$h_1=3\ 345$ kJ/kg，$v_1=0.108\ \mathrm{m^3/kg}$，$s_1=7.082$ kJ/(kg·K)；

$h_2=2\ 132$ kJ/kg，$v_2=28\ \mathrm{m^3/kg}$，$s_2=7.082$ kJ/(kg·K)，$t_2=29.4$ ℃。

由于过程为可逆绝热，所以有 $s_2=s_1$。

根据热力学第一定律可得

膨胀功：

$$\begin{aligned} w &= \Delta u=(h_2-p_2v_2)-(h_1-p_1v_1)=(h_1-h_2)-(p_1v_1-p_2v_2) \\ &= (3\ 345-2\ 132)\mathrm{kJ/kg}-(3\times10^3\ \mathrm{kPa}\times0.108\ \mathrm{m^3/kg}-0.004\times10^3\ \mathrm{kPa} \\ &\quad \times 28\ \mathrm{m^3/kg}) \\ &= 1\ 001\ \mathrm{kJ/kg} \end{aligned}$$

技术功：

$$w=h_1-h_2=(3\ 345-2\ 132)\ \mathrm{kJ/kg}=1\ 214\ \mathrm{kJ/kg}$$

*4.5 非稳态流动过程

除了前面几种典型的可逆、稳态过程之外，还有一些实际过程属于不可逆过程。如自由膨胀、绝热节流等都是不可逆过程；活塞式的机械充气、放气过程，容器的泄露等则是非稳态过程。这类问题复杂，须根据具体条件分析，本节重点介绍均匀非稳态问题的研究方法。

非稳态流动是指体系内状态随时间变化的流动过程，至少有一个状态参数随时间变化。很多情况下，热力系开口边界处流入工质与流出工质的质量流量不相同，流动工质做出的功或与外界交换的热流率不一定为常数，此时系统内的总能一般是时间的函数。对于这种变质量系统，可以选取有数个边界限定的一个空间区域作为研究对象（控制体积），利用能量微分方程，结合质量平衡方程和气体的特性方程，确定控制体积中的参数变化规律及通过控制面与外界交换的热量和功量。这种方法称为控制体积法。也是分析非稳态流动问题最常用的方法。下面以放气过程为例，进行具体分析。

1. 绝热放气过程

若一体积为 V 的刚性绝热容器中有较高压力的气体向外界排出，如图 4-10 所示。设放气前容器中气体的温度为 T_1、压力为 p_1；放气后压力降为 p_2（且 p_2 不能低于外界压力 p_0）。取容器中的气体为热力系（控制容积），其容积为 V 不变。当排气时的动能、位能可忽略不计时，根据热力学第一定律的基本表达式可得

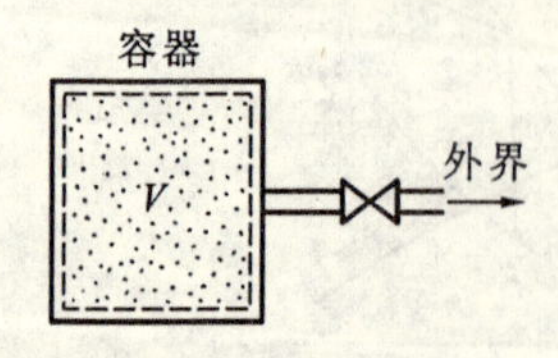

图 4-10 放气过程

$$\delta Q=\mathrm{d}E_{cV}+h_{\mathrm{out}}\delta m_{\mathrm{out}}-h_{\mathrm{in}}\delta m_{\mathrm{in}}+\delta W_{\mathrm{s}}$$

由于绝热，则 $\delta Q=0$；不对外做功，$\delta W_s=0$；没有气体的流入，故 $\delta m_{in}=0$，方程简化为

$$dU + h_{out}\delta m_{out} = 0 \tag{4-42}$$

容器内质量的连续方程有

$$\delta m_{in} - \delta m_{out} = dm$$

过程中进入容器的微元质量为0，因此过程中放气量等于控制体积内气体的减少量，故质量方程变为

$$\delta m_{out} = -dm \tag{4-43}$$

过程中放气的比焓等于该瞬时容器内气体的比焓，即 $h_{out}=h$。将式(4-43)代入式(4-42)中，得

$$dU = h dm$$

即
$$m du + u dm = h dm$$

整理可得
$$m du = pv dm \tag{4-44}$$

由于 $dV=0$，$m dv + v dm=0$，所以有

$$\frac{dm}{m} = -\frac{dv}{v} \tag{4-45}$$

将式(4-45)代入式(4-44)中，可得

$$du + p dv = 0$$

与可逆条件下的热力学第一定律解析式 $\delta q = T ds = du + p dv$ 相比较，可得到

$$ds = 0$$

上式表明：绝热放气时留在容器中的气体是按定熵过程变化的。在证明过程中没有涉及气体的性质，因而该结论适用于任何气体。

2. 理想气体绝热放气

对于理想气体有：$pv=R_g T$，$du=c_V dT$，$c_V=\dfrac{1}{k-1}R_g$，代入式(4-44)中，得到

$$\frac{dm}{m} = \frac{1}{k-1}\frac{dT}{T}$$

结合理想气体状态方程的微分形式 $\dfrac{dp}{p}+\dfrac{dV}{V}=\dfrac{dm}{m}+\dfrac{dT}{T}$，可得

$$\frac{dT}{T} = \frac{k-1}{k}\frac{dp}{p}$$

比热容取定值积分得

$$Tp^{-\frac{k-1}{k}} = 常数 \tag{4-46}$$

因此，在绝热条件下进行的放气过程，通常都可以认为是一个定熵膨胀过程(气体膨胀后超出 V 的体积从容器中排出)，因而容器中气体温度和压力的变化关系应遵循定熵过程的参数变化规律。

4.6 热力过程的工程应用——气体的压缩

气体压缩在工程上的应用十分广泛。压气机通过消耗外功对气体进行压缩，使气体压力提高。压气机按其产生压缩气体的压力范围，可分为通风机（表压＜0.01 MPa）、鼓风机（表压在0.01～0.3 MPa）和压缩机（表压＞0.3 MPa）三类。压气机按其构造和工作原理的不同，又可分为活塞式和叶轮式（离心式和轴流式）两类。通风机和鼓风机都是叶轮式的，而压缩机可以是叶轮式，也可以是活塞式的。最常见的压气机是用来压缩空气的，在火力发电站中用于煤粉输送和锅炉通风，在燃气轮机装置中用于助燃等。研究气体压缩的主要目的在于分析计算定量气体从初态压缩到预定终态时，压气机所消耗的功量，并探讨节省消耗功量的方法。

1. 压缩过程的热力学分析

虽然压气机的形式多种多样，升压原理各不相同，但是气体从低压到高压的状态变化过程都是通过消耗外功对气体压缩来实现的。从热力学观点来看，它们的本质是相同的，即都是由于气体受到压缩而使得压力上升的。因此，可以通过活塞式压气机的压缩对压缩过程进行分析。

活塞式压缩机压缩气体的过程，主要是通过活塞在气缸内不断地往复运动来完成的。主要包括以下三个过程。

(1) 活塞式压缩机压缩气体的吸气过程　当活塞向右边移动时，气缸左边的容积增大，压力下降；当压力降到稍低于进气管中的压力时，管内气体便顶开进气阀进入气缸，并随着活塞向右边移动继续进入气缸，直到活塞式压缩机中活塞移至右边的末端为止。

(2) 活塞式压缩机压缩气体的压缩过程　当活塞向左边移动时，气缸左边的容积开始缩小，气体被压缩，压力随之上升。由于进气阀的止逆作用，使缸内气体不能倒流回进气管中。同时，因排气管内气体压力又高于缸内气体压力，气体无法从排气阀流出缸外，排气管中气体也因排气阀的止逆作用而不能流回缸内，所以，这时活塞式压缩机气缸内形成一个封闭空间。当活塞继续向左边移动时，缸内容积缩小，气体体积也随之缩小，压力不断提高。

(3) 活塞式压缩机压缩气体的排气过程　随着活塞式压缩机中活塞的不断左移压缩缸内气体，使压力继续升高。当压力稍高于排气管中的气体压力时，缸内气体便顶开排气阀而排入排气管中，并继续排出到活塞移至左边的末端为止。

然后，活塞式压缩机中的活塞又向右边移动，重复上述的吸气、压缩、排气这三个连续的工作过程。

对于活塞式压气机，尽管它的工作是周期性的，但由于转速相当高，通常为每分钟几千转以上，仅从进、出口气流来看，可视作稳定流动，又由于进、出口气体的流速和高度的差别不大，动能差和重力位能差均可忽略，那么机器的功耗是指它所消耗的轴功,分析压气机功耗时以其技术功代替,且取为正值。

为简化分析,将压气机中进行的压缩过程视为可逆过程。开口系能量方程为

$$w_c = w_t = -\Delta h + q \tag{4-47}$$

压缩过程可能有三种理想情况:第一种是无冷却,压缩过程进行很快,过程中气体向外界传出的热量可以忽略不计,消耗的外功全部转换为进、出口气流焓的增量,此时可视为多变指数 $n=k$ 的绝热压缩过程。压缩后,气体温度升高,$\frac{T_2}{T_1}=\left(\frac{p_2}{p_1}\right)^{\frac{k-1}{k}}=\pi^{\frac{k-1}{k}}$,如图 4-11 所示的 $1-2_s$ 过程,所消耗功量和交换的热量为

$$w_{ts} = \frac{k}{k-1}R_g T\left[1-\left(\frac{p_2}{p_1}\right)^{\frac{k-1}{k}}\right] \tag{4-48}$$

$$q = 0$$

如图 4-11(a)中 $1\text{-}2_s\text{-}p_2\text{-}p_1\text{-}1$ 所围成的面积。

第二种是压缩过程有理想的冷却条件,压缩时气体及时向外界传出热量,使压缩气体的温度随时与初态温度相等,$T_{2''}=T_1$。此时可视为多变指数 $n=1$ 的定温压缩过程。如图 4-11 所示的 $1-2_T$ 过程,所消耗功量和交换的热量为

$$w_{tT} = R_g T\ln\frac{p_1}{p_2} \tag{4-49}$$

$$q = w_t \tag{4-50}$$

如图 4-11(a)中 $1\text{-}2_T\text{-}p_2\text{-}p_1\text{-}1$ 所围成的面积。

第三种是采用了一定的冷却措施,过程中气体边压缩边放热,但气体的温度仍有升高。此时可视为多变指数范围为 $1<n<k$ 的多变压缩过程,$\frac{T_2}{T_1}=\left(\frac{p_2}{p_1}\right)^{(n-1)/n}$,如图 4-11 所示 $1-2_n$ 过程。所消耗功量和交换的热量为

$$w_{tn} = \frac{n}{n-1}R_g T\left[1-\left(\frac{p_2}{p_1}\right)^{\frac{n-1}{n}}\right] \tag{4-51}$$

$$q = \frac{n-k}{n-1}c_V(T_2 - T_1) \tag{4-52}$$

如图 4-11 中 $1\text{-}2_n\text{-}p_2\text{-}p_1\text{-}1$ 所围成的面积。

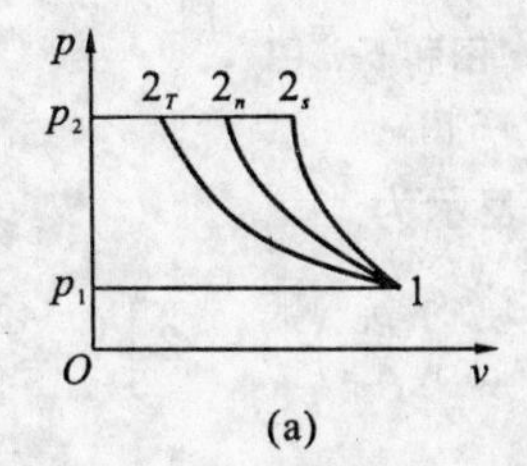

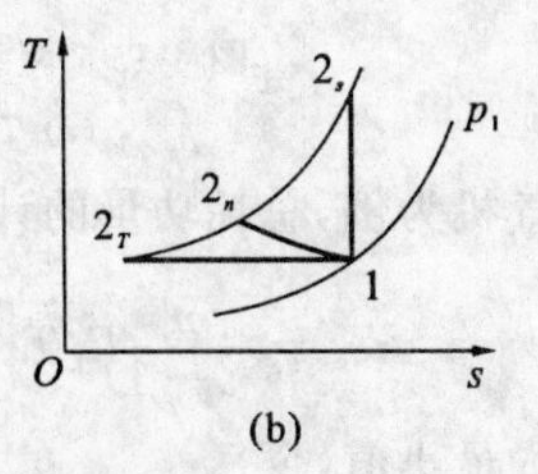

图 4-11 三种压缩过程的表示

通过图 4-11 可明显看出:

$$|w_{tT}|<|w_{tn}|<|w_{ts}| \tag{4-53}$$

$$T_{2s}>T_{2n}>T_{2T} \tag{4-54}$$

可以看到，放热压缩可以节省压气机的耗功量，而定温放热压缩在上述一切压缩过程中耗功量最少，放热压缩对压气机工作带来的好处是明显的。

2. 多级压缩及中间冷却

为了使压气机中的热力过程尽可能地接近为定温过程，可行的具体方案是采用多级压缩，并且在各级之间对被压缩工质实行冷却。两级压缩中间冷却的压气机装置系统如图 4-12 所示。

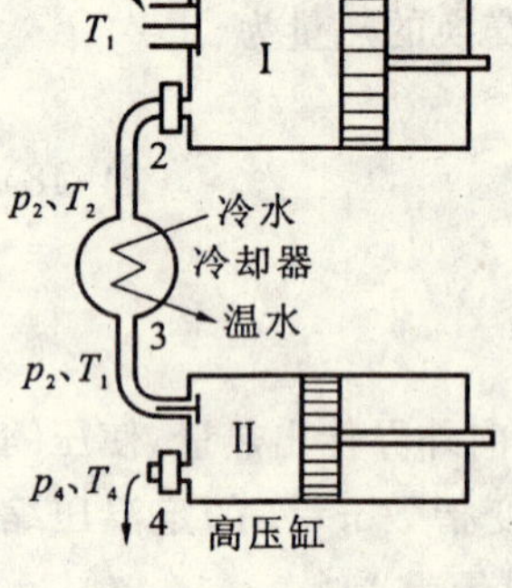

图 4-12　两级压缩装置

具体方案是在两级之间设置冷却器，前级排气先经级间冷却器冷却，然后再进入下一工作级进行压缩。对于分级压缩、中间冷却的多级压气机气体，中间冷却过程通常理想化为定压放热过程，冷却结果为冷却至初温。

两级压缩、中间冷却的过程表示在 p-v 图和 T-s 图上，如图 4-13 所示。从 p-v 图可看出，从初压直接压缩到终压而未采用多级压缩、中间冷却，即如图 4-13(b)中的 1－5 过程，耗功量为面积 1-5-p_4-p_1-1。采用两级压缩、中间冷却时，耗功量为面积 1-2-3-4-p_4-p_1-1。节省的功量如图阴影部分 2-3-4-5-2。不难看出，在总增压比一定的情况下，分级越多，理论上的耗功量越少。级数为无限多时，总耗功量为最小，此时压缩过程将与定温压缩过程无限趋近。当分级数趋向无限多时，理想压气机的压缩过程趋向为定温过程。实际压气机的工作级数不可能无限多，一般分为 2～4 级。目前，这种方法是工程上广泛使用的方法。

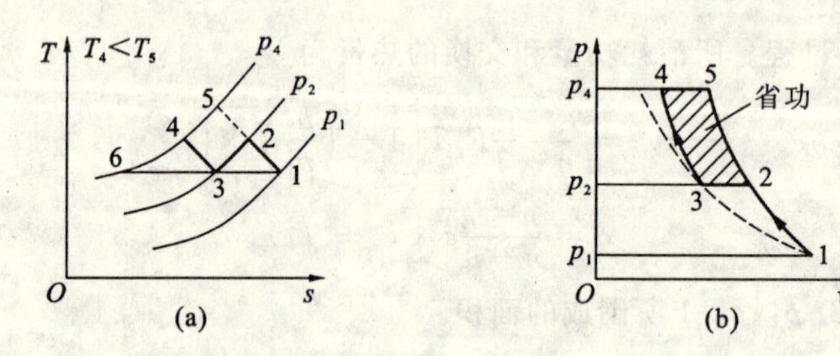

图 4-13　两级压缩 T-s 图和 p-v 图

(a) T-s 图；(b) p-v 图

以两级压缩压气机为例，总耗功量的计算式可表示为

$$w_c=\frac{n}{n-1}R_gT\left[\left(\frac{p_{2'}}{p_1}\right)^{\frac{n-1}{n}}+\left(\frac{p_2}{p_{2'}}\right)^{\frac{n-1}{n}}-2\right] \tag{4-55}$$

为压缩耗功量的最小值，令

$$\frac{\mathrm{d}w_c}{\mathrm{d}p_2}=0$$

可得

$$p_2 = \sqrt{p_1 p_4}$$

即

$$\frac{p_2}{p_1} = \frac{p_4}{p_2}$$

令 $\pi = \frac{p_2}{p_1} = \frac{p_4}{p_2}$ 为增压比，当各级增压比相等时，总耗功量达到最小值，这样选取的增压比是最有利的。

若推广到 z 级压缩及中间冷却的压缩过程，仍可得到上述结论。此时各级增压比相等，且有

$$\pi = \sqrt[z]{\pi_{tot}} \tag{4-56}$$

式中：π_{tot} 为总增压比；z 为分级数。

采用等增压比不仅使总耗功量减至最小，且可使压气机各级的耗功量相等，各级气体的温升相等，各中间冷却器的放热量相等。这些对于压气设备的设计和运行都是有利的。活塞式或轴流式压气机都毫不例外地采用多级压缩、中间冷却的方案。

例 4-4 某活塞式压气机对空气进行多级压缩，其缸套夹层中有冷却水流过，以冷却空气。已知压气机入口处空气的参数为 $p_1 = 0.1$ MPa、$t_1 = 20$ ℃，进气量为 250 m^3/h，出口温度为 $t_2 = 150$ ℃。压气机缸套中流过的冷却水质量流量为 465 kg/h，在缸套中水温升高 14 ℃，试求压气机所产生的压缩空气压力和压气机必须消耗的功率。对空气，$R_g = 0.287$ kJ/(kg · K)，$c_p = 1.005$ kJ/(kg · K)；对水，$c_{p,w} =$ 4.186 kJ/(kg · K)。(此过程可视为可逆过程)

解 视空气为定比热容理想气体。吸入的空气质量流量为

$$m_a = \frac{p_1 V_1}{3\,600 R_g T_1} = \frac{0.1 \times 10^6 \times 250}{3\,600 \times 287 \times 293} \text{ kg/s} = 0.082\,58 \text{ kg/s}$$

压气机的散热率为

$$Q = -m_w c_w \Delta t = -465/3\,600 \times 4.186 \times 14 \text{ kJ/s} = -7.569\,7 \text{ kJ/s}$$

视压气机为稳态稳流装置，有

$$Q = \Delta H + W_t = m_a c_{p,a} \Delta t + W_t$$

压气机必须消耗的功率为

$$W_c = -W_t = -[Q - \Delta H]$$

$$= -[-7.569\,7 - 0.082\,58 \times 1.005 \times (150 - 20)] \text{ kW} = 18.36 \text{ kW}$$

认为压气机中的过程是可逆的，因此

$$w_t = \dot{m} \frac{n}{n-1} R_g (T_2 - T_1)$$

$$w_t (n-1) = \dot{m} n R_g (T_2 - T_1)$$

$$18.36(n-1) = 0.082\,58 n \times 0.287 \times 130$$

$$15.278\,9 n = 18.36$$

$$n = 1.2017$$

压气机所产生的压缩空气压力

$$P_2 = P_1\left(\frac{T_2}{T_1}\right)^{\frac{n}{n-1}} = 0.1\times\left(\frac{150+273}{20+273}\right)^{\frac{1.2017}{1.2017-1}} = 0.1\times\left(\frac{423}{293}\right)^{5.9579}\ \text{MPa}$$

$$= 0.8915\ \text{MPa}$$

***3. 单级活塞式压气机余隙容积的影响**

在实际过程中，由于制造公差及材料的受热膨胀等因素的影响，当活塞运动到死点位置上时，在活塞顶面与气缸盖间有一定的空隙，该空隙的容积称为余隙容积，用 V_c 表示，并用 V_h 表示排气量，它是活塞从上死点运动到下死点时活塞扫过的容积。

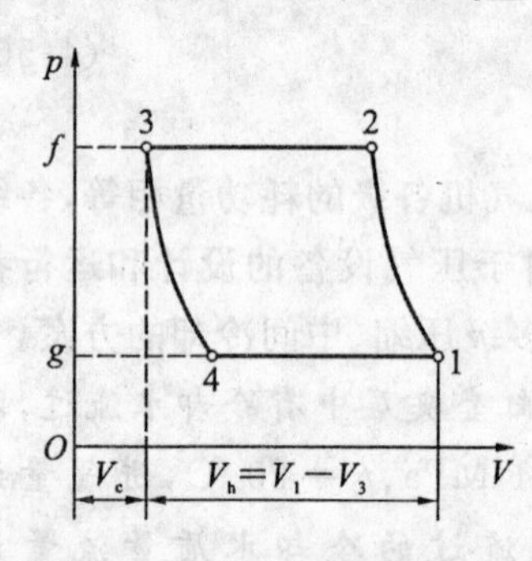

图 4-14　气缸余隙容积及影响

在图 4-14 中，可以看到：1－2 为压缩过程，2－3 为排气过程，3－4 为余隙中气体的膨胀过程，4－1 为有效进气过程。

余隙容积的影响主要是两个方面，首先产气量受到余隙容积的影响：由于余隙容积的影响，活塞在右行之初，由于气缸内压力大于外界压力而不能进气，直到气缸内气体容积由 V_3 膨胀到 V_4，此时 $p=p_1$ 才开始进气，气缸内实际进气容积 V 称为有效进气容积，所以有：$V=V_1-V_4$，因此，由于余隙容积 V_c 的存在，其本身不起压缩作用，而且使另一部分气缸容积也起不到压缩作用。

用 η_V 表示有效吸气容积 V 与气缸排量 V_h 之间的比，称为容积效率，即

$$\eta_V = \frac{V}{V_h} = \frac{V_1-V_4}{V_1-V_3} = \frac{(V_1-V_3)-(V_4-V_3)}{V_1-V_3} = 1-\frac{V_4-V_3}{V_1-V_3}$$

$$= 1-\frac{V_3}{V_1-V_3}\left(\frac{V_4}{V_3}-1\right) = 1-\frac{V_c}{V_h}\left(\frac{V_4}{V_3}-1\right) \tag{4-57}$$

式中：$\frac{V_3}{V_1-V_3}=\frac{V_c}{V_h}$称为余隙容积百分比，简称余隙容积比或余隙比。

而
$$\frac{V_4}{V_3}=\left(\frac{p_3}{p_4}\right)^{\frac{1}{n}}=\left(\frac{p_2}{p_1}\right)^{\frac{1}{n}}=\pi^{\frac{1}{n}}$$

所以有

$$\eta_V = 1-\frac{V_c}{V_h}\left[\left(\frac{p_2}{p_1}\right)^{\frac{1}{n}}-1\right] = 1-\frac{V_c}{V_h}(\pi^{\frac{1}{n}}-1) \tag{4-58}$$

此时 $\pi=\frac{p_2}{p_1}$，称为增压比。

由上式可看出：当气缸容积一定时，则 V_c、V_h 一定，要使 η_V 增大，则需减小 π 值；且当 π 达到一定数值时，η_V 为零。当增压比 π 一定时，余隙比越大，则 η_V 越低。对理论耗功的影响

$$W_c = \text{面积 } 12fg1 - \text{面积 } 43fg4$$

$$= \frac{n}{n-1}p_1V_1\left[\left(\frac{p_2}{p_1}\right)^{\frac{n-1}{n}}-1\right]-\frac{n}{n-1}p_4V_4\left[\left(\frac{p_3}{p_4}\right)^{\frac{n-1}{n}}-1\right]$$

且 $p_1=p_4$、$p_2=p_3$，可得

$$W_c=\frac{n}{n-1}p_1\left[\left(\frac{p_2}{p_1}\right)^{\frac{n-1}{n}}-1\right](V_1-V_4)=\frac{n}{n-1}p_1V(\pi^{\frac{n-1}{n}}-1)$$

$$=\frac{n}{n-1}mR_gT_1(\pi^{\frac{n-1}{n}}-1) \tag{4-59}$$

式中：m 为压气机产生的压缩气体的质量。

若产生 1 kg 压缩气体，则

$$W_c=\frac{n}{n-1}R_gT_1(\pi^{\frac{n-1}{n}}-1) \tag{4-60}$$

活塞式压气机余隙容积的存在，虽对压缩定量气体的理论耗功无影响，但容积效率 η_V 降低，即单位时间内产生的压缩气体量减少。

思　考　题

1. 工质为空气，试在 p-v 图和 T-s 图上画出 $n=1.5$ 的膨胀过程，以及 $n=1.2$ 的压缩过程的大概位置，并分析两过程中 q、w、Δu 的正负。

2. 对于理想气体的任何一种过程，下列两组公式是否都适用？

$$\begin{cases}\Delta u=c_V(t_2-t_1)\\ \Delta h=c_p(t_2-t_1)\end{cases}\qquad\begin{cases}q=\Delta u=c_V(t_2-t_1)\\ q=\Delta h=c_p(t_2-t_1)\end{cases}$$

3. 在多变过程中热量和功量之间的关系(W_n/q_n)等于什么？

4. 过程热量 q 和过程功量都是过程量，都与过程的途径有关。由定温过程热量公式 $q=p_1v_1\ln\frac{v_2}{v_1}$ 可见，只要状态参数 p_1、v_1 和 v_2 确定了，q 的数值也就确定了，q 是否与途径无关？

5. 如图 4-15 所示，q_{ABC} 与 q_{ADC} 哪个大？

6. 如图 4-16 所示，试分别比较 q_{234} 与 q_{214} 及 w_{234} 与 w_{214} 的大小。

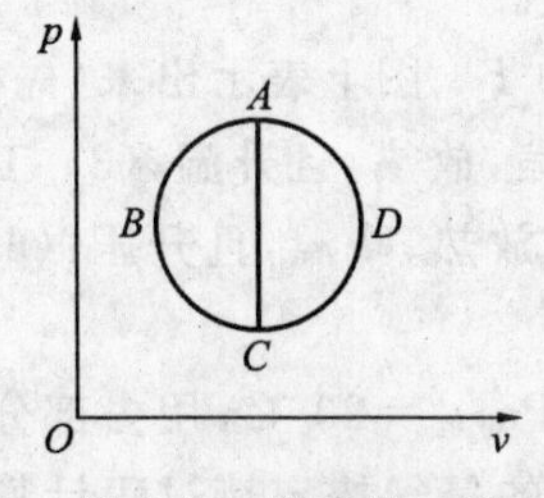

图 4-15　思考题 5 图

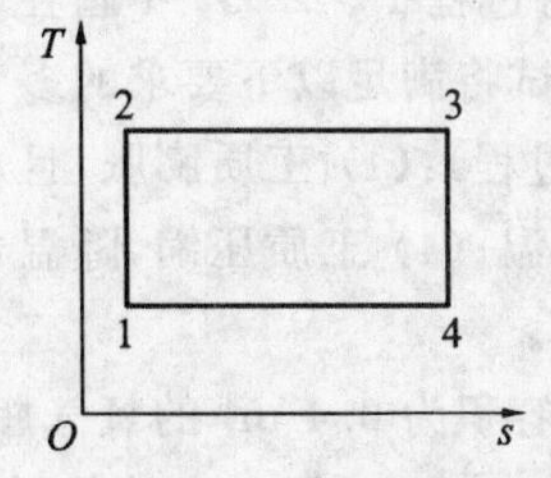

图 4-16　思考题 6 图

7. 试判断下列各种说法是否正确：

(1) 定容过程即无膨胀(或压缩)功的过程;

(2) 绝热过程即定熵过程;

(3) 多变过程即任意过程。

8. 在 T-s 图上如何表示绝热过程的技术功 w_t 和膨胀功 w?

9. 在 p-v 图和 T-s 图上如何判断过程中 q、w、Δu、Δh 的正负?

10. 如果气体压缩机在气缸中采取各种冷却方法后,已能按定温过程进行压缩,这时是否还要采用分级压缩,为什么?

11. 容器被闸门分成两部分,A 部分中气体参数为 p_A、T_A,B 部分为真空。现将隔板抽去,气体作绝热自由膨胀,终压降为 p_2。试问终了温度 T_2 是否可用下式计算?为什么?

$$T_2 = T_A\left(\frac{p_2}{p_1}\right)^{\frac{k-1}{k}}$$

12. 一绝热刚体容器,用隔板分成两部分,左边为高压气体,右边为真空,抽去隔板时,气体立即充满整个容器,问工质内能、温度如何变化?如该刚体容器是绝对导热的,则工质内能和温度又如何变化?

13. 水在定压汽化过程中温度维持不变,因此有人认为过程中热量等于膨胀功,即 $q=W$,对不对?为什么?

习　题

4-1　1 kg 空气由 $T_1=300$ K,$p_1=0.15$ MPa,变化到 $T_2=480$ K,$p_2=0.15$ MPa。若(a) 采用定压过程,(b) 采用先定温后定容过程。试:

(1) 将上述两个过程画在 p-v 图及 T-s 图上;

(2) 求上述两个过程中的膨胀功、热量及熵的变化。

4-2　空气由 $p_1=6.86$ MPa,$t_1=26$ ℃,$v_1=0.03$ m³,定压膨胀到 $v_2=0.09$ m³,然后按多变过程 $pv^{1.5}=$常数,膨胀到 $T_3=T_1$,最后沿等温过程回复到初态。试:

(1) 求过程 1—2 及 3—1 中的功与热量;

(2) 将过程 1—2—3—1 画在 p-v 图及 T-s 图上。

4-3　试将满足以下要求的多变过程在 p-v 图和 T-s 图上表示出来(先标出四个基本热力过程):(1) 工质膨胀,且放热;(2) 工质压缩,放热,且升温;(3) 工质压缩,吸热,且升温;(4) 工质压缩,降温,且降压;(5) 工质放热,降温,且升压;(6) 工质膨胀,且升压。

4-4　容积为 0.4 m³ 的氧气瓶,初态 $p_1=15$ MPa,$t_1=20$ ℃,用去部分氧气后,压力降为 $p_2=7.5$ MPa,在放气过程中,如瓶内留下的氧气按定熵过程计算,共用去多少氧气?最后由于从环境吸热,经一段时间后,瓶内氧气温度又回复到 20 ℃。求此时瓶内的氧气压力。

4-5　$R_g=377\ \mathrm{J/(kg \cdot K)}$，$k=1.25$ 的理想气体 1.36 kg，从 $p_1=551.6$ kPa，$t_1=60$ ℃经定容过程达到 $p_1=1\ 655$ kPa。过程中除了以搅拌器搅动气体外，还加入热量 105.5 kJ。求：

(1) 终态温度 t_2；

(2) 经搅拌器输入的功量；

(3) 气体内能的变化；

(4) 气体熵的变化。

4-6　1.5 kg 理想气体，$c_p=2.232\ \mathrm{kJ/(kg \cdot K)}$，$c_V=1.713\ \mathrm{kJ/(kg \cdot K)}$，$p_1=586$ kPa，$t_1=26.7$ ℃。经可逆定温过程到状态 2，过程中放出热量 317 kJ。求：

(1) 过程初、终态的容积 V_1、V_2 和过程终了的压力 p_2；

(2) 过程中所做的功量 W；

(3) 过程中 ΔS 和 ΔH。

4-7　气缸内盛有 1 kg 氢气，初态 $p_1=10$ MPa，$v_1=0.16\ \mathrm{m^3/kg}$，进行不可逆过程。当过程到达终态时，$p_2=1.5$ MPa，$v_2=1.0\ \mathrm{m^3/kg}$。过程中加热量为 400 kJ/kg。

(1) 求此不可逆过程所做的功。

(2) 若自终态先经可逆定压过程，再经可逆定容过程回到初态，问所需多少功量？

(3) 若自终态先经可逆定容过程，再经可逆定压过程回到初态，问所需多少功量？与(2)的结果是否相等？

4-8　贮氧气的钢筒容积为 0.04 $\mathrm{m^3}$，环境温度 20 ℃，筒内氧气 $p_1=15$ MPa，$t_1=20$ ℃。由于迅速开启阀门，筒内氧气定熵地达到 $p_2=7.5$ MPa，随后阀门又立即关闭，筒内氧气又重新恢复到 20 ℃，问此时氧气的压力为多少？并求阀门开启前筒内氧气的质量和阀门开启后还残留在筒内的氧气质量？如果氧气在初态时，阀门慢慢打开，因而筒内的温度始终保持为 20 ℃，压力则降为 3.5 MPa，问此时残留在筒内的氧气质量又为多少？

4-9　空气稳定流经控制容积，进行定熵过程。温度从 4.44 ℃增至 115.6 ℃，质量流量为 1.36 kg/s，动能和位能的变化可略去不计。求：

(1) 流动过程中与外界交换的功量、热量及 ΔU、ΔH、ΔS；

(2) 空气所做的膨胀功。

4-10　将 2 kg 的气体从初态按多变过程膨胀到原来的 3 倍，温度从 300 ℃下降至 60 ℃，已知该过程膨胀功为 100 kJ，自外界吸热 20 kJ，试求气体的 c_p 和 c_V。

4-11　将 1 kg 空气分两种情况进行热力过程，做膨胀功 300 kJ。一种情况下吸热 380 kJ，另一种情况下吸热 210 kJ。试求两种情况下空气内能的变化。若两个过程都是多变过程，求多变指数，并将两个过程画在同一张 p-v 图上．按定比热容进行计算。

4-12　如图 4-17 所示，两端封闭而且具有绝热壁的气缸。被可移动的、无摩擦的、绝热的活塞分为体积相同的A、B两部分，其中各装有同种理想气体1 kg。开始时活塞两边的压力、温度都相同，分别为0.2 MPa、20 ℃。现通过A腔气体内的一个加热线圈，对A腔气体缓慢加热，则活塞向右缓慢移动，直至 $p_{A2''}=p_{B2}=0.4$ MPa时，试求：

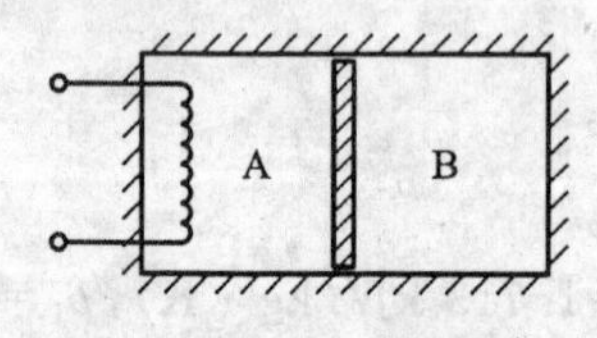

图 4-17　习题 4-12 图

(1) A、B腔内气体的终态容积各是多少？

(2) A、B腔内气体的终态温度各是多少？

(3) 过程中供给A腔气体的热量是多少？

(4) A、B腔内气体的量变各是多少？

(5) 整个气体组成的系统量变是多少？

4-13　$p_1=9$ MPa，$t_1=500$ ℃的水蒸气进入汽轮机，在汽轮机中绝热膨胀到 $p_2=5$ kPa，汽轮机效率为0.85，试求每千克蒸汽所做的功。

4-14　柴油机气缸吸入温度 $t_1=60$ ℃的空气 2.5×10^{-3} m^3，经可逆绝热压缩，空气的温度等于(或约等于)燃料的着火温度。若燃料的着火点为720 ℃，问空气应被压缩到多大的容积？

4-15　空气的初态为 $p_1=150$ kPa，$t_1=27$ ℃，今压缩2 kg空气，使其容积为原来的1/4。若压缩一次是在可逆定温下进行，另一次是在可逆绝热下进行，求这两种情况下的终态参数、过程热量、功量及内能的变化，并画出 p-v 图，以比较两种压缩过程功量的大小。

4-16　若已知空气的 $p_1=10$ MPa、$t_1=1\ 000$ ℃，从初态开始，一次作可逆定温膨胀，一次作可逆绝热膨胀，其终态比容相同，而在绝热膨胀终态温度 $t_2=0$ ℃。试确定空气的定温膨胀功是绝热膨胀功的多少倍？

4-17　1 kg空气，初态 $p_1=1$ MPa，$t_1=500$ ℃，在气缸中可逆定容放热到 $p_2=500$ kPa，然后经可逆绝热压缩到 $t_3=500$ ℃，再经可逆定温过程回到初态。求各过程的功量和热量，内能变化、焓的变化和熵的变化各为多少？

4-18　如图4-18所示，容器A中装有0.2 kg的CO，压力、温度分别为0.07 MPa、77 ℃。容器B中装有0.8 kg的CO，其压力和温度分别为0.12 MPa和27 ℃(见图4-18)。A和B均为透热壁面，它们之间经管道和阀门相通，现打开阀门，CO气体由B流向A，若压力平衡时温度同为 $t_2=42$ ℃，设CO为理想气体，过程中平均比热容 $c_V=0.745$ kJ/(kg·K)。求：(1) 平衡时终压 p_2；(2) 吸热量 Q。

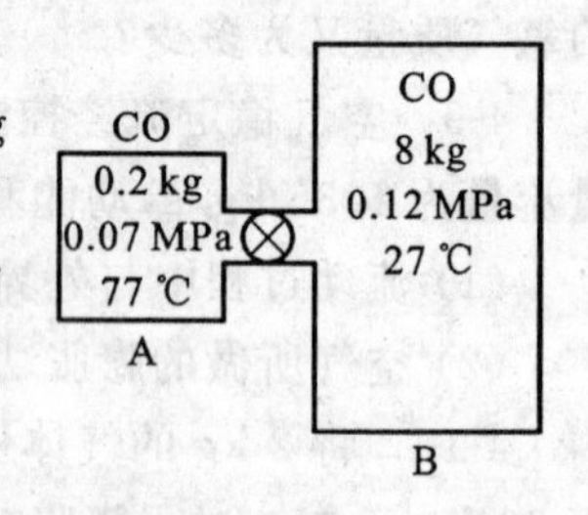

图 4-18　习题 4-18 图

4-19　如图4-19所示，绝热刚性容器内有一绝热的不计重量的自由活塞，初态时活塞在容器底部，A中装有 $p_{A1}=0.1$ MPa，$T_{A1}=290$ K的氮气(N_2)，体积 $V_{A1}=0.12$ m^3。打开阀门，N_2 缓缓充入，活塞上升到压力平衡的位置，此时 $p_{A2}=p_{B2}=p_L$，然后关闭阀门。输气管中 N_2 参数保持一定，为 $p_L=0.32$ MPa，$T_L=330$ K。求：(1) 终温 T_{A2}、T_{B2}；(2) A的体积 V_{A2} 及充入的氮气量 m_{B2}。

4-20　如图 4-20 所示，容器中盛有温度为 0 ℃的 4 kg 水和 0.5 kg 水蒸气，现对容器加热，工质所得热量 $Q=4\ 000$ kJ。试求容器中工质热力学能的变化和工质对外做的膨胀功(设活塞上作用力不变，活塞与外界绝热，并与器壁无摩擦)。

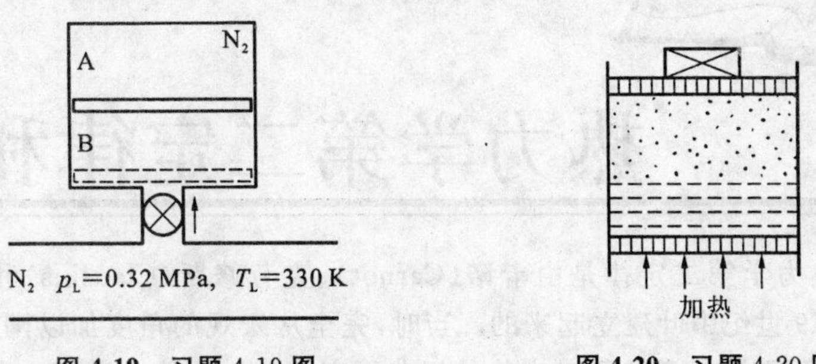

图 4-19　习题 4-19 图　　图 4-20　习题 4-20 图

4-21　某单级活塞式压气机吸入空气的参数为 $p_1=0.1$ MPa，$t_1=50$ ℃，$V_1=0.032\ m^3$，经多级压缩 $p_2=0.32$ MPa，$V_2=0.012\ m^3$，试求：(1) 压缩过程的多变指数；(2) 压缩终了的空气温度；(3) 所需压缩功；(4)压缩过程中传出的热量。

4-22　一台两级压缩活塞式压气机，每小时吸入 500 Nm^3，空气参数：$p_1=1$ bar，$t_1=260$ ℃，将其压缩到 $p_3=25$ bar，设两级的多变指数均为 $n=1.25$，压气机转速为 250 r/min，按耗功量最小原则求：(1) 每个气缸的出口温度；(2) 每个气缸吸气过程吸入的气体容积；(3) 压气机消耗的功率。

4-23　如图 4-21 所示，刚性容器容积为 3 m^3，内贮压力 3.5 MPa 的饱和水和饱和蒸汽，其中蒸汽和水的质量之比为 1∶9。若将饱和水通过阀门排出容器，使容器内蒸汽和水的总质量减为原来的一半。若要保持容器内温度不变，试求需从外界传入的热量值。

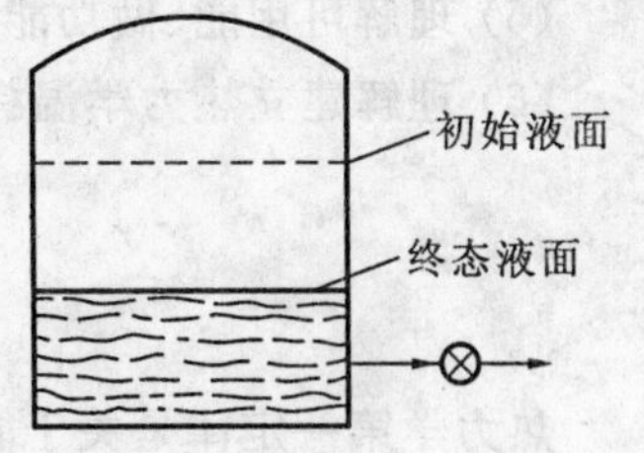

图 4-21　习题 4-23 图

热力学第二定律和熵

在历史上,热力学第二定律是由卡诺(Carnot)、克劳修斯(Clausius)和开尔文(Kelvin)等人于19世纪中叶建立起来的。当时,完全从宏观的角度加以阐述,不需要用到物质的原子理论,被称为第二定律的经典研究方法。从热力学第二定律的一般叙述推导出一个新的状态参数——熵(entropy)。

学完本章后要求:

(1) 掌握热力学第二定律的实质及其表述;

(2) 掌握卡诺循环和卡诺定理的内容和意义;

(3) 深刻理解状态参数熵的物理含义及其导出方法,并掌握其计算方法;

(4) 深刻理解热力学过程方向的几种判据,以及它们与热力学第二定律的联系;

(5) 理解可用能、做功能力、㶲等概念,并会计算可用能损失;

(6) 理解建立热力学温标的原理。

5.1 引 言

热力学第一定律是关于能量转换的守恒定律。在过程中,不论能量的形式(如热能、机械能、电能、弹性能、磁能等)如何,系统能量的变化总是等于进入系统的能量与离开系统的能量之差。所有的守恒定律都能用数学上的这种等式来表示。第一定律说明,能量可以自由地从一种形式转变为另一种形式,只要总的数量守恒。至于是功转变为热还是其反过程——热转变为功,都没有给予限制。

自然界中的(非人为)过程都是自发过程,即无须补充条件而能自动发生和进行的过程。例如,高温物体向低温物体传热的过程(见图5-1),运动物体的动能通过摩擦转化为热能的过程(见图5-2)等都是自发过程,这些过程自发地只朝一个固定的方向发展,过程进行的深度都有一定限度。

当然,这些过程的反方向过程不是不可能有,只是它们需在一定补充条件下非自发地进行。低温物体向高温物体的传热过程,只是在人为的制冷系统中依赖消耗机械能(如图5-1中的热泵)转变为热能的补充条件才能实现;热能连续不断地转变为机械能的过程,只是在热机装置中依赖于高温热源向低温热源传出热量的补充过程才能实现。

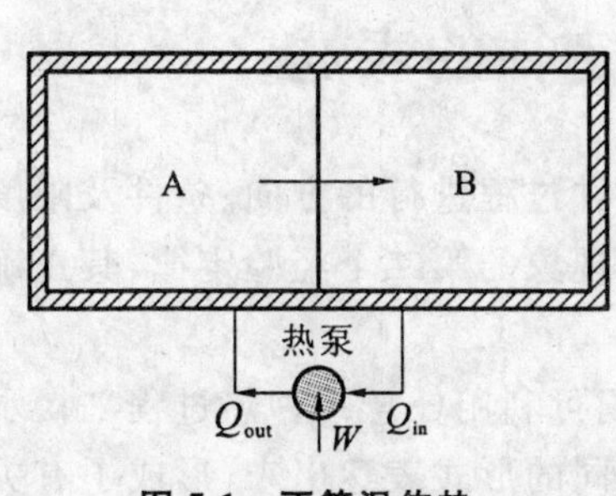

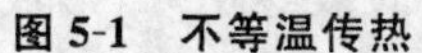
图 5-1　不等温传热

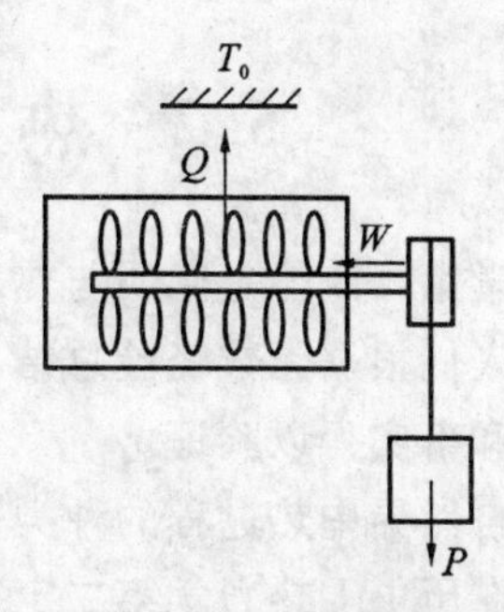

图 5-2　摩擦生热

此外，工程师常用热效率，即所要求输出的净功与所需要输入的热量之比，来度量热功转换过程或装置（即热机）的有效程度，其定义为

$$\eta_{th}=\frac{W_{net}}{Q_{in}} \tag{5-1}$$

普通热机的热效率通常在 10%～40%之间，而热力学第一定律对于这一能量转换过程并没有给出限制性条件。热机的极限热效率到底有多高，也需要热力学第二定律来回答。

另外一个问题就是，能量不仅有数量的多少，而且有品质的高低。功可以 100%地转变为热，但是相反的情况却是不可能的。因此，与热相比，功是更有用的能量形式。通过热力学第二定律的论证，也能说明热从系统放出时由于温度的不同也有品质的高低。热量传出时的温度越高，传出的热量中可能转变为功的部分就越多。因而，对于人类来说，在高温下贮存的热能比低温的更为有用。例如，海洋中虽然贮存有巨大的能量，但它的可用性对我们来讲是十分低的。这也意味着，通过传热，热能从温度较高的物体传到温度较低的物体时，热能品质降低了（能级降低）。在有摩擦和电阻的能量转换过程中存在着其他形式的能量降级。若要最有效地利用能量，那么，摩擦和电阻导致的能量降级是应避免的。第二定律将提供度量能量降级程度的一些方法。

总之，有许多现象无法用热力学第一定律来解释，因此需要寻求另一个具有普遍性的定律——热力学第二定律，作为理解和分析各种热力过程和热机。具体来讲，热力学第二定律在以下几个方面尤其有用：

(1) 提供度量能量品质的方法；

(2) 确立热机“理想”性能的判据；

(3) 决定过程变化的方向；

(4) 确定自发过程最终的平衡状态。

因为热力学第二定律可以用来检查过程变化的方向，所以它可以用数学上的不等式来表示。这一不等式说明第二定律不是一个守恒定律。从热力学第二定律将推导出一个新的状态参数——熵，这是一个基本参数，它在实际过程中是不守恒的。

5.2 热力学第二定律的表述

热力学第二定律是阐明与热现象相关的各种过程进行的方向、条件及限度的定律。它是人们根据无数经验总结出来的有关热现象的第二个经验定律，其正确性由大量经验和事实得以验证。

由于自然界中热过程的种类是大量的，人们可利用任意一种热过程来揭示此规律，因而，在历史上热力学第二定律曾以各种不同的形式表达出来，形成了有关热力学第二定律的各种说法。由于各种说法所表述的是一个共同的客观规律，因而它们彼此是等效的，一种说法成立可以推论到另一种说法的成立，任何一种说法都是其他说法在逻辑上导致的必然结果。

这里，不妨举出几种常见的说法。

(1) 克劳修斯说法(1850 年)　不可能把热从低温物体传至高温物体而不引起其他变化。

(2) 开尔文说法(1851 年)　不可能从单一热源取热，并使之完全变为有用功而不产生其他影响。此说法的另一种形式是普朗克说法:不可能制造一部机器，它在循环动作中把一重物升高而同时使一热库冷却。通常将二者合并为第二定律的开尔文-普朗克表述。

此外，历史上除了出现前面介绍的违反能量守恒原理的第一类永动机的设想外，还出现过违反热力学第二定律的第二类永动机的设想。这种永动机并不违反热力学第一定律，但却要求冷却一个热源来完成有用功而不产生其他影响。这种永动机如能成功，则可利用大气、海洋、土壤等作为热源，从单一热源中索取无尽的热量并将它转化为功。这种设想显然违反了上述开尔文说法，因而是不可能实现的。针对这种设想，热力学第二定律又可表述为:第二类永动机是不可能制造成功的。

5.3 卡诺循环

5.3.1 卡诺循环

为了尽可能地提高热机的热效率，应当尽量减少各种不可逆损失。为此，卡诺设计了一个可逆的热机循环——卡诺循环。这是一个工作于两个温度分别为 T_1 和 T_2 的恒温热源之间的可逆正向循环，如图 5-3 所示，它由工质的定温吸热过程 $a-b$、绝热膨胀做功过程 $b-c$、定温放热过程 $c-d$ 和绝热压缩过程 $d-a$ 组成。

下面分别基于 p-v 图和 T-s 图来推导卡诺循环的热效率。

第一种方法:利用 p-v 图来进行推导。为讨论问题方便，假定使用理想气体为工质。这种条件下卡诺循环的吸热量为

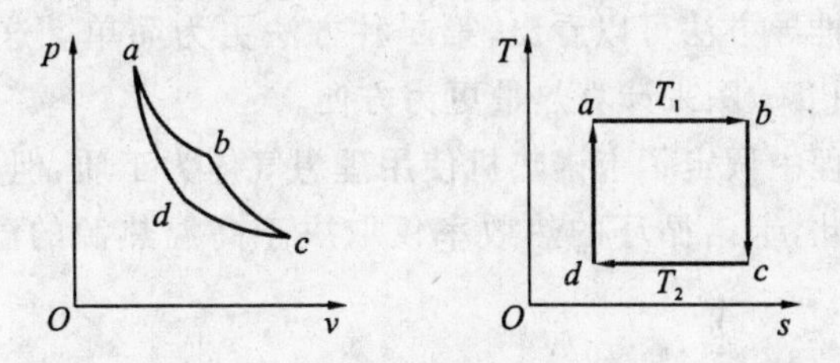

图 5-3　卡诺循环

$$q_1 = q_{ab} = R_g T_1 \ln \frac{v_b}{v_a} \tag{5-2}$$

循环的放热量

$$q_2 = | q_{cd} | = R_g T_2 \ln \frac{v_c}{v_d} \tag{5-3}$$

由此,卡诺循环的热效率为

$$\eta_c = 1 - \frac{q_2}{q_1} = 1 - \frac{R_g T_2 \ln \frac{v_c}{v_d}}{R_g T_1 \ln \frac{v_b}{v_a}} \tag{5-4}$$

由定温过程 $a-b$、$c-d$,分别有

$$T_a = T_b = T_1, \quad T_c = T_d = T_2 \tag{5-5}$$

由绝热过程 $b-c$、$d-a$,有

$$\frac{T_b}{T_c} = \frac{T_1}{T_2} = \left(\frac{v_c}{v_b}\right)^{k-1}, \quad \frac{T_a}{T_d} = \frac{T_1}{T_2} = \left(\frac{v_d}{v_a}\right)^{k-1} \tag{5-6}$$

知

$$\frac{v_c}{v_b} = \frac{v_d}{v_a}, \quad 即 \quad \frac{v_c}{v_d} = \frac{v_b}{v_a} \tag{5-7}$$

可见卡诺循环的热效率可表达为

$$\eta_c = 1 - \frac{T_2}{T_1} \tag{5-8}$$

第二种方法:利用 T-s 图来进行推导。

根据图 5-3,循环吸热量为

$$q_1 = q_{ab} = T_1(S_b - S_a) \tag{5-9}$$

循环的放热量

$$q_2 = | q_{cd} | = T_2(S_c - S_d) \tag{5-10}$$

而

$$S_b - S_a = S_c - S_d \tag{5-11}$$

所以卡诺循环的热效率为

$$\eta_c = 1 - \frac{q_2}{q_1} = 1 - \frac{T_2(S_c - S_d)}{T_1(S_b - S_a)} = 1 - \frac{T_2}{T_1} \tag{5-12}$$

比较以上两种推导方法可以看出，第二种方法更为简单。这是因为在已知热源温度的情况下，利用 T-s 图来计算热量更为方便。

虽然在推导过程中假定了卡诺热机使用理想气体为工质，但是，其结论是与工质的性质无关的。因此，卡诺循环的热效率仅取决于高温热源的温度 T_1 和低温热源的温度 T_2。

5.3.2 概括性卡诺循环

按照热力学第二定律，卡诺循环是一种具有最少数量热源和冷源的热机循环。现实中是否可能有别的热机循环也可以同样具有数量最少的热源和冷源呢？回答是肯定的。对某些热机循环如果引入回热措施，极限情况下也可以做到像卡诺循环那样具有最少数量的热源和冷源。

所谓回热，是指利用循环中某些放热过程的放热量来满足另一些吸热过程的吸热需要所采取的措施。回热减少了循环自外界高温热源的吸热量，同时也减少了向低温热源的放热量，因而可以提高循环的热效率。

如图 5-4 所示的循环 $abcda$，其中 $b-c$ 为放热过程，$d-a$ 为吸热过程。该两过程温度范围相同，设想采用一系列的某种蓄热器将 $b-c$ 过程放出的热量先储蓄起来，待到进行 $d-a$ 过程时再放给工质以满足其吸热需要。从传热过程进行的可能性（热源的温度应高于或至少等于工质的温度）来看，如果 $b-c$ 和 $d-a$ 是性质完全相同的过程，而所用的蓄热器又是理想的可逆蓄热器（不会造成任何热量损失），那么回热就可以进行到最大可能的程度，即回热的结果使工质从温度 T_d 升温到 T_a，且有 $T_d=T_c$，$T_a=T_b$，这样的回热就称为极限回热，或完全回热。简单地说，极限回热就是给定条件下达到最大可能回热程度的一种回热。

需要指出的是，回热不可能完全取消工质自外界高温热源的吸热量，因为那是违背热力学基本原理的（这种情况下的热机将成为永动机）。像图 5-5 中所示的可逆循环 $abcda$，其中放热过程 $c-d$ 的放热量由于是在循环的最低温度下放出的，因而所有的加热过程都无法加以利用；同理，吸热过程 $a-b$ 是在循环的最高温度下进行的，实际上循环中没有哪个过程能够对之进行回热。

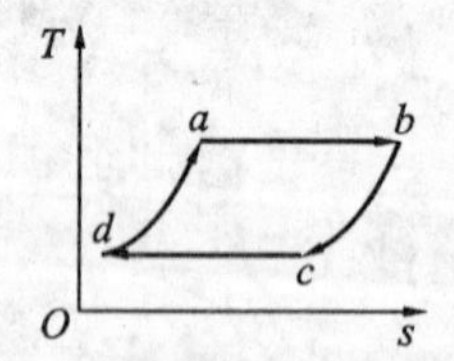

图 5-4 概括性卡诺循环

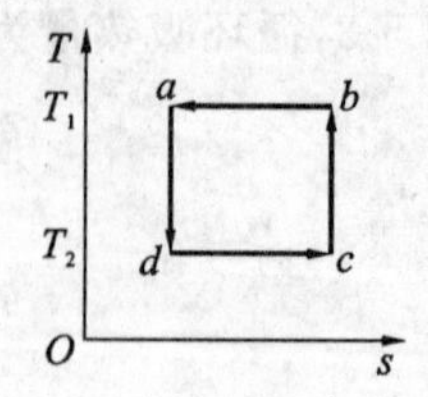

图 5-5 可逆循环

当实行了极限回热时，从工质与外界的关系说来，图 5-5 所示的可逆循环 $abcda$ 就像卡诺循环一样，也只有一个定温吸热过程和一个定温放热过程，即只有一个高温热源和一个低温热源。像这样一类通过回热措施做到也仅需一个高温热源和一个低温热源的循环，统称为概括性卡诺循环。

容易证明其热效率与卡诺循环一样，即

$$\eta_t = \eta_c = 1 - \frac{T_2}{T_1} \tag{5-13}$$

5.3.3　逆向卡诺循环

可以证明，逆向卡诺循环是最理想的逆向循环。制冷机和热泵使用逆向卡诺循环时，分别称为卡诺制冷机和卡诺热泵。

衡量制冷机和热泵工作完善与否的工作系数，又称性能系数，分别为制冷系数和供暖系数。卡诺制冷机的制冷系数为

$$\varepsilon = \frac{T_2}{T_1 - T_2} \tag{5-14}$$

卡诺热泵的供暖系数为

$$\varepsilon' = \frac{T_1}{T_1 - T_2} \tag{5-15}$$

以上两式中的 T_1 和 T_2 仍如前述一样，分别代表高温热源和低温热源的温度。

5.3.4　等效卡诺循环

任何一个循环，从 T-s 图上看都可以按其所达到的熵的界限划分成由一个吸热过程和一个放热过程组成。如图 5-6 所示的任意循环 1—2—1，由吸热过程 1—2 和放热过程 2—1 组成，其中循环的吸热量为图中的曲边梯形面积 $12s_2s_11$，放热量为曲边梯形面积 $21s_1s_22$。从几何学上讲，完全可以分别作出两个等高、等面积的矩形 abs_2s_1a 和 cds_1s_2c 来代替它们；实质上就是在保持熵变一样的条件下，分别以等效的定温吸热过程 a—b 代替实际的吸热过程 1—2，以定温放热过程 c—d 代替实际的 2—1过程。该假想定温过程的温度就称为实际可逆过程的平均温度。

(1) 在保持熵变相同的条件下，能与实际可逆过程有相同吸(放)热量的假想定温过程的温度，称为该实际可逆过程的平均吸(放)热温度。习惯上将它记为$\overline{T}_1$($\overline{T}_2$)。

(2) 平均吸、放热温度仅对可逆过程有定义。

(3) 根据平均吸、放热温度的概念值，平均吸热温度必低于过程的最高温度，而平均放热温度必高于过程的最低温度。

图 5-6 中的卡诺循环 $abcda$ 与可逆循环 1—2—1 有相同的吸热量、放热量和热效率，即它与可逆循环 1—2—1 在热功转换效果上是等效的，因此称为是它的等效卡诺循环。

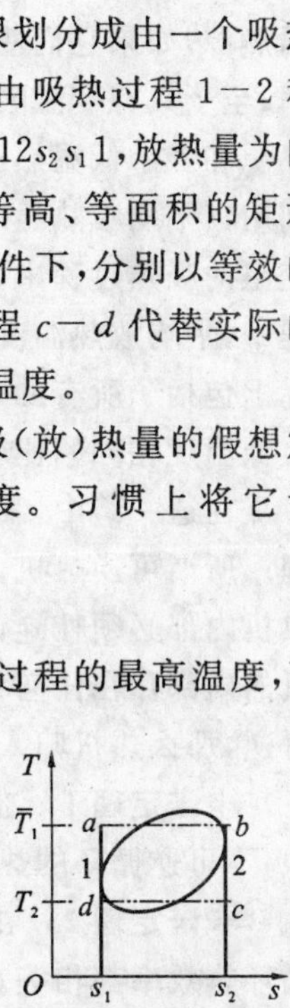

图 5-6　等效卡诺循环

图 5-6 中的卡诺循环 $abcda$，其吸热量为

$$q_1 = q_{ab} = \overline{T}_1(s_2 - s_1)$$

放热量为

$$q_2 = |q_{cd}| = \overline{T}_2(s_2 - s_1)$$

因此，循环 $abcda$，亦即任意循环 1—2—1 的热效率为

$$\eta_t = 1 - \frac{q_2}{q_1} = 1 - \frac{\overline{T}_2(s_2 - s_1)}{\overline{T}_1(s_2 - s_1)} = 1 - \frac{\overline{T}_2}{\overline{T}_1} \tag{5-16}$$

考虑到循环 1—2—1 的任意性，可见任何可逆循环的热效率均可按其平均吸、放热温度以式(5-2)来表达。

对于上面所讨论的任意可逆循环 1—2—1，由于其吸热过程和放热过程是变温的，为了让工质和热源在进行热交换时能够保持热平衡，一种方法是在过程中随着工质温度变化不断地更换热源，结果其热源和冷源的数目都将大于 1。由于非定温吸热过程的平均温度总是低于过程的最高温度；非定温放热过程的平均温度总是高于过程的最低温度，根据对等效卡诺循环的讨论可知，工作在同样的温度范围内时，多热源热机循环的热效率必小于卡诺循环。

5.4 卡诺定理

5.3 节分析讨论了卡诺循环、概括性卡诺循环，以及等效卡诺循环的有关情况。卡诺循环和概括性卡诺循环实际上有共同的特点——只需要一个高温热源和一个低温热源，如果它们使用同样的高温热源和同样的低温热源，则它们将具有相同的热效率；至于具有变温吸热过程和变温放热过程的任意循环(要求有温度不同的多个高温热源和多个低温热源)，如上面讨论过的任意循环 1—2—1，这种循环的热效率可以利用其平均吸热温度和平均放热温度以卡诺循环热效率的同样公式来表达。由于在变温的吸热过程中，平均吸热温度总是低于过程所达到的最高温度；在变温的放热过程中，平均放热温度总是高于过程所达到的最低温度，显然，如果这几种可逆循环(实际上包括了所有的可逆循环)工作在同样的温度范围内(即循环所达到的最高温度和最低温度相同)，比较起来，将以卡诺循环(也包括概括性卡诺循环)的热效率为最高。

在这一节中，我们将证明关于可逆热机和不可逆热机热效率的定理——卡诺定理。所谓可逆热机，是指在运行时没有耗散和不平衡效应的热机。这些效应不仅在热机内部必须杜绝，而且在与热机运行有关的环境的变化中也不能存在。如果在热机的内部存在任何种类的不可逆性或在热机及其环境之间的相互作用中引起任何不可逆，那么热机归入不可逆的一类。卡诺定理的内容如下。

卡诺定理 1 在同样温度的高温热源和同样温度的低温热源间工作的一切循环中，不可逆循环的热效率必小于可逆循环。

卡诺定理 2 在相同温度的高温热源和相同温度的低温热源间工作的一切可逆循环热效率都相等，与循环的种类无关，与所采用的工质无关。

卡诺定理 1 的证明是以图 5-7 所示的装置为依据的。一可逆热机 R 和一不可逆

热机 I 在相同的两个热源之间运行，在每个完整的循环中，两台机器得到相同的热量 Q_1，与此同时，可逆热机产生功量 W_R 而不可逆热机产生功量 W_I。不妨作一违反卡诺定理 1 的假定：

$$W_I \geqslant W_R \tag{5-17}$$

由于热机 R 是可逆的，所以它可以逆向运转。在逆向运转中，Q_1、Q_2 和 W_R 的大小保持原来的值，但是它们的符号改变了（在图 5-7 中以虚线箭头表示）。逆向运行的最后结果是高温热源与热机交换的净热量为零。于是，包括热机 R 和 I 的系统（图中用虚线方框示出）现在只与一个热源交换净热量。如果

$$W_I - W_R > 0 \tag{5-18}$$

则复合系统（记住当 R 逆向运行时，W_R 是加到系统中的）将产生出净功。这就成了从单一热源取热而产生出净功的第二类永动机，显然是违反热力学第二定律的。因而 W_I 不能大于 W_R。

此外，如果

$$W_I - W_R = 0 \tag{5-19}$$

那么根据能量守恒原理，Q_2 的大小等于 Q_3，但方向相反。因此在这种情况下，低温热源没有得到净热量。这就意味着过程是可逆的，热机 I 可以像热机 R 一样运行。于是当 $W_I = W_R$ 时，热机 I 是可逆的，这就违背了最初的假设，所以 W_I 不能等于 W_R。由于“大于”和“等于”符号都不成立，所以就证明了卡诺定理 1，也就是说在相同的两个热源之间工作的热机，不可逆热机的效率总是小于可逆热机的效率。

随着卡诺定理 1 的证明，卡诺定理 2 也立即得到了证明。如果在相同热源之间工作的两台可逆热机的效率不相等，那么使其中一台逆向运转，就形成了第二类永动机。无论哪台热机选择较高的效率，都会得出上述结论。因此，要不形成第二类永动机的唯一可能就是两台热机具有相同的效率。

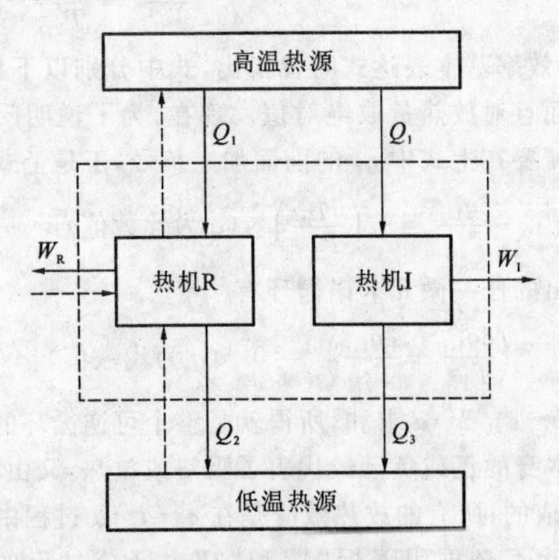

图 5-7　卡诺定理证明图

综合以上讨论,可以得到下面几点结论:

(1) 卡诺循环是一种最理想的热机循环,其热效率为 $\eta_C=1-T_2/T_1$,在温限(T_1,T_2)内任何循环的热效率都不可能超过此值;

(2) 由于系统的热力学温度不可能高至无穷大,也不可能低至为零,因此,包括卡诺循环在内,任何热机循环的热效率必小于1;

(3) 提高循环热效率的基本途径是提高循环的吸热平均温度,降低放热平均温度;

(4) 当 $T_1=T_2$ 时,实际上只有一个热源,这时即使是卡诺热机,其热效率也为零,可见单一热源的热机是不可能造成功的;这从另一个角度说明,如果不存在温差,将不可能使热转变为功。

5.5 熵的导出

5.5.1 克劳修斯积分

如图5-8所示,以一系列相距无限近的可逆绝热线将任意可逆循环 $a-b-c-d-a$ 分割成无数个微元循环。这些微元循环均可看做卡诺循环,完成所有这些微元循环的总效应与完成循环 $a-b-c-d-a$ 是相等的。对其中的任一微元卡诺循环 i,应有

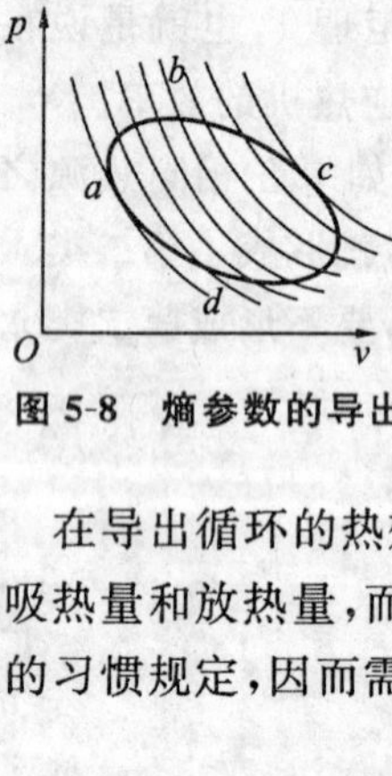

$$1-\frac{\delta q_{2,i}}{\delta q_{1,i}}=\left(1-\frac{T_{2,i}}{T_{1,i}}\right) \tag{5-20}$$

由此,有

$$\frac{\delta q_{1,i}}{T_{1,i}}=\frac{\delta q_{2,i}}{T_{2,i}} \tag{5-21}$$

图5-8　熵参数的导出

在导出循环的热效率基本表达式时曾指出,式中分别以下标“1”和“2”代表循环的吸热量和放热量,而且对放热量取绝对值。现在,为了说明问题,恢复对热量正负值的习惯规定,因而需要在上式中 q_2 的前面加上负号,于是上式变为

$$\frac{\delta q_{1,i}}{T_{1,i}}=-\left(\frac{\delta q_{2,i}}{T_{2,i}}\right)\quad(q\text{ 为代数值}) \tag{5-22}$$

由此,对于分割出的任一微元卡诺循环有

$$\left(\frac{\delta q_{1,i}}{T_{1,i}}+\frac{\delta q_{2,i}}{T_{2,i}}\right)_i=0\quad(q\text{ 为代数值}) \tag{5-23}$$

上式对整个循环 $a-b-c-d-a$ 求和,所得就是整个可逆循环的效应。既然 q_1 或 q_2 都是代数值,其数值本身的正或负已经代表了吸热或放热,又由于所有的吸热效应是在 $a-b-c$ 过程中完成的;所有的放热效应是在 $c-d-a$ 过程中完成的,因此对于已经指明路径的积分,就不必再用下标“1”和“2”去区分过程的吸热或放热了。式(5-23)对整个循环求和的结果应为

$$\int_{a-b-c}\frac{\delta q}{T}+\int_{c-d-a}\frac{\delta q}{T}=0 \tag{5-24}$$

即

$$\oint_{a-b-c-d-a}\frac{\delta q}{T}=0 \tag{5-25}$$

考虑到循环 $a-b-c-d-a$ 的任意性，因此上式具有普遍意义。此外还应注意到，以上结论是在可逆条件下得到的(卡诺循环是可逆的)，于是，可将式(5-25)改写为

$$\oint_{可逆}\frac{\delta q}{T}=0 \tag{5-26a}$$

或对参与循环的全部工质，有

$$\oint_{可逆}\frac{\delta Q}{T}=0 \tag{5-26b}$$

式(5-26)称为克劳修斯积分，又称克劳修斯原理，其文字表述为：对任何可逆循环，系统的热量对热源温度之比的积分为零。

5.5.2　热力学状态参数熵

对于图5-8所示的可逆循环 $a-b-c-d-a$，其中的 $a-b-c$ 或 $c-d-a$ 过程都是可逆的。从可逆过程的性质来说，过程按正、逆两个方向进行的结果为所有的客观效应应当一一抵消。因此，对可逆过程 $a-d-c$ 而言，应有

$$-\int_{a-d-c}\left(\frac{\delta q}{T}\right)_{可逆}=\int_{c-d-a}\left(\frac{\delta q}{T}\right)_{可逆} \tag{5-27}$$

于是，由式(5-26)有

$$\oint_{a-b-c-d-a}\left(\frac{\delta q}{T}\right)_{可逆}=\int_{a-b-c}\left(\frac{\delta q}{T}\right)_{可逆}+\int_{c-d-a}\left(\frac{\delta q}{T}\right)_{可逆}=\int_{a-b-c}\left(\frac{\delta q}{T}\right)_{可逆}-\int_{a-d-c}\left(\frac{\delta q}{T}\right)_{可逆}=0 \tag{5-28}$$

即

$$\int_{a-b-c}\left(\frac{\delta q}{T}\right)_{可逆}=\int_{a-d-c}\left(\frac{\delta q}{T}\right)_{可逆} \tag{5-29}$$

式中的 $a-b-c$ 和 $a-d-c$ 其实代表着从给定状态 a 过渡到状态 b 的两条不同路径，因此上式说明：对于给定的状态 a 和 c，$\int_a^c\left(\frac{\delta q}{T}\right)_{可逆}$ 的求积结果与路径无关，仅取决于状态 a 和 c。令 $ds=\left(\frac{\delta q}{T}\right)_{可逆}$，则有 $\int_a^c ds=s_c-s_a$，以及由式(5-26a)有 $\oint ds=0$，从数学性质看，显然 s 这一物理量具有态函数的特性，可以作为一个热力学状态参数，它就是熵参数。联系到以前对卡诺循环有过的讨论，从以上导出熵参数的过程应当认识到，在熵参数的定义式中：

（1）δq 是可逆过程的热量；

（2）T 是热源的温度；

（3）熵既然作为一个状态参数，仅取决于状态。

在给定的两个状态间的熵变量与过程无关，由此应当体会到：在熵的定义式中所强调的"可逆"条件，只是表明任意两个状态 a 和 c 之间的熵变化值 Δs，可以经由其间进行的任何可逆过程的积分 $\int_a^c \frac{\delta q}{T}$ 来计算，但决不能将 $\mathrm{d}s$ 等同于 $\frac{\delta q}{T}$，甚至认为如果过程不可逆，熵的定义就不存在了。相反应该看出，对于任意给定的两个状态 a 和 c，倒是积分 $\int_a^c \frac{\delta q}{T}$ 对于可逆或不可逆过程将会有不同的结果。

5.6　热力学过程方向的判据

5.6.1　克劳修斯不等式(Clausius inequality)

设有任意不可逆循环 $a-b-c-d-a$，其中 $a-b-c$ 过程为可逆过程，而 $c-d-a$ 过程则为不可逆过程（见图 5-9）。现在，以一系列相距无限近的可逆绝热线将它分割成一系列微元循环。所有这些微元循环中，有一些可能是可逆的，但有一些则必定是不可逆的。根据 5.5 节讨论，对于所有可逆的微元循环，应有

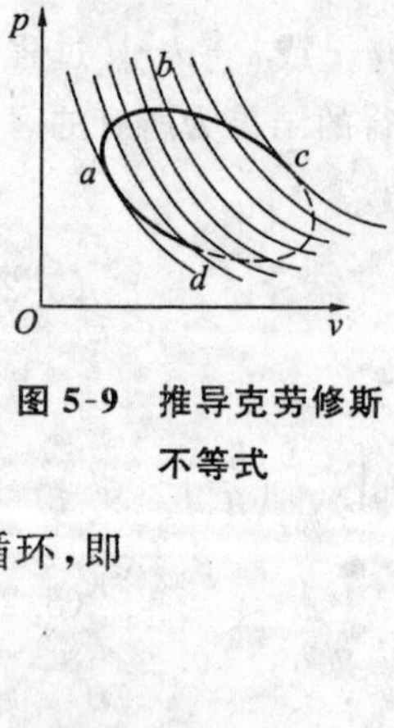

图 5-9　推导克劳修斯不等式

$$\sum \left(\frac{\delta q}{T}\right)_{i,\text{可逆}} = 0 \tag{5-30}$$

对于那些不可逆的微元循环，由卡诺定理 2 知，其中任何一个的热效率都必定小于工作在同样热源下的微元卡诺循环，即

$$\left(1-\frac{\delta q_{2,i}}{\delta q_{1,i}}\right)_{\text{不可逆}} < 1-\frac{T_{2,i}}{T_{1,i}} \tag{5-31}$$

因而，有

$$\left(\frac{\delta q_{2,i}}{\delta q_{1,i}}\right)_{\text{不可逆}} > \frac{T_{2,i}}{T_{1,i}} \tag{5-32}$$

$$\left(\frac{\delta q_{1,i}}{T_{1,i}}-\frac{\delta q_{2,i}}{T_{2,i}}\right)_{\text{不可逆}} < 0 \tag{5-33}$$

按 5.5 节的讨论方法，恢复有关热量正、负值的习惯规定，并取消作为吸、放热量标志的下标，赋予 q 代数值，于是，对全部不可逆的微元循环，应有

$$\sum \left(\frac{\delta q}{T}\right)_{i,\text{不可逆}} < 0 \quad (q\text{ 为代数值}) \tag{5-34}$$

完成所有这些可逆和不可逆的微元循环的总效应与完成不可逆循环 $b-c-d-a$ 是

一样的，因此，有

$$\oint_{a-b-c-d-a}\frac{\delta q}{T}=\sum\left(\frac{\delta q}{T}\right)_{i,\text{可逆}}+\sum\left(\frac{\delta q}{T}\right)_{i,\text{不可逆}} \tag{5-35}$$

根据循环 $a-b-c-d-a$ 的任意性，由式(5-30)、式(5-34)和式(5-35)，不难得出如下结论：对于任何不可逆循环，其热量对热源温度之比的积分小于零，即

$$\oint\left(\frac{\delta q}{T}\right)_{\text{不可逆}}<0 \tag{5-36}$$

或对于循环的全部工质，有

$$\oint\left(\frac{\delta Q}{T}\right)_{\text{不可逆}}<0 \tag{5-37}$$

综合可逆循环和不可逆循环的情况，即综合式(5-26)与式(5-37)，知

$$\oint\frac{\delta q}{T}\leqslant 0 \tag{5-38a}$$

或

$$\oint\frac{\delta Q}{T}\leqslant 0 \tag{5-38b}$$

鉴于任何循环若不是可逆的，就必定是不可逆的，不可能有第三种情况，因此，作为一个普遍的结论是：对于所有循环，其热量对热源温度之比的积分，或者小于零，或者等于零，永不可能大于零。式(5-38)称为克劳修斯不等式。式中："<"号对不可逆循环成立；"="号对可逆循环成立。

克劳修斯不等式的导出根据了卡诺循环的分析结论和卡诺定理，因而它是热力学第二定律的一种推论，是热力学第二定律原理的具体体现，所以在热力学理论中被作为热力学第二定律的一种数学表达方式。

5.6.2　熵产、熵流与熵方程

1. 熵产与熵流

图 5-10 中所示的任意不可逆循环 $a-b-c-d-a$，由可逆过程 $a-b-c$ 和不可逆过程 $c-d-a$ 组成。根据克劳修斯不等式，应有

$$\oint_{a-b-c-d-a}\frac{\delta q}{T}<0 \tag{5-39}$$

$$-\int_{a-b-c}\frac{\delta q}{T}>\int_{c-d-a}\frac{\delta q}{T} \tag{5-40}$$

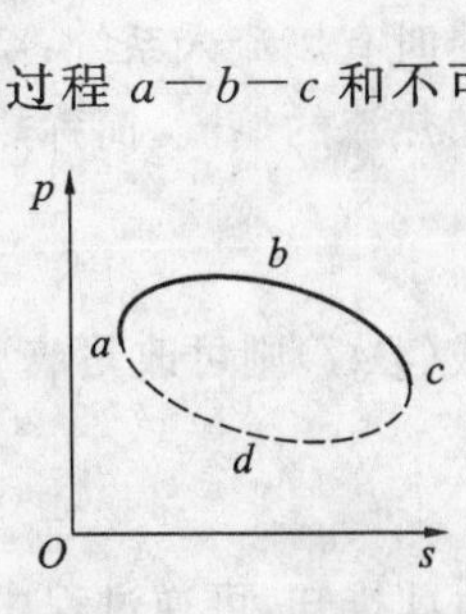

由于过程 $a-b-c$ 是可逆的，故有

$$\int_{c-b-a}\frac{\delta q}{T}=-\int_{a-b-c}\frac{\delta q}{T} \tag{5-41}$$

图 5-10　不可逆循环

从而有

$$\int_{c-b-a}\frac{\delta q}{T}>\int_{c-d-a}\frac{\delta q}{T} \tag{5-42}$$

对于可逆过程 $c-b-a$，根据熵的定义式，过程的熵变为

$$s_a - s_c = \int_c^a \mathrm{d}s = \int_{c-b-a} \frac{\delta q}{T} \tag{5-43}$$

因而，由式(5-42)和式(5-43)有

$$s_a - s_c > \int_{c-d-a} \frac{\delta q}{T} \tag{5-44}$$

对于不可逆过程 $c-d-a$，其实 a 与 c 也是它的两个端点状态，因而过程的熵变也是 s_a-s_c，由此可见，从过程 $c-d-a$ 的角度来说，式(5-44)表明：不可逆过程的熵变大于其过程热量对热源温度之比的积分。

综合以上两种情况可以得出如下结论：

$$s_a - s_c \geqslant \int_c^a \frac{\delta q}{T} \tag{5-45}$$

$$S_a - S_c \geqslant \int_c^a \frac{\delta Q}{T} \tag{5-46}$$

对于系统的微元变化应有

$$\mathrm{d}s \geqslant \frac{\delta q}{T} \tag{5-47a}$$

$$\mathrm{d}S \geqslant \frac{\delta Q}{T} \tag{5-47b}$$

当过程可逆时以上四式中的“$=$”号成立；当过程不可逆时“$>$”号成立。它们说明：系统经历任何过程后，其熵变将大于或等于过程的热量对热源温度之比的积分。式(5-47)是在克劳修斯不等式的基础上导出的，因而是热力学第二定律的又一个推论。

根据以上分析可以这样认为，不论在可逆过程或不可逆过程中，热量的传递都必然引起系统的熵发生变化，相应的熵变量为 $\delta Q/T$，其中 δQ 是对系统的传热量，T 为热源的温度。由于热流引起的熵变方向与热流的方向相同，因而可以理解为系统吸热时有熵流入系统；系统放热时有熵流出系统。因传热而引起的系统熵变特称为伴随热流的熵流，简称热熵流。将对应于微小热量 δQ 的微小热熵流，可表示为 δS_f，有

$$\delta S_\mathrm{f} = \frac{\delta Q}{T} \tag{5-48}$$

式(5-47)则可改写成

$$\mathrm{d}s \geqslant \delta s_\mathrm{f} \tag{5-49a}$$

$$\mathrm{d}S \geqslant \delta S_\mathrm{f} \tag{5-49b}$$

由此推知，可逆过程中 $\mathrm{d}S=\delta Q/T$，这表明仅有传热这一种因素会引起系统的熵变化，因而系统的熵变等于过程的热熵流；对于不可逆过程，$\mathrm{d}S>\delta Q/T$，这说明由于不可逆因素的存在，结果系统的熵变将大于过程的热熵流，也就是说，不可逆过程中不仅热熵流会引起系统的熵变化，而且不可逆性也会引起系统的熵发生变化。不可逆性的存在造成系统的熵有了额外增加。因不可逆性的存在而造成的系统熵的额外

增加称为熵的产生，简称熵产。不可逆过程是一种会产生熵的过程，而可逆过程则不会产生熵，若以 δS_g 表示微元过程的熵产量，那么普遍说来对于任何一个过程都应有

$$dS = \delta S_f + \delta S_g \tag{5-50}$$

对于可逆过程，式中的 $\delta S_g = 0$。

系统与外界的相互作用包含做功和传热两种方式。由于可逆过程中系统的熵变仅来源于伴随热流的熵流，做功不会引起系统的熵变，因此，功是无熵的。

2. 系统的熵方程

式(5-50)就是控制质量的熵方程。此式说明控制质量的熵平衡关系为

系统的熵变 = 热熵流 + 熵产

当过程可逆时不会产生熵，$\delta S_g = 0$，此时应有

$$dS = \delta S_f = \frac{\delta Q}{T} \tag{5-51}$$

对于控制容积，由于工质拥有熵，因此工质流进、流出系统时会造成相应的熵迁移——伴随物质流的熵流，其熵方程要比控制质量的复杂些。如果以迁入系统的熵为正；迁出的熵为负，则控制容积的熵平衡表现为

系统的熵变 = 迁移熵 + 热熵流 + 熵产

控制容积一般形式的熵方程为

$$dS_{CV} = (s_{in}\delta m_{in} - s_{out}\delta m_{out}) + \delta S_f + \delta S_g \tag{5-52}$$

对于可逆的稳态稳流系统，由于 $\delta S_g = 0$；$\delta S_{CV} = 0$；$\delta m_{in} = \delta m_{out}$，因而有

$$(\delta S_f)_{CV,可逆} = (s_{out} - s_{in})\delta m_{in} \tag{5-53}$$

对于质量为 m 的流体，若在状态 1 下流进可逆的稳态稳流系统，并在状态 2 下流出系统时，按式(5-53)，流体流过系统时发生的熵变应为

$$S_2 - S_1 = \int_1^2 \delta S_f = \int_1^2 \frac{\delta Q}{T} \tag{5-54}$$

这与控制质量的情况一致。

5.6.3 基于熵变的绝热过程分析

对于系统的绝热过程，因 $\delta q = 0$，由式(5-47)有

$$(ds)_{绝热} \geqslant 0 \tag{5-55a}$$

$$(dS)_{绝热} \geqslant 0 \tag{5-55b}$$

由式(5-55)知，可逆绝热过程为定熵过程，而不可逆绝热过程则为熵增大的过程。

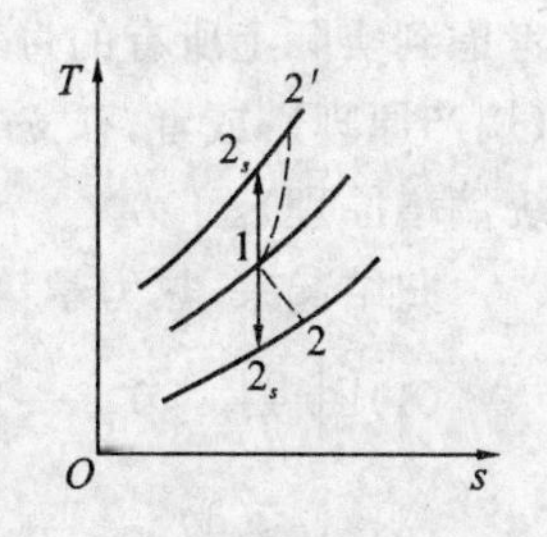

图 5-11　绝热过程的熵变

从图 5-11 可以看出，以理想气体而论，对于初态和压力变化相同的情况而言，无论是绝热压缩或绝热膨胀过程，可逆时均有较低的过程终温，因而进行绝热压缩时有 $|\Delta h_{可逆}| <$

$|\Delta h_{不可逆}|$,以及进行绝热膨胀时有$|\Delta h_{可逆}|>|\Delta h_{不可逆}|$。因绝热过程中$|w_t|=|\Delta h|$,可知气体可逆膨胀时对外界做的功比不可逆时大;气体被可逆压缩时所消耗的功比不可逆时少。

与理想时的情况比较,不可逆过程中所能得到的功比可能得到的功要少;所消耗的功则比理想情况下应当付出的功要多,从两方面看都说明不可逆过程中存在着损失。

5.6.4 熵产原理

式(5-50)实际上为控制质量的熵方程。此外,由式(5-49)知,对于系统的任何过程又有 $dS-\delta S_f\geqslant 0$,对比以上两式不难看出,对系统的任何过程都应有

$$\delta S_g \geqslant 0 \tag{5-56}$$

式中:"="号对可逆过程成立;">"号对不可逆过程成立。

式(5-56)表明,任何过程的熵产或大于零(不可逆时),或等于零(可逆时),永远不可能为负值。这便是熵产原理。

熵产原理是热力学第二定律的一种具体体现(基于克劳修斯不等式),故式(5-56)被用做热力学第二定律的一种数学表达形式。

不可逆过程的熵产总是大于零,这表明不可逆过程总是存在着耗散效应;从热力学第二定律的角度来说,不可逆性总是造成某种热力学意义上的损失。

5.6.5 孤立系统熵增原理

孤立系统也是一个控制质量系统。由于与外界间没有热交换,因此孤立系统不会有来源于热熵流的熵变化。按照控制质量的熵方程,孤立系统的熵变化只能来源于熵产。根据熵产原理知道,孤立系统中过程进行的结果,只能使系统的熵增大(过程不可逆),或不变(过程可逆),永远不可能减少,这便是孤立系统熵增原理。孤立系统熵增原理的数学表达式为

$$\delta S_{孤立} \geqslant 0 \tag{5-57}$$

孤立系统熵增原理是根据热力学第二定律原理推论得出得的一个,因此,式(5-57)也常被用做热力学第二定律的一种数学表达方式。

无论是熵产原理或孤立系统熵增原理,都可以转换成针对过程的方向性来表述:考虑到实际上所有的过程都是不可逆的,因此,所有的过程都朝着产生熵的方向进行(熵产原理);或者,孤立系统中的过程只能朝着使系统的熵增大的方向发展(孤立系统熵增原理)。

归结起来,热力学第二定律可以用以下几种方式表达:

(1) $\oint \frac{\delta q}{T} \leqslant 0$——克劳修斯不等式;

(2) $dS\geqslant\frac{\delta q}{T}$——系统熵变不等式;

(3) $\delta S_g \geqslant 0$——熵产原理；

(4) $dS_{孤立} \geqslant 0$——孤立系统熵增原理。

以上这些表达式均可用来对过程存在的可能性进行判断和确定过程的最大、最小效应等的定量计算。

例 5-1　刚性绝热容器内有两个无摩擦、可导热的活塞，初始位置如图 5-12 所示。容器被分成了三个部分，其中 A、B 部分内有气体，而中间部分 C 则为真空。现放开活塞任其自由运动，经足够长时间后系统达到平衡。已知 a、b、c、d 分别为 A、B 部分气体的初、终态参数组(见表 5-1 所列)，但不知其中哪两组是初参数，哪两组是终参数，试通过论证给以确认。

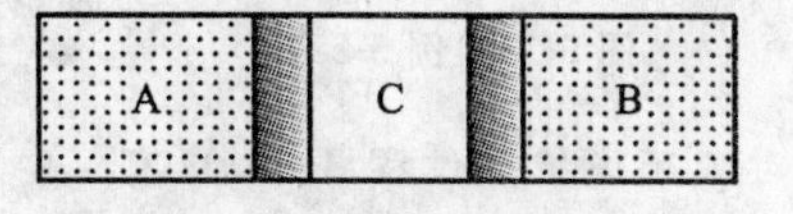

图 5-12　例 5-1 图

解　取容器内全部气体为系统。按题设，对所定义的系统应有

$$Q = 0, \quad W = 0, \quad \Delta U = 0$$

据此，若过程结果为 A 的热力学能增加，则 B 的热力学能就要减少；若 A 的热力学能减少，则 B 的热力学能就要增加。可见，表 5-1 中所列数据的组合可能性，只能是：(a,d)为初参数，(b,c)为终参数；或相反(b,c)为初参数，(a,d)为终参数。具体情况可作如下分析：

由能量平衡，有

$$m_A u_a + m_B u_d = m_A u_b + m_B u_c$$

$$m_A(u_b - u_a) = m_B(u_d - u_c)$$

$$m_A(1\,100 - 1\,000) = m_B(100 - 80)$$

$$\frac{m_A}{m_B} = \frac{1}{5}$$

$$m_B = 5m_A$$

表 5-1　例 5-1 表

部分	组别	u kJ/kg	s kJ/(kg·K)
A	a	1 000	1.5
	b	1 100	1.7
B	c	80	0.65
	d	100	0.73

因过程不可逆，由热力学第二定律知，对系统必有 $\Delta S > 0$，即有 $S_2 > S_1$ 的结果。因此，若设(a,d)为初参数组，(b,c)为终参数组，则有

$$S_1 = m_A s_a + m_B s_d = m_A \times 1.5 + 5m_A \times 0.73 = 5.15m_A \text{ kJ/K}$$

$$S_2 = m_A s_b + m_B s_c = m_A \times 1.7 + 5m_A \times 0.65 = 4.95m_A \text{ kJ/K}$$

$$S_1 > S_2$$

可见上述假定是不成立的。只有(b,c)为初参数组，(a,d)为终参数组是可能的。

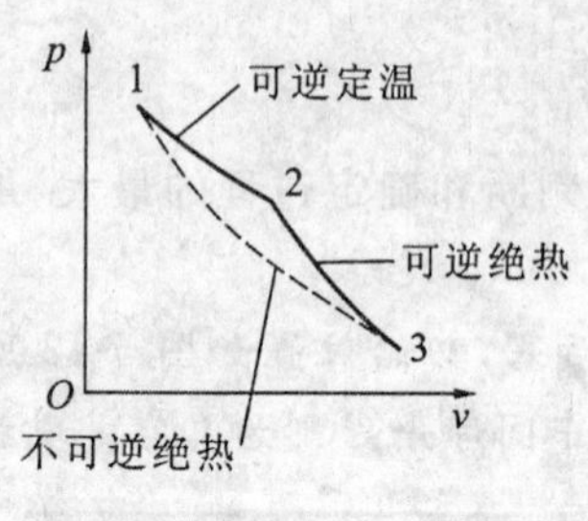

图 5-13　例 5-2 图

例 5-2　设想有如图 5-13 所示的循环 1—2—3—1，其中 1—2 为可逆定温过程，2—3 为可逆绝热过程，3—1为不可逆绝热过程。试论证此循环能否实现。

解　由图知 $v_2 > v_1$，故有

$$\Delta s_{1-2} = R\ln\frac{v_2}{v_1} > 0$$

由熵产原理又知，对可逆绝热过程 2—3 应有

$$\Delta s_{2-3} = 0$$

对不可逆绝热过程 3—1 应有

$$\Delta s_{3-1} > 0$$

由此，按题设应有

$$\oint \mathrm{d}s = \Delta s_{1-2} + \Delta s_{2-3} + \Delta s_{3-1} > 0$$

这与熵 s 作为状态参数的态函数性质相矛盾；按照态函数的性质，应有 $\oint \mathrm{d}s = 0$。

故此循环不可能实现。

另解　对定温过程 1—2 有

$$\delta q = RT\,\frac{\mathrm{d}v}{v} > 0$$

按题设又有 $q_{23}=0$，及 $q_{31}=0$，故对循环 1—2—3—1 有

$$\oint \frac{\delta q}{T} = \int_1^2 \frac{\delta q}{T} + \int_2^3 \frac{\delta q}{T} + \int_3^1 \frac{\delta q}{T} > 0$$

该结果与克劳修斯不等式 $\oint \frac{\mathrm{d}q}{T} \leqslant 0$ 相矛盾，故是不可能成立的。

例 5-3　已知室内温度为 20 ℃，电冰箱内要保持为－15 ℃的恒温，如果为此每分钟需从冰箱内排除 221 kJ 的热量，问该电冰箱的压缩机功率至少需有多少 kW?

解　当电冰箱按逆卡诺循环工作时耗功最少。依所给温度，卡诺电冰箱的制冷系数应为

$$\varepsilon_{\mathrm{C}} = \frac{T_2}{T_1 - T_2} = \frac{258}{293 - 258} = 7.341\,7$$

卡诺电冰箱每分钟的功耗为

$$w = \frac{q_2}{\varepsilon_{\mathrm{C}}} = \frac{221}{7.371\,4}\ \mathrm{kJ/min} = 29.98\ \mathrm{kJ/min}$$

因此，该电冰箱压缩机所需的功率至少为

$$N = w/60 = (29.98/60)\ \mathrm{kW} = 0.5\ \mathrm{kW}$$

另解　在给定的两个恒定温度热源间工作的可逆制冷机耗功应最少，由克劳修斯原理(热力学第二定律)，对该理想电冰箱应有

$$\oint \frac{\delta Q}{T} = 0$$

即
$$\frac{Q_1}{T_1}=\frac{Q_2}{T_2}$$

因此

$$Q_1=(Q_2T_1)/T_2=(221\times 293/258)\ \text{kJ}=250.98\ \text{kJ}$$
$$W=Q_1-Q_2=(250.98-221)\ \text{kJ/min}=29.98\ \text{kJ/min}$$

电冰箱所需的最小功率为

$$N=(29.98/60)\ \text{kW}=0.5\ \text{kW}$$

5.7 可用能及可用能损失

5.7.1 可用能

按照热力学第二定律原理，自然界中的过程总是存在着方向性问题。反映在不同形式能量之间的转换过程上，表现为现实中不同形式的能量转换为有用功的能力有所不同。机械能、电能等可以全部转换为有用功；而根据热力学第二定律，热能则不可能全部转换为有用功。实际上有用功可以百分之百地转换为其他形式的能量，即机械能、电能等可以百分之百地转换为其他形式的能量，而热能则不行。

一种形式能量转换为任意其他形式能量的能力，即该能量转换为有用功的能力，泛称为它的做功能力，又称可用能。

能量中能够转换为有用功部分的多少，除与能量的形式和拥有该能量的系统所处的热力学状态有关外，还与做功的过程（可逆或不可逆）和系统所处的环境有密切关系。进行一定能量或一个系统的可用能分析时，常引用到关于㶲的概念，㶲的定义是：在周围环境条件下，任意形式能量中能够最大限度地转变为有用功的那部分能量称为该能量的㶲(exergy)。即㶲是指能量的最大做功能力。

相对地，一定条件下能量中不可能转换为有用功的部分称为不可用能、无用能，或炁。

5.7.2 热量 Q 的可用能及可用能损失

一定环境中，最低的自然温度就是环境的温度，低于环境的温度必定是人为地付出了一定代价后获得的。在热源温度 T 与环境温度 T_0 之间，热机循环能够达到的最高热效率应当是卡诺热机的热效率$(1-T_0/T_1)$，因此，当采用卡诺热机在给定的环境温度 T_0 下工作，若工质从热源 T 中吸热 Q，这时能够得到的有用功应为最大，其值等于

$$W_{\text{u,max}}=Q\left(1-\frac{T_0}{T}\right) \tag{5-58}$$

这个功称为热量 Q 的做功能力，或称为热流的做功能力，也称为热流㶲，以符号 $E_{\text{x,q}}$ 表示。具体地说，热流的做功能力（热流㶲）的定义为：在一定的环境(T_0)下，从温度

为 T 的热源取得的热量 Q 中所能获得的最大有用功。

当为变温热源时，应对微小热量定义其做功能力

$$dE_{x,q} = dQ\left(1 - \frac{T_0}{T}\right) \tag{5-59}$$

式(5-59)可以改写为

$$\delta Q - dE_{x,q} = \delta Q \frac{T_0}{T} \tag{5-60}$$

由上式不难做出如下推断：热量 δQ 中除去可用能之后，剩余的应当就是它的无用能——在一定环境中无法用于做功的废能，即热量中的无用能为

$$A_n = \delta Q\left(\frac{T_0}{T}\right) \tag{5-61}$$

显然，热源的温度越高，与环境之间的温差越大，从其中所传出的热量做功能力就越大，所包含的不可用能就越少，从技术利用上说来该热量的品质就越高；相反品质则越低。地球表面上的大气，江、河、湖、海水中虽然都蕴含着巨大的热能，但是，由于它们处在自然界中的最低温度下，根据热力学第二定律原理，人们不可能造出只是冷却它们而能循环不断地做功的机器，因而它们拥有的热能全是不可用能。

图 5-14 所示为从恒温热源 T_r 取出热量 Q 进行卡诺循环时的情况。图中 $a-b$ 过程时工质从热源 T_r 吸热 Q(由面积 $a-b-s_2-s_1-a$ 表示)，$c-d$ 过程时向低温热源(环境)放热 Q_2(由面积 $c-d-s_1-s_2-c$ 表示)；循环的净功(等于循环的净热量)由面积 $a-b-c-d-a$ 代表。按前面讨论，这里的循环净功就是热量 Q 的做功能力，即热量 Q 中所包含的可用能；放给环境的热量 Q_2，就是热量 Q 中的无用能——废能，或称废热(waste heat)。

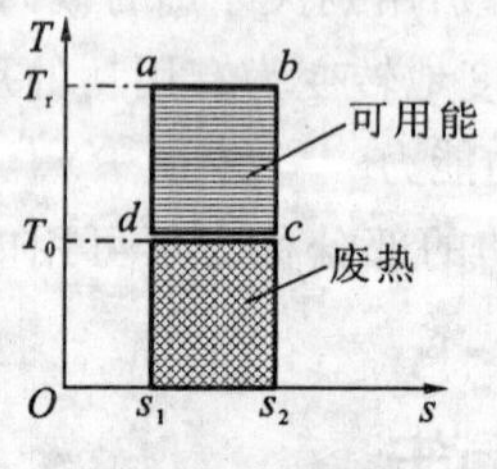

图 5-14　可用能

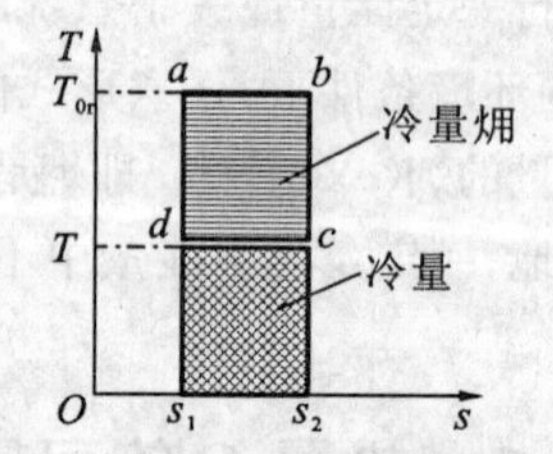

图 5-15　冷量的㶲

当系统在低于环境温度下通过边界与环境传递热量时，所传递的热量特称为冷量(见图 5-15)。冷量也具有做功能力。设冷源的温度为 T_c，环境温度为 T_0。当热量 δQ_0 从温度低于环境温度的冷源传给环境时，我们就说获得了冷量 δQ_0。根据热力学第二定律原理知，这种情况的实现需要以消耗机械能作为代价。采用可逆制冷机时所需消耗的机械功将最少，该机械功即为冷量 δQ_0 的做功能力。也就是说，冷量 δQ_0 的做功能力等于在环境温度 T_0 下通过可逆制冷机制取温度为 T_c 的冷量 δQ_0 时所消耗的最小有用功，也等于在环境温度 T_0 与冷源温度 T_c 间工作的可逆热机向冷源输送热量 δQ_0 时所做出的最大有用功。因此，若以 dE_{x,Q_0} 代表冷量 δQ_0 的做功

能力，按卡诺循环的分析讨论结果，则有

$$dE_{x,Q_0}=\left(\frac{T_0}{T_c}-1\right)\delta Q_0 \tag{5-62}$$

当热源(T_r)与工质(T_1)之间发生不等温传热时，由于过程不可逆，热量Q将会发生可用能损失。为计算这部分损失，可以作这样的设想：如果热源T_r不是直接将热量放给工质，而是先不等温地放给另一温度较低的热源T_1($T_r>T_1$)，然后再让卡诺热机在(T_1,T_0)之间利用热量Q工作(见图5-16)。这种情况下，从卡诺热机中所能获得的有用功将为

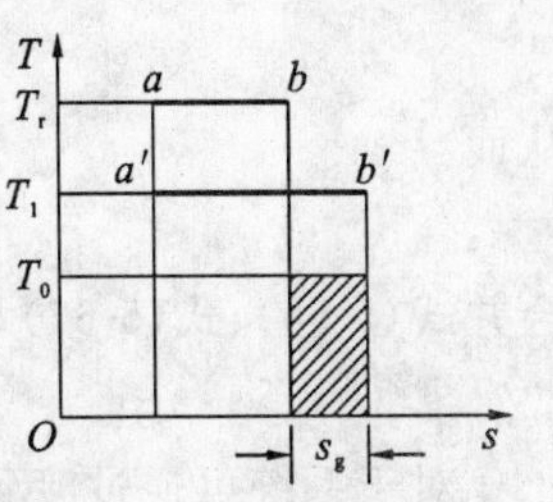

图5-16 可用能损失

$$W=Q\left(1-\frac{T_0}{T_1}\right) \tag{5-63}$$

这个功不是最大的，与先前导得的最大有用功之差为

$$I=\Delta E_{x,q}=Q\left(1-\frac{T_0}{T_r}\right)-Q\left(1-\frac{T_0}{T_1}\right)=T_0\left(\frac{Q}{T_1}-\frac{Q}{T_r}\right) \tag{5-64}$$

$\Delta E_{x,q}$代表了由于过程存在不可逆性所造成的有用功的减少，即可用能的损失，也就是不可用能的增加。其中$\left(\frac{Q}{T_1}-\frac{Q}{T_r}\right)$正是两物系间不等温传热所造成的熵产，因此式(5-64)表明：不等温传热过程造成的热量做功能力的损失，或说过程造成的可用能损失与过程的熵产成正比，等于环境温度与过程熵产的乘积，即$I=T_0\times S_g$。

5.7.3 控制质量(封闭系统)的做功能力

在一定的环境(T_0,p_0)中，控制质量(以环境为唯一热源)从某一状态(如S,p,V,U等)可逆地过渡到与环境相平衡的状态(特称为“环境状态”)时所能获得的最大有用功，称为控制质量在该状态下的做功能力，也称系统的热力学能㶲，即系统拥有的热力学能中所包含的可用能。

设有如图5-17所示的气缸-活塞装置的气体，它被限定只能与环境交换热量(以环境为唯一热源)。由于自然界中以环境的温度为最低，它所拥有的能量是完全无用的，因此该系统实际上不会从外界获得可用能补给。当气体膨胀推动活塞移动时，对外界所做的功可分为两个部分：其一是克服环境(譬如大气)作用在活塞上的压力而对环境做的功；其二是通过曲柄连杆机构对外界(机器)做的功。对环境做的功是无用功，因为能量一旦进入到环境中便都成了无用能；只有通过曲柄连杆机构对外界做的功才是有用的，这便是系统所做的有用功。

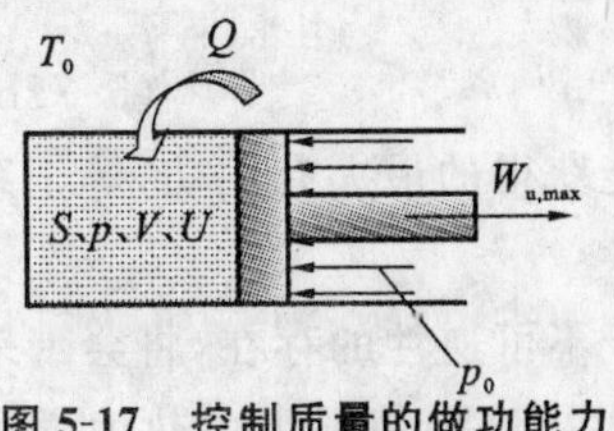

图5-17 控制质量的做功能力

若以$W_{u,max}$表示系统在可逆过程中对外界所做的最大有用功，则对于系统的可逆微元变化，由热力学第一定律有

$$\delta Q = \mathrm{d}U + \mathrm{d}W_{\mathrm{u,max}} + p_0 \mathrm{d}V \tag{5-65}$$

只有在可逆过程中才有可能获得最大的有用功，因此，由热力学第二定律（熵产原理）有

$$\delta S_g = 0, \quad \mathrm{d}S = \delta S_f = \frac{\delta Q}{T_0} \tag{5-66}$$

从而

$$\delta Q = T_0 \mathrm{d}S \tag{5-67}$$

合并式(5-65)、式(5-67)，有

$$\mathrm{d}W_{\mathrm{u,max}} = -\mathrm{d}U - p_0 \mathrm{d}V + T_0 \mathrm{d}S \tag{5-68}$$

对于系统可逆过渡到与环境相平衡的整个过程（$U \to U_0, V \to V_0, S \to S_0, \cdots$），由上式积分，有

$$\begin{aligned} W_{\mathrm{u,max}} &= -(U_0 - U) - p_0(V_0 - V) + T_0(S_0 - S) \\ &= (U + p_0 V - T_0 S) - (U_0 + p_0 V_0 - T_0 S_0) \end{aligned} \tag{5-69}$$

定义

$$\Psi = U + p_0 V - T_0 S \tag{5-70a}$$

对于控制质量中的 1 kg 工质，上式可表示为

$$\varphi = u + p_0 v - T_0 s \tag{5-70b}$$

Ψ 称为控制质量的可用性函数(availability function)。利用可用性函数，式(5-69)可改写为

$$W_{\mathrm{u,max}} = \Psi - \Psi_0 \tag{5-71a}$$

对于控制质量中的 1 kg 工质，上式可表示为

$$w_{\mathrm{u,max}} = \varphi - \varphi_0 \tag{5-71b}$$

即系统在任何状态下的做功能力（热力学能㶲）等于系统在该状态下的可用性函数与系统达到和环境相平衡的状态（环境状态）时的可用性函数之差。热力学能㶲也称闭系㶲。热力学能㶲也用符号 $E_{\mathrm{x,U}}$ 表示。

由式(5-69)可以看出，就一定环境而言，Ψ 为状态参数。因此，在一定环境中，系统的做功能力仅取决于系统本身的状态，与系统取何种方式过渡到与环境相平衡无关。

当系统在给定的两状态 1 和 2 间进行可逆过渡时，所能获得的最大有用功应当等于分别由此两状态可逆过渡到环境状态时所做的最大有用功之差，即

$$E_{\mathrm{x,U}}^{1\to2} = W_{\mathrm{u,max}}^{1\to2} = W_{\mathrm{u,max}}^{1\to0} - W_{\mathrm{u,max}}^{2\to0} = (\Psi_1 - \Psi_0) - (\Psi_2 - \Psi_0) = \Psi_1 - \Psi_2 \tag{5-72a}$$

对于控制质量中的 1 kg 工质，上式可表示为

$$e_{\mathrm{x,u}}^{1\to2} = w_{\mathrm{u,max}}^{1\to2} = \varphi_1 - \varphi_2 \tag{5-72b}$$

上式表明，控制质量在任意两状态间进行可逆过渡时所能获得的最大有用功，等于系统在该两状态下的可用性函数之差。

当控制质量在 1、2 两状态间进行不可逆过渡时，由于不可逆性的存在，将会带来可用能的损失。因此，过程所能获得的有用功将不为最大。这种情况下由热力学第

一定律，有

$$\delta Q = \mathrm{d}U + p\mathrm{d}V + \delta W_u \tag{5-73a}$$

由热力学第二定律有

$$T_0(\mathrm{d}S - \delta S_g) = \delta Q \tag{5-73b}$$

将式(5-72b)代入式(5-72a)并对过程1—2积分，经整理可得

$$\begin{aligned} W_u &= (U_1 + p_0V_1 - T_0S_1) - (U_2 + p_0V_2 - T_0S_2) - T_0S_g \\ &= \Psi_1 - \Psi_2 - T_0S_g \end{aligned} \tag{5-74}$$

比较式(5-72)与式(5-74)知，不可逆性造成的控制质量做功能力损失也是T_0S_g。

5.7.4　稳态稳流工质的做功能力

在一定的环境(p_0，T_0)中，流体以环境为唯一热源，在某一状态下可逆地流过稳态稳流系统，并在系统出口处与环境达到了热力学平衡(环境状态)，过程中所能获得的有用功为最大，称为该状态下稳态稳流工质的做功能力，或稳态稳流系统的㶲，也称稳态稳流系统的㶲，或开系㶲。

设有如图5-18所示的一个静止不动的稳态稳流系统。流体流过诸如动力装置之类的系统时所做的有用功为装置输出的轴功。对于在给定状态(h，s，…)下可逆地流过稳态稳流系统的1 kg流体，当流体在系统出口处达到环境状态时(环境状态下流体相对于环境的流速应为零，即$c_0=0$)，由热力学第一定律，有

$$q = \Delta h + w_{u,max} + g\Delta z + \frac{1}{2}c^2 \tag{5-75}$$

式中：$w_{u,max}$为1 kg稳态稳流流体的做功能力。由热力学第二定律，根据稳态稳流系统的熵方程有

$$s_0 - s = \frac{q}{T_0} \tag{5-76}$$

将式(5-75)代入式(5-74)，整理后可得

$$w_{u,max} = (h - T_0s) - (h_0 - T_0s_0) + g(z - z_0) + \frac{1}{2}c^2 \tag{5-77}$$

定义

$$\varphi = h - T_0s \tag{5-78}$$

称φ为稳态稳流系统的可用性函数。在一定的环境中，φ为系统的热力学状态参数。对于m kg稳态稳流的流体，其可用性函数

$$\Psi = H - T_0s \tag{5-79}$$

人们将稳态稳流系统的做功能力，即稳态稳流物流的做功能力特称为物流㶲，或称为“开系㶲”，并表示为E_x，对1 kg物流为e_x。因此，分别得1 kg和m kg流体的物流㶲为

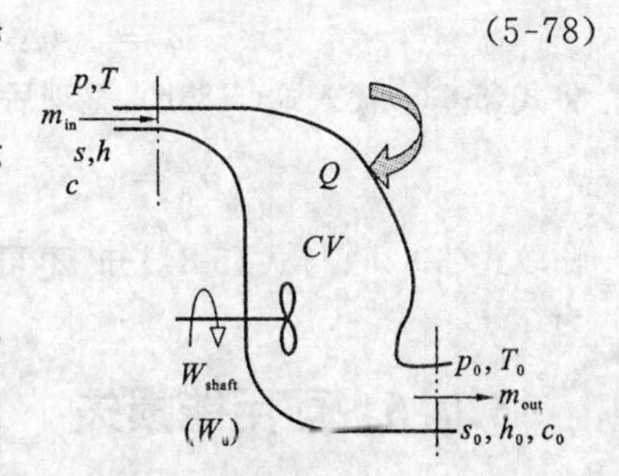

图5-18　稳态稳流系统可用能

$$e_x = w_{u,max} = \varphi - \varphi_0 + g(z - z_0) + \frac{1}{2}c^2 \tag{5-80a}$$

$$E_x = W_{u,max} = \Psi - \Psi_0 + m\left[g(z - z_0) + \frac{1}{2}c^2\right] \tag{5-80b}$$

式(5-80)说明,一定环境中,稳态稳流系统的做功能力只与系统的状态有关。

物流的外观能量(宏观动能和重力位能)属于机械能,原本就是全部可用的,因此常将它们分出单独考虑。于是,在对稳态稳流系统做功能力的分析中特别引入了焓㶲的概念。所谓焓㶲是指相应于物流的焓的那部分能量的做功能力。由式(5-80a)知,对于 1 kg 作稳态稳流的流体,其焓㶲为

$$e_{x,h} = (h - h_0) - T_0(s - s_0) = \varphi - \varphi_0 \tag{5-81a}$$

对于作稳态稳流的 m kg 流体,其焓㶲为

$$E_{x,h} = (H - H_0) - T_0(s - s_0) = \Psi - \Psi_0 \tag{5-81b}$$

在一定的环境中,当流体在任意两状态 1 和 2 间作可逆的稳态稳流时,其做功能力,即所能获得的最大有用功应当等于分别由此两状态可逆过渡到环境状态时所做的最大有用功之差,即

$$W_{u,max}^{1\to2} = W_{u,max}^{1\to0} - W_{u,max}^{2\to0} = (\Psi_1 - \Psi_0) - (\Psi_2 - \Psi_0) + m\left[g(z_1 - z_2) + \frac{1}{2}(c_1^2 - c_2^2)\right]$$

$$= \Psi_1 - \Psi_2 + m\left[g(z_1 - z_2) + \frac{1}{2}(c_1^2 - c_2^2)\right] \tag{5-82a}$$

对 1 kg 流体,有

$$w_{u,max}^{1\to2} = \varphi_1 - \varphi_2 + g(z_1 - z_2) + \frac{1}{2}(c_1^2 - c_2^2) \tag{5-82b}$$

不计外观能量时,作稳态稳流的流体在任意两状态之间的做功能力等于流体在该两状态下的可用性函数之差。

当流体作不可逆的稳态稳流时,所得的有用功将不为最大,这时,由热力学第一定律有

$$q = h - h_0 + w_u + g\Delta z + \frac{1}{2}c^2 \tag{5-83a}$$

由热力学第二定律,有

$$q = T_0(\Delta s - s_g) = T_0(s - s_0 - s_g) \tag{5-83b}$$

将式(5-83a)代入式(5-83b),整理后可得

$$w_u = \varphi - \varphi_0 - T_0 s_g + g(z - z_0) + \frac{1}{2}c^2 \tag{5-84}$$

比较式(5-82b)与式(5-84)知,不可逆性造成的系统做功能力(可用能)的损失也为 $T_0 s_g$。

5.7.5 可用能损失

综合本节讨论的几种情况,可以得出如下结论:过程的不可逆性引起熵产生,从而

造成可用能的损失，其大小与熵产量成正比，总是等于环境温度与熵产量的乘积，即

$$I = T_0 S_g \quad \text{(Gouv-Stodla 公式)} \tag{5-85}$$

从熵产原理推论开来，也可以说：实际过程总是朝着可用能减少，或说是朝着使能量的做功能力（可用性）降低的方向发展。这便是所谓的能量贬值（能量品位递降）原理。

*5.8　热力学温标

根据卡诺定理，在相同的两个热源之间工作的所有可逆热机具有相同的热效率。在关于卡诺定理的证明中，并不需要指定热机的种类，也就是说，如果热机是可逆的，那么热机的结构及其运行方式并不影响它的热效率。此外，热效率还与热机中工质的性质无关。唯一可能影响热效率的是热源的性质，而热源唯一重要的特性是它的温度。因而决定热效率的参数只是两个热源的温度。

正是由于热效率只取决于两个热源的温度，这就向我们提供了一个建立热力学绝对温标的方法。在第 1 章中已简单讨论过温标。物质的各种测温特性都可以用来测量温度。每种情况下，物质的性质都要影响所测得的温度值。而可逆热机的概念使我们得以建立与测量所用的物质性质无关的热力学温标。

考虑在温度为 T_H 和 T_L 的两个贮热器之间运行的可逆热机。根据卡诺定理，可以写出

$$\eta_{th} = f(T_H, T_L) \tag{5-86}$$

此外，根据热效率的定义可导出

$$\eta_{th} = \frac{W}{Q_{in}} = \frac{|Q_H| - |Q_L|}{|Q_H|} = 1 - \frac{|Q_L|}{|Q_H|} \tag{5-87}$$

如果任意选择某个函数 $f(T_H, T_L)$，然后测量在这两个热源之间工作的任何可逆热机的 Q_H 和 Q_L，将得到 T_H 和 T_L 之间的关系，因为

$$f(T_H, T_L) = 1 - \frac{|Q_L|}{|Q_H|} \tag{5-88}$$

如果人为地把 T_H 和 T_L 的函数关系选择为

$$\frac{T_H}{T_L} = \frac{|Q_H|}{|Q_L|} \tag{5-89}$$

则会发现这是很方便和很有用的。这一关系式有助于定义绝对的热力学开尔文温标。由于它只是定义了温度的比例，所以可指定处于水三相点的热源的热力学温度 T^* 为 273.15 K。如果使一可逆热机在处于水三相点的热源与另一未知温度的热源之间运行，那么未知温度 T 与 T^* 的关系为

$$T = 273.15\,\frac{Q}{Q^*} \tag{5-90}$$

式中：Q 为热机从温度为 T 的热源得到的热量；Q^* 为热机排给温度为 273.15 K 的冷

源的热量。

虽然可逆热机是一理想化的概念，但是对于以这一概念为基础的热力学温标来说，可以用外推的方法得到相当好的实际结果。此外，能够证明，以定容的理想气体温度计为基础的温标和以可逆热机为基础的绝对热力学温标是一致的。也就是说，它们测得的温度相当。

思 考 题

1. 从热源得到的热完全变成功的过程是否可能？

2. 有人将热量从温度较高的物体向温度较低的物体传递与从高处向低处投放重物类比，这种概念正确吗？为什么？

3. 理想气体进行定温膨胀时，可将从单一恒温热源吸入的热量全部转变为功对外输出，是否与热力学第二定律的开尔文表述相矛盾？

4. 试证明：卡诺循环和工作在同样温度范围内的所有其他循环比较起来，具有最大的效率。

5. 循环热效率公式：$\eta_t=\dfrac{q_1-q_2}{q_1}$和$\eta_t=\dfrac{T_1-T_2}{T_1}$是否完全相同？各适用于哪些场合？

6. 研究以水为工质的卡诺循环。热源和冷源的温度分别为6 ℃和2 ℃：在6 ℃时水等温膨胀，而在2 ℃时水等温压缩。由于水在$t<4$ ℃时的反常行为，在这两种温度时都将吸收热量，并完全变成功，这正和第二定律矛盾，这个矛盾如何解决？

7. 请判断以下说法是否正确：(1) 熵增过程必为吸热过程；(2) 熵减过程必为放热过程；(3) 定熵过程必为可逆绝热过程；(4) 熵增过程必为不可逆过程；(5) 熵产大于零的过程必为不可逆过程。

8. 某种理想气体由同一初态经可逆绝热压缩和不可逆绝热压缩两种过程，将气体压缩到相同的终压，在p-v图和T-s图上画出两过程，并在图上示出两过程的技术功及不可逆过程的㶲损失。

9. 在孤立系统中进行了(1) 可逆过程，(2) 不可逆过程。问孤立系统的总能、总熵、总㶲各如何变化？

图 5-19　思考题10图

10. 玩具“喝水的小鸟”(见图5-19)为热力学第二定律提供一个生动直观的演示。它是一种密封的、做成小鸟状的玻璃细颈瓶，装在轴上。瓶中盛有易挥发的液体。平衡时鸟的脖子相对铅垂线倾斜若干度。头和嘴用一层薄棉絮包住。如果将鸟的嘴放在盛水的小烧杯中，此后小鸟将自动地不断从小烧杯中“喝水”。试解释小鸟的这种动作，并讨论它是不是第一类和第二类永动机。

习　题

5-1　试计算进行斯特林循环的空气机的效率。该循环由 $T=T_1$ 和 $T=T_2$ 的两条等温线，以及 $V=V_1$ 和 $V=V_2$ 的两条等容线组成。并且将它的效率与工作在同样温度 T_1 和 T_2 之间的卡诺机的效率进行比较。

5-2　设有 1 kmol 某种理想气体进行如图 5-20 所示的循环 1—2—3—1。且已知：$T_1=1\ 500$ K、$T_2=300$ K、$p_2=0.1$ MPa。设比热容为定值，取绝热指数 $k=1.4$。(1) 求初态压力；(2) 在 T-s 图上画出该循环；(3) 求该循环的热效率；(4) 该循环的放热很理想，T_1 也较高，但热效率不很高，原因何在？

5-3　如图 5-21 所示，空气在绝热管道内流动。已知 A、B 截面有 $P_A>P_B$ 及 $T_A<T_B$ 的关系。试确定气体的流向。

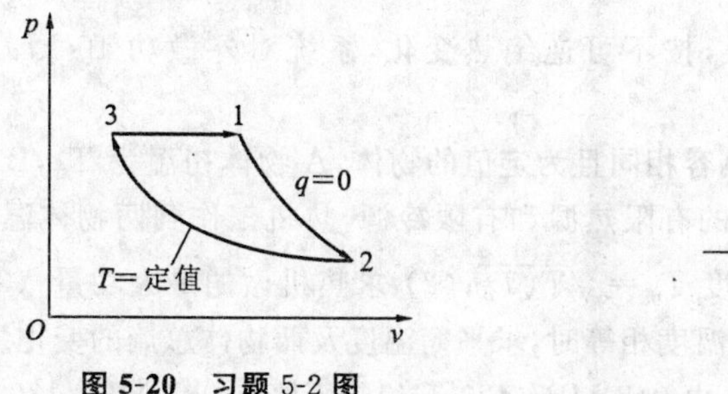

图 5-20　习题 5-2 图　　　　图 5-21　习题 5-3 图

5-4　若要设计一台热机，使之能从温度为 973 K 的高温热源吸热 2 000 kJ，并向温度为 303 K 的冷源放热 800 kJ。问：(1) 此循环能否实现？(2) 若把此热机当制冷机用，从冷源吸热 800 kJ，是否可能向热源放热 2 000 kJ？欲使之从冷源吸热 800 kJ，至少需耗多少功？

5-5　如图 5-22 所示，已知 A、B、C 共 3 个热源的温度分别为 500 K、400 K、300 K，有可逆机在这 3 个热源间工作。若可逆机从 A 热源净吸入 3 000 kJ 热量，输出净功 4 00 kJ，试求可逆机与 B、C 两热源的换热量，并指明其方向。

5-6　1 mol 理想气体占有体积 V_1，向真空绝热膨胀，到体积 V_2，试计算熵的改变。

5-7　两份质量相等的同种理想气体，原来处在相同压力 p 和不同温度 T_1 与 T_2 之下，试计算两份气体混合时熵的改变 ΔS。并求上述两种情况下 ΔS 变化的范围。

5-8　装有理想气体的容器被隔板分成相等的两部分。每一部分的体积为 V，含有 n 摩尔气体。试证明：去掉隔板后，系统的熵等于被混合的各部分气体（分别占有整个体积时）的熵之和，再减去 $2n\ln 2$。

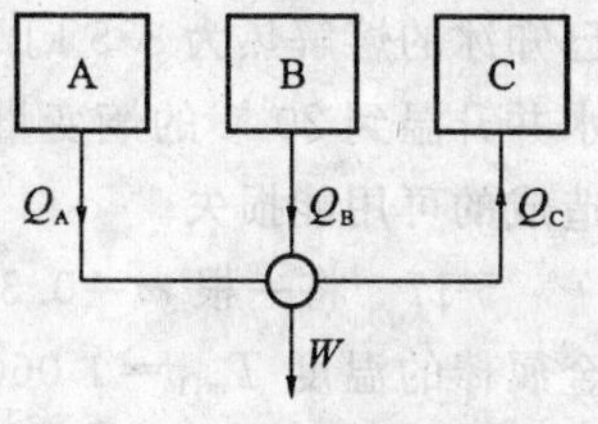

图 5-22　习题 5-5 图

5-9　某热机工作于 $T_1=2\ 000$ K、$T_2=300$ K 的两个恒温热源之间，试问下列几种情况能否实现？是不是可逆循环？(1) $Q_1=1$ kJ，$W_{net}=0.9$ kJ；(2) $Q_1=2$ kJ，$W_{net}=0.3$ kJ；(3) $Q_2=0.5$ kJ，$W_{net}=1.5$ kJ。

5-10　有人设计了一台热机，工质分别从温度为 $T_1=800$ K、$T_2=500$ K 的两个高温热源吸热，$Q_1=1\ 500$ kJ 和 $Q_2=500$ kJ，以 $T_0=300$ K 的环境为冷源，放热 Q_3，试问：(1) 要求热机做出净功 $W_{net}=1\ 000$ kJ，该循环能否实现？(2) 最大循环净功 $W_{net,max}$ 为多少？

5-11　试判别下列几种情况的熵变是正、负、可正可负或零：

(1) 闭口系中理想气体经历一可逆过程，系统与外界交换功量 20 kJ，热量 20 kJ；

(2) 闭口系中经历一不可逆过程，系统与外界交换功量 20 kJ，热量 −20 kJ；

(3) 工质稳定流经开口系，经历一可逆过程，开口系做功 20 kJ，换热 −5 kJ，工质流在系统进出口的熵变；

(4) 工质稳定流经开口系，按不可逆绝热变化，系统对外做功 10 kJ，系统的熵变。

5-12　两个质量相等、比热容相同且为定值的物体，A 物体初温为 T_A，B 物体初温为 T_B，用它们作为可逆热机的有限热源和有限冷源，热机工作到两物体温度相等时为止。(1) 证明平衡时的温度 $T_m=\sqrt{T_A T_B}$；(2) 求热机做的最大功量；(3) 如果两物体直接接触进行热交换至温度相等时，求平衡温度及两物体总熵的变化量。

5-13　燃气经过燃气轮机，由 0.8 MPa、420 ℃绝热膨胀到 0.1 MPa、130 ℃。设比热容 $c_p=1.01$ kJ/(kg·K)，$c_V=0.732$ kJ/(kg·K)，问：(1) 该过程能否实现？是否可逆？(2) 若能实现，计算 1 kg 燃气做出的技术功 w_t，假设其进、出口的动能差、位能差可忽略不计。

5-14　将 100 kg 温度为 20 ℃的水与 200 kg 温度为 80 ℃的水在绝热容器中混合，求混合前后水的熵变及㶲损失。设水的比热容 $c_w=4.187$ kJ/(kg·K)，环境温度 $t_0=20$ ℃。

5-15　100 kg 温度为 0 ℃的冰，在 20 ℃的环境中融化为 0 ℃的水，已知冰的熔解热为 335 kJ/kg，水的比热容 $c_w=4.187$ kJ/(kg·K)，求冰化为水的熵变、该过程中的熵流和熵产，以及㶲损失。

5-16　将 100 kg、温度为 0 ℃的冰在 20 ℃的环境中融化为水后升温至 20 ℃。已知冰的熔解热为 335 kJ/kg，水的比热容 $c_w=4.187$ kJ/(kg·K)，求：(1) 冰融化为水并升温到 20 ℃的熵变量；(2) 包括相关环境在内的孤立系统的熵变；(3) 该过程造成的可用能损失。

5-17　将一根 $m=0.36$ kg 的金属棒投入绝热容器内 $m_w=9$ kg 的水中，初始时金属棒的温度 $T_{m,1}=1\ 060$ K，水的温度 $T_w=295$ K。金属棒和水的比热容分别为 $c_m=0.42$ kJ/(kg·K)和 $c_w=4.187$ kJ/(kg·K)，试求：终温 T_f 和金属棒、水及它们

组成的孤立系统的熵变。

5-18　在一台蒸汽锅炉中，烟气定压放热，温度从 1 500 ℃降到 250 ℃，所放出的热量用以生产水蒸气。压力为 9.0 MPa，温度为 30 ℃的锅炉给水被加热、汽化、过热成 $p_1=9.0$ MPa，$t_1=450$ ℃的过热蒸汽。将烟气近似为空气，取比热容为定值、$c_p=1.079$ kJ/(kg·K)。试求：(1) 生产 1 kg 过热蒸汽的烟气量(kg)；(2) 生产 1 kg 过热蒸汽，烟气熵的减小及过热蒸汽熵的增大；(3) 将烟气和水蒸气作为孤立系，生产 1 kg 过热蒸汽孤立系熵的增大为多少；(4) 环境温度为 15 ℃时做功能力的损失。

5-19　上题中加热、汽化和过热过程若在电热锅炉内完成，试求：(1) 生产 1 kg 过热蒸汽的耗电量；(2) 整个系统做功能力损失；(3) 蒸汽获得的可用能。

5-20　体积 $V=0.1\ \text{m}^3$ 的刚性真空容器，打开阀门，让 $p_0=10^5$ Pa，$T_0=303$ K 的环境大气充入，充气终了 $p_2=10^5$ Pa。分别按绝热充气和等温充气两种情况求：(1) 终温 T_2 和充气量 m_i；(2) 充气过程的熵产 S_g；(3) 充气过程㶲损失 I。已知空气的 $R_g=0.287$ kJ/(kg·K)，$c_p=1.004$ kJ/(kg·K)，$k=1.4$。

第6章 㶲及㶲分析

由于能量在转换时具有“量”的守恒和“质”的差异两重性质，因此只有从量与质的结合上才能正确评价能的“价值”。但是长期以来，人们习惯于用能的数量来度量能的价值。往往笼统地用消耗多少千焦的能来说明“能耗”，却不管所消耗的是什么样的能量。同样，为了说明余热资源或地热资源的储量，也往往以折算多少吨标准煤来表示，却不管余热资源或地热资源的温度条件如何。其实，不仅不同形式的能量的“质”不同，而且即使是同一种形式的能量，在不同的条件下也具有不同的转换为功的能力。例如，同样是10 000 kJ的热量，在100 ℃下转换为机械功的能力大约只是800 ℃下的1/3。因此，这种“等量奇观”的方法，无视能量“质”的不同，常会导致一些似是而非的误解。那么究竟要用什么参数才能正确评价能量的价值呢？在我们已学过的热力学参数中尚没有一种参数可以单独评价能量的价值。如“焓”和“内能”两个热力学参数，虽然具有能量的含义和量纲，其数值可以从数量上反映能的“量”，但是它们不能反映能的“质”。例如，工质经历绝热节流之后，转换为功的能力有所下降，但是绝热节流前后的焓值并未发生变化，因此，焓不能表示工质所携带能量在“质”的方面有什么不同。同样，工质在经历自由膨胀之后，转换为功的能力也有所下降，但是根据热力学第一定律，工质的内能在自由膨胀之后并未发生变化，所以内能也不能反映工质具有的能量在“质”的方面的差异。“熵”是由热力学第二定律推导出来的，并与能量的“质”具有密切关系，但是它不能反映能的量，而且也并没有直接规定能的“质”。因此需要定义一个新的物理量，能从“量”和“质”两个方面同时反映能量的性质。这个新的物理量就是㶲，是环境条件下能量中理论上能够转变为有用功的那部分能量。㶲又称为有效能。㶲分析法，又称为热力学第二定律分析法。

学完本章后要求：

（1）正确理解㶲分析方法的实质；

（2）掌握㶲的构成及不同形式能量的㶲；

（3）掌握孤立系统熵增与㶲损，能量贬值原理；

（4）掌握工质㶲及系统㶲平衡方程。

6.1　能量转换的限度

实践证明,各种形态的能量相互转换时,具有明显的方向性。如机械能、电能等可全部转为热能,理论上转换效率近100%。因而,习惯上将有用功作为"无限可转换能量"的同义词。但是,反之热能却不可能全部转换为机械能、电能等,其转换能力受到热力学第二定律的制约。所以从技术使用和经济价值角度,前者的品位(质量)更高、更为宝贵,这样我们就可以根据能量转换时是否受到热力学第二定律的制约,而对能量进行分类。

因此,根据能量转换时是否受热力学第二定律的约束,可以将能量形式分为以下三类。

1. 可无限转换的能量

有的能量能够全部转变为功,或者变为其他形式的能量,例如机械能和电能,它们在转换过程中不受热力学第二定律的约束,理论上可以100%地转换为其他形式的能量,因此可以直接用它们的数量反映其本身的"质"。对于这类能量,其"量"和"质"是统一的,是"可无限转换"的能量,是经济上和技术上更为宝贵的能量,称为"高级能量"。从本质上讲,它们属于完全有序的能量,通常称这种能量称为㶲。

2. 可有限转化的能量

有的能量只能部分的转变为功,另一部分是不可能转变为功的,且其转化能力受到热力学第二定律的约束,例如,热能和以热量形式转移的能量,即使在极端情况下,也只能部分转换,并非全部都为㶲,其余那些不能转换的部分,虽然说有一定的量,但是"质"很差,不能进行转换,通常称其为"炁"。因此,这类"可有限转换的能量"由㶲和炁组成,其"量"和"质"往往并不统一,不能单纯地用数量来表示其"质"。从本质上讲,在这类能量中,只有一部分是有序的,也只有这一部分才能转换为其他形式的能量,而这些有序部分就是㶲,而那些无序部分就是炁。由于这类能量在转换过程中要受到热力学第二定律的约束,因而称之为"低级能量"。

3. 不可转换的能量

有些能量则全部都不可能转变为功,例如周围自然环境大气、海水等的内能和以热能形式输入或输出到环境上的热量等。这类能量虽然具有相当的数量,但由于受到热力学第二定律的约束,在环境条件下无法转化为其他形式的能量。即,这类能量全部都是炁,否则,环境就可以成为无穷无尽的理想能源。如全世界海洋中的水约为1.42×10^{21} kg,只要其温度降低1.62×10^{-6} K,其内能就会减少9.64×10^{15} kJ,把它转换成电能,就相当于1962年全世界耗电量的总和,但是,显然这不可能实现的,因为其违反了热力学第二定律。

从上述分析可知,我们可以将任何一种形式的能量都看成是由㶲和炁所组成的并且可表示成:

能量 = 㶲 + 炕

引用㶲的概念,可以将热力学第一定律表述为"在任何能量的转换过程中,㶲和炕的总和保持不变"。

㶲概念是以热力学第二定律为根据的,因此可以将如下的说法作为热力学第二定律的第一种表述,即"每种能量都是由㶲和炕两部分组成,且两部分之一可以为零"。

㶲表征能量转变为功的能力和技术上的有用程度,因此可以用㶲来评价能量的质量或品位。数量(或单位数量)相同而形式不同的能量,㶲大的能量称其能的品位高或者能质高;㶲少的能量称其能的品位低或能质低。因此,机械能、电能和有用功是高级品位或高质能,而热能和热量是低级位能或低质能。温度高的热量比温度低的热量具有较高的能级或较高的品位。根据热力学第二定律,高级品位能量是能够自发转变为低级位能,而低级位能是不可能自发转变为高级位能的。能级的降低或者能质的降低意味着㶲的减少。因而,引用㶲概念可以从能质或能级上来评价某一能量,或者能级上来评价某一能量,或者用能系统的转换过程。

6.2 几种形式能量的㶲

6.2.1 自然环境和环境状态

实际的能量转换过程都是在所处的自然环境条件下进行的,某些形式的能量转换过程要受到周围环境条件的限制。根据以前的学习可知,通过卡诺热机将从热源吸收的热量转变为功要受到环境温度的限制。因此,环境的性质必然会影响到某些能量㶲值的大小。

一般在进行研究时,将环境看做一个具有不变压力 p_0、不变温度 T_0 和不变化学组分的庞大而静止的物系,即使在接受或者放出热量和物质时,其压力、温度和化学组成仍然保持不变。根据热力学第二定律,周围环境具有的内热能(包括热量形式传递的能量)全部由炕组成,亦即环境的㶲为零。环境是㶲的自然零点。同时,在环境状态下任何系统的能量,包括以热量形式传递的能量都不包含㶲,因此,通常将环境状态作为㶲的基准状态。既然系统的环境状态可以有完全平衡状态和不完全平衡环境状态之分,因而系统所具有能量的㶲也会随基准状态的不同选取而具有不同的值。

在进行㶲的研究时,究竟采用完全平衡环境状态,还是不完全平衡状态,这要视所研究问题的性质而定,既与所研究的能量形式有关,也与所研究的过程性质有关。

6.2.2 㶲的构成

如果一个系统中,没有核、磁场、电、化学及表面张力效应,系统的总㶲可以分为四个部分:物理㶲、动能㶲、位能㶲及化学㶲。

一个运行系统所具有的宏观动能和位能，它们都是机械能。理论上他们都能转化成有用功，所以动能和位能全部为㶲，据此，可以将它们分别称为动能㶲和位能㶲。在环境状态下，系统相对于环境的动能和位能均为零，此时动能㶲和位能㶲也为零，故动能㶲为 $V^2/2$，位能㶲为 gz。其中 V 为系统相对于环境的速度，z 为系统相对于环境的高度。

通过系统边界以功的形式转移的能量是机械形式的能量，但并不是在任何情况下它们都是㶲，只有在环境条件下的有用功才是㶲，而有用功则被定义为技术上能利用的输给功源的功。所以，当系统在环境中做功的同时发生容积变化时，系统与环境必然有功量的交换，系统要反抗环境压力做环境功。此时，系统通过边界所做的功不全是有用功或㶲。如一个封闭系统从状态 1 变化到状态 2 的过程中所做的功 W_{12} 的㶲或者有用功部分为

$$E_W = W_{1-2} - p_0(V_2 - V_1) \tag{6-1}$$

对于单位质量，则为

$$e_w = w_{1-2} - p_0(v_2 - v_1) \tag{6-2}$$

如果封闭系统进行一个可逆过程，则因 $w_{1-2} = \int_1^2 p\mathrm{d}v$，此时膨胀功 $E_W = W_{12} - p_0(V_2 - V_1)$ 可以写为

$$e_w = \int_1^2 p\mathrm{d}v - p_0(v_2 - v_1) = \int_1^2 (p - p_0)\mathrm{d}v \tag{6-3}$$

封闭系统所做的炁为

$$A_W = W_{1-2} - E_W = p_0(V_2 - V_1) \tag{6-4a}$$

或

$$a_w = p_0(v_2 - v_1) \tag{6-4b}$$

在此，将反抗环境压力所做的环境功看做是容积变化功的炁部分，因此这部分功传递给环境转变为环境的内能。

如果一个系统在热力过程中容积没有发生变化或与环境交换的净功量为零，则通过系统边界所做的功全部是有用功，即全部是㶲。例如，稳定流动系统输出的有用功、系统完成热力学循环输出的净功、一个轴传出的功全由㶲组成，其炁为零。

6.2.3　热量㶲和冷量㶲

热量是一个系统通过边界以传热方式传递的能量，它由㶲和炁组成。系统所传递的热量在给定环境下用可逆方式所做出的最大有用功称为该热量的㶲。为了计算可逆地加给系统的热量中的㶲，我们可以假想此热量可逆地加给一个以环境为低温热源的可逆热机，则此可逆热机所能做出的有用功就是该热量的㶲。下面将热力学第一定律和第二定律的一般方法应用于热机来导出热量㶲。如图 6-1 所示，设热机从系统吸取微元热量 δQ，向环境放出热量(δQ_0)，做出功 δW_A，则热机的能量平衡方

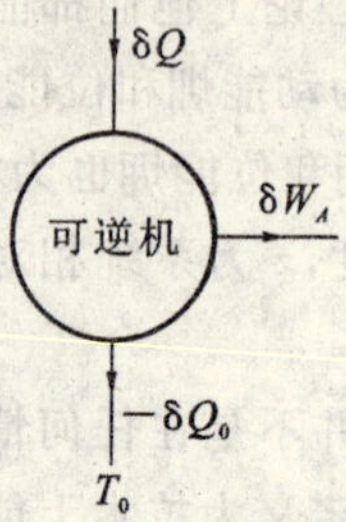

程式为

$$\delta Q = (-\delta Q_0) + \delta W_A \tag{6-5}$$

热机的熵平衡方程式为

$$\frac{\delta Q}{T} + \mathrm{d}S_g = \frac{-\delta Q_0}{T_0} \tag{6-6}$$

式中：T——所研究系统的温度，这里为热机的热源温度；

T_0——环境温度，这里为热机的冷源温度；

$\mathrm{d}S_g$——热机工质完成循环过程中因不可逆引起的熵产量。

图 6-1　借可逆热机计算热量㶲

将式(6-5)和式(6-6)联解，可得

$$\delta W_A = \delta Q - T_0 \frac{-\delta Q_0}{T} - T_0 \mathrm{d}S_g \tag{6-7}$$

设系统吸热并从状态 1 变化到状态 2，热机做的有用功为

$$W_A = Q - T_0 \int_1^2 \frac{-\delta Q_0}{T} - T_0 \Delta S_g \tag{6-8}$$

对于可逆热机，因 $\Delta S_g = 0$，热机做的最大有用功，即可逆过程时与做最大功相联系的。根据热量㶲的定义，此最大有用功就是可逆地加给系统热量的㶲，即

$$E_Q = W_{A,\max} = Q - T_0 \int_1^2 \frac{\delta Q}{T} = \int_1^2 \left(1 - \frac{T_0}{T}\right) \delta Q \tag{6-9}$$

热量炕为

$$A_Q = Q - E_Q = T_0 \int_1^2 \frac{\delta Q}{T} \tag{6-10}$$

或把式(6-6)代入得

$$A_Q = -Q_0$$

由上式可知，热量炕也就是可逆热机放给环境的热量。因 $\int_1^2 \frac{\delta Q}{T}$ 是系统在可逆吸热时的熵增量，即

$$\mathrm{d}S = \int_1^2 \frac{\delta Q}{T} \quad 或 \quad \Delta S = S_2 - S_1 = \int_1^2 \frac{\delta Q}{T} \tag{6-11}$$

代入式(6-9)和式(6-10)，得

$$E_Q = Q - T_0 (S_2 - S_1) \tag{6-12}$$

和

$$A_Q = T_0 (S_2 - S_1) \tag{6-13}$$

因此，如图 6-2 所示，热量炕可以在 T-S 图上用面积 34563 表示。同样，热量㶲用面积 12341 表示。热量㶲和热量炕与热量一样是过程量，其大小不仅与环境温度有关，而且与系统在吸热时的温度水平有关。

式(6-9)中的 $\left(1 - \frac{T_0}{T}\right)$ 正好是工作于 T 和 T_0 之间的卡诺循环的热效率，在此称

为卡诺系数，即

$$\eta_c = 1 - \frac{T_0}{T} \tag{6-14}$$

因此，热量㶲可以写成如下形式，即

$$E_Q = \int_1^2 \eta_c \delta Q \tag{6-15}$$

或

$$\delta E_Q = \eta_c \delta Q$$

由式(6-15)可知，热量㶲等于该热量与卡诺系数的乘积。吸收热量的温度越高，环境温度越低，则卡诺系数的值及热量中的㶲值也越大。

需要指出的是，在热量㶲计算式的推导中，并没有规定可逆热机中工质应该完成怎样的循环，而且与是否一定要借助热机也没有关系，也就是说，热量中的㶲是热量本身的固有特性，所以当一个系统吸收热量时，同时吸收了该热量中的㶲；反之，放出热量时，同时放出了该热量中的㶲。但是如果通过可逆热机，可以将吸收热量中的㶲以循环有用功的形式表现出来。例如，当可逆热机完成如图 6-2 所示的循环 12341 时，循环所做的有用功就是热量㶲，循环放给环境的热量就是热量中的𬀩。

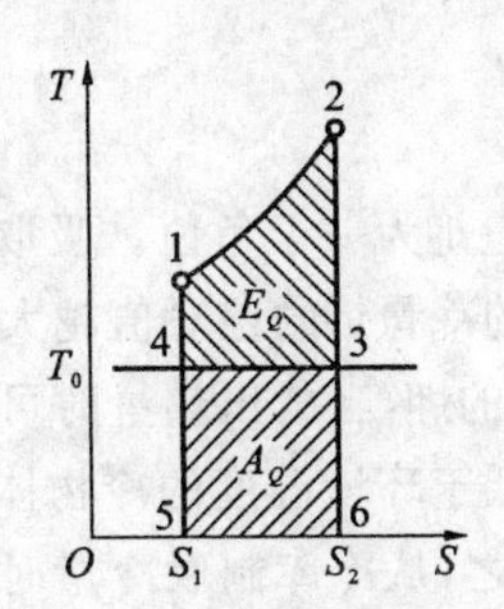

图 6-2　热量㶲 E_Q 和𬀩 A_Q

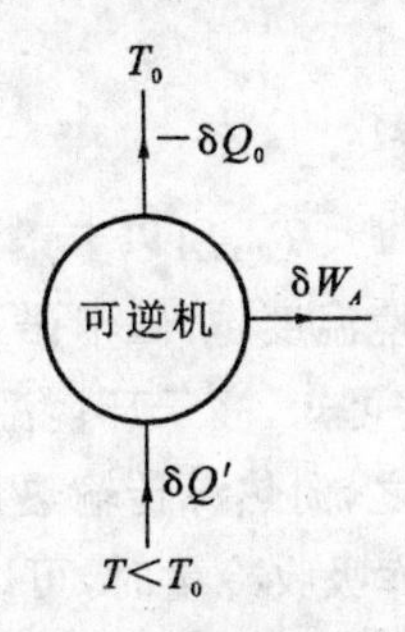

图 6-3　借可逆热机计算冷量㶲

对于冷量㶲可以得到和热量㶲相同的计算公式。冷量也是热量，它是系统在低于环境温度下通过边界所传递的热量，所以，冷量㶲也就是温度低于环境温度的热量㶲。为了可逆地加给一个系统的冷量㶲，可以设想将冷量 $\delta Q'$ 加给一个工作 T_0 和 T 之间的可逆机，此可逆机做的有用功就是该冷量㶲。设可逆机向环境放出热量 $(-\delta Q_0)$，在此仍设可逆机对外做的有用功 δW_A，如图 6-3 所示。将图 6-3 和图 6-1 作对照可知，冷量㶲和热量㶲的计算公式完全一样，即冷量㶲为

$$E_{Q'} = W_{A,\max} = Q' - T_0 \int_1^2 \frac{\delta Q'}{T} = \int_1^2 \left(1 - \frac{T_0}{T}\right) \delta Q' \tag{6-16}$$

冷量𬀩为

$$A_{Q'} = Q' - E_{Q'} - T_0 \int_1^2 \frac{\delta Q'}{T} = T_0 (S_2 - S_1) = -Q_0 \tag{6-17}$$

在图 6-4 所示的 T-S 图上，冷量𬀩由面积 36543 表示，冷量㶲由面积 12341

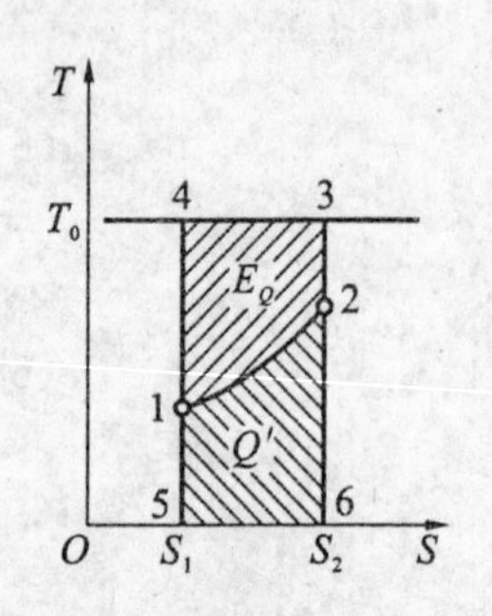

图 6-4　冷量㶲和炁在 T-S 图上的标示

表示。

由式(6-16)可知,因 $T<T_0$,可逆地加给一个系统的冷量㶲值为一个负值,即可逆热机要消耗有用功。冷量㶲为一个负值,意味着系统从冷物体或冷库吸收冷量时却放出了㶲,而放出冷量的冷物体或冷库则得到了㶲。所以与热量㶲不同,冷量㶲流的方向和冷量流的方向是相反的。

冷量㶲也是冷量的一个固有特性,与是否要借助可逆机无关。但是如果采用一个可逆机,那么要求低于环境温度的物体或冷库取出冷量㶲就可以一可逆机所消耗的最小有用功表现出来。例如,当可逆机完成如图 6-4 所示的循环 1—2—3—4—1 时,循环消耗的有用功正好就是该冷量的㶲,而循环放给环境的热量正好就是该冷量的炁。

和热量㶲一样,冷量㶲也可以表示成卡诺系数与该冷量的乘积,即

$$E_{Q'} = \int_1^2 \eta_c \delta Q' \tag{6-18}$$

或

$$\delta E_{Q'} = \eta_c \delta Q'$$

在此,因 $T<T_0$,所以卡诺系数及单位冷量的冷量㶲为一个负值。吸取冷量时的温度越低,环境温度越高,卡诺系数的值及单位冷量的冷量㶲的绝对值越大。

综上所述可知,高于环境温度的热源一般具有正的㶲,当放出热量时可以用它来做有用功;反之,向热源传输热量时要消耗有用功。低于环境温度的冷物体也可具有正的㶲,当冷库吸收冷量时,可以用它来做有用功;反之,从冷库制取冷量时则要消耗有用功。

6.2.4　孤立系统熵增与㶲损,能量贬值原理

系统的㶲是指处于环境条件下经过完全可逆过程过渡到与环境平衡时所做的有用功,这时它的作用能力最大。孤立系统出现了任何不可逆过程,必然有机械能损失,体系的做功能力降低,或者说必然有㶲损失,有炁增量。不可逆程度越严重,做功能力降低越多,㶲损失越大。所以㶲损可以作为不可逆尺度的又一个度量。孤立系统的熵增原理表明:孤立系统内发生任何不可逆变化时,估计系统的熵增必增大。因而孤立系统的熵增和㶲损必然有其内在的联系。

下面采用从特殊到一般的方法,以工程中普遍存在的孤立系统中发生不可逆传热引起体系熵增与㶲损为例进行分析。设两个恒温体系 A 和 B,$T_A=T_B$,如图 6-5 所示。根据热量㶲的定义,以 A 为热源,环境为冷源,其间工作的可逆机做的最大循环净功 $W_{\max(A)}$ 即为体系 A 放出热量 Q 的热量㶲,即

$$E_{x,Q(A)} = W_{max(A)} = \left(1 - \frac{T_0}{T_A}\right)Q \tag{6-19}$$

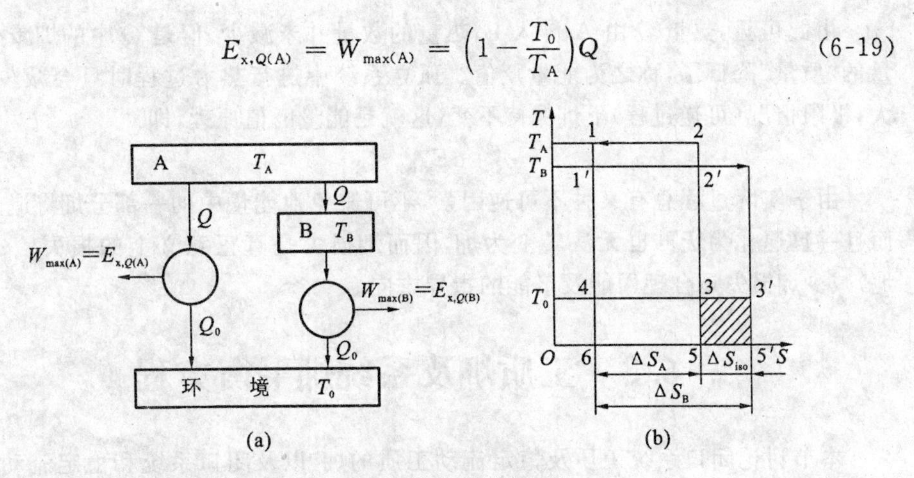

图 6-5　孤立系统的熵增与㶲损

体系 B 放出热量 Q，则它所包含的热量㶲为

$$E_{x,Q(B)} = W_{max(B)} = \left(1 - \frac{T_0}{T_B}\right)Q \tag{6-20}$$

这时，孤立系统中因发生了不可逆传热而引起的㶲损是 $E_{x,Q(A)} - E_{x,Q(B)}$，若以 I 表示㶲损，则

$$I = E_{x,Q(A)} - E_{x,Q(B)} = T_0\left(\frac{1}{T_B} - \frac{1}{T_A}\right)Q \tag{6-21}$$

由于不可逆传热引起的孤立系统熵增大为

$$\Delta S = \Delta S_A + \Delta S_B = \frac{Q}{T_B} - \frac{Q}{T_A} = \left(\frac{1}{T_B} - \frac{1}{T_A}\right)Q \tag{6-22}$$

将式(6-22)代入式(6-21)，并且注意到孤立系统熵增等于熵产，可得

$$I = T_0 \Delta S_{iso} = T_0 S_g \tag{6-23}$$

上式称为 Gouy-Stodla 公式(即 G-S 公式)。它表明：环境温度 T_0 一定时，孤立系统㶲损与其熵增成正比关系。G-S 公式虽然由特例导出，但是它是个普适公式，适用于计算任何不可逆因素引起的㶲损失，也不限于孤立系统，即开口系统或闭口系统一般不可逆过程均有 $I = T_0 S_g$。

在图 6-5 所示的 T-S 图上，㶲损失以图中阴影面积 33′5′53 表示。由于 $T_A > T_B$，体系 A 放热，$\Delta S_A = -\dfrac{Q}{T_A} < 0$，可用图中线段 5-6 表示；体系 B 吸热，$\Delta S_B = \dfrac{Q}{T_B} > 0$，为线段 6-5′。因此 5-5′表示孤立系统的熵增 ΔS_{iso}，矩形 33′5′53 的面积表示㶲损失 $T_0 \Delta S_{iso}$。又因

$$E_{x,Q(A)} + A_{n,Q(A)} = E_{x,Q(B)} + A_{n,Q(B)} = Q$$

或

$$A_{n,Q(B)} - A_{n,Q(A)} = E_{x,Q(A)} - E_{x,Q(B)}$$

孤立系统的㶲损失等于炾增，炾增也用 33′5′53 的面积表示。

由此可见，热量 Q 由 A 传入 B，热量的数量并未减少，但是 Q 中的㶲减少了，热量的“质量”降低了，称之为能量贬值。孤立系统中进行热力过程时只会减少不会增大，极限情况（可逆过程）下㶲保持不变，这就是能量贬值原理，即

$$dE_{x,iso} \leqslant 0 \tag{6-24}$$

由于实际过程总有某种不可逆因素，不可避免地能量中的一部分㶲将退化为炕，而且一旦退化为炕再也无法转变为㶲，因而㶲损失是真正意义上的损失。（有限度地）减少㶲损失是合理用能及节能的指导方向。

6.3 工质㶲及系统㶲平衡方程

本节讨论闭口系统工质及稳定流动工质的㶲，以及闭口系统和稳定流动热力系统的㶲平衡方程。

6.3.1 闭口系统工质的热力学能㶲

闭口系统热力系是指与环境作用下，从给定状态以可逆方式变化到与环境平衡的状态，并只与环境交换热量时所能做出的最大有用功，称为给定状态下闭口系的㶲，或称为热力学能㶲，以 $E_{x,U}$ 表示。

因为闭口系统在状态变化过程中与环境有功量的交换，所以，根据有用功是技术上能利用的可输给功源的功，可以将闭口系统及其环境组成一个复合系统，如图 6-6 所示。通过复合系统边界做的功就是有用功，也是研究闭口系统做的有用功。设给定状态下封闭系统的参数为 p、T、V、U、S，而环境状态下的参数为 p_0、T_0、V_0、U_0、S_0。

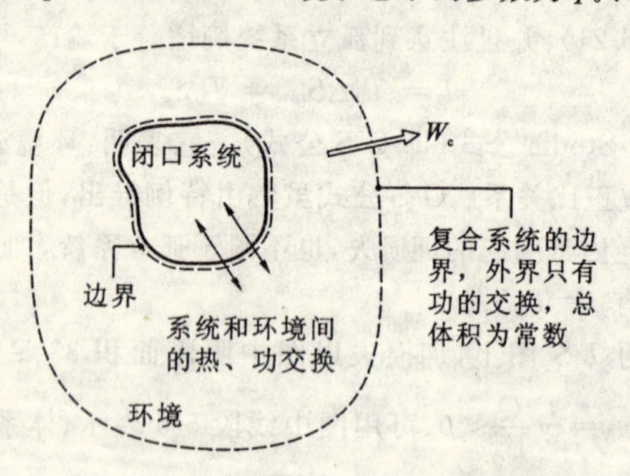

图 6-6 由闭口系统及其环境组成的复合系统

因闭口系统从任意给定状态（p，T）变化到环境状态（p_0，T_0）时只与环境有热量交换，所以我们所研究的复合系统只与环境有热量交换，是一个绝热系统。复合系统的能量平衡方程式为

$$\Delta U_c = Q_c - W_c \tag{6-25}$$

或

$$W_c = -\Delta U_c \tag{6-26}$$

式中:W_c 为复合系统和外界的功量换;ΔU_c 为复合系统的内能变化,它等于闭口系统的内能变化和环境的内能变化之和。这样,ΔU_c 可以用下式表示

$$\Delta U_c = (U_0 - U) + \Delta U^e \tag{6-27}$$

这里,ΔU^e 为环境的内能变化。因为 p_0、T_0 和环境的组成保持不变,所以,ΔU^e 与环境的熵 S^e 和体积 V^e 的变化相关,其关系式为

$$\Delta U_c = T_0 \Delta S^e - p_0 \Delta V^e \tag{6-28}$$

合并式(6-25)、式(6-27)及式(6-28),可得

$$W_c = (U_0 - U) - (T_0 \Delta S^e - p_0 \Delta V^e) \tag{6-29}$$

由于复合系统的总体积保持不变,环境的体积变化与闭口系统的体积变化在数值上相同,但是两者体积变化符号相反,即 $\Delta V^e = V_0 - V$,这样式(6-29)功的表达式可以变为

$$W_c = (U_0 - U) + p_0(V - V_0) - T_0 \Delta S^e \tag{6-30}$$

因此,复合系统的最大有用功可以由以下熵平衡式得到,即

$$\Delta S_c = S_{gen} \tag{6-31}$$

式中:S_{gen} 为复合系统的熵增;ΔS_c 为闭口系统和环境的熵变之和,可以表示为

$$\Delta S_c = (S_0 - S) + \Delta S^e \tag{6-32}$$

将式(6-31)和式(6-32)代入式(6-30),可得

$$W_c = (U_0 - U) + p_0(V - V_0) - T_0(S - S_0) - T_0 S_{gen} \tag{6-33}$$

式(6-33)中的前三项由闭口系统的初、终态参数决定,而与这些状态参数的具体变化过程无关。但是 S_{gen} 的值却与闭口系统状态的具体变化过程有关。根据热力学第二定律可得,对于不可逆过程熵产为正,对于可逆过程,熵产为零。因此,对于闭口系的最大理论功,也即系统的㶲为

$$E_{x,n} = W_{c,max} = (U_0 - U) + p_0(V - V_0) - T_0(S - S_0) \tag{6-34}$$

热力学𬌗为

$$A_{n,U} = U - E_{x,U} = U_0 + T_0(S - S_0) - p_0(V - V_0) \tag{6-35}$$

对于 1 kg 工质,比热力学能㶲和热力学能𬌗分别为

$$e_{x,n} = w_{c,max} = (u_0 - u) + p_0(v - v_0) - T_0(s - s_0)$$

$$a_{x,n} = u_0 + T_0(s - s_0) - p_0(v - v_0)$$

当系统由状态 1 变化到状态 2,除环境外无其他热源交换热量时,所能做的最大有用功为

$$W_{1\to 2,max} = (U_1 - U_2) + p_0(V_1 - V_2) - T_0(S_1 - S_2) = E_{x,U_1} - E_{x,U_2} = -\Delta E_{x,U} \tag{6-36}$$

由式(6-36)可知,在给定环境下,闭口系统从初态可逆地转变到终态所能做的最大有用功,只与初态和终态参数有关,与具体过程无关,并等于系统热力学能㶲的减

少,也即闭口系统在可逆的状态变化中,㶲的减少全部转变为对外做的有用功。需要注意的是,这一结论只适用于除环境之外没有热源参数的情况。

6.3.2 稳定流动系统的焓㶲

工程上大量的热工设备或装置属于稳定流动的开口系统。在无其他热源的情况下,稳定流动系统的所做有用功的能量来源于流入系统时稳定物流具有的能量。根据㶲的一般定义,可把稳定流动系统的㶲或稳定物流的焓㶲定义为:稳定物流从任一状态流向开口系统以可逆方式转变到环境状态,并且只与环境交换热量时所能做的最大有用功,以 E_x 表示。

如图 6-7 所示,处于某种给定状态 p、T、v、h、s 下,流速为 c_f、高度 z 的 1 kg 工质,流入稳定开口系统,流出时达到与环境相平衡的状态,相应的参数为 p_0、T_0、v_0、h_0、s_0,这时相对于环境宏观流速 $c_{f,0}=0$,基准高度 $z_0=0$。对于气体工质,通常不计位能差。系统的能量方程为

$$q = h_0 - h + w_i - \frac{1}{2}c_f^2$$

或

$$w_i = q - h_0 + h + \frac{1}{2}c_f^2 \tag{6-37}$$

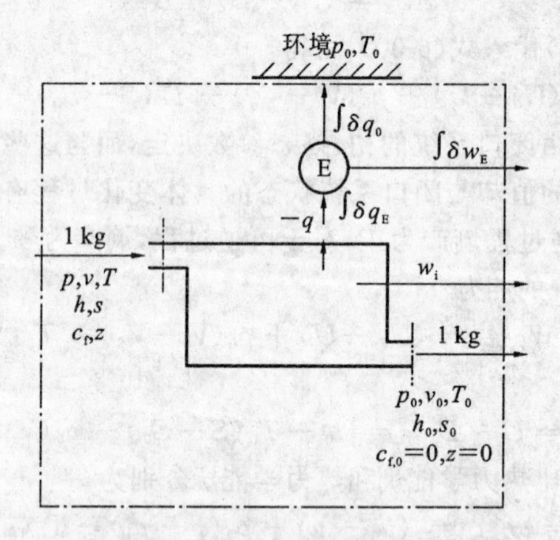

图 6-7 稳流工质的㶲导出模型图

为使开口系统与环境之间可逆传热,其间设置有一系列微卡诺热机工作。若以开口系统与一系列微卡诺热机构成的复合系统为研究对象,则根据热力学第一定律有

$$\int\delta q_0 = (h_0 - h) + w_i - \frac{1}{2}c_f^2 \tag{6-38}$$

由于所取的复合系统向环境放热 $\int\delta q_0$,故 $\int\delta q_0$ 本身为负。

根据热力学第二定律，对于开口系统，一系列微卡诺热机和环境所组成的总的绝热系统，由于其中经历的是可逆过程，因而其总熵的变化应该为零，即

$$(s_0 - s) + \Delta S^e = 0 \tag{6-39}$$

由式(6-39)，环境熵的变化 ΔS^e 应等于 $s - s_0$，而环境得到的热量为 $-\int \delta q_0$，其熵变 ΔS^e 可表示为

$$\Delta S^e = -\frac{1}{T_0}\int \delta q_0 \tag{6-40}$$

故

$$-\int \delta q_0 = T_0 \Delta S^e = T_0(s - s_0) \tag{6-41}$$

综合上述式(6-38)与式(6-39)，则开口系统对外做的最大有用功为

$$w_{x,\max} = (h - h_0) - T_0(s - s_0) + \frac{1}{2}c_f^2 \tag{6-42}$$

根据㶲的定义，这部分最大有用功显然就是上述 1 kg 稳定流工质从任一状态可逆变化到与环境平衡状态时理论上所能转换为其他能量形式的那一部分能量，即 1 kg 稳流工质的物质㶲，即

$$e = (h_0 - h) - T_0(s - s_0) + \frac{1}{2}c_f^2 \tag{6-43}$$

由于工程上遇到的大都是稳定流动的工质，因而稳定工质的物理㶲就很重要。稳定流动工质的炕等于工质携带的能量与㶲的差值，即

$$a = (h - h_0) + \frac{1}{2}c_f^2 - e = T_0(s - s_0) \tag{6-44}$$

稳流工质的炕等于环境所得到的热量 $-\int \delta q_0 = T_0(s - s_0)$

在许多情况下，工质的动能相对于焓值可以忽略不计，因此 1 kg 稳流工质的物质㶲又可简化为

$$e = (h_0 - h) - T_0(s - s_0) \tag{6-45}$$

称为稳流工质比焓㶲，常用 e_h 表示。

相应的稳流工质的比焓炕为

$$a = T_0(s - s_0) \tag{6-46}$$

稳流工质焓㶲具有以下性质。

(1) 它是状态参数，取决于工质的状态和环境的状态。当给定环境状态后，焓㶲只取决于工质本身的状态。

(2) 与环境处于约束平衡的稳流工质，其焓㶲为零。

(3) 焓㶲的值可正可负。根据 h 的定义式 $h = u + pv$，由式(6-45)可得

$$\begin{aligned} e &= (h_0 - h) - T_0(s - s_0) = (u - u_0) + pv - p_0 v_0 - T_0(s - s_0) \\ &= (u - u_0) + p_0(v - v_0) - T_0(s - s_0) + v(p - p_0) \end{aligned}$$

$$= e_u + v(p - p_0) \tag{6-47}$$

可见,焓㶲与内能㶲之间相差了 $v(p-p_0)$ 项。虽然内能㶲 e_u 恒为正值,但是 $v(p-p_0)$ 可正可负,因此焓㶲将视 p 小于 p_0 的程度而可能出现负值。但是只要 p 等于或大于 p_0,不论 T 高于或低于 T_0,这时焓㶲仍恒为正值。

(4) 初、终两态之间的焓㶲差 e_1-e_2 就是在除环境外无其他热源的条件下,稳流工质在两个状态之间所能做的最大的有用功,即

$$w_{max} = e_1 - e_2 = (h_1 - h_2) - T_0(s_1 - s_2)$$

当环境状态参数给定后,㶲差仅与初、终状态有关,而与路径无关,因此最大有用功就是状态量而并非过程量。

6.4 㶲平衡与㶲损失

6.4.1 孤立系统的㶲平衡方程和㶲损失

根据热力学第一定律,孤立系统的能量始终保持不变,因此,孤立系统无所谓能量损失。

但是从㶲分析的角度来看,孤立系统的㶲总量却不是守恒不变的。在不可逆过程中,不可避免地将有一部分㶲退化为炁,且此退化部分是不可逆的。因此,㶲的退化就使本来可以转换为有用功的能力降低。这种由于不可逆过程中退化为炁所引起的㶲量的减少构成了可用能的损失,称为"㶲损失"。

根据热力学第一定律,孤立系统的能量守恒式为

$$\Delta E_{n,iso} = 0 \tag{6-48}$$

而孤立系统的㶲的变化为

$$\Delta E_{sio} \leqslant 0 \tag{6-49}$$

上式为热力学第二定律的"孤立系统的㶲减原理"的数学表达式。为了建立孤立系统的㶲平衡方程式,必须在式(6-49)的不等式中增加一项㶲损失项 Π,即

$$\Delta E_{iso} + \Pi = 0 \tag{6-50}$$

上式称为孤立系统的㶲平衡方程式,但不能称为㶲守恒方程式,因为在实际过程中必然伴随㶲损失项 Π。只有在可逆过程中,$\Pi=0$,孤立系统的㶲平衡方程式才能变为㶲守恒方程式。

通过对孤立系统的㶲平衡关系进行进一步的推导,可得

$$\Pi = -\Delta E_{iso} = T_0 \Delta S_{iso} \tag{6-51}$$

式中:T_0 为环境温度;ΔS_{iso} 为孤立系统的熵增。该式说明,孤立系统的㶲的减少等于它的熵增与环境绝对温度的乘积。因此孤立系统的㶲㶲损失不但可以按照㶲平衡式计算,也可以从孤立系统的熵增进行计算。

6-1 绝热刚性容器中充满 10 kg 水,并在其中安装一叶轮。叶轮的转速达

2 000 r/min,水温为 20 ℃,与外界相平衡。假设由于某种原因突然停止外力对叶轮的作用,则叶轮将由于水的阻力逐渐减速,直至停止转动。求这时水温升高多少,㶲损失了多少。已知叶轮的转动惯量为 100 kg · m²,水的比热为 4.186 8×10³ J/(kg · K)。

解　按题意,当外力停止作用之后,此绝热刚性容器可按孤立系统处理。

(1) 叶轮达 2 000 r/min 时具有的动能 $E_k=\frac{1}{2}I\cdot\theta^2=\frac{1}{2}I\cdot\left(\frac{2\pi n}{60}\right)^2$,停止转动时动能为零,故

$$E_k-0=\Delta U_w=10\times 4.186\ 8\times 10^3\times(t-20)$$

求得 $t=72.4$ ℃

(2) 孤立系统的㶲平衡式为

$$\Delta E_{iso}+\Pi=(0-E_k)+(E_2-E_1)_w+\Pi=0$$

而水初、终态内能㶲的变化为

$$(E_2-E_1)_w=\Delta U_w-T_0\Delta S_w+p_0\Delta V_w$$

由于 $\Delta V_w=0$,而且 $\Delta U_w=E_k$,于是

$$\Delta E_{iso}+\Pi=-T_0\Delta S_w+\Pi=0$$

故

$$\Pi=T_0\Delta S_w$$

(3) 此孤立系统的熵增为 $\Delta S_{iso}=\Delta S_w+\Delta S_{叶}$,由于叶轮的熵不变,$\Delta S_{叶}=0$,因而 $\Delta S_{iso}=\Delta S_w$,则

$$\Pi=T_0\Delta S_{iso}=T_0\Delta S_w=293\times 10\times 4.168\ 6\times\frac{373+72.4}{293}\ \text{kJ}=2\ 017.6\ \text{kJ}$$

6.4.2　闭口系统的㶲平衡方程和㶲损失

对于一个闭口系统,在过程中,从热源吸收的热量为 Q,相应吸收的热量㶲为 E_Q。系统本身的内能㶲变化为 ΔE_U,与此同时,对外做的有用功为 W_A,而克服大气阻力所做的功为 $W_0=p_0(V_2-V_1)$,其全部都是炁。此外,向环境放出了热量 Q_0,同时放出了热量㶲 E_{Q_0}。

这样,该闭口系统的㶲平衡方程式为

$$E_Q=W_A+\Delta E_U+E_{Q_0}+\Pi \tag{6-52}$$

该式表明,闭口系统吸收的热量㶲等于对外做的有用功。系统内能㶲的变化、放给环境热量㶲和系统内部㶲损失的总和。

通过对闭口系统的㶲平衡关系进一步推导,最终可以得到

$$E_{Q_0}+\Pi=T_0S_{gen} \tag{6-53}$$

$$S_{gen}=(S_2-S_1)-\int\frac{\delta Q}{T_r}+\int\frac{\delta Q_0}{T} \tag{6-54}$$

式中:S_{gen} 为闭口系统的熵产,下标 1、2 分别表示初、终状态;T_r 为热源温度。上式表

明,闭口系统内、外㶲损失之和等于环境绝对温度与闭口系统熵产的乘积。

6.4.3 稳流系统的㶲平衡方程和㶲损失

对于稳流情况下的开口系统,其㶲平衡方程为

$$\sum_i \dot{E}_{Q_i} = \sum \dot{W}_i + \Delta(\dot{m}e) + \sum \dot{\Pi}_i + \dot{E}_{Q_0} \tag{6-55}$$

㶲损失率的计算式为

$$\sum \dot{\Pi}_i + \dot{E}_{Q_0} = T_0 \dot{S}_{\text{gen}} = T_0 \Delta(\dot{m}s)_i - \sum_i \int \frac{\delta \dot{Q}_i}{T_{r,i}} + \frac{\dot{Q}_0}{T_0} \tag{6-56}$$

式中:上标“·”表示流率,$\dot{m}$ 表示质量流率。

例 6-2　有人声称发明了一种装置,参看图 6-8,如有 1 kg 温度为 205.7 ℃、压力为 17.5 bar 的蒸汽进入该装置,可以向比蒸汽温度更高的热源(260 ℃)提供热量 1 800 kJ,同时在环境温度(20 ℃)下向环境放热 q_0,蒸汽本身变为 20 ℃和 1 bar 的过冷水而排离装置。判断这种装置是否可能?如果可能,该装置是否有㶲损失?

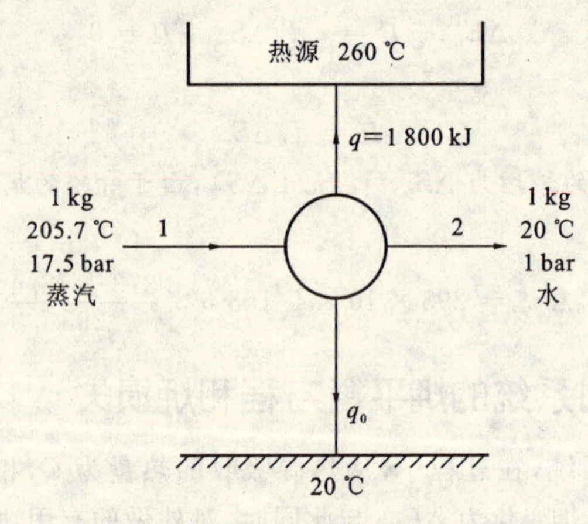

图 6-8　例 6-2 图

解　若取该装置为分析对象,稳流时它的㶲平衡式为

$$\sum_i \dot{E}_{Q_i} = \sum \dot{W}_i + \Delta(\dot{m}e) + \sum \dot{\Pi}_i + \dot{E}_{Q_0}$$

对于 1 kg 稳流工质则可改写为

$$\sum_i \dot{e}_{q_i} = \sum \dot{w}_i + e_2 - e_1 + \pi_i + e_{q_0}$$

按题意 $\sum \dot{w}_i = 0, e_{q_0} = \dot{0}$,系统向热源放热 1 800 kJ,热量㶲的绝对值为

$$e_q = \left| -1\,800\left(1 - \frac{T_0}{T_{\text{H}}}\right) \right| = 1\,800\left(1 - \frac{293}{533}\right) \text{ kJ/kg}$$

于是

$$(e_2 - e_1) + \pi_i + 1\,800\left(1 - \frac{293}{533}\right) = 0$$

或

$$\pi_i=(e_2-e_1)-1\,800\left(1-\frac{293}{533}\right)=(h_2-h_1)-T_0(s_2-s_1)-1\,800\left(1-\frac{293}{533}\right)$$

查蒸汽表得

$$h_1=2\,794.1\text{ kJ/kg},s_1=6.385\,3\text{ kJ/kg},h_2=285.5\text{ kJ/kg},s_2=0.295\,9\text{ kJ/kg}$$

代入上式后最后得到

$$\begin{aligned}\pi_i&=(2\,794.1-85.5)-293(6.385\,3-0.295\,9)-1\,800\left(1-\frac{293}{533}\right)\\&=113.9\text{ kJ/kg}>0\end{aligned}$$

可见，该装置的㶲损失大于零，说明这是一种不可逆装置。此外，按照热力学第一定律，该装置的能量守恒关系为

$$q_0=(h_2-h_1)-q_1=(-85.5+2\,794.1-1\,800)\text{ kJ/kg}=908.6\text{ kJ/kg}$$

因此，从热力学原理的角度来看，只要该装置向环境放出热量908.6 kJ/kg，它就不违反热力学第一定律，而且由于$\pi_i>0$，因而也并不违反热力学第二定律，由此说明这种装置是可能的。

思 考 题

1. 试讨论㶲有没有可能为负值。

2. 对于一个体积为V的真空系统，其㶲值为何？

3. 流动工质携带的㶲值是否可为负值，为什么？

4. 孤立系统进行了(1) 可逆过程；(2) 不可逆过程。问：孤立系统的总能、总熵及总㶲如何变化？

5. 系统的㶲值只能减小不能增加，该说法是否正确？并说明理由。

6. 由理想气体工质组成的闭口系统，在环境温度下经历可逆定温过程。这时从环境吸入的热量全部变为了对外的功。这种观点是否正确？并说明原因。

习 题

6-1 把10^5 Pa和127 ℃的1 kg空气可逆定压加热到427 ℃，试求所加热量中的㶲和炁。空气的平均定压比热容$c_p=1.004$ kJ/(kg·K)，环境的温度为27 ℃。

6-2 在某一低温装置中，将空气自6×10^5 Pa和27 ℃定压预冷至-100 ℃，试求1 kg空气的冷量㶲和炁。空气的平均定压比热容$c_p=1.004$ kJ/(kg·K)，环境的温度为27 ℃。

6-3 蒸汽贮存于具有活塞的气缸中，膨胀前蒸汽的状态为1×10^5 Pa和300 ℃，容积为0.015 m^3；膨胀后压力为1.4×10^5 Pa，气缸的容积为0.075 m^3。试计算：

(1) 初态和终态下蒸汽的内能㶲;(2) 从初态变到终态可能做的最大有用功;(3) 设膨胀过程向环境大气散热 1.0 kJ,求实际的做功量。设环境大气的 $p_0=10^5$ Pa 和 $t_0=20$ ℃。

6-4 设有一个空气绝热透平,空气的初态为 6×10^5 Pa 和 200 ℃和宏观速度为 160 m/s;出口状态为 10^5 Pa、40 ℃和 80 m/s。试求:(1) 空气在进口和出口状态下的焓㶲;(2) 透平的实际输出功;(3) 透平能够做的最大有用功。空气的平均定压比热容 $c_p=1.01$ kJ/(kg·K),设环境大气的状态为 10^5 Pa 和 17 ℃。

6-5 一可逆制冷机工作在环境温度和恒温冷库之间,冷库温度为 −100 ℃,环境温度为 27 ℃,设冷量为 1 000 kJ,试求制冷机消耗的有用功及冷量㶲与冷量炁。

6-6 充装在气缸内的空气,开始时与周围环境相平衡,其参数为 $p_0=1.2\times10^5$ Pa,$t_0=25$ ℃,外界耗功 37 kJ/kg 空气使之压缩。试问:(1) 控制终压最高可到多少?(2) 若实际终压为 3.0×10^5 Pa,㶲损失有多大?熵产为多少?已知空气的气体常数为 $R=0.287$ kJ/(kg·K)。

6-7 38 ℃环境的空气流经空调装置后压力不变,温度降为 15 ℃,试确定该装置所需的最小功率。已知该装置向环境的散热率为 $\dot{Q}_0$,进入该装置的空气流率,在 25 ℃和 101.3 kPa 时为 0.5 m^3/s。空气的平均定压比热容 $c_p=22.9$ J/(mol·K)。

6-8 热容量为 376 kJ 的工质 A,需从 100 ℃加热到 200 ℃,原先用热容量为 522 kJ 的工质 B 对其加热,工质 B 的温度从 330 ℃降到 258 ℃。现在拟改用温度为 360 ℃、热容量为 223 kJ 的工质 C 进行加热,试分析是否合理?设 $t_0=25$ ℃。

6-9 初态为 4×10^5 Pa、37 ℃的氮气绝热稳定流经一阀门,并节流到 1.1×10^5 Pa。设环境大气的温度为 17 ℃,试求:(1) 节流过程引起的㶲损失;(2) 能够做的最大有用功;(3) 当在初态和终态间进行一可逆定温过程时的有用功;(4) 当初终态压力相同而初温为 100 ℃时,重新计算(1)、(2)、(3)。

实际气体的性质和热力学一般关系式

在蒸汽动力装置中以水蒸气作为工质，在制冷设备中以氨、氟利昂、溴化锂等蒸汽为工质。由于离液态较近，不能当成理想气体，因此不能应用理想气体状态方程式、比热值以及理想气体各种特性关系。通过实验也只能测定 p、v、T、c_p 等少数几种状态参数。为了对水蒸气等这些实际气体的过程和循环进行准确的分析和计算，就必须深入研究实际气体的性质。研究实际气体的性质，目的在于寻求它的各项热力参数之间关系，即 p、v、T 之间的关系（状态方程），以及 u、s、h、c_p 等与 p、v、T 之间的关系（热力学微分关系式），导出 h、s、u 及比热的计算式，以解决真实气体过程和循环的热力计算。

学完本章后要求：

(1) 清楚知道范德瓦尔方程在实际气体特性研究中的特殊意义。

(2) 知道对比态原理的内容及使用意义。

(3) 初步掌握热力学普遍关系式的推导方法。

(4) 掌握实际气体的近似计算方法，并可做实际气体计算。

7.1 理想气体状态方程用于实际气体的偏差

实验证明：只有在低压下，气体的性质才近似地符合理想气体状态方程式，在高压低温下，任何气体对此方程都出现明显的偏差，而且压力愈大，偏离愈多。实际气体的这种偏离，可以采用 pv 与 $R_g T$ 的比值来说明。这个比值称为压缩因子，以符号 Z 表示，定义式为

$$Z=\frac{pv}{R_g T} \tag{7-1}$$

显然，理想气体的 $Z=1$，实际气体的 Z 一般不等于 1，或 $Z>1$，或 $Z<1$。Z 值偏离 1 的大小，便是实际气体对理想气体偏离程度的一个度量。Z 值的大小不仅与物质的种类有关，而且同一种物质的 Z 值也随压力和温度而变，如图 7-1 所示。

将式(7-1)改写一下得

$$Z=\frac{pv}{R_g T}=\frac{v}{\dfrac{R_g T}{p}}=\frac{v}{v_0}$$

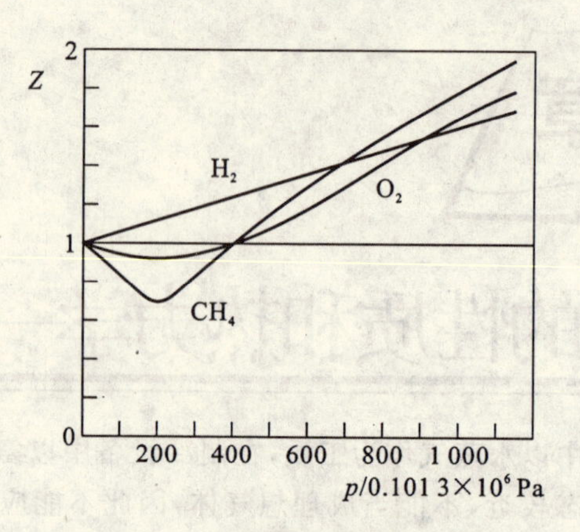

图 7-1　气体的压缩因子

式中：v 为真实气体在 p、T 状态下的比体积；v_0 为理想气体在 p、T 状态下的比体积。

因此，压缩因子 Z 的物理意义可以表述为相同的压力和温度下，实际气体的体积与理想气体体积的比值，即用体积的比值来描述真实气体对理想气体状态方程式的偏离程度。如果 $Z>1$，说明一定量的气体，在同压同温下，实际气体的体积大于理想气体的体积，也就是说，真实气体难以压缩，即压缩性小；反之，如果 $Z<1$，则说明真实气体压缩性大，易于压缩。可见压缩因子 Z 的实质是反映气体压缩性的大小。

实际气体为什么会产生上述偏离，这可以从实际气体存在分子引力和分子本身具有体积来分析。分子之间相互吸引，这有利于气体的压缩，而分子本身具有体积，使分子自由活动的空间减小，不利于压缩。正是由于同时存在着两个影响相反的因素的综合作用，使得真实气体偏离理想气体。偏离的方向取决于哪一个因素起主导作用。

7.2　实际气体状态方程

通过 7.1 节的粗略定性分析可以看到，实际气体只有在高温低压状态下，其性质才会接近理想气体。因此，理想气体的状态方程 $pv=R_gT$ 不能准确反映实际气体 p、v、T 之间的关系，必须对其进行修正和改进，或通过其他途径建立实际气体的状态方程。

7.2.1　范德瓦尔方程

范德瓦尔(van der waals)方程(又称范氏方程)是一个比较成功的半经验状态方程。1873 年荷兰学者范德瓦尔针对理想气体的两个假定，对理想气体的状态方程进行修正，提出了范德瓦尔状态方程，即

$$\left(p+\frac{a}{v^2}\right)(v-b)=R_gT \quad 或 \quad p=\frac{R_gT}{v-b}-\frac{a}{v^2} \tag{7-2}$$

式中：b 为考虑到分子本身体积的修正项，$\frac{a}{v^2}$ 为考虑到分子之间引力作用的内压修正项。对于每一种气体，数值 a 和 b 为正的常数，称为范德瓦尔常数，可由实验数据予以确定。

范德瓦尔方程也可以整理成比体积的降幂形式，即

$$pv^3-(bp+R_gT)v^2+av-ab=0 \tag{7-3}$$

它是 v 的三次方程式。对于不同的 p 和 T 值，v 可以有三个不等的实根、三个相等实根或一个实根两个虚根。为了分析上述三种情况，可以根据式(7-3)在 p-v 图上绘制出一系列范德瓦尔实际气体的理论定温线簇，如图 7-2 所示。温度不同，理论定温线的形状也不一样。当温度高于临界温度 T_{cr} 时，即 $T>T_{cr}$，定温线近似地是一条双曲线，如图中曲线 GH，对应每个压力 p，只有一个 v 值，即只有一个实根。当温度低于临界温度时，定温线如图中曲线 $ABDEF$，此时，对应一个压力 p 值有三个 v 值，即方程具有三个不等的实根。这三个实根中最小的(点 A)是饱和液体的比体积，最大的(点 F)是干饱和蒸气的比体积。随着温度升高，等温线的弯曲部分逐渐变小，A、D、F 三个点逐渐接近。当 $T=T_{cr}$ 时，三个实根合并为一个，即相对于 p_{cr}、v 有三个相等的实根。该点称为临界点。

图 7-3 是安德鲁用二氧化碳作出的实验等温线簇。由图可见，在大于临界温度 T_{cr} 的高温情况下，实验等温线和范氏等温线十分一致，都是一根根近似的双曲线，此时工质处于气体状态。但是在低于临界温度时，范氏等温线和实验曲线不相符合。实验曲线显示出一段水平段，而没有出现连续的凹凸线。实验表明，此时工质处于气液两相共存的状态。在实验中如果蒸气中含的杂质极少，等温变化过程进行得很缓慢且不受到扰动，则可以观察到气体压力沿虚线 AB 降低或沿 FE 升高的现象，与范氏方程的曲线具有类似的趋势。但是在 AB 线和 FE 线上气体的状态极不稳定，一受扰动，立即回复到 FA 水平线所表示的状态。这表明了范氏等温线上 AB 和 FE 部分对应于气体的亚稳定状态。但是，范氏等温线上 BDE 段所描述的气体状态变

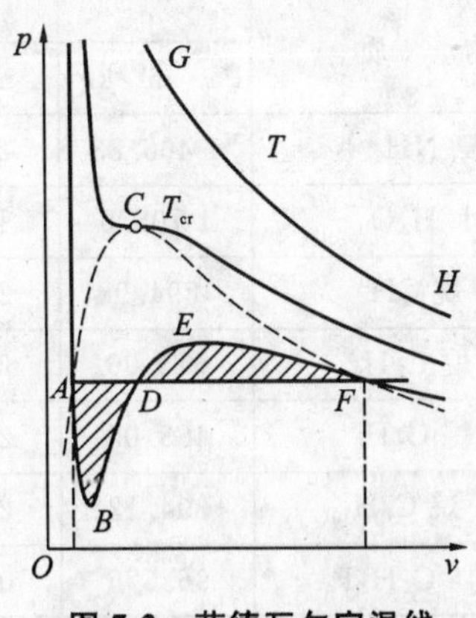

图 7-2　范德瓦尔定温线

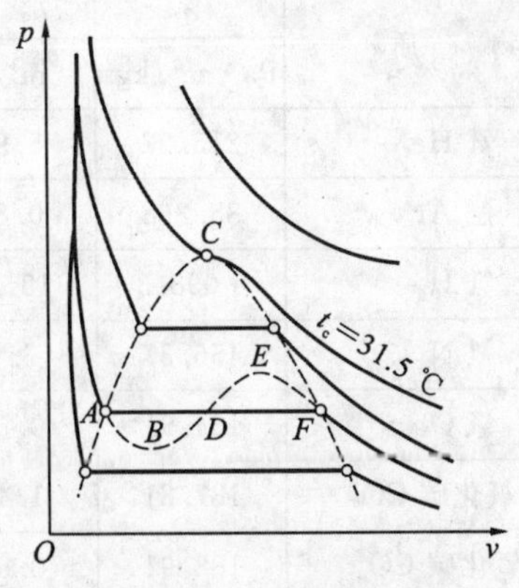

图 7-3　CO_2 实验定温线

化是绝对不能实现的，因为它对应的是压力升高、体积变大的绝对不稳定状态。

下面进一步讨论临界点的性质。临界点是临界等温线的极值点及拐点，其数学特征为

$$\left(\frac{\partial p}{\partial v}\right)_{T_{cr}} = 0, \quad \left(\frac{\partial^2 p}{\partial v^2}\right)_{T_{cr}} = 0 \tag{7-4}$$

对范德瓦尔方程(7-2)求导后代入可得

$$\left(\frac{\partial p}{\partial v}\right)_{T_{cr}} = -\frac{R_g T_{cr}}{(v_{cr}-b)^2} + \frac{2a}{v_{cr}^3} = 0$$

$$\left(\frac{\partial^2 p}{\partial v^2}\right)_{T_{cr}} = \frac{2R_g T_{cr}}{(v_{cr}-b)^3} - \frac{6a}{v_{cr}^4} = 0$$

联立求解得

$$p_{cr} = \frac{a}{27b^2}, \quad T_{cr} = \frac{8a}{27R_g b}, \quad v_{cr} = 3b \tag{7-5}$$

由式(7-5)可进一步获得范德瓦尔常数与临界参数之间的关系式：

$$a = \frac{27}{64}\frac{(R_g T_{cr})^2}{p_{cr}}, \quad b = \frac{R_g T_{cr}}{8p_{cr}}, \quad R_g = \frac{8}{3}\frac{p_{cr} v}{T_{cr}} \tag{7-6}$$

根据式(7-6)可以直接由临界参数求得范德瓦尔常数。

由上面两式，可以得到工质在临界状态下的压缩因子：

$$Z_{cr} = \frac{p_{cr} v_{cr}}{R_g T_{cr}} = \frac{3}{8} = 0.375 \tag{7-7}$$

上述推导告诉我们，满足范德瓦尔方程的物质总有临界压缩因子 Z_{cr} 均等于 0.375。事实上，不同物质的 Z_{cr} 值并不相同，对于大多数物质来说，一般在 0.23～0.29，比理论值 0.375 低 30%左右。这表明范德瓦尔方程用在临界区附近时会引起很大的误差，用临界参数按式(7-6)求得的 a 和 b 的值也是近似的。表 7-1 列出了某些物质的范德瓦尔常数值，它们都是由物质的气体常数、临界温度和临界压力根据式(7-6)计算而得的。

表 7-1　某些物质的范德瓦尔常数

物　质	a	$b\times10^3$	物　质	a	$b\times10^3$
	$Pa\cdot m^6/kg^2$	m^3/kg		$Pa\cdot m^6/kg^2$	m^3/kg
氦 He	215.97	5.936	氨 NH_3	1 466.83	2.195
氩 Ar	85.268	0.805	水 H_2O	1 705.5	1.692
氢 H_2	6 098.3	13.196	甲烷 CH_4	894.9	2.684
氮 N_2	456.37	3.61	乙烷 C_2H_6	615.96	2.161
氧 O_2	134.91	0.995	丙烷 C_3H_8	483.05	2.053
一氧化碳 CO	187.81	1.411	异丁烷 C_4H_{10}	394.12	2.000
二氧化碳 CO_2	188.91	0.974	R134a $C_2H_2F_4$	96.576	0.938

此表引自：严家騄，工程热力学. 北京：中国电力出版社，2004.

*范德瓦尔方程的意义

范德瓦尔方程是半经验的状态方程，它虽可以较好地定性描述实际气体的基本特性，但是在定量上不够准确，因此不宜作为定量计算的基础。范德瓦尔方程的重要价值在于它开拓了一条研究状态方程的有效途径。在它以后，许多研究者通过对范德瓦尔方程的进一步修正，或引用更多的常数来表征分子的运动行为，提出了许多其他的状态方程。

里德立(Redlich)和匡(Kwong)于1949年提出的R-K方程，保留了体积的三次方程简单形式，通过对内压力 a/v^2 的修正，使精度有较大提高，特别是对于气-液相平衡和混合物的计算十分成功。R-K方程精度较高、应用简便，因此在工程中得到了广泛应用。其具体形式如下：

$$P=\frac{R_g T}{v-b}-\frac{a}{T^{0.5}v(v+b)}$$

本尼迪克特(Benedict)、韦布(Webb)、鲁宾(Rubin)在1940年提出的B-W-R方程，采用了8个经验常数来描述分子的运动规律，是用于气-液两相平衡计算最早取得成功的状态方程。B-W-R方程的具体形式如下：

$$P=\frac{R_g T}{v}+\frac{B_0 R_g T-A_0-\dfrac{C_0}{T^2}}{v^2}+\frac{bR_g T-a}{v^3}+\frac{a^2}{v^6}+\frac{c}{v^3 T^2}\left(1+\frac{\gamma}{v^2}\right)\exp\frac{-\gamma}{v^2}$$

马丁(Martin)和我国著名化学工程专家侯虞钧教授在1955年共同提出的M-H方程采用了9个与物性有关的常数，适用于极性物质和非极性物质，且常数所需要的实验数据支持最少，因而成为实际生产的设计和研究中最具特色的通用状态方程之一。其具体形式如下：

$$P=\frac{R_g T}{v-b}+\frac{A_2+B_2 T+C_2 e^{-5.475T_r}}{(v-b)^2}+\frac{A_3+B_3 T+C_3 e^{-5.475T_r}}{(v-b)^3}+\frac{A_4+B_4 T}{(v-b)^4}+\frac{B_5 T}{(v-b)^5}$$

例7-1　体积 $V_m=0.0954\ m^3$ 的容器内盛有1 kmol氧气，在 $T=260$ K下测得其压力 $p=20$ MPa。试分别用理想气体状态方程和范德瓦尔方程计算容器内的氧气压力及它们的计算误差。

解　(1) 按理想气体状态方程计算。

$$p=\frac{RT}{V_m}=\frac{8.314\ \text{J/(mol·K)}\times 260\ \text{K}}{0.0954\times 10^{-3}\ \text{m}^3/\text{mol}}=22.66\times 10^6\ \text{Pa}=22.66\ \text{MPa}$$

与实验值误差为13.3%。

(2) 按范德瓦尔方程计算。

由表7-1查得 $a=0.138105\ m^6\cdot Pa/mol^2$、$b=0.03184\times 10^{-3}\ m^3/mol$，所以

$$p=\frac{RT}{V_m-b}-\frac{a}{V_m^2}=\frac{8.314\ \text{J/(mol·K)}\times 260\ \text{K}}{(0.0954-0.03184)\times 10^{-3}\ \text{m}^3/\text{mol}}-\frac{0.138105\ \text{m}^6\cdot\text{Pa/mol}^2}{(0.0954\times 10^{-3}\ \text{m}^3/\text{mol})^2}$$

$$=18.84\times 10^6\ \text{Pa}=18.84\ \text{MPa}$$

与实验值误差为−5.8%。

7.2.2 维里(Virial)方程

卡末林·昂尼斯(Kamerlingh Onnes)于1901年引用幂级数展开压缩因子 Z 来表示实际气体的 p-v-T 的关系式。其理由是一切真实气体都偏离理想气体,偏离程度视状态而异。因此,压缩因子 Z 可表示为等温下的压力函数,即

$$Z = f(p) = 1 + B'p + C'p + D'p + \cdots \tag{7-8a}$$

或

$$Z = 1 + \frac{B}{v} + \frac{C}{v^2} + \frac{D}{v^3} + \cdots \tag{7-8b}$$

当 $p \to 0$ 时,任何实际气体都接近理想气体,$Z=1$。式中系数 B、B',C、C',D、D' 等只是温度的函数,称为第二、第三、第四维里系数。这种形式的状态方程称为维里状态方程。各维里系数可依据实验拟合确定。

实验验证方程中右边各项是很快逐项递减的。实际气体在很低的压力下(密度小于临界密度的一半),只截取前两项,就能提供满意的精度;当真实气体密度大于临界密度的50%时,可截取前三项。

维里系数的物理意义在统计物理学中有一定的解释,例如,第二维里系数反映一对分子间的相互作用造成的气体性质与理想气体的偏差,第三维里系数反映三个分子间的相互作用造成的偏差,等等。因此,维里系数还可以用理论导出,目前用统计学方法已能计算到第三维里系数。由于维里方程具有坚实的理论基础,其函数形式用起来也很方便,因此许多研究者将他们提出的状态方程表达成维里形式,如前面提到的B-W-R方程、M-H方程都是在它的基础上改进得到的。范德瓦尔方程也可以展开成如下的维里形式:

$$Z = 1 + \frac{b - a/(R_g T)}{v} + \frac{b^2}{v^2} + \frac{b^3}{v^3} + \cdots \tag{7-9}$$

例 7-2 已知二氧化硫(SO_2)在157.5 ℃时的第二、第三维里系数为 $B=-0.159\ \mathrm{m^3/kmol}$,$C=9.0\times10^{-4}\ \mathrm{m^6/kmol^2}$,试计算157.5 ℃、1 MPa时二氧化硫的 v 和 Z:

(1) 用理想气体状态方程;

(2) 用维里方程 $Z=\dfrac{Pv}{RT}=1+\dfrac{BP}{RT}$;

(3) 用维里方程 $Z=\dfrac{Pv}{RT}=1+\dfrac{B}{v}+\dfrac{C}{v^2}$。

解 (1) 用理想气体状态方程求解

$$v = \frac{RT}{P} = \frac{8.314\times10^3\times430.65}{1\times10^6}\ \mathrm{m^3/kmol} = 3.580\ \mathrm{m^3/kmol}$$

$$Z = 1$$

(2) 用维里方程 $Z=\dfrac{Pv}{RT}=1+\dfrac{BP}{RT}$ 求解

$$v = \frac{RT}{P} + B = 3.580 - 0.159\ \mathrm{m^3/kmol} = 3.421\ \mathrm{m^3/kmol}$$

$$Z = \frac{v}{\frac{RT}{P}} = \frac{3.421}{3.580} = 0.9556$$

(3) 用维里方程 $Z = \frac{Pv}{RT} = 1 + \frac{B}{v} + \frac{C}{v^2}$ 求解

为了使用迭代法进行计算，将上式改写为

$$v_{i+1} = \frac{RT}{P}\left(1 + \frac{B}{v_i} + \frac{C}{v_i^2}\right)$$

式中：下标 i 为迭代的次数。第一次迭代时 $i=0$，即

$$v_1 = \frac{RT}{P}\left(1 + \frac{B}{v_0} + \frac{C}{v_0^2}\right)$$

式中：v_0 为比体积的初值。取理想气体的比体积作为初值(见本例(1))，则有

$$v_1 = 3.580\left(1 - \frac{0.159}{3.580} + \frac{9.0\times10^{-4}}{3.580^2}\right)\ \mathrm{m^3/kmol} = 3.421\ \mathrm{m^3/kmol}$$

进行第二次迭代

$$v_2 = \frac{RT}{P}\left(1 + \frac{B}{v_1} + \frac{C}{v_1^2}\right)$$

代入有关数据，得

$$v_2 = 3.580\left(1 - \frac{0.159}{3.421} + \frac{9.0\times10^{-4}}{3.421^2}\right)\ \mathrm{m^3/kmol} = 3.413\ \mathrm{m^3/kmol}$$

重复以上计算，原则上直到差值($v_{i+1} - v_i$)满足精度要求为止。本题经 3 次迭代，得 $v = 3.413\ \mathrm{m^3/kmol}$，$Z = 0.9535$。

7.2.3　水蒸气状态方程式

水蒸气是热力工程中使用最早、应用最广的工质。长期以来，人们对水和水蒸气的性质做了很多专门的研究工作。由于在气相和液相时，水的各种性质都有很大的差异，用单一代数方程同时很精确地描述气、液相的性状是不可能的。因此，较多的是按照其不同的相区分别进行的。人们一般所称的水蒸气状态方程式，也是指过热水蒸气的状态方程式。如 1949 年由乌卡洛维奇和诺维可夫考虑了分子的聚集导得的物态方程：

$$pv = R_g T\left(1 - A\frac{1}{v} - B\frac{1}{v^2}\right) \tag{7-10}$$

$$A = \frac{a}{KT} - b + \frac{cR}{T^{(3+2m_1)/2}}$$

$$B = \frac{bcR}{T^{(3+2m_1)/2}} - 4\left(1 - \frac{K}{T^{(3+2m_1)/2}}\right)\left(1 + \frac{8b}{v} - \frac{n}{v^3}\right)\left(\frac{cR}{T^{(3+2m_1)/2}}\right)^2$$

式中：a、b、c、K、n 均为常数，与气体性质有关；m_1、m_2 分别为与分子聚集有关的数。

7.3 实际气体性质的近似计算

实际气体的状态方程包含有与物质固有性质有关的常数，这些常数需根据该物质的 p、v、T 实验数据拟合才能得到。如果能消除这样的物性常数，使方程具备普遍性，将对既没有足够 p、v、T 实验数据，又没有状态方程中所固有的常数数据的物质热力性质的计算带来很大方便。

7.3.1 对比态方程及对比态原理

研究表明，各种流体在接近临界点时都显示出一定的相似性，因此很自然想到用相对于临界参数的对比值代替压力、温度和比体积的绝对值，并用它们导出具有通用性的实际气体状态方程的想法。这样的对比值分别被称为对比参数，如对比压力 $p_r=\dfrac{p}{p_{cr}}$、对比温度 $T_r=\dfrac{T}{T_{cr}}$ 和对比体积 $v_r=\dfrac{v}{v_{cr}}$。

以范德瓦尔方程为例。将对比参数代入方程式(7-2)，并结合式(7-6)化简后可导得

$$\left(p_r+\frac{3}{v_r^2}\right)(3v_r-1)=8T_r \quad 或 \quad p_r=\frac{8T_r}{3v_r-1}-\frac{3}{v_r^2} \tag{7-11}$$

式(7-11)称为范德瓦尔对比态方程。由于方程中与物质种类有关的常数 a 和 b 已消失，因此是通用的状态方程式，可适用于任一符合范德瓦尔方程的物质。根据式(7-11)，只要知道临界参数，就可以确定出任意 p 与 v 下各种气体的 T 值。由于范德瓦尔方程本身的近似性，式(7-11)也仅是一个近似方程，特别在低压时不能适用。

范德瓦尔对比态方程说明，虽然在相同的压力与温度下，不同气体的比体积是不同的，但是只要它们的 p_r 和 T_r 分别相同，它们的 v_r 必定相同，也就是说它们都处在相同的对比态。这就是所谓的对比态原理，是范德瓦尔在1880年发现的。满足对比态原理的工质在相同的对比态下表现出相同的性质，称为热力学相似。数学上，对比态原理可以表示为

$$f(p_r,T_r,v_r)=0 \tag{7-12}$$

不仅仅范德瓦尔方程可以推出对比态方程，其他实际气体的状态方程也可以通过适当的无量纲化获得其对比态方程，特别是像范德瓦尔方程这种三个常数的状态方程。对比态方程的通用性是它的优点，对各种工质只要知道它们的临界点常数就可应用它进行热力性质计算。但各种物质间的热力学相似性只是近似的，因此对比态原理并非十分精确，只是近似准确的。它可以使我们在缺乏详细资料的情况下，可借助某一资料较充分的参考流体来估算其他流体的热力性质。

7.3.2 通用压缩因子图

前已述及，实际气体对理想气体的偏离可用压缩因子 Z 描述。由 Z 和临界压缩因子 Z_{cr} 的定义可得

$$Z = Z_{cr}\frac{p_r v_r}{T_r}$$

根据对应态原理，上式可改写为

$$Z = f_1(T_r, p_r, Z_{cr}) \tag{7-13}$$

若 Z_{cr} 取一定值，则可进一步简化成两个对比参数的函数，即

$$Z = f_2(T_r, p_r) \tag{7-14}$$

按此函数关系(通常由实验确定)就可绘制出 Z-p_r 图，称为压缩因子图。由 p_r、T_r 查取压缩因子图求得 Z，代入 $pv = ZR_g T$，即得真实气体状态方程。但是工质种类繁多，每种工质作出相应的压缩因子图实在太麻烦。如前所述之，大多数气体的 Z_{cr} 数值在 0.23～0.29 之间，变动范围并不大，如将其当做一个常数，则 $Z = f(T_r, p_r)$ 可适用于多种工质。按此函数关系绘出的 Z-p_r 图，称为通用压缩因子图。大多数烃类气体，Z_{cr} 在 0.27 左右，因此常按 $Z_{cr} = 0.27$ 绘制通用压缩因子图，如图 7-4 所示。

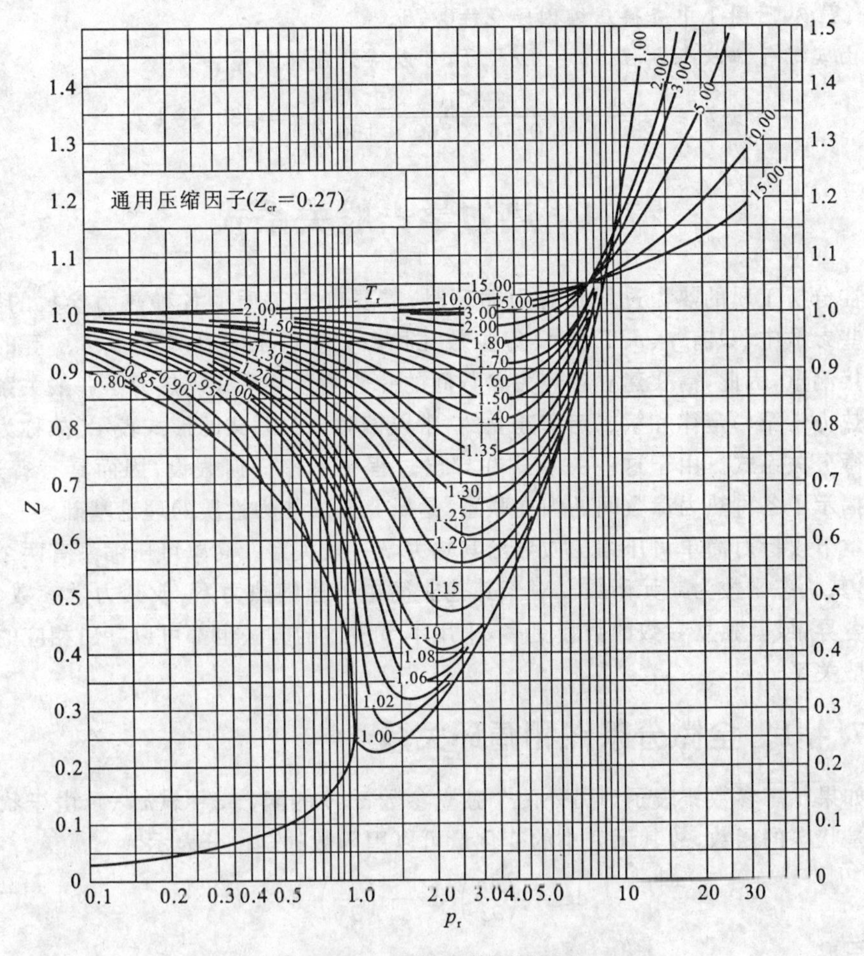

图 7-4　通用压缩因子图

通用压缩因子图为实际气体热力计算提供了一个简便的通用方法，尤其对于预测那些缺乏足够的实验数据，又无相应可用的状态方程的气体的热力性质，具有特殊的价值。只要从气体的临界参数算得气体的对比参数 p_r、T_r，就可以在通用压缩因子图中查取 Z 的数值，然后再根据 $pv=ZR_gT$，求得其他的状态参数。

使用压缩因子图计算状态参数精度虽然比范德瓦尔方程高，但仍是近似的。近20年来，为了提高计算精度，将 Z_{cr} 作为第三个相关参数引入，将使精度得到提高，如采用 Z_{cr} 为0.23、0.25、0.29等绘制的通用压缩因子图。需要时可查阅各类手册。

例 7-3　某体积为 2 m^3 的容器中储有 $p=3$ MPa，$T=160$ K 的氧气。试用通用压缩因子图确定氧气的质量。

解　查附表7得氧气的临界参数为 $T_{cr}=154.8$ K、$p_{cr}=5.08$ MPa。因此

$$p_r=\frac{p}{p_{cr}}=\frac{3}{5.08}=0.591,\quad T_r=\frac{T}{T_{cr}}=\frac{160}{154.8}=1.034$$

由 p_r、T_r 从附图1中查得压缩因子 $Z=0.76$。

由实际气体状态方程 $pV=ZmR_gT$，可以得到气体质量：

$$m=\frac{pV}{ZR_gT}=\frac{3\times10^6\times2}{0.76\times260\times160}\text{ kg}=189.78\text{ kg}$$

7.4 热力学一般关系式

在分析工质的热力过程和热力循环时，需要确定工质的各种热力参数的数值。在这些参数中，只有 p、v、T 和 c_p 等少数几种参数值可由实验测定，u、h、s 等的值无法直接测量，因此，需要建立各热力参数间的一般函数关系式。热力学一般关系式是依据热力学第一定律和第二定律建立的，常以偏微分关系式的形式表示，故称为热力学的微分关系式。由于这些关系式在导出过程中不作任何假设，因而具有普遍性。它们揭示了各种热力参数间的内在联系，是研究工质热力性质的理论基础。

本节仅针对简单可压缩工质导出其热力学一般关系。简单可压缩系有两个独立参数，其状态函数为二元函数。对于其他非简单可压缩热力系，或其力学参数、位移变量各异，或其独立参数的数目更多，采用本节讲述的方法也都可以导出相应的热力学一般关系。

7.4.1 全微分条件和循环关系

如果状态参数 z 表示为另外两个独立参数 x、y 的函数 $z=z(x,y)$，由于状态参数只是状态的函数，故其无穷小的变化量可以用函数的全微分表示为

$$\mathrm{d}z=\left(\frac{\partial z}{\partial x}\right)_y\mathrm{d}x+\left(\frac{\partial z}{\partial y}\right)_x\mathrm{d}y \tag{7-15}$$

可以写成

$$\mathrm{d}z=M\mathrm{d}x+N\mathrm{d}y \tag{7-16}$$

式中，$M=\left(\frac{\partial z}{\partial x}\right)_y$，$N=\left(\frac{\partial z}{\partial y}\right)_x$，并且若 M 和 N 也是 x,y 的连续函数，则

$$\left(\frac{\partial M}{\partial y}\right)_x=\frac{\partial^2 z}{\partial x\partial y},\quad \left(\frac{\partial N}{\partial x}\right)_y=\frac{\partial^2 z}{\partial y\partial x}$$

当二阶混合偏导数均连续时，其混合偏导数与求导次序无关，所以

$$\left(\frac{\partial M}{\partial y}\right)_x=\left(\frac{\partial N}{\partial x}\right)_y \tag{7-17}$$

上式是全微分的充要条件，简单可压缩系的每个状态参数都必定满足这一条件。

在 z 保持不变($\mathrm{d}z=0$)的条件下，式(7-15)可以写为

$$\left(\frac{\partial z}{\partial x}\right)_y\mathrm{d}x+\left(\frac{\partial z}{\partial y}\right)_x\mathrm{d}y=0$$

上式两边除以 $\mathrm{d}y$ 后，移项整理即可得

$$\left(\frac{\partial x}{\partial y}\right)_z\left(\frac{\partial z}{\partial x}\right)_y\left(\frac{\partial y}{\partial z}\right)_x=-1 \tag{7-18}$$

上式称为循环关系，利用它可以把一些变量转换为指定的变量。

另一个联系各状态参数偏导数的重要关系式是链式关系。如果有四个参数 x、y、z、w，独立变量为两个。则对于函数 $x=x(y,w)$，可得

$$\mathrm{d}x=\left(\frac{\partial x}{\partial y}\right)_w\mathrm{d}y+\left(\frac{\partial x}{\partial w}\right)_y\mathrm{d}w \tag{a}$$

对于函数 $y=y(z,w)$，可得

$$\mathrm{d}y=\left(\frac{\partial y}{\partial z}\right)_w\mathrm{d}z+\left(\frac{\partial y}{\partial w}\right)_z\mathrm{d}w \tag{b}$$

将式(b)代入式(a)，当 w 取定值($\mathrm{d}w=0$)即可得链式关系为

$$\left(\frac{\partial x}{\partial y}\right)_w\left(\frac{\partial y}{\partial z}\right)_w\left(\frac{\partial z}{\partial x}\right)_w=1 \tag{7-19}$$

7.4.2　特性函数

对简单可压缩的纯物质系统，任意一个状态参数都可以表示成另外两个独立参数的函数。其中，某些状态参数若表示成特定的两个独立参数的函数时，只需一个状态函数就可以确定系统的其他参数，这样的函数就称为特性函数。比如，由热力学第一定律解析式有

$$\mathrm{d}u=T\mathrm{d}s-p\mathrm{d}v \tag{7-20}$$

显然可以用(s,v)作为变量来表示函数 u，即 $u=u(s,v)$。若已知 $u=u(s,v)$ 的具体形式，对其取微分，得

$$\mathrm{d}u=\left(\frac{\partial u}{\partial s}\right)_v\mathrm{d}s+\left(\frac{\partial u}{\partial v}\right)_s\mathrm{d}v$$

比较上式和式(7-20)，得

$$T=\left(\frac{\partial u}{\partial s}\right)_v,\quad p=-\left(\frac{\partial u}{\partial v}\right)_s$$

由焓的定义式可知，$h=u+pv=u-v\left(\frac{\partial u}{\partial v}\right)_s$。可见，所有的其他状态参数都可以随之而确定，因此 $u=u(s,v)$ 就是一个特性函数。除了特征函数式(7-20)外，由热力学第一定律第二解析式出发，还可以得到另一个以(s,p)为独立参数的特征函数：

$$dh = Tds + vdp \tag{7-21}$$

需要指出，只有选择合适的独立参数，热力学能和焓才是特征函数，换成其他独立参数，如 $u=u(s,p)$，则不能由它全部确定其他平衡参数，也就不是特征函数。

特征函数 $u=u(s,v)$ 和 $h=h(s,p)$ 都需要以 s 为独立参数，s 的缺点是不能直接测量，需要通过可测参数(p,v,T)计算出来。通过引入函数 $f=u-Ts$ 和 $g=h-Ts$，可以将式(7-20)和式(7-21)变换为

$$df = d(u-Ts) = -sdT - pdv \tag{7-22}$$

$$dg = d(h-Ts) = -sdT + vdp \tag{7-23}$$

函数 f 和 g 就是用可测参数(T,v)或(T,p)为独立参数的新的特征函数，分别称为比自由能和比自由焓。显然自由能和自由焓与热力学能和焓一样，都是具有广延性质的状态参数，具有可加性，即

$$F = U - TS = mu - T(ms) = m(u - Ts) = mf \tag{7-24}$$

$$G = H - TS = mh - T(ms) = m(h - Ts) = mg \tag{7-25}$$

F 和 G 也以发现它们的科学家亥姆霍兹(Hermann von Helmholtz)和吉布斯(J. W. Gibbs)的名字命名，分别称为亥姆霍兹函数和吉布斯函数。由于是以能直接测量的(T,v)和(T,p)为独立参数的新的特征函数，因而亥姆霍兹函数和吉布斯函数是比热力学能和焓使用起来更为方便的特征函数。

四个特征函数式(7-20)至式(7-23)是建立在热力学第一定律和第二定律基础上的、反映了工质全部平衡态性质的热力学函数。由于状态参数只是状态的函数，所以这些关系式可应用于任意两平衡态间参数的变化，而与热力过程的性质和工质的性质无关，通常称为热力学基本关系式，其他的热力学关系式都是从它们推导出来的。应当指出的是，在研究能量转换时，它们只适用于可逆过程。

7.4.3 麦克斯韦关系式

由四个热力学基本关系式(7-20)至式(7-23)并利用全微分的充要条件式(7-17)可以得到以下四个关系式，它们是由苏格兰物理学家麦克斯韦(J. C. Maxwell)首先提出来的，称为麦克斯韦关系式。

$$\left(\frac{\partial T}{\partial v}\right)_s = -\left(\frac{\partial p}{\partial s}\right)_v \tag{7-26a}$$

$$\left(\frac{\partial T}{\partial p}\right)_s = \left(\frac{\partial v}{\partial s}\right)_p \tag{7-26b}$$

$$\left(\frac{\partial s}{\partial v}\right)_T = \left(\frac{\partial p}{\partial T}\right)_v \tag{7-26c}$$

$$-\left(\frac{\partial s}{\partial p}\right)_T=\left(\frac{\partial v}{\partial T}\right)_p \tag{7-26d}$$

麦克斯韦关系式对计算热力学状态参数有极其重要的作用。这是因为热力学能、焓及熵等状态参数都是不能直接测量的，但可通过比热及状态方程，利用麦克斯韦关系式，方便地得出热力学能、焓及熵的计算式。使用该关系式还可以检验实验数据或工质的热力性质表是否正确。但它只适合于简单可压缩系统，对于非简单可压缩系统也有类似的关系式。

将四个特征函数写成式(7-15)的形式，并比较它们与四个热力学基本关系式(7-20)至式(7-23)的系数，可以得到下面 8 个重要偏导数。

$$\left.\begin{aligned}&\left(\frac{\partial u}{\partial s}\right)_v=T,\quad\left(\frac{\partial u}{\partial v}\right)_s=-p\\&\left(\frac{\partial h}{\partial s}\right)_p=T,\quad\left(\frac{\partial h}{\partial p}\right)_s=v\\&\left(\frac{\partial f}{\partial T}\right)_v=-s,\quad\left(\frac{\partial f}{\partial v}\right)_T=-p\\&\left(\frac{\partial g}{\partial T}\right)_p=-s,\quad\left(\frac{\partial g}{\partial p}\right)_T=v\end{aligned}\right\} \tag{7-27}$$

由于一个热力学基本关系式恰好导出两个关系式，因此式(7-27)称为共轭关系式，反映了一对共轭的独立参数与其对应的特征函数之间的关系。

7.4.4　热系数

在状态函数众多偏导数中，下面 3 个由基本状态参数 p、v、T 构成的偏导数 $\left(\frac{\partial v}{\partial T}\right)_p$、$\left(\frac{\partial v}{\partial p}\right)_T$ 和 $\left(\frac{\partial p}{\partial T}\right)_v$ 有着显著的物理意义，它们的数值可以由实验测定，这样的偏导数被称为热系数。其中

$$\alpha_V=\frac{1}{v}\left(\frac{\partial v}{\partial T}\right)_p \tag{7-28}$$

称为体膨胀系数，单位为 K^{-1}，表示物质在定压下比体积随温度的变化率。

$$\kappa_T=-\frac{1}{v}\left(\frac{\partial v}{\partial p}\right)_T \tag{7-29}$$

称为等温压缩率，单位 Pa^{-1}，表示物质在定温下比体积随压力的变化率。

$$\alpha=\frac{1}{p}\left(\frac{\partial p}{\partial T}\right)_v \tag{7-30}$$

称为定容压力温度系数或压力的温度系数，单位为 K^{-1}，表示物质在定体积下压力随温度的变化率。

根据链式循环关系可得

$$\left(\frac{\partial v}{\partial T}\right)_p\left(\frac{\partial T}{\partial p}\right)_v\left(\frac{\partial p}{\partial v}\right)_T=-1$$

即

$$\left(\frac{\partial v}{\partial T}\right)_p = -\left(\frac{\partial p}{\partial T}\right)_v \left(\frac{\partial v}{\partial p}\right)_T$$

改写方程为

$$\frac{1}{v}\left(\frac{\partial v}{\partial T}\right)_p = -p\frac{1}{p}\left(\frac{\partial p}{\partial T}\right)_v \frac{1}{v}\left(\frac{\partial v}{\partial p}\right)_T$$

因此可知 3 个热系数之间有

$$\alpha_V = p\alpha\kappa_T \tag{7-31}$$

式(7-31)说明热系数之间也不是独立的,相互之间有一定的关系,实际上这也是由简单可压缩热力系只有两个独立自变量的本质所决定的。

除上述 3 个热系数外,常用的偏导数还有等熵压缩率和焦耳-汤姆逊系数等,等熵压缩率 κ_s 表征在可逆绝热过程中膨胀或压缩时体积的变化特性,定义为

$$\kappa_s = -\frac{1}{v}\left(\frac{\partial v}{\partial p}\right)_s \tag{7-32}$$

单位为 Pa^{-1}。节流过程的焦耳-汤姆逊系数 $\mu_J = \left(\frac{\partial T}{\partial p}\right)_h$ 将在第 9 章介绍。

*** 热力学四边形记忆法**

四个基本关系式,四组状态参数的定义式及麦克斯韦关系式都是确定其他热力学关系式的重要依据。为了便于记忆,下面介绍较为常用的热力学四边形记忆法。

1. 四个基本关系式的四边形记忆法

如图 7-5 所示,将状态参数 p、V、T 和 S 按图上位置表示在四边形的四个角上,其中 S 与 p 带负号。再将特征函数 U、F、G 和 H 分别表示在相应独立参数之间的四条边上,则特征函数的全微分可按下列规则列出。

(1) 每个特征函数两边相邻的量是其独立变量。如 U 的独立变量为 S、V,F 的独立变量为 T、V 等,此时 p 与 S 前面的负号不考虑。据此可写出

$$\mathrm{d}U = (\quad)\mathrm{d}S + (\quad)\mathrm{d}V$$
$$\mathrm{d}F = (\quad)\mathrm{d}T + (\quad)\mathrm{d}V$$
$$\mathrm{d}G = (\quad)\mathrm{d}T + (\quad)\mathrm{d}p$$
$$\mathrm{d}H = (\quad)\mathrm{d}S + (\quad)\mathrm{d}p$$

(2) 由某个独立变量出发,其对角线所指出的量连同正负号作为此独立变量前面的系数。如 S 与 p 为独立变量时,其系数分别为 T 与 V(图中虚线箭头所示);V 与 T 为独立变量时其系数分别为 $-p$ 与 $-S$(图中实线箭头所示)。据此可列全上述四式,即

$$\mathrm{d}U = (T)\mathrm{d}S + (-p)\mathrm{d}V = T\mathrm{d}S - p\mathrm{d}V$$
$$\mathrm{d}F = (-S)\mathrm{d}T + (-p)\mathrm{d}V = -S\mathrm{d}T - p\mathrm{d}V$$
$$\mathrm{d}G = (-S)\mathrm{d}T + (V)\mathrm{d}p = -S\mathrm{d}T + V\mathrm{d}p$$
$$\mathrm{d}H = (T)\mathrm{d}S + (V)\mathrm{d}p = T\mathrm{d}S + V\mathrm{d}p$$

2. 状态参数定义式的四边形记忆法

利用热力学四边形，还可方便地写出四组状态参数定义式的8个一阶偏导数。如U的独立变量为S与V，当固定S时，特征函数U对V的偏导数$(\partial U/\partial V)_s$就等于沿该独立变量$V$对角线所指向的量$-p$（见图7-5中虚线箭头），即$(\partial U/\partial V)_s=-p$，其余以此类推。值得注意的是，作为偏导数的值，$p$与$S$前的负号应予考虑。

3. 麦克斯韦关系式的四边形记忆法

如图7-6中的箭头方向所示，可写出麦克斯韦关系式。同一边上两个变量，如S、V，以起端对角线所指变量为下标、沿箭头线始端变量连同正负号，对经过的第二变量（不考虑正负号）写出偏导数，并令其相等。即

$$\left(\frac{\partial V}{\partial T}\right)_p=-\left(\frac{\partial S}{\partial p}\right)_T$$

其余类推可以得出四组麦克斯韦关系式。

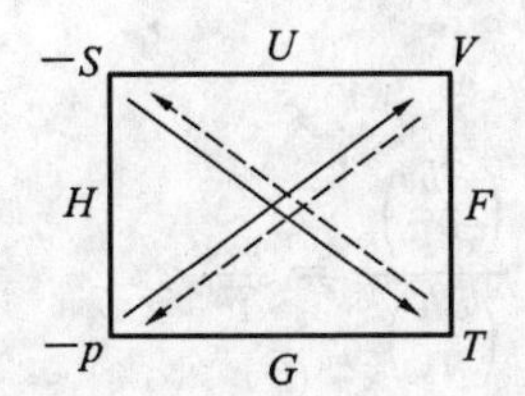

图7-5　基本关系式和状态参数定义式的四边形记忆法

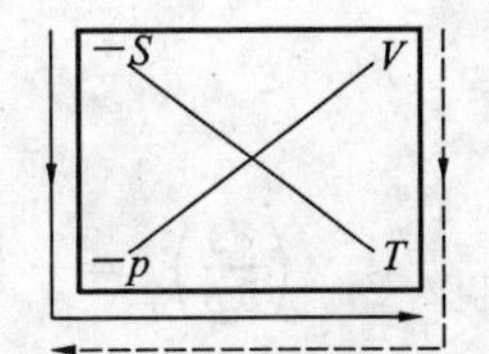

图7-6　麦克斯韦关系式的四边形记忆法

7.5　热力学能、焓和熵的一般关系式

理想气体的状态方程简单，比热容仅是温度的函数，而且由此即可求出理想气体的比熵、比焓及比热力学能等。实际气体的比热力学能u、比熵s和比焓h也能从状态方程和比热容求得，但其表达式远较理想气体的复杂，而且这些表达式的形式随所选独立系统的不同而异。

7.5.1　熵的一般关系式

熵可以表示为基本状态参数p、v、T中任意两个参数的函数，于是可以得到三个普遍适用的函数式，即$s=s(T,v)$，$s=s(T,p)$和$s=s(p,v)$。

若以T、v为独立变量时，熵的全微分为

$$\mathrm{d}s=\left(\frac{\partial s}{\partial T}\right)_v\mathrm{d}T+\left(\frac{\partial s}{\partial v}\right)_T\mathrm{d}v$$

根据麦克斯韦关系

$$\left(\frac{\partial s}{\partial v}\right)_T=\left(\frac{\partial p}{\partial T}\right)_v$$

又根据链式关系及比热容定义

$$\left(\frac{\partial s}{\partial T}\right)_v\left(\frac{\partial T}{\partial u}\right)_v\left(\frac{\partial u}{\partial s}\right)_v=1$$

$$\left(\frac{\partial s}{\partial T}\right)_v=\frac{\left(\frac{\partial u}{\partial T}\right)_v}{\left(\frac{\partial u}{\partial s}\right)_v}=\frac{c_V}{T}$$

得到

$$\mathrm{d}s=\frac{c_V}{T}\mathrm{d}T+\left(\frac{\partial p}{\partial T}\right)_v\mathrm{d}v \tag{7-33}$$

式(7-33)称为第一 ds 方程。已知物质的状态方程及比定容热容，积分式(7-33)即可求取过程的熵变。

若以 T、p 为独立变量，则

$$\mathrm{d}s=\left(\frac{\partial s}{\partial T}\right)_p\mathrm{d}T+\left(\frac{\partial s}{\partial p}\right)_T\mathrm{d}p$$

因

$$\left(\frac{\partial s}{\partial p}\right)_T=-\left(\frac{\partial v}{\partial T}\right)_p,\quad\left(\frac{\partial s}{\partial T}\right)_p=\frac{\left(\frac{\partial h}{\partial T}\right)_p}{\left(\frac{\partial h}{\partial s}\right)_p}=\frac{c_p}{T}$$

故可得第二 ds 方程

$$\mathrm{d}s=\frac{c_p}{T}\mathrm{d}T-\left(\frac{\partial v}{\partial T}\right)_p\mathrm{d}p \tag{7-34}$$

类似可得以 p、v 为独立变量的第三 ds 方程

$$\mathrm{d}s=\frac{c_V}{T}\left(\frac{\partial T}{\partial p}\right)_v\mathrm{d}p+\frac{c_p}{T}\left(\frac{\partial T}{\partial v}\right)_p\mathrm{d}v \tag{7-35}$$

三个 ds 的一般方程中，第二 ds 方程最为实用，因为比定压热容 c_p 较比定容热容 c_V 易于由实验测定。由于 ds 导出过程中没有对工质作任何假定，故可用于任何物质，包括理想气体。

7.5.2 热力学能的一般关系式

取 T、v 为独立变量，即 $u=u(T,v)$，则

$$\mathrm{d}u=T\mathrm{d}s-p\mathrm{d}v$$

将第一 ds 方程代入上式，整理可得微分关系式

$$\mathrm{d}u=c_V\mathrm{d}T+\left[T\left(\frac{\partial p}{\partial T}\right)_v-p\right]\mathrm{d}v \tag{7-36}$$

上式称为第一 du 方程。若将第二 ds 方程、第三 ds 方程代入式(7-20)则可得到以 p、T 和 p、v 为独立变量的第二、第三 du 微分式。相比之下，第一 du 方程形式较为简单，计算方便，应用也较广泛，因此这里对另外两个热力学能微分式不做详细介绍。读者可试着自行推之。

式(7-36)说明，对于实际气体，一般而言，热力学能是比体积和温度的函数。所以，如果已知实际气体的状态方程式和比热容，对式(7-36)积分即可求得热力学能在过程中的变化量。

7.5.3　焓的一般关系式

通过将 ds 方程代入

$$dh = Tds + vdp$$

可得到相应的 dh 方程，其中最常用的是以第二 ds 方程代入上式而得到的以 T 和 p 为独立变量的 dh 方程，即

$$dh = c_p dT + \left[v - T\left(\frac{\partial v}{\partial T}\right)_p\right]dp \tag{7-37}$$

另两个分别以 T、v 和 p、v 为独立变量的 dh 方程请读者自行推导。

式(7-37)说明，实际气体的焓是温度和压力的函数，如已知气体的状态方程式和比热容，通过积分可求取过程中焓的变化量。

例 7-4　已知某气体的状态方程为 $v=\frac{R_g T}{p}-\frac{c}{T^3}$，$c$ 为常数。比定压热容 $c_p=a+bT$。试计算过程 1—2 中每千克工质焓的变化量。状态参数 $p_1>p_2$，$T_1>T_2$，如图 7-7 所示。

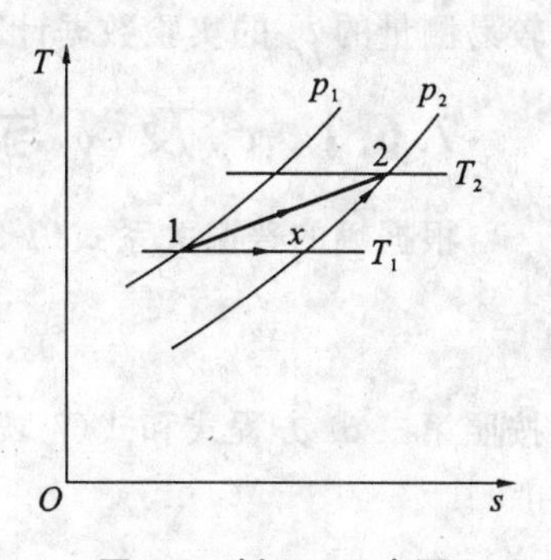

图 7-7　例 7-4 示意图

解　根据状态参数的特点可将过程 1—2 分解为定温过程 1—x 及定压过程 x—2，分别求出它们的焓，然后再相加，即可求得过程 1—2 中 Δh 的值。

对定温过程 1—x，$dT=0$，由式(7-37)可知其焓的变化为

$$dh = \left[v - T\left(\frac{\partial v}{\partial T}\right)_p\right]dp_{T_1}$$

所以

$$(h_2 - h_1)_T = \int_1^2 \left[v - T\left(\frac{\partial v}{\partial T}\right)_p\right]dp_{T_1}$$

根据题设状态方程式

$$\left(\frac{\partial v}{\partial T}\right)_p = \frac{R_g}{p} + \frac{3c}{T^4}$$

因此

$$\Delta h_{T_1} = \int_1^x \left[v - T_1\left(\frac{R_g}{p} + \frac{3c}{T_1^4}\right)\right]dp_{T_1}$$

$$= \int_1^x \left[\left(\frac{R_g T_1}{p} - \frac{c}{T_1^3}\right) - \left(\frac{R_g T_1}{p} + \frac{3c}{T_1^3}\right)\right]dp_{T_1}$$

$$=\int_1^x -\frac{4c}{T_1^3}\mathrm{d}p_{T1}=-\frac{4c}{T_1^3}(p_2-p_1)$$

对定压过程 $x-2$，$\mathrm{d}p=0$，由式(7-37)可知其焓的变化为

$$\Delta h_{p_2}=\int_x^2 c_p\mathrm{d}T_{p_2}=\int_x^2(a+bT)\mathrm{d}T_{p_2}=a(T_2-T_1)+\frac{b}{2}(T_2^2-T_1^2)$$

综合上述二式，可得过程 1—2 之间焓的变化为

$$\Delta h=h_2-h_1=\Delta h_{T_1}+\Delta h_{p_2}$$

$$=-\frac{4c}{T_1^3}(p_2-p_1)+a(T_2-T_1)+\frac{b}{2}(T_2^2-T_1^2)$$

7.6　比热容的一般关系式

上节熵、热力学能和焓的微分关系式中均含有比定压热容 c_p 或比定容热容 c_V，因此需要导出 c_p 和 c_V 的一般关系式。另外，还可以借助 c_p 和 c_V 的一般关系式，由较易测量的 c_p 的实验数据计算 c_V，从而避开实验测量 c_V 的困难。

7.6.1　c_p 及 c_V 与 p、v、T 之间的关系

根据熵的普遍关系式(7-34)

$$\mathrm{d}s=\frac{c_p}{T}\mathrm{d}T-\left(\frac{\partial v}{\partial T}\right)_p\mathrm{d}p$$

按照第二 ds 方程式和式(7-17)所给出的全微分性质，可以得到

$$\left(\frac{\partial c_p}{\partial p}\right)_T=-T\left(\frac{\partial^2 v}{\partial T^2}\right)\tag{7-38a}$$

同理，据第二 ds 方程式和式(7-16)可以得到

$$\left(\frac{\partial c_V}{\partial v}\right)_T=T\left(\frac{\partial^2 p}{\partial T^2}\right)\tag{7-38b}$$

式(7-38)建立了等温条件下 c_p 和 c_V 随压力及比体积的变化与状态方程的关系。这种关系十分有用，主要有以下三种用法。

(1) 对已有的比热容数据和状态方程，可以用它们来判断数据或状态方程的准确程度。

(2) 若有较为精确的状态方程，就可以确定任一压力下的比热容。对式(7-38a)积分，可得

$$c_p(T,p)=c_{p_0}(T)-T\int_{p_0}^{p}\frac{\partial^2 v}{\partial T^2}\mathrm{d}p\tag{7-39}$$

式中：$c_{p_0}(T)$为压力 p_0 下的比定压热容，是一个积分常数，只要把 p_0 取得足够低，可以认为 $c_{p_0}(T)$就是理想气体的比热容，只是温度 T 的函数。可见，实际气体的比热容是以理想气体的比热容为基础的，或者说，理想气体的比热容是实际气体比热容的

一部分。这里所谓“较为精确的状态方程”是指状态方程对温度的二阶导数要足够精确，这样，式(7-39)才会准确。同时也说明用比热容描述工质物性更加精确。

(3) 若有实验测得的比热容数据 $c_p=f(T,p)$，则可通过先求 c_p 对压力的一阶偏导数，然后对 T 进行两次积分，结合少量 p、v、T 实验数据而确定状态方程。

7.6.2　c_p 与 c_V 之间的关系

将式(7-36)代入热力学第一定律解析式 $\delta q=\mathrm{d}u+p\mathrm{d}v$，则可得微元过程中加入的热量为

$$\delta q=c_V\mathrm{d}T+T\left(\frac{\partial p}{\partial T}\right)_V\mathrm{d}v$$

当 $p=$常数时，$\delta q_p=c_p\mathrm{d}T$，则上式为

$$c_p\mathrm{d}T_p=c_V\mathrm{d}T_p+T\left(\frac{\partial p}{\partial T}\right)_V\mathrm{d}v_p$$

以 $\mathrm{d}T_p$ 除上式各项得

$$c_p-c_V=T\left(\frac{\partial p}{\partial T}\right)_V\left(\frac{\partial v}{\partial T}\right)_p \tag{7-40}$$

式(7-40)即为 c_p 和 c_V 的微分关系式，式中右边各偏导数即为 7.4.4 节中所介绍的偏导数，均可通过实验测定，或通过已知状态方程式求得。如已知理想气体的状态方程 $pv=R_gT$，则其偏导数

$$\left(\frac{\partial p}{\partial T}\right)_V=\frac{R_g}{v},\quad\left(\frac{\partial v}{\partial T}\right)_p=\frac{R_g}{p}$$

代入式(7-40)则得

$$c_p-c_V=T\frac{R_g}{v}\frac{R_g}{p}=R_g$$

这一结果就是我们所熟知的迈耶公式。

*7.7　克拉贝龙方程

纯物质在定压相变(如蒸发、熔化及升华等)过程中，它的温度保持不变，说明相变时压力和温度存在着函数关系。在平衡情况下，由两相组成的纯物质的温度和压力不是独立的变数，它们之间的关系可由麦克斯韦关系式推出，即式(7-26c)：

$$\left(\frac{\partial p}{\partial T}\right)_v=\left(\frac{\partial s}{\partial v}\right)_T$$

由于相变过程中压力仅为温度的函数，与共存相的体积无关，所以偏导数 $\left(\frac{\partial p}{\partial T}\right)_v$ 可用全导数 $\frac{\mathrm{d}p}{\mathrm{d}T}$ 代替。相变过程在等温情况下进行，且熵和体积之间互为线性函数。例如，对水蒸气的定温(定压)汽化过程，由 $s=s'+x(s''-s')$ 和 $v=v'+x(v''-v')$

可得

$$s = s' + \frac{(s'' - s')}{(v'' - v')}(v - v')$$

式(7-26c)右边的偏导数指明是在等温情况下,因此

$$\left(\frac{\partial s}{\partial v}\right)_T = \frac{s^{(\beta)} - s^{(\alpha)}}{v^{(\beta)} - v^{(\alpha)}}$$

式中上标(α)和(β)分别代表两个共存相。因此式(7-26c)变为

$$\frac{\mathrm{d}p}{\mathrm{d}T} = \frac{s^{(\beta)} - s^{(\alpha)}}{v^{(\beta)} - v^{(\alpha)}} \tag{7-41}$$

由式(7-27b)可知

$$\left(\frac{\partial h}{\partial s}\right)_p = T$$

在此有

$$h^{(\beta)} - h^{(\alpha)} = T(s^{(\beta)} - s^{(\alpha)})$$

将上式代入式(7-41)得

$$\frac{\mathrm{d}p}{\mathrm{d}T} = \frac{h^{(\beta)} - h^{(\alpha)}}{T(v^{(\beta)} - v^{(\alpha)})} \tag{7-42}$$

式(7-42)即为克拉贝龙方程。

克拉贝龙方程是热力学中非常有用的方程之一。用它可以预示相变时压力对温度的影响和计算相变潜热。它不仅适用于物质的液体和蒸汽之间的平衡转变,而且适用于固体和蒸汽之间、固体和液体之间及两个不同固相之间的平衡转变。

当将克拉贝龙方程用于液体-蒸汽(或固体-蒸汽)的平衡转变时,在压力较低时由于蒸汽的体积远大于液体(或固体)的体积,一般可忽略液体(或固体)的体积,这时如果在气液相变中用理想气体定律来近似描述蒸汽的体积,以上标“′”表示饱和液相,上标“″”表示饱和汽相,并考虑到汽化潜热 $\gamma = h'' - h'$,则克拉贝龙方程可简化为

$$\frac{\mathrm{d}p}{\mathrm{d}T} = \frac{h'' - h'}{T(v'' - v')} = \frac{\gamma}{Tv''} \approx \frac{p\gamma}{R_g T^2}$$

或

$$\frac{1}{p}\frac{\mathrm{d}p}{\mathrm{d}T} = \frac{\mathrm{d}(\ln p)}{\mathrm{d}T} = \frac{\gamma}{R_g T^2} \tag{7-43}$$

式(7-43)称为克劳修斯-克拉贝龙方程。它表述了压力对相变温度的影响,可用于计算低压下的蒸发潜热 γ。

当温度变化不大时,可认为汽化潜热 γ 为定值,积分式(7-43)可写为

$$\ln p = -\frac{\gamma}{R_g T} + C \tag{7-44}$$

由式(7-44)可知 $\ln p$ 对于 $1/T$ 作图为一直线,其斜率为 $-\gamma/R_g$,当汽化潜热已知时,通过测定一组 p、T 实验值便可确定积分常数 C。利用式(7-44),可通过已知的两个相近温度及两个相应的蒸汽压值求得该温度区间汽化潜热的平均值。

思　考　题

1. 实际气体性质与理想气体性质差异产生的原因是什么？在什么条件下才可以把实际气体作为理想气体处理？

2. 在实际气体状态方程的研究过程中，为何对范德瓦尔方程的评价很高？

3. 范德瓦尔方程中的物性常数 a 和 b 可以由实验数据拟合得到，也可以由物质的 T_{cr}、p_{cr}、v_{cr} 计算得到，需要较高的精度时应采用哪种方法，为什么？

4. 什么叫对比态参数、对比态定律？利用对比态定律有何方便之处？有何限制？

5. 如果几种气体的状态参数相同，其对比参数是否相同？反之，若各气体处于对应状态，它们的状态参数是否相同？

6. 工质处于临界状态下具有什么特性？临界状态在物性研究中有何作用？

7. 热力学微分方程(7-20)至方程(7-23)是在什么基础上推导出来的？为什么对理想气体和实际气体都能适用？能否适用于不可逆过程？

8. 热力学微分方程对工质热物性的研究有什么作用？

9. ds、dh 及 du 的热力学微分关系式(7-34)、式(7-36)及式(7-37)能否适用于不可逆过程？

10. 试讨论由实验确定的热系数，对求解物质的熵变化、焓变化及内能变化所起的作用。

11. 克拉贝龙方程建立了哪些状态参数之间的联系？它有何实用价值？

习　题

7-1　容积为 0.5 m^3 的气瓶内装有 0.2 kmol 的氟利昂 12，如气瓶承受压力不允许超过 15 bar，问气体温度不应超过多少度？试用范德瓦尔方程进行计算。

7-2　若 CO_2 的温度为 373 K，比容为 0.012 m^3/kg，试用范德瓦尔方程求它的压力，并与理想气体状态方程所得的结果相比较。

7-3　CH_4 在 $p=92.79$ bar，$T=286.1$ K 下的千摩尔容积是多少？(用通用压缩因子图求)。并与实测值 $V_m=0.211$ $m^3/kmol$ 进行比较。

7-4　求 20.34 MPa，−21 ℃下氮的密度：

(1) 用理想气体状态方程求；

(2) 用范德瓦尔方程求；

(3) 用范德瓦尔对比态方程求；

(4) 用通用压缩因子图求(用通用压缩因子图)。

7-5　跌特里西状态方程为

$$p=\frac{nRT}{V-nb}\exp\left(-\frac{na}{RTV}\right)$$

式中：V 为体积；p 为压力；n 为物质的量；a、b 为物性常数。试说明符合跌特里西状态方程的气体的临界参数分别为 $p_{cr}=\dfrac{a}{4n^2b^2}$、$V_{cr}=2nb$、$T_{cr}=\dfrac{a}{4Rb}$，并将此状态方程改写成对比态方程。

7-6　用麦克斯韦关系式确定某气体 $(\partial s/\partial p)_T$ 关系，该气体满足状态方程 $p(v-b)=R_gT$。

7-7　试证明下列等式：

(1) $\left(\dfrac{\partial s}{\partial T}\right)_v=\dfrac{c_V}{T}$，$\left(\dfrac{\partial s}{\partial T}\right)_p=\dfrac{c_p}{T}$；

(2) $\left(\dfrac{\partial T}{\partial p}\right)_s=\dfrac{Tv\alpha_V}{c_p}$。

7-8　某气体遵从范德瓦尔状态方程，试推导表达式：(1) c_p-c_V；(2) $u(T_2,v_2)-u(T_1,v_1)$。

7-9　某理想气体经历了参数 x 保持不变的可逆过程，该过程的比热容为 c_x，试证其过程方程为 $pv^n=$常数。式中：$n=\dfrac{c_x-c_p}{c_x-c_V}$，$c_p$、$c_V$ 分别为定压比热容和定容比热容，可取定值。

7-10　试推导某气体等温过程的 Δu、Δh 和 Δs 的表达式，该气体满足状态方程

$$p(v-b)=R_gT。$$

7-11　试证明理想气体的体膨胀系数 $\alpha_V=\dfrac{1}{T}$。

7-12　试分别用理想气体状态方程和范德瓦尔状态方程计算温度为 32 ℃，压力为 1 400 kPa 时 CH_4(甲烷)的热膨胀系数。

7-13　气体的体膨胀系数和定容压力温度系数分别为

$$\alpha_V=\frac{R}{pV},\quad \alpha=\frac{1}{T}$$

R 为摩尔气体常数，试求此气体的状态方程。

7-14　试根据表 7-2 给出的实验数据，计算水在 170 ℃时的潜热。

表 7-2　习题 7-14 表

饱和温度/℃	饱和压力 /kPa	比容	
		液体 v'/(m³/kg)	蒸汽 v'/(m³/kg)
169	772.7	0.001 113 0	0.248 5
170	791.7	0.001 114 3	0.242 8
171	811.0	0.001 115 5	0.237 3

7-15　水的三相点温度 $T=273.16$ K，压力 $p=611.2$ Pa，汽化潜热 $\gamma_{lg}=2\ 501.3$ kJ/kg。按饱和蒸汽压方程(7-44)计算 $t_2=10$ ℃时的饱和蒸汽压(假定汽化潜热可近似为常数)。

理想气体混合物与湿空气

在实际工程应用中，经常会遇到系统的工质是由几种单元工质组成的混合气体，它们通常处于无化学反应和稳定的状态。例如，燃料燃烧产生的烟气主要是由二氧化碳、氮气和水蒸气等组成的混合气体。空气也是常见的混合气体，主要由氧气和氮气组成，还含有二氧化碳、水蒸气及微量的惰性气体。要将前面所介绍的定律和研究方法应用到混合气体，必须掌握混合气体的热力性质，即热力学能、焓、熵、比热容等的计算方法。

混合气体的性质取决于各组成气体（称为组元）的热力学性质及成分。混合物的组成是变化无穷的，其性质也是多种多样的，因而混合物性质的研究是热力学的一个相当广阔的研究领域。本章只介绍理想气体混合物性质，即混合物中的各组元气体及混合物整体，都遵循理想气体状态方程式，都具有理想气体的一切特性。理想气体混合物的性质与其各组元气体性质之间的关系有最简单的形式，并有相当广泛的应用。

学完本章后要求：

(1) 掌握理想气体混合物的基本概念，以及理想气体混合物的计算方法。

(2) 掌握湿空气的一些基本概念、性质。

(3) 会用湿空气的 h-d 图进行热力过程计算。

(4) 熟练掌握湿空气的干燥过程和加湿过程的各参数计算。

8.1 混合气体的成分

8.1.1 吉布斯相律

根据状态公理，简单可压缩热力系独立自变量的个数为 2。但对以混合气体为工质及具有多相的热力系就不这么简单了，当压力和温度一定时，由于成分可变，其状态并不确定。一般而言，对组元数为 k 及相数为 F 的简单可压缩热力系，在无化学反应时，独立自变量个数（或自由度）i 为

$$i = k - F + 2 \tag{8-1}$$

式(8-1)被称为吉布斯相律。对纯物质，$k=1$，则当只有一相（$F=1$）时，自由度 $i=2$，

也就是简单可压缩系统；对两相共存物质($F=2$)，只有一个自由度，$i=1$；对三相共存，则 $i=0$，表明三相点是一个固定点。而对二元混合物，由于多一个组元，也就多一个未知数，因此，比单元系相应的情况多一个自由度。

吉布斯相律说明，要描述多元系的热力学状态，还必须有更多的状态参数，这些状态参数中最常用的就是混合物的成分。

8.1.2 混合气体的成分

混合物中各组元的分量占混合物总量的百分比称为混合物的成分。按照所采用的物量单位不同，成分也有不同的表示方法，如质量成分、摩尔成分等。

1. 质量成分 w_i

质量成分 w_i 的定义为：混合物中某一组元的质量 m_i 和混合物总质量 m 之比，即

$$w_i=\frac{m_i}{m}=\frac{m_i}{\sum m_i} \tag{8-2}$$

显然有

$$w_1+w_2+\cdots=\sum w_i=1$$

即混合物所有组元的质量成分之和为1。

2. 摩尔成分 x_i

摩尔成分 x_i 的定义为：混合物中某一组元的摩尔数 n_i 和混合物的总摩尔数 n 之比值，即

$$x_i=\frac{n_i}{n}=\frac{n_i}{\sum n_i} \tag{8-3}$$

同理有

$$\sum x_i=1$$

3. 混合气体的平均摩尔质量和平均气体常数

混合物的总质量与其物质的量的比是混合物的摩尔质量，用符号 M 表示单位为 kg/mol。它与各组元的摩尔质量 M_i 有如下关系：

$$M=\frac{m}{n}=\frac{\sum_i m_i}{n}=\frac{\sum_i n_iM_i}{n}=\sum_i x_iM_i \tag{8-4}$$

即混合物的摩尔质量是各组元的摩尔质量按摩尔分数的加权平均值。

摩尔气体常数 R 与混合物的摩尔质量 M 的比值是混合物的气体常数 R_g，它与各组元的气体常数 $R_{g,i}$ 有如下关系：

$$R_g=\frac{R}{M}=\frac{nR}{m}=\frac{\sum_i n_iR}{m}=\frac{\sum_i m_i\dfrac{R}{M_i}}{m}=\sum_i w_iR_{g,i} \tag{8-5}$$

即混合物的气体常数 R_g，是各组元的气体常数 $R_{g,i}$ 按质量分数的加权平均值。

4. 质量成分和摩尔成分的换算

由于各组元的摩尔质量不同，所以同一混合物的质量分数与摩尔分数的数值不相同。在工程计算中，常需进行质量分数与摩尔分数之间的换算。在已有混合物的摩尔分数 x_i，而要求计算出质量分数 w_i 时，可先按式(8-4)计算出混合物的摩尔质量 M，再按下式换算：

$$w_i = \frac{m_i}{m} = \frac{n_i M_i}{nM} = \frac{M_i}{M} x_i \tag{8-6}$$

在已知混合物的质量分数 w_i，而要求计算摩尔分数 x_i 时，可先按式(8-5)计算出混合物的气体常数 R_g，再作如下换算：

$$x_i = \frac{n_i}{n} = \frac{m_i/M_i}{m/M} = \frac{R/M_i}{R/M} w_i = \frac{R_{g,i}}{R_g} w_i \tag{8-7}$$

例 8-1　在对某燃气进行分析时，得到 CO_2、O_2、N_2 和 CO 四种气体的摩尔分数分别为 0.12、0.04、0.82 和 0.02。试求：其质量分数、平均摩尔质量和平均气体常数。

解　(1) 根据附表 1，可知各成分的摩尔质量分别为

$M_{CO_2} = 44.01$ kg/kmol，$M_{O_2} = 32.00$ kg/kmol，$M_{N_2} = 28.01$ kg/kmol，$M_{CO} = 28.01$ kg/kmol

由式(8-4)可计算出混合气体的摩尔质量

$$\begin{aligned} M &= \sum_i x_i M_i \\ &= (0.12 \times 44.01 + 0.04 \times 32.00 + 0.82 \times 28.01 + 0.02 \times 28.01)\ \text{kg/kmol} \\ &= 30.09\ \text{kg/kmol} \end{aligned}$$

(2) 由式(8-6)根据摩尔成分换算质量成分

$$w_{CO_2} = \frac{M_{CO_2}}{M} x_{CO_2} = \frac{44.01}{30.09} \times 0.12 = 0.1755$$

$$w_{O_2} = \frac{M_{O_2}}{M} x_{O_2} = \frac{32.00}{30.09} \times 0.04 = 0.0425$$

$$w_{N_2} = \frac{M_{N_2}}{M} x_{N_2} = \frac{28.01}{30.09} \times 0.82 = 0.7694$$

$$w_{CO} = \frac{M_{CO}}{M} x_{CO} = \frac{28.01}{30.09} \times 0.02 = 0.01862$$

(3) 根据混合气体的摩尔质量 M 计算混合气体的折合气体常数

$$R_g = \frac{R}{M} = \frac{8314}{30.09} = 276.30\ \text{J/(kg·K)}$$

由于数据较多，可以采用表 8-1 求解，以使结果一目了然且便于查错。

表 8-1 已知摩尔分数，混合气体的计算结果

组成气体名称	摩尔分数 x_i	摩尔质量 M_i /(kg/kmol)	x_iM_i	质量分数 w_i
CO_2	0.12	44.01	5.28	0.175 5
O_2	0.04	32.00	1.28	0.042 5
N_2	0.82	28.01	22.97	0.769 4
CO	0.02	28.01	0.560 2	0.018 62
$\sum$	1.00	—	30.09	1.000 0

讨论：该题若已知质量分数，求摩尔分数时，由式(8-7)、式(8-4)和式(8-5)求取，可利用表 8-2 求解。

表 8-2 已知质量分数，混合气体的计算结果

组成气体名称	质量分数 w_i	气体常数 $R_{g,i}$ J/(mol·K)	$w_iR_{g,i}$	摩尔分数 x_i
CO_2	0.175 5	188.9	33.152	0.120
O_2	0.042 5	259.8	11.041 500	0.040
N_2	0.763 4	296.8	226.577 1	0.820
CO	0.018 6	296.8	5.520 50	0.020
$\sum$	1.00	—	276.291 1	1.000

由表 8-2 中可知，混合气体的折合气体常数为

$$R_g = 276.291\ 1\ \text{J/(kg·K)} \approx 276.30\ \text{J/(kg·K)}$$

则混合气体的平均摩尔质量为

$$M = \frac{R}{R_g} = \frac{8\ 314}{276.30}\ \text{kg/kmol} = 30.09\ \text{kg/kmol}$$

8.2 分压定律与分容定律

8.2.1 分压力与道尔顿分压定律

1. 分压力的概念

如图 8-1 所示，若将具有容积 V 的混合气体 A 和 B 分装在两个具有相同容积 V 的容器中，且温度保持与混合物相同，同为 T，此时 A、B 所具有的压力 p_A 和 p_B 就分别称为 A 组元和 B 组元的分压力。其一般定义为：在混合气体温度下第 i 组元气体单独占有与混合物相同的容积 V 时的压力 p_i 称为第 i 种组元气体的分压力。

2. 道尔顿(Dalton)分压力定律

理想气体混合物遵循理想气体状态方程式，对于温度为 T、压力为 p、容积为 V、

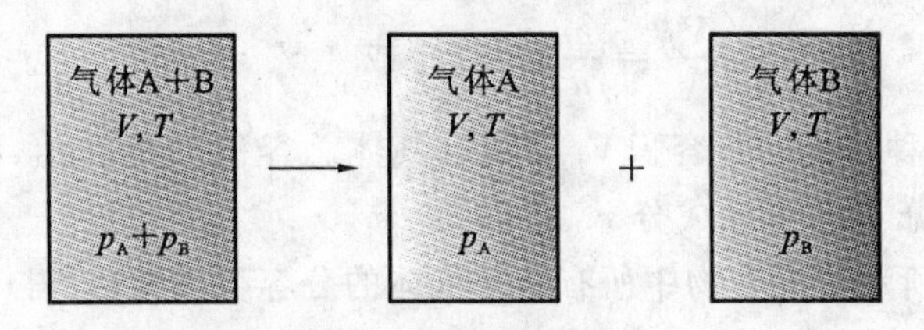

图 8-1　分压力的定义

物质的量为 n 的理想气体混合物，有

$$pV = nRT \tag{8-8}$$

理想气体混合物中各组元均为理想气体，也都遵循理想气体状态方程，故有

$$p_i V = n_i RT \tag{8-9}$$

将式(8-9)与式(8-8)的等号两边各自相比，得到

$$\frac{p_i}{p} = \frac{n_i}{n} = x_i \quad \text{或} \quad p_i = x_i p \tag{8-10}$$

即理想气体混合物各组元气体的分压力等于总压力及其摩尔分数的乘积。

将混合物中所有组元的分压力累加，可得

$$p = \sum_i p_i \tag{8-11}$$

式(8-11)表明，理想气体混合物的总压力 p 等于各组元气体分压力 p_i 之总和。这个关系称为道尔顿分压定律。

8.2.2　分容积与亚美格分容定律

1. 分容积的概念

如图 8-2 所示，将具有压力 p 的混合气体 A 和 B 分装在两个容器中，且保持与混合物相同的压力 p 和温度 T，此时 A、B 所占有的容积 V_A 和 V_B 就分别称为 A 组元和 B 组元的分容积。其一般定义为：在混合气体的压力和温度下第 i 组元气体单独占有的容积 V_i 即为第 i 种组元气体的分容积。

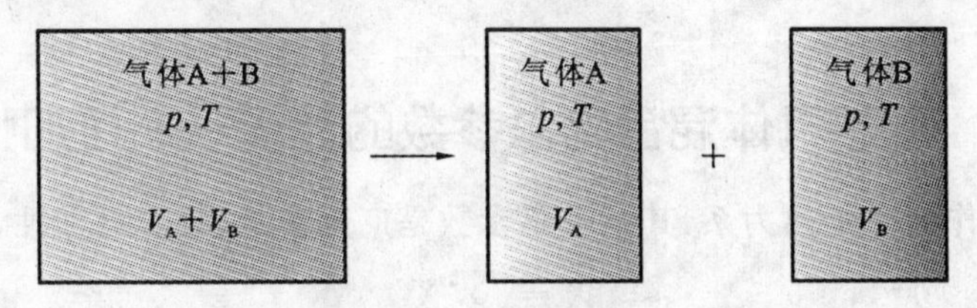

图 8-2　分容积的定义

2. 亚美格(Amagat)分容定律

与推导道尔顿分压定律相类似，对混合物中的每种组元，有

$$pV_i = n_i RT \tag{8-12}$$

将式(8-12)除以混合物状态方程式(8-8)，可得

$$\phi_i = \frac{V_i}{V} = \frac{n_i}{n} = x_i \quad 或 \quad V_i = x_i V \tag{8-13}$$

式中：ϕ_i 表示第 i 种组元的分容积 V_i 与混合气体总容积 V 的比值，称为该组元的容积成分。容积成分 ϕ_i 与摩尔成分 x_i 相等。

将式(8-13)所示的混合物中所有组元气体的分容积相累加，得

$$V = \sum_i V_i \tag{8-14}$$

即理想气体混合物的总容积等于各组元气体分容积之和。这个关系称为亚美格分容定律。

3. 分压定律和分容定律的物理意义

亚美格分容定律和道尔顿分压定律非常相似，都是从理想气体状态方程直接推出的，都反映了某一组元独立存在时对状态参数的“贡献”。但二者又确实是不同的两个定律，主要区别在于分压力与分容积概念差别很大。根据理想气体模型的假设，理想气体分子之间毫无影响，这意味着混合物中每一组元气体之间没有任何影响，它们对器壁的作用，就像自己独自占有 V 空间所产生的作用一样，这正是分压力所反映的实质。因此分压力的概念比较真实地反映了某一组元独立存在时对状态参数的“贡献”。分容积虽然也反映了某一组元独立存在时对状态参数的“贡献”，但这时该组元并没有完全处于原有状态，而是经过了一定的“变形”处理——在原有的温度、压力下容积改变了。这种人为的“变形”并非真实的，应用时要加以注意。比如，在计算混合气体熵的时候就不能用分容积的概念(见 8.3 节)。

在工程中气体的容积可以测量，因而混合气体的容积成分也是较易测得的。由式(8-13)可知，理想气体混合物中各组元气体的容积成分与其摩尔成分相等，因此在实验室中，经常通过测取混合气体的容积得到各组成气体的摩尔成分，其理论基础就是亚美格分容定律。因此，分容积和分容定律有着重要的实用意义。

8.3　理想气体混合物的热力性质计算及混合熵增

8.3.1　理想气体混合物总参数的计算——可加性

混合气体作为一个热力系，其系统总参数是广延参数，具有可加性，即

$$X = \sum_i X_i \tag{8-15}$$

式中：X 为混合气体的总参数，可以是总质量 m，总体积 V，总物质的量 n、总热力学能 U、总焓 H、总熵 S 或总㶲 Ex 等广延量，X_i 是第 i 个子系统的同名参数值。由于混合气体中各组元的真实状态为(T,V,p_i)，因此除了总容积 V 之外，上式中其他广延参数都是按照状态(T,V,p_i)来确定的，即按照相同温度下组元实际占有的体积、体现出的分压力来确定。于是，对于由 k 种组元物质组成的混合物来说，有

$$m=\sum_{i=1}^{k}m_i(T,V)=\sum_{i=1}^{k}m_i(T,p_i) \tag{8-16a}$$

$$n=\sum_{i=1}^{k}n_i(T,V)=\sum_{i=1}^{k}n_i(T,p_i) \tag{8-16b}$$

$$U=\sum_{i=1}^{k}U_i(T,V)=\sum_{i=1}^{k}U_i(T,p_i)=\sum_{i=1}^{k}U_i(T) \tag{8-16c}$$

$$H=\sum_{i=1}^{k}H_i(T,V)=\sum_{i=1}^{k}H_i(T,p_i)=\sum_{i=1}^{k}H_i(T) \tag{8-16d}$$

$$S=\sum_{i=1}^{k}S_i(T,V)=\sum_{i=1}^{k}S_i(T,p_i) \tag{8-16e}$$

$$Ex=\sum_{i=1}^{k}Ex_i(T,V)=\sum_{i=1}^{k}Ex_i(T,p_i) \tag{8-16f}$$

上面各式中的括号内表示的是参数的自变量。

而对总容积，由亚美格分容定律可知，

$$V=\sum_{i}^{k}V_i(T,p) \tag{8-16g}$$

其中，V_i 是由状态(T,p)确定的分容积。

对压力 p 等强度参数，因为不具备可加性，是不能写为和式的。但有了分压力的概念，混合物的总压力同样也可以写为

$$p=\sum_{i=1}^{k}p_i(T,V) \tag{8-16h}$$

8.3.2　理想气体混合物比参数的计算——加权性

对于比参数，用质量 m 分别除式(8-16)的各式，可得

$$v=\sum_{i}^{k}w_iv_i(T,p) \tag{8-17a}$$

$$\sum_{i=1}^{k}w_i(T,V)=\sum_{i=1}^{k}w_i(T,p_i)=1 \tag{8-17b}$$

$$\frac{1}{M}=\sum_{i=1}^{k}w_i\frac{1}{M_i} \tag{8-17c}$$

$$u=\sum_{i=1}^{k}w_iu_i(T,V)=\sum_{i=1}^{k}w_iu_i(T,p_i)=\sum_{i=1}^{k}w_iu_i(T) \tag{8-17d}$$

$$h=\sum_{i=1}^{k}w_ih_i(T,V)=\sum_{i=1}^{k}w_ih_i(T,p_i)=\sum_{i=1}^{k}w_ih_i(T) \tag{8-17e}$$

$$s=\sum_{i=1}^{k}w_is_i(T,V)=\sum_{i=1}^{k}w_is_i(T,p_i) \tag{8-17f}$$

$$ex=\sum_{i=1}^{k}w_iex_i(T,V)=\sum_{i=1}^{k}w_iex_i(T,p_i) \tag{8-17g}$$

显然,比参数全部都是按质量分数加权平均的,可统一写为

$$y=\sum_{i}^{k}w_i y_i \tag{8-18}$$

对于摩尔参数,用物质的量 n 分别去除式(8-16)的各式,可得

$$V_m=\sum_{i}^{k}x_i V_{m,i}(T,p) \tag{8-19a}$$

$$M=\sum_{i}^{k}x_i M_i \tag{8-19b}$$

$$\sum_{i=1}^{k}x_i(T,V)=\sum_{i=1}^{k}x_i(T,p_i)=1 \tag{8-19c}$$

$$U_m=\sum_{i=1}^{k}x_i U_{m,i}(T,V)=\sum_{i=1}^{k}x_i U_{m,i}(T,p_i)=\sum_{i=1}^{k}x_i U_{m,i}(T) \tag{8-19d}$$

$$H_m=\sum_{i=1}^{k}x_i H_{m,i}(T,V)=\sum_{i=1}^{k}x_i H_{m,i}(T,p_i)=\sum_{i=1}^{k}x_i H_{m,i}(T) \tag{8-19e}$$

$$S_m=\sum_{i=1}^{k}x_i S_{m,i}(T,V)=\sum_{i=1}^{k}x_i S_{m,i}(T,p_i) \tag{8-19f}$$

$$Ex_m=\sum_{i=1}^{k}Ex_{m,i}(T,V)=\sum_{i=1}^{k}Ex_{m,i}(T,p_i) \tag{8-19g}$$

显然,摩尔参数全部都是按摩尔分数加权平均的,可统一写为

$$Y_m=\sum_{i}^{k}x_i Y_{m,i} \tag{8-20}$$

需要强调的是,理想气体混合物的参数不仅与理想气体的性质有关,而且还与其包含的各组元气体的种类及组成有关,比如不能说理想气体混合物的焓只是温度的函数,混合物的性质要比单一组元物质复杂得多。

8.3.3 理想气体混合物的比热容

根据比热容的定义,混合气体的比热容是 1 kg 混合气体温度升高 1 ℃所需热量。1 kg 混合气体中有 w_i kg 的第 i 组分。因而,混合气体的比热容为

$$c=\sum_{i}\omega_i c_i \tag{8-21a}$$

同理可得混合气体的摩尔热容和体积热容分别为

$$C_m=\sum_{i}x_i C_{m,i} \tag{8-21b}$$

$$C'=\sum_{i}\phi_i C_i' \tag{8-21c}$$

式中:c_i、$C_{m,i}$、C'—— 第 i 种组成气体的比热容、摩尔热容和体积热容。混合气体三种比热容之间的关系仍适合(式(3-16),即理想气体热力性质一节中关于比热容三种关系的公式序号)所表示的关系。混合气体的比定压热容和比定容热容之间的关系也遵循迈耶公式。

例 8-2　如图 8-3 所示的刚性容器，A、B 两种不同的理想气体由内置隔板分隔在容积分别为 V_A、V_B 的两个空间，初始状态均为(p_1，T_1)。抽开隔板后，让 A、B 充分混合，求混合后气体的温度和压力及混合过程所产生的熵增。

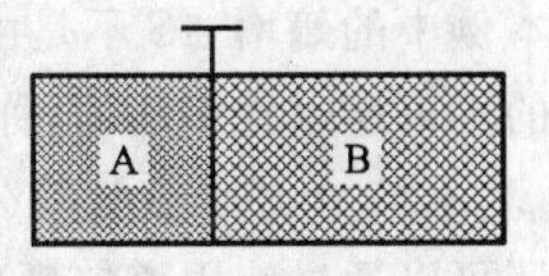

图 8-3　例 8-2 图

解　不同种类气体的混合过程是非平衡过程。混合达到平衡态后的混合气体终态参数，可借助于热力学第一定律和理想气体状态方程式确定。

(1) 确定混合后气体的状态(p_2，T_2)。

取这个容器 V_A+V_B 为热力系。混合过程在刚性密闭容器中进行，因此不做膨胀功($W=0$)，系统与外界没有热量交换(短暂的混合过程常常可认为是绝热的，$Q=0$)。由热力学第一定律可知，混合前后热力学能将不发生变化，

$$U_{A1}+U_{B1}=U_{A2}+U_{B2}$$

假定气体为定比热气体，即

$$(mc_VT)_{A1}+(mc_VT)_{B1}=(mc_VT)_{A2}+(mc_VT)_{B2}$$

由题给 $T_{A1}=T_{B1}=T_1$，混合后对各组元又应有 $T_{A2}=T_{B2}=T_2$，代入上式可得

$$[(mc_V)_A+(mc_V)_B]T_1=[(mc_V)_A+(mc_V)_B]T_2$$

$$T_1=T_2$$

即混合前后温度不变。

再根据混合前后质量守恒，有

$$\frac{p_1V_A}{R_gT_1}+\frac{p_1V_B}{R_gT_1}=\frac{p_2V_2}{R_gT_2}$$

将 $T_1=T_2$，$V_2=V_A+V_B$ 代入上式，可得

$$p_1=p_{A1}=p_{B1}=p_1$$

即混合前后总压力不变。

(2) 确定混合过程所产生的熵增。

混合过程的熵增等于每一部分气体由混合前的状态变到混合后的状态(具有混合气体的温度并占有整个体积)的熵增的总和。对两部分气体的熵增分别进行计算，有

$$\Delta S_A=m_A\left(c_V\ln\frac{T_2}{T_1}+R_{g,A}\ln\frac{V_2}{V_A}\right)=m_AR_{g,A}\ln\frac{V_2}{V_A}$$

$$\Delta S_B=m_B\left(c_V\ln\frac{T_2}{T_1}+R_{g,B}\ln\frac{V_2}{V_B}\right)=m_BR_{g,B}\ln\frac{V_2}{V_B}$$

因为 $V_2>V_A$、$V_2>V_B$，因此 $\Delta S_A>0$、$\Delta S_B>0$，所以

$$\Delta S=\Delta S_A+\Delta S_B>0$$

说明：

(1) 虽然混合前后容器内气体的温度和压力都不改变，但是混合后的熵增加了。

本例中的熵增 ΔS 不是由于温度或压力的变化引起的，而纯粹是由于不同物质混合的不可逆过程引起的，称为混合熵增。

(2) 上述熵变计算公式中所采用的容积是分压力对应的总容积，而不是分容积。还可以通过应用道尔顿分压定律求得混合后两种组元分压力来进行计算，结果是一样的，但过程要复杂些。

(3) 当 A、B 为同种气体时，采用上面的熵增计算方法，会引起谬误（即所谓吉布斯佯谬）。实际上混合后同种气体的分子无法区分，因此不能根据上式进行，而应根据混合后全部气体的熵与混合前各部分气体的熵的差值来计算，即

$$\begin{aligned}\Delta S &= S_2 - (S_{A1} + S_{B1}) \\ &= (m_A + m_B)\left(c_V \ln T_2 + R_g \ln \frac{V_2}{m_A + m_B} + C_1\right) \\ &\quad - \left[m_A\left(c_V \ln T_{A1} + R_g \ln \frac{V_A}{m_A} + C_1\right) + m_B\left(c_V \ln T_{B1} + R_g \ln \frac{V_B}{m_B} + C_1\right)\right]\end{aligned}$$

很明显，前后熵增等于零。也就是说同温同压下同种气体混合，前后状态不发生变化，也不会引起熵增。而采用例题中所给出的公式，得到的仍是 $\Delta S>0$，是不正确的，产生了佯谬。

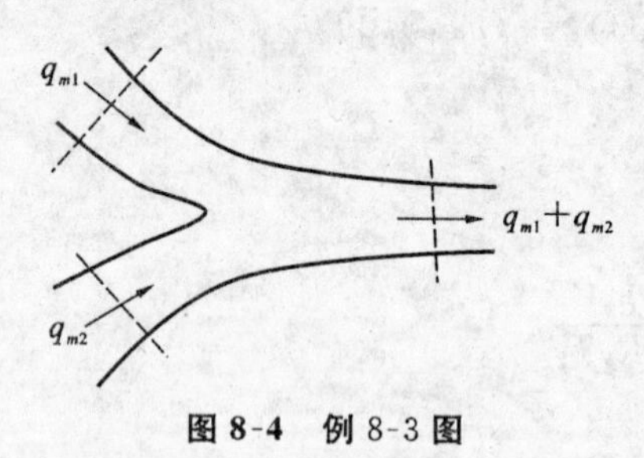

图 8-4　例 8-3 图

例 8-3　如图 8-4 所示，流量为 0.1 kg/s 的天然气(CH_4)和流量为 3.5 kg/s 压缩空气在管道内绝热混合。混合前，天然气的压力为 0.12 MPa、温度为 300 K，压缩空气的压力为 0.2 MPa、温度为 350 K。混合后的气流压力为 0.1 MPa。试确定：

(1) 混合后气流的温度 T；

(2) 混合气流单位时间的熵增？

解　考虑将天然气和空气均作定比热容理想气体处理。查附表 2（常用气体的某些基本热力性质）得

天然气（甲烷）　$M_1=16.04$ g/mol，$R_{g,1}=0.518$ kJ/(kg·K)，$c_{p0,1}=2.227$ kJ/(kg·K)

空气　$M_2=28.97$ g/mol，$R_{g,2}=0.287$ kJ/(kg·K)，$c_{p0,2}=1.004$ kJ/(kg·K)

该题为一个开口系稳态稳流问题。温度、压力、气体种类均不相同的两股气流绝热混合，没有轴功输出，忽略动能和位能，因此系统不对外交换技术功。

(1) 确定混合后气体的温度 T。

根据热力学第一定律可知，混合后流体的总焓不变，有

$$\Delta \dot{H} = q_m h - \sum_{i=1}^{2} q_{m,i} h_i = 0$$

即

$$(q_{m1} c_{p0,1} + q_{m2} c_{p0,2}) T = q_{m1} c_{p0,1} T_1 + q_{m2} c_{p0,2} T_2$$

因此，混合后气体的温度为

$$T=\frac{q_{m1}c_{p0,1}T_1+q_{m2}c_{p0,2}T_2}{q_{m1}c_{p0,1}+q_{m2}c_{p0,2}}$$

$$=\frac{0.1\ \text{kg/s}\times 2.227\ \text{kJ/(kg·K)}\times 300\ \text{K}+3.5\ \text{kg/s}\times 1.005\ \text{kJ/(kg·K)}\times 350\ \text{K}}{0.1\ \text{kg/s}\times 2.227\ \text{kJ/(kg·K)}+3.5\ \text{kg/s}\times 1.005\ \text{kJ/(kg·K)}}$$

$$=347\ \text{K}$$

(2) 确定混合气流单位时间的熵增。

由质量流量确定两股气流在混合气体中的摩尔成分：

$$x_1=\frac{q_{m1}/M_1}{\sum_{i=1}^{2}q_{mi}/M_i}=\frac{\dfrac{0.1\ \text{kg/s}}{16.043\ \text{g/mol}}}{\dfrac{0.1\ \text{kg/s}}{16.043\ \text{g/mol}}+\dfrac{3.5\ \text{kg/s}}{28.965\ \text{g/mol}}}=0.049$$

$$x_2=\frac{q_{m2}/M_2}{\sum_{i=1}^{2}q_{mi}/M_i}=\frac{\dfrac{3.5\ \text{kg/s}}{28.965\ \text{g/mol}}}{\dfrac{0.1\ \text{kg/s}}{16.043\ \text{g/mol}}+\dfrac{3.5\ \text{kg/s}}{28.965\ \text{g/mol}}}=0.951$$

因为是不同气体的流动混合，可以由道尔顿分压定律可得混合后天然气和压缩空气的分压力分别为

$$p_1'=x_1p=0.049\times 0.1\ \text{MPa}=0.004\,9\ \text{MPa}$$

$$p_2'=x_2p=0.951\times 0.1\ \text{MPa}=0.095\,1\ \text{MPa}$$

单位时间内混合过程的熵增，等于每一种气流由混合前的状态变化到混合后的状态(具有混合气流的温度及相应的分压力)的熵增的总和，即

$$\Delta S=m_1\left(c_{p0,1}\ln\frac{T}{T_1}-R_1\ln\frac{p_1'}{p_1}\right)+m_2\left(c_{p0,2}\ln\frac{T}{T_2}-R_2\ln\frac{p_2'}{p_2}\right)$$

$$=0.1\left(2.227\ln\frac{347}{300}-0.518\,3\ln\frac{0.004\,9}{0.12}\right)+3.5\left(1.005\ln\frac{347}{300}-0.287\ln\frac{0.095\,1}{0.2}\right)$$

$$=0.914\,9\ \text{kJ/(K·s)}$$

同例8-2的情况一样，若进行混合的是同一种理想气体，混合后同种分子无法区别，是不可以采用上面的方法进行熵增计算的。应根据混合后全部气流的熵与混合前各股气流的熵之和的差值来计算。

8.4 湿空气的基本概念和状态参数

8.4.1 湿空气的基本概念

1. 湿空气和干空气

空气是一种混合气体，它由氮、氧等气体和水蒸气组成。在一般情况下，往往将空气中水蒸气的影响忽略，如本书以前各章中讲到的空气均不考虑水蒸气，将空气当做不含水蒸气的混合气体。其实，空气中通常都含有水蒸气。在通风、空调及干燥工

程中，为使空气达到一定的温度及湿度，以符合生产工艺和生活上的要求，就不能忽略空气中的水蒸气。含有水蒸气的空气称为湿空气，完全不含水蒸气的空气称为干空气。湿空气就是由干空气和水蒸气所组成的混合气，可写为

湿空气＝干空气＋水蒸气

通常湿空气的总压力为大气压力，其值比较低，而组成湿空气的干空气及水蒸气的分压则更低，因此，可以作为理想气体混合物来处理。这样，由道尔顿分压定律得

$$p = p_a + p_v \tag{8-22}$$

式中：p_a 为干空气的分压力；p_v 为水蒸气分压力；p 为湿空气总压力，若是在大气中即为大气压力。

湿空气中的水蒸气虽然含量较少，但它与干空气却有所不同，湿空气中水蒸气的含量及相态都可能发生变化，大气中发生的雨、雪、霜、雹、雾等自然现象都是由于湿空气中水蒸气的相态变化所致，因此必须对湿空气的一些热力学性质进行研究。

2. 饱和湿空气与未饱和湿空气

湿空气中水蒸气的状态由其分压力 p_v 和湿空气的温度 t 确定，在水蒸气的 p-v 图上。如图 8-5 所示，湿空气中水蒸气的状态点为点 a。此时水蒸气分压力 p_v 低于温度 t 所对应的水蒸气的饱和分压力 p_s，水蒸气处在过热蒸汽状态。这种由干空气与过热水蒸气（状态点 a）所组成的湿空气称为未饱和空气。

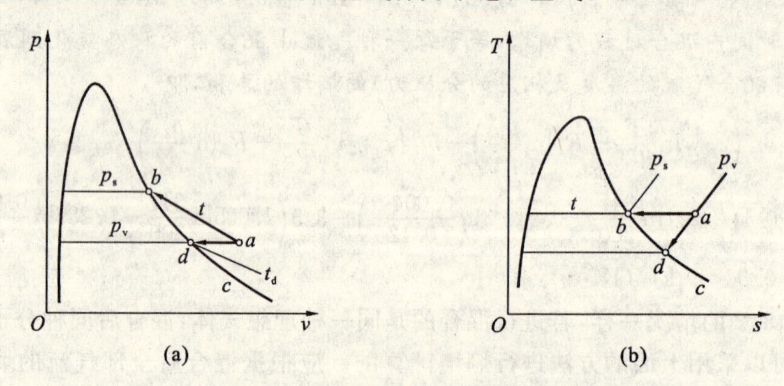

图 8-5　湿空气中水蒸气状态图示

(a) p-v 图；(b) T-s 图

若在温度 t 不变的情况下，向湿空气继续增加水蒸气量，则水蒸气分压力将不断增加，水蒸气状态将沿定温线 a-b 变化，直至点 b 而达到饱和状态。在温度 t 下，此时水蒸气的分压力达到最大值，即饱和分压力 p_s，水蒸气为饱和水蒸气。这种由干空气与饱和水蒸气（状态点 b）组成的湿空气称为饱和空气。饱和湿空气吸收水蒸气的能力已经达到极限，如在温度 t 不变的情况下，继续向饱和空气加入水蒸气，则将有水滴出现而析出，这时水蒸气的分压力和密度是该温度下可能的最大值。

3. 结露和露点

对未饱和的湿空气，若在水蒸气分压力 p_v 不变的情况下加以冷却，使未饱和空

气的温度 t 下降。这时，虽然湿空气中水蒸气的含量不会变化，但水蒸气的状态将按 p_v 定压线 a-d 变化，直至点 d 而达到饱和状态。点 d 的温度称为露点温度，简称露点，用 t_d 表示。显然 $t_d=f(p_v)$，可在饱和水蒸气表或饱和是空气表上由 p_v 值查得。

露点 t_d 是在一定 p_v 下未饱和湿空气冷却达到饱和湿空气，即将结出露珠时的温度，可用湿度计或露点仪测量，测得 t_d 相当于测定了 p_v。达到露点后若继续冷却，部分水蒸气就会变为凝结水而析出，在湿空气中的水蒸气状态，将沿着饱和蒸汽线变化，如图 8-5 中的 d-c 所示。这时温度降低，分压力也随之降低，即为析湿过程。

湿空气露点 t_d 在工程中是一个十分有用的参数。如在冬季采暖季节，房屋建筑外墙内表面的温度必须高于室内空气的露点温度；否则，外墙内表面会产生蒸汽凝结现象。对锅炉的设计必须考虑烟气、尾气的温度下限值，即烟气不结露温度。因为烟气在烟道尾部受热面上发生结露时将会造成尾部受热面的严重腐蚀和积灰堵塞，因而是需要注意防止的。

4. 绝对湿度和相对湿度

(1) 绝对湿度 ρ_v　湿度是指湿空气中所含水蒸气的比例。1 m^3 湿空气所含水蒸气的质量称为湿空气的绝对湿度。绝对湿度也就是湿空气中水蒸气的密度 ρ_v，按理想气体状态方程其计算式为

$$\rho_v=\frac{m_v}{V}=\frac{p_v}{R_{g,v}T}\ (\mathrm{kg/m^3}) \tag{8-23}$$

在一定温度下饱和空气的绝对湿度达到最大值，称为饱和绝对湿度 ρ_s。其计算式为

$$\rho_s=\frac{p_s}{R_{g,v}T}\ (\mathrm{kg/m^3}) \tag{8-24}$$

式中：p_v 为湿空气中水蒸气分压力；p_s 对应于温度 T 下饱和湿空气中的水蒸气分压力。

绝对湿度只能说明湿空气中实际所含的水蒸气质量的多少，而不能说明湿空气干燥或潮湿的程度及吸湿能力的大小。

(2) 相对湿度 φ　湿空气的绝对湿度 ρ_v 与同温度下可能达到的最大绝对湿度 ρ_s（即饱和湿空气的比值）称为湿空气的相对湿度，用 φ 表示为

$$\varphi=\frac{\rho_v}{\rho_s} \tag{8-25}$$

由于湿空气中的水蒸气可视为理想气体，应用其状态方程式：

$$\frac{p_v}{\rho_v}=R_{g,v}T$$

若温度 T 不变，达到饱和湿空气时，则有

$$\frac{p_s}{\rho_s}=R_{g,v}T$$

因此

$$\varphi=\frac{\rho_v}{\rho_s}=\frac{p_v}{p_s} \tag{8-26}$$

湿空气的相对湿度 φ 值介于 0 和 1 之间，φ 值越小，表示湿空气离饱和状态越远，即说明湿空气比较干燥，其吸湿能力比较强；反之，φ 值越大，表示湿空气离饱和状态越近，即说明湿空气比较潮湿，其吸湿能力比较差。当 $\varphi=0$ 时，说明湿空气中不含水蒸气，此时的湿空气就是干空气；当 $\varphi=1$ 时，说明湿空气中的水蒸气处于饱和水蒸气状态，此时的湿空气为饱和湿空气。

例 8-4 某压水堆核电站的大型干式安全壳的净容积为 57 000 m^3。在一次事故后，安全壳内的湿空气压力达到 1.5 atm，温度为 130 ℃，相对湿度 15%。试找出该状态所对应的露点温度。

解 为找出露点温度，需要找到湿空气中水蒸气分压力所对应的饱和温度，即

$$t_d = t_s(p_v)$$

为获得 p_v，有

$$p_s(t) = p_s(130\ ℃) = 2.701\ \text{bar}$$

因此，

$$p_v = \varphi p_s = 0.15 \times 2.701 = 0.405\ \text{bar}$$

由此可得，

$$t_d = t_s(0.405\ \text{bar}) = 75.8\ ℃$$

8.4.2 湿空气的状态参数

1. 含湿量(比湿度)d

湿空气在工程应用的过程中，其状态发生变化时，通常湿空气中水蒸气的质量也发生变化，而其中干空气的质量保持不变。为了分析和计算问题的方便起见，常采用 1 kg 质量的干空气作为计算基准表示湿空气的湿度，即引入湿空气比湿度的概念。

在含有 1 kg 干空气的湿空气中，所混有的水蒸气质置称为湿空气的含湿量(或称比湿度)，用符号 d 表示，单位为 kg/kg 干空气(或 kg/kg(A))，即

$$d = \frac{m_v}{m_a} = \frac{\rho_v}{\rho_a} \tag{8-27}$$

利用理想气体状态方程式 $p_a V = m_a R_{g,a} T$ 及 $p_v V = m_v R_{g,v} T$，V 表示湿空气的容积，也是空气及水蒸气在各自分压力下所占有的容积，m^3。干空气及水蒸气的气体常数分别为

$$R_{g,a} = \frac{8\ 314}{28.97} = 287\ \text{J/(kg·K)},\quad R_{g,v} = \frac{8\ 314}{18.02} = 461\ \text{J/(kg·K)}$$

且根据道尔顿分压定律，含湿量公式可写成

$$d = \frac{R_{g,a}}{R_{g,v}} \times \frac{p_v}{p_a} = \frac{287}{461}\frac{p_v}{p_a} = 0.622\frac{p_v}{p - p_v} \tag{8-28}$$

由上式可以看到：在总压力 p 不变的情况下，水蒸气分压力和含湿量之间有单值的对应关系。按式(8-26)有 $p_v = \varphi p_s$，从而上式还可以改写成

$$d = 0.622\frac{\varphi p_s}{p - \varphi p_s} \tag{8-29}$$

因 $p_s = f(t)$，所以，压力一定时，含湿量取决于 φ 和 t，即

$$d = F(\varphi, t) \tag{8-30}$$

式(8-27)、式(8-28)和式(8-29)与 $p_s = f(t)$，$t_d = f(p_v)$一起，给出了在总压力和温度一定时，湿空气的状态参数 p_v、t_d、φ、d 之间的关系。

2. 湿空气的焓

湿空气的焓也是以 1 kg 干空气为基准来表示的，它是 1 kg 干空气的焓和 d kg 水蒸气的焓的总和，即

$$h = h_a + dh_v \tag{8-31}$$

湿空气焓的计算基准点是 0 ℃的干空气和 0 ℃的水蒸气，单位是 kJ/kg 干空气。

若温度变化范围不大(不超过 100 ℃)，干空气比定压热容为 $c_{p,a} = 1.005$ kJ/(kg·K)，则温度为 t 的干空气其焓值为

$$h_a = c_p t = 1.005t$$

水蒸气的比焓也有足够精确的经验公式，即

$$h_v = 2\,501 + 1.85t$$

式中，2 501 kJ/kg 是 0℃时饱和水蒸气的焓值，而常温低压下水蒸气的平均质量定压比热容为 1.85 kJ/(kg·K)。将 h_a 和 h_v 的计算式代入式(8-31)，得

$$h = 1.005t + d(2\,501 + 1.85t)\ \text{kJ/kg(干空气)} \tag{8-32}$$

式中：t 的单位为℃，d 的单位为 kg/kg 干空气。

3. 湿空气的比体积

1 kg 干空气和 d kg 水蒸气组成的湿空气体积，称为湿空气的比体积，用 v(m³/kg 干空气)表示

$$v = (1+d)\frac{R_g T}{p} \tag{8-33}$$

式中：R_g 为湿空气的气体常数，有

$$R_g = \sum w_i R_{g,i} = \frac{1}{1+d}R_{g,a} + \frac{d}{1+d}R_{g,v} = \frac{R_{g,a} + dR_{g,v}}{1+d} \tag{8-34}$$

例 8-5　已知空气的温度为 30 ℃、压力为 0.1 MPa、相对湿度为 60%。试求湿空气的 d、h、t_w、t_d 和 p_v。

解　根据 $t = 30$ ℃查饱和水及饱和水蒸气热力参数表得

$$p_s = 4\,241.5\ \text{Pa}$$

湿空气中水蒸气的分压力为

$$p_v = \varphi p_s = 0.6 \times 4\,241.5\ \text{Pa} = 2\,544.9\ \text{Pa}$$

湿空气的露点：根据 $p_v = 2\,544.9$ Pa 查饱和水及饱和水蒸气热力参数表，得

$$t_d = 21.37\ ℃$$

湿空气的比湿度为

$$d = 0.622\frac{p_s}{p_b - p_v} = \frac{0.622 \times 2\,544.9\ \text{Pa}}{10^5\ \text{Pa} - 2\,544.9\ \text{Pa}} = 0.162\,4\ \text{kg/kg(干空气)}$$

湿空气的比焓为

$$
\begin{aligned}
h &= 1.005t + d(2\,501 + 1.85t)\ \text{kJ/kg(干空气)} \\
&= 1.005 \times 30 + 0.1624 \times (2\,501 + 1.85 \times 30)\quad \text{kJ/kg(干空气)} \\
&= 71.67\ \text{kJ/kg(干空气)}
\end{aligned}
$$

8.5 相对湿度的测定

相对湿度的测定方法有若干种，这里只介绍常采用的干-湿球温度计的测量及求取相对湿度的方法。图 8-6 所示为干-湿球温度计的示意图。

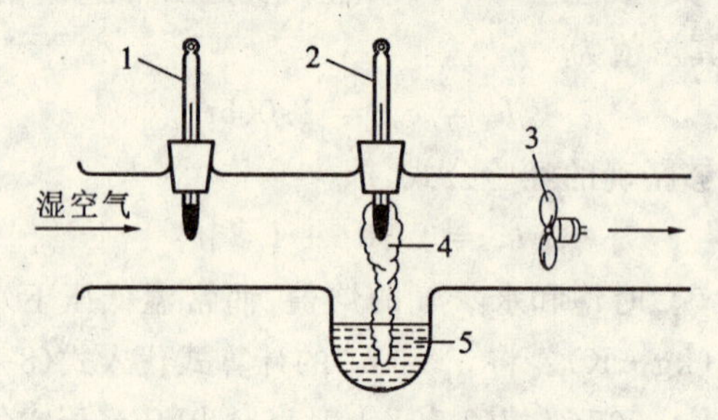

图 8-6　干-湿球温度计

1—干球温度计；2—湿球温度计；3—风扇；4—湿纱布；5—水

它由两支相同的水银温度计组成，其中一支的温包直接和湿空气接触，称为干球温度计；另一支的温包则用浸于水中的湿纱布包起来，称为湿球温度计。干球温度计测出的温度即为湿空气的实际温度 t。湿球温度计因与湿纱布直接接触，如果周围的空气是未饱和的，那么湿纱布表面的水分就会不断蒸发。由于水蒸发时需要吸收热量，从而使得湿纱布表面水温降低。空气与水之间的温差导致空气向湿纱布中的水传热，阻止水温的不断下降。当温度降低到一定程度时，外界传入湿纱布的热量正好等于水蒸发需要的热量，这时湿球温度计的读数维持不变，这就是湿球温度 t_w。显然，相对湿度愈小，水蒸发愈快，需要的汽化潜热就愈多，湿球温度比干球温度也就低得愈多。因此，干-湿球温度间的差值可以表征空气的潮湿程度。这个差值的大小，取决于湿空气的相对湿度，它们之间的关系可写成一般函数形式：

$$\varphi = f(t, t_w)$$

这个函数还没有简单的数学表达式。通常，由实验测得大量数据后，经过整理制成图（见图 8-7），以便查用。或将每一温度 t 下的干-湿球温度差 Δt，以及与之相对应的 φ 值刻在干-湿球温度计中间的转筒上。这样按干-湿球温度计上的读数，就可以方便地确定湿空气的相对湿度 φ 值。

所有情况下湿球温度都不可能低至令空气中的水蒸气在湿球温度计上凝结析出水分，因此湿球温度总是介于露点温度和干球湿度之间，即

$$t_d < t_w < t \quad (\varphi < 1) \tag{8-35}$$

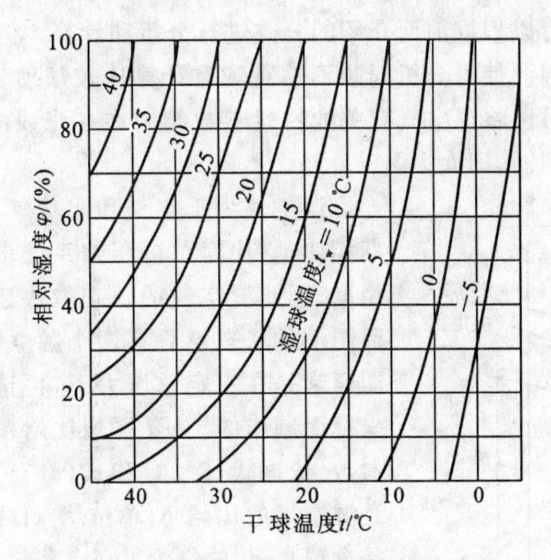

图 8-7　干球温度与湿空气相对湿度的关系

对于饱和空气这三种温度相等，即

$$t_d = t_w = t \quad (\varphi = 1) \tag{8-36}$$

应该指出，湿球温度计的读数和掠过湿球的风速有一定关系。实验表明：同样的湿空气具有一定风速时湿球温度计的读数比风速为零时低些；但风速在 2～40 m/s 的宽广范围内，湿球温度计的读数变化很小。在查图表或进行计算时应以这种通风式干-湿球温度计的读数为准。

例 8-6　某工厂正在做发动机试验，从干-湿球温度计测得 t=20 ℃，t_w=15 ℃，求当地空气的相对湿度和露点温度。

解　根据给定的干-湿球温度计读到的数值 t 与 t_w，利用图可查到相对湿度 φ=59%，显然当时的空气处于未饱和状态。

根据 t=20 ℃查饱和水蒸气，可查得 p_s=2 336.8 Pa

$$p_v = \varphi p_s = 0.59 \times 2\,336.8 = 1\,378.7\ \text{Pa}$$

维持此压力不变而降温，可使水蒸气达到饱和状态，此时温度就是露点温度。所以再查饱和水蒸气表。

$$t = 11\ ℃;\quad p_s = 1\,311.8\ \text{Pa}$$
$$t = 12\ ℃;\quad p_s = 1\,401.5\ \text{Pa}$$

用内插法，计算 p_v 对应的饱和温度，即

$$t_s = \left[11 + (12 - 11) \times \frac{1\,378.7 - 1\,311.8}{1\,401.5 - 1\,311.8}\right] ℃ = 11.7\ ℃$$

8.6　湿空气的焓湿图

在研究有关湿空气问题时，需要计算湿空气的某些状态参数，以便讨论状态变化

的过程，这些问题可以根据前面介绍的公式进行分析和计算。但是，一些相关的数据需通过查表获得，因此使得分析问题不够直观且计算比较烦琐。为了能使分析湿空气问题更方便些，可以将湿空气有关的特性参数绘制在一张线图上。常用的线图之一是湿空气的焓-湿图，即 h-d 图。

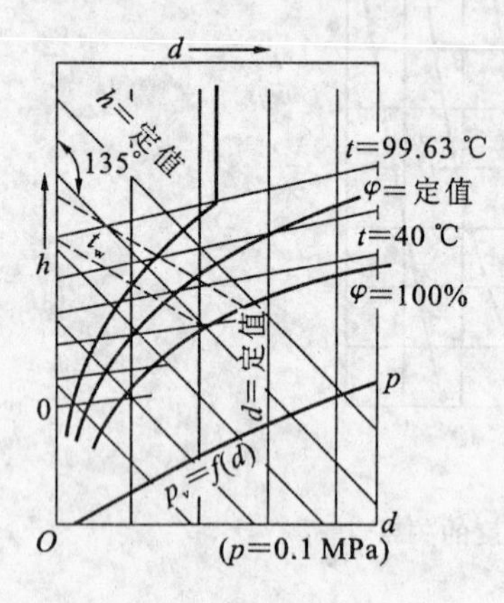

图 8-8　湿空气的 h-d 图

湿空气为干空气和水蒸气的混合物，根据吉布斯相律，它比简单可压缩系统多一个状态变化的自由度，因此湿空气的状态取决于三个独立参数。平面图上的状态点只有两个独立参数，所以湿空气线图通常是在一定总压力下，再选定两个独立参数为坐标而制作的。h-d 图以比焓 h 和含湿量 d 为独立参数，依据式(8-29)和式(8-31)绘制而成。纵坐标是湿空气的比焓 h，单位为 kJ/kg(干空气)，横坐标是含湿量 d，单位为 kg(水蒸气)/kg(干空气)，为使各曲线簇不致拥挤，提高读数准确度，两坐标夹角取为 135°，而不是 90°。如图 8-8 所示，h-d 图由下列 7 种线群组成。

1. 定湿线(定 d 线)

h-d 图以 d 为横坐标，定含湿量线是一组平行的垂直线。

2. 定焓线(定 h 线)

h-d 图以 h 为纵坐标，定 h 线是一组与定 d 线成 135°角的平行直线。

3. 定温(干球温度)线 (定 t 线)

由式(8-31)可知，当干球温度 t 为定值时，h 与 d 呈线性关系，所以定干球温度线是一组互相不平行的直线，直线的截距和斜率随 t 的增高而增大。因此，干球温度 t 越高，直线位置越高，且斜率越大。

4. 定相对湿度线(定 φ 线)

定 φ 线是一组向上凸的曲线。由式(8-29)可知，总压力 p 一定时，$\varphi=f(d,t)$。这表明利用式(8-29)可在 h-d 图上绘出定 φ 线。

在一定的 d 值下，相对湿度 φ 随着温度的降低而增大，因此定 φ 线随 φ 值增大而位置下移。$\varphi=100\%$的定 φ 线称为临界曲线或饱和线，线上各点状态为饱和湿空气；临界曲线上部 $\varphi<1$，为未饱和湿空气；$\varphi=0$ 为干空气状态($d=0$)，故它与纵坐标重合。不存在 $\varphi>1$ 的湿空气状态，因此临界线下部是没有实际意义的。

由于水蒸气的分压力最大不会超过总压力 p，例如，对于按 $p=100$ kPa 绘制的 h-d 图，当湿空气温度等于或高于 99.63 ℃(为 $p=100$ kPa 的饱和温度)时，$p_s=p=100$ kPa，于是式(8-29)可写成 $d=0.622\dfrac{\varphi}{1-\varphi}$，可见，此时的定 φ 线就是定 d 线，所以定 φ 线与 $t=99.63$ ℃的定干球温度线相交后就竖直向上，如图 8-8 所示。

5. 定湿球温度线(定 t_w 线)

定 t_w 线是一组斜率为负的近似平行于定焓线的直线，在图中常用虚线表示。由于定 t_w 线与定 h 线的交角很小，所以利用定 h 线确定 t_w 不会引起很大误差。这时，t_w 可通过湿空气状态点作定焓线与 $\varphi=100\%$ 的定相对湿度线的交点求得，其温度 t 即为所求。具体方法见例 8-7。

6. 定露点线(h=常数)

由于露点 t_d 是压力 p_v 下饱和湿空气($\varphi=100\%$)的干球温度，故 t_d 可通过定 d 线与 $\varphi=100\%$线的交点的温度 t 而求得(见例 8-7)。

7. 水蒸气分压力 p_v 与含湿量 d 的交换线

通常 $p_v \ll p$，则由式(8-28)可知，p_v 与 d 近似成直线关系。在 h-d 图的下方画出此线，并在右侧纵坐标上给出 p_v 的值。

附图 4 给出了 $p=1$ atm 的 h-d 图。图中还用点画线给出了湿空气的定比体积线。当总压力偏离 1 atm 不大时，附图 4 仍可使用，不会引起过大误差，工程计算中是允许的。

例 8-7　同例 8-5，利用 h-d 图再求 d、h、t_w、t_d 和 p_v。

解　(1) 如图 8-9 所示，由 $\varphi=60\%$ 及 $t=30$ ℃在 h-d 图上找到交点 1，即为湿空气的状态。由附图 3 得

$$d_1=16.3\ \text{g/kg(干空气)},\quad h_1=71.7\ \text{kJ/kg(干空气)}$$

(2) 由点 1 作定 h 线向下，与 $\varphi=100\%$线相交。因为交点 2 的干球温度 t_2 等于其湿球温度 t_{w2}，又近似等于点 1 的湿球温度 t_{w1}，故

$$t_{w1} \approx t_{w2} = t_2 = 24.0\ ℃$$

(3) 由点 1 作定 d 线向下，与 $\varphi=100\%$线相交。因为交点 3 的干球温度 t_3 等于其露点温度 t_{d3}，又等于点 1 的温度 t_{d1}，故

$$t_{d3} \approx t_{d1} = t_3 = 21.4\ ℃$$

(4) 由点 1 作定 d 线向下，与 $p_v=f(d)$ 线相交。通过此交点向右侧纵坐标读得

$$p_{v1}=2.5\ \text{kPa}$$

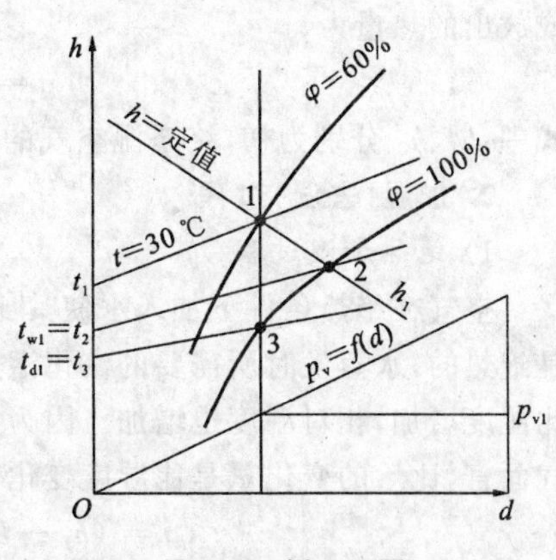

图 8-9　例 8-7 图

8.7　湿空气的基本热力过程及应用

在湿空气基本热力过程的计算中，通常主要关心的是过程中湿空气焓值及含湿量与温度、相对湿度之间的变化关系。一般方法为利用稳定流动能量方程(通常不计动能差和位能差)及质量守恒方程，并借助湿空气的线图。本节介绍几种典型的湿空气过程及应用。工程上遇到的较复杂的湿空气过程多是它们的某种组合。

8.7.1　基本热力过程

1. 加热(或冷却)过程

湿空气加热或冷却过程的特点是比湿度不变。在湿空气流经加热器的过程中，其温度升高，焓值增加，相对湿度降低。湿空气冷却过程的状态参数的变化与加热过程恰好相反，如图 8-10 所示。过程 1－2 为湿空气的加热过程，过程 1－2′为湿空气的冷却过程。

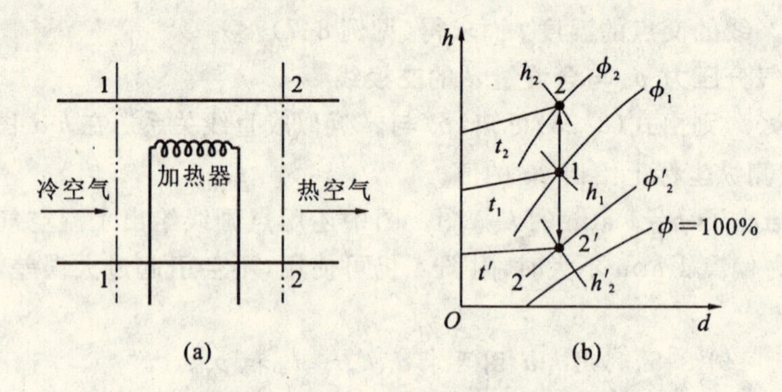

图 8-10　湿空气的加热或冷却过程

(a) 湿空气加热过程示意图；(b) 湿空气加热(冷却)过程 h-d 图

对于单位质量的干空气，如果忽略宏观动能和宏观重力位能的变化，过程中吸收或放出的热量为

$$q = \Delta h = h_2 - h_1 \tag{8-37}$$

式中：h_1、h_2 分别为初、终态湿空气的比焓。

2. 加湿(去湿)过程

1) 绝热加湿过程

空气在绝热条件下加入水使其比湿度增加的过程称为绝热加湿过程。由于过程是绝热的，水蒸发时所需要的汽化潜热完全来自空气本身，加湿后空气的温度降低，比湿度增加，相对湿度也增加。因为加湿过程中干空气质量不变，对单位质量的干空气而言，比焓的变化量是比湿度变化(即加入水)时由水带入的比焓 h_w，有

$$q = (h_1 - h_2) + (d_2 - d_1)h_w = 0$$

$$h_1 - h_2 = (d_2 - d_1)h_w$$

因为　$h_w \ll h_1$ 或 h_2，　$(d_2 - d_1) \ll 1$

因此，$(d_2 - d_1)h_w$ 可以忽略，即

$$h_2 \approx h_1 \tag{8-38}$$

故绝热加湿过程中，湿空气的比焓近似保持不变。

如图 8-11(a)和(b)所示，绝热加湿过程 1－2 沿着等焓线向 d、ϕ 增大，t 减小的方向进行。根据质量守恒，过程中喷水量等于湿空气流含湿量的增加，有

$$\Delta d = d_2 - d_1 \tag{8-39}$$

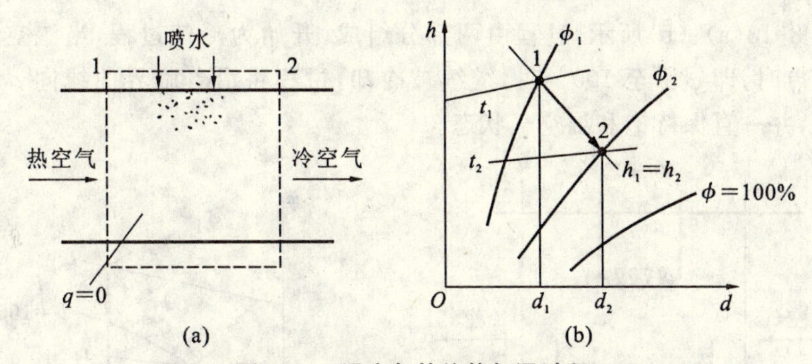

图 8-11　湿空气的绝热加湿过程

(a) 湿空气绝热加湿过程示意图；(b) 湿空气绝热加湿过程 h-d 图

2）加热（放热）加湿过程

对湿空气加热（放热）的同时再加入水的过程称为加热（放热）加湿过程。加热加湿过程的特点是湿空气的比焓增加，比湿度亦增加，相对湿度可能增加、可能降低，亦可能不变。这种过程介于加热过程和绝热加湿过程之间。如图 8-12(a)和(b)所示。例如，冬季在室内取暖时，要使人感到不干燥，就必须在加热的同时考虑加湿。

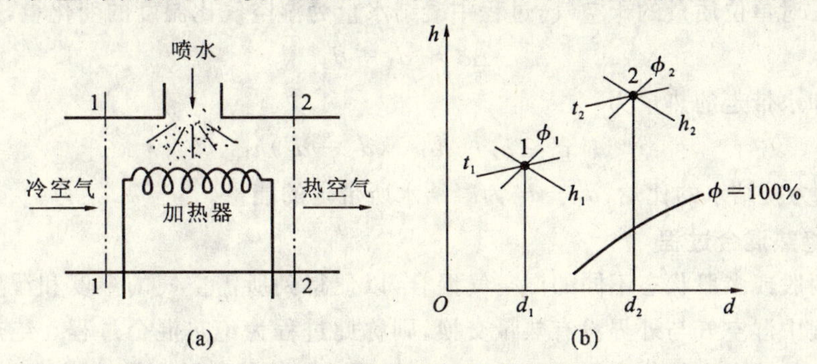

图 8-12　湿空气加热加湿过程

(a) 湿空气加热加湿过程示意图；(b) 湿空气加热加湿过程 h-d 图

在对湿空气加湿的同时，由于水吸收汽化潜热变成水蒸气，湿空气被冷却而放热。放热加湿过程的特点是湿空气的比焓减小，比湿度增加，相对湿度增加。该放热加湿过程介于放热过程和绝热过程之间。例如，夏季在室内洒一些水便可达到降温的目的。

加热（放热）加湿过程，加入（放出）的热量近似等于湿空气焓值的变化量；加入的水量等于其比湿度 d 的增加量。对于单位质量的干空气，有

$$q \approx h_2 - h_1 \tag{8-40}$$

$$\Delta d \approx d_2 - d_1 \tag{8-41}$$

3）冷却去湿过程

当湿空气被冷却到低于露点温度时，其中将不断地有水蒸气会凝结成水而析出，这种过程称为冷却去湿过程。其特点是湿空气的温度降低，比焓降低，比湿度降低，相对湿度增加到 100%。

如图 8-13(a)、(b)所示，过程由两部分组成，开始为冷却过程，当湿空气的温度降低至露点时，即 φ 增至 100%时，继续被冷却，过程将沿着临界曲线向 d、t 降低的方向进行，并一直保持饱和湿空气状态。

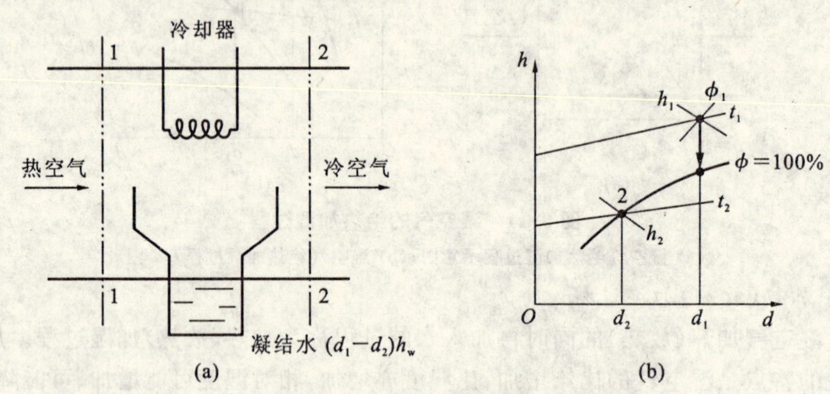

图 8-13　湿空气冷却去湿过程

(a) 湿空气冷却去湿过程示意图；(b) 湿空气冷却去湿过程 h-d 图

对单位质量的干空气，过程中凝结水量为湿空气比湿度的变化量，即

$$\Delta d \approx d_1 - d_2 \tag{8-42}$$

冷却水带走的热量为

$$q \approx h_2 - h_1 - (d_1 - d_2)h_1 \tag{8-43}$$

式中：h_1 为凝结水的比焓；$d_1 - d_2$ 为凝结水所带走的能量。

3. 绝热混合过程

将两股或多股状态不同的湿空气混合，以便得到所需空气的温度和湿度。如果混合过程中湿空气与外界没有热量交换，则称此过程为绝热混合过程。绝热混合得到的湿空气状态点的位置取决于混合的各股湿空气的状态及流量比例。

如图 8-14 所示，混合前的两股湿空气分别处于状态点 1 和状态点 2，在管内绝热混合后的湿空气处于状态点 3。

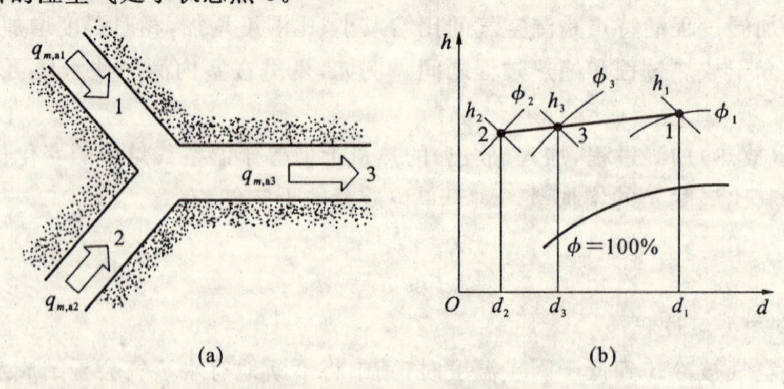

图 8-14　湿空气绝热混合过程

(a) 湿空气绝热混合过程示意图；(b) 湿空气绝热混合过程 h-d 图

按照质量守恒原理和能量守恒原理，对于干空气

$$q_{m,\mathrm{a1}} + q_{m,\mathrm{a2}} = q_{m,\mathrm{a3}} \tag{a}$$

对于水蒸气

$$d_1 q_{m,\mathrm{a1}} + d_2 q_{m,\mathrm{a2}} = d_3 q_{m,\mathrm{a3}} \tag{b}$$

对于绝热混合过程

$$q_{m,\mathrm{a1}} h_1 + q_{m,\mathrm{a2}} h_2 = q_{m,\mathrm{a3}} h_3 \tag{c}$$

联立(a)、(b)、(c)式可得

$$\frac{q_{m,\mathrm{a1}}}{q_{m,\mathrm{a2}}} = \frac{d_3 - d_2}{d_1 - d_3} = \frac{h_3 - h_2}{h_1 - h_3} \tag{8-44}$$

式(8-44)表明，混合后湿空气的状态点落在混合前两股湿空气状态点1和2相连接的直线上；并且点3到点1的距离和点3到点2的距离与质量流量 $q_{m,\mathrm{a1}}$ 和 $q_{m,\mathrm{a2}}$ 成反比。

如图8-14(b)所示，可以在 h-d 图上用图解法确定混合后湿空气的状态，从而确定其他的状态参数。

*8.7.2 工程应用举例

1. 空气调节过程

空气调节过程简称空调过程，它由冷却、冷凝除湿和加热三个过程组成，或由加热和绝热加湿两个过程组成。图8-15(a)所示为由冷却、冷凝除湿和加热三个过程组成的空调机的示意图。具体过程见例8-8。

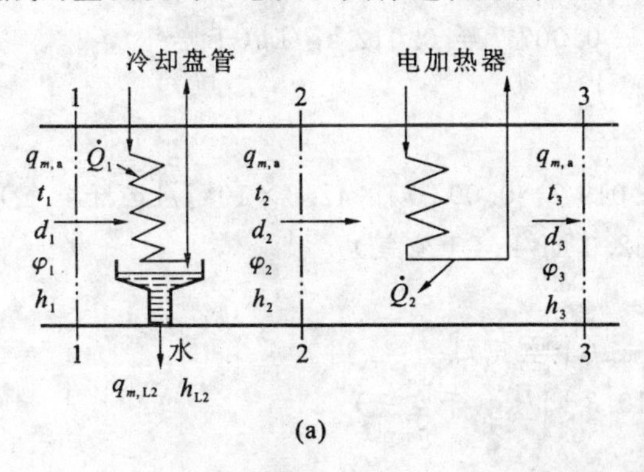

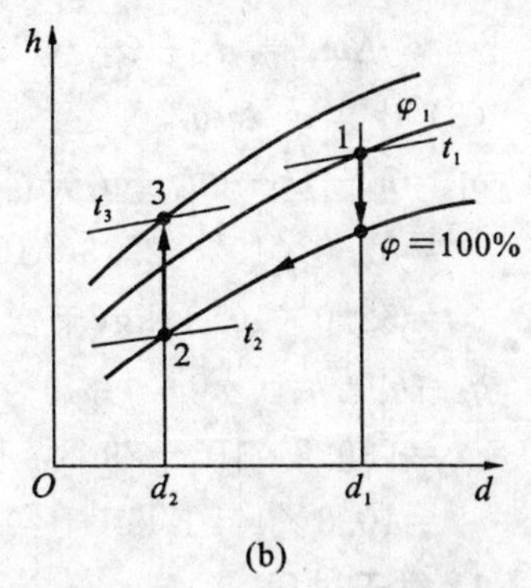

图8-15 空调机中湿空气调节过程

(a) 空调机中湿空气调节过程的示意图；(b) 湿空气绝热过程 h-d 图

例8-8 将 $t_1=32$ ℃、$p=100$ kPa 及 $\varphi_1=65\%$ 的湿空气送入空调机(见图8-15(a))。在空调机中首先用冷却盘管对湿空气冷却和冷凝除湿，直至湿空气降至 $t_2=10$ ℃。然后用电加热器将湿空气加热到 $t_3=20$ ℃。试确定：(1) 各过程湿空气的初、终态参数；(2) 1 kg 干空气在空调机中除去的水分 Δm_{v}；(3) 湿空气被冷却而带走的热量 q_1 和从电热器吸入的热量 q_2。

解 按题意，1→2 为冷却除湿过程，能量方程和质量方程分别为

$$q_1 = \frac{\dot{Q}_1}{q_{m,\mathrm{a}}} = h_1 - h_2 - (d_1 - d_2)h_{\mathrm{L2}}$$

$$\Delta m_{\mathrm{v}} = \frac{q_{m,\mathrm{L2}}}{q_{m,\mathrm{a}}} = d_1 - d_2$$

加热过程 2—3 的能量方程为

$$q_2 = \frac{\dot{Q}_2}{q_{m,\mathrm{a}}} = h_3 - h_2$$

湿空气绝热过程如图 8-15(b)所示。

(1) 确定各过程初、终态参数。

由 $t_1=32$ ℃、$\varphi_1=65\%$，在 h-d 图上求得点 1，并查得

$$d_1=0.019\,7\ \mathrm{kg/kg}(\text{干空气}),\quad h_1=82.0\ \mathrm{kJ/kg}(\text{干空气})$$

通过点 1 作垂线与 $\varphi=100\%$ 的线相交，再沿此定 φ 线与 $t_2=10$ ℃的等温线交于点 2，并查得

$$d_2\approx 0.007\,7\ \mathrm{kg/kg}(\text{干空气}),\quad h_2\approx 29.5\ \mathrm{kJ/kg}(\text{干空气})$$

通过点 2 作垂线与 $t_3=20$ ℃的定温线交于点 3，并查出

$$d_3\approx d_2,\quad h_3\approx 39.8\ \mathrm{kJ/kg}(\text{干空气})$$

在饱和蒸汽表中查得，$t_2=10$ ℃时饱和水的焓为

$$h_{\mathrm{L2}} = h_2' = 42.0\ \mathrm{kJ/kg}$$

(2) 计算 Δm_{v}。

$$\Delta m_{\mathrm{v}} = d_1 - d_2 = 0.019\,7 - 0.007\,7 = 0.012\ \mathrm{kg/kg}(\text{干空气})$$

(3) 计算 q_1 和 q_2。

$$\begin{aligned} q_1 &= h_1 - h_2 - (d_1 - d_2)h_{\mathrm{L2}} \\ &= 82.0\times10^3 - 29.5\times10^3 - (0.019\,7 - 0.007\,7)\times42.0\times10^3\ \mathrm{J/kg}(\text{干空气}) \\ &= 52.0\times10^3\ \mathrm{J/kg}(\text{干空气}) = 52.0\ \mathrm{kJ/kg}(\text{干空气}) \end{aligned}$$

$$\begin{aligned} q_2 &= h_3 - h_2 \\ &= (39.8\times10^3 - 29.5\times10^3)\ \mathrm{J/kg}(\text{干空气}) \\ &= 10.3\times10^3\ \mathrm{J/kg}(\text{干空气}) = 10.3\ \mathrm{kJ/kg}(\text{干空气}) \end{aligned}$$

2. 烘干过程

烘干设备是利用未饱和空气流经湿物体，吸收其中水分的装置。为提高湿空气的吸湿能力，一般吸湿前应先对湿空气加热，所以烘干的全过程包括湿空气的加热过程和绝热吸湿过程，详见例 8-9。

例 8-9 湿空气先进入加热器，如图 8-16 所示，其 $t_1=25$ ℃，$p=100$ kPa，$\varphi_1=65\%$。在加热器中被加热到 49 ℃，然后进入烘箱。出烘箱时湿空气的温度 $t_3=35$ ℃。试确定：(1) 各过程初、终态的参数(包括露点)；(2) 1 kg 干空气在烘箱中吸收物体蒸发出的水分 Δm_{v}；(3) 1 kg 干空气在加热器中所吸收的热量 q_1。

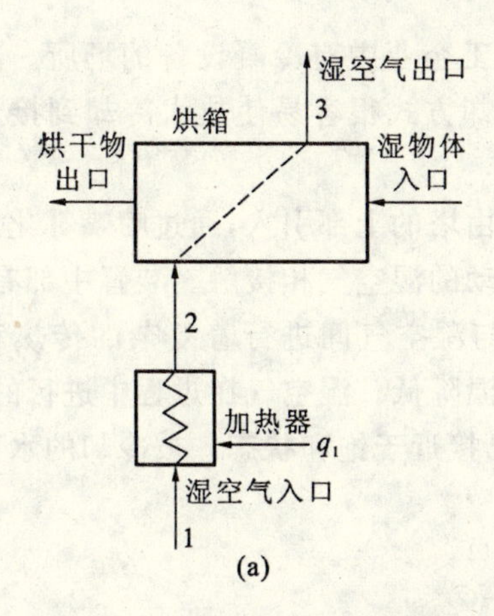

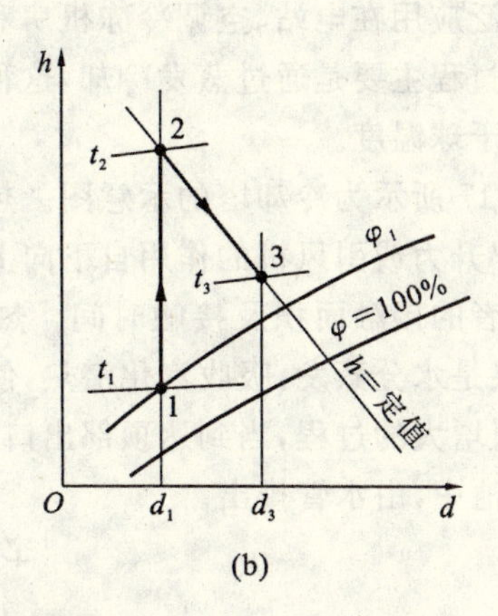

图 8-16　烘干过程

(a) 烘干装置示意图；(b) 烘干过程的 h-d 图

解　过程 1—2 的质量方程与能量方程分别为

$$q_{m,\mathrm{a1}}=q_{m,\mathrm{a2}}$$

$$q_1=\frac{Q_1}{q_{m,\mathrm{a1}}}=h_2-h_1$$

过程 2—3 的质量方程与能量方程分别为

$$\Delta m_{\mathrm{v}}=d_3-d_1$$

$$h_2=h_3$$

烘干过程在 h-d 图上的表示如图 8-16(b)所示。

(1) 确定各过程初、终态参数。

由 $t_1=25\ ℃$、$\varphi_1=65\%$，在 h-d 图上求得点 1，并查得

$$d_1=0.012\,9\ \mathrm{kg/kg}(\text{干空气}),\quad h_1=57.9\ \mathrm{kJ/kg}(\text{干空气}),\quad t_{\mathrm{d1}}=17.9\ ℃$$

从点 1 向上作垂线与 $t_2=49\ ℃$ 的定温线交于点 2，并查得

$$\varphi_2=17.5\%,\quad h_2=82.8\ \mathrm{kJ/kg}(\text{干空气}),\quad d_2=d_1,t_{\mathrm{d2}}=t_{\mathrm{d1}}$$

由点 2 作定焓线与 $t_3=35\ ℃$ 的定温线交于点 3，并查得

$$d_3=0.018\,5\ \mathrm{kg/kg}(\text{干空气}),\quad h_3=h_2,\quad \varphi_3=52\%,\quad t_{\mathrm{d3}}=23.5\ ℃$$

(2) 计算 Δm_{v}。

$$\begin{aligned}\Delta m_{\mathrm{v}}&=d_3-d_1=d_3-d_2=0.018\,5-0.001\,29\ \mathrm{kg/kg}(\text{干空气})\\&=0.005\,6\ \mathrm{kg/kg}(\text{干空气})\end{aligned}$$

(3) 计算 q_1。

$$\begin{aligned}q_1&=h_2-h_1=h_3-h_1\\&=(82.8\times10^3-57.9\times10^3)\ \mathrm{J/kg}(\text{干空气})\\&=24.9\times10^3\ \mathrm{J/kg}(\text{干空气})=24.9\ \mathrm{kJ/kg}(\text{干空气})\end{aligned}$$

3. 冷却塔过程

冷却塔是利用蒸发冷却原理，使热水降温以获得工业用循环冷却水的节水装置。

冷却塔广泛应用在电站、空调冷冻机房和化工企业中有冷凝设备的场所。冷却中的热湿交换过程主要是通过蒸发冷却，这种冷却方式很容易使热水冷却到接近甚至低于空气的干球温度。

图 8-17 所示为冷却塔的示意图。热水由塔的上部引入，通过喷嘴雾化后向下喷淋，与在浮升力或引风机的作用自下向上流动的湿空气相接触。装置中部有填料，用以增大两者的接触面积及接触时间。热水与湿空气间进行着复杂的传热和传质过程，总效果是水分蒸发，吸收汽化潜热，使水温降低。湿空气在过程中进行的是升温、增湿、焓值增大的过程，当到达顶部出口时已接近于饱和状态。被冷却的水积存在塔底冷却水池中，由水管排出。

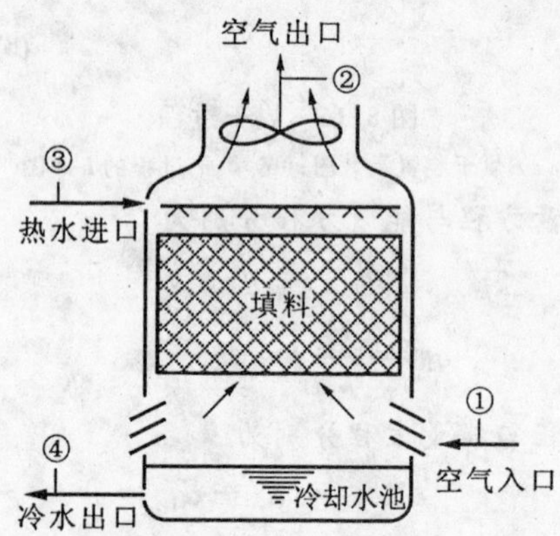

图 8-17　冷却塔示意图

例 8-10　进入冷却塔的热水温度为 $t_3=40$ ℃，流量 $q_{m,\text{L3}}=1$ kg/s。要求热水离开水池时能冷却到 $t_4=20$ ℃，以重返冷凝器循环使用。湿空气进入冷却塔时的温度 $t_1=15$ ℃，$p_1=100$ kPa，$\varphi_1=60\%$；离开塔顶时为 $p=p_2=100$ kPa，$t_2=25$ ℃的饱和湿空气。试求：(1) 需供给的干空气量 $q_{m,\text{a}}$；(2) 水蒸发而损失的水量 $\Delta q_{m,\text{L}}$。

解　如果忽略湿空气和水进出口的及宏观动能和重力位能的变化，冷却塔的能量平衡方程与质量方程分别为

$$q_{m,\text{a1}}h_1+q_{m,\text{L3}}h_{\text{L3}}=q_{m,\text{a2}}h_2+q_{m,\text{L4}}h_{\text{L4}}$$

$$q_{m,\text{a1}}=q_{m,\text{a2}}=q_{m,4}$$

$$\Delta q_{m,\text{v}}=q_{m,\text{L3}}h_{\text{L3}}-q_{m,\text{L4}}h_{\text{L4}}=q_{m,\text{a}}(d_2-d_1)$$

联立求解上面三个式子，可得

$$q_{m,\text{a}}=\frac{q_{m,\text{L3}}(h_{\text{L3}}-h_{\text{L4}})}{h_2-h_1-(d_2-d_1)h_{\text{L4}}}$$

根据热水温度 $t_{\text{L3}}=40$ ℃，冷水温度 $t_{\text{L4}}=20$ ℃，从饱和蒸汽表中查得

$$h_{\text{L3}}=167.50\ \text{kJ/kg},\quad h_{\text{L4}}=83.86\ \text{kJ/kg}$$

根据冷却塔入口湿空气的温度为 $t_1=15$ ℃，$\varphi_1=60\%$，由湿空气的 h-d 图查得

$$h_1=31.5\ \text{kJ/kg(干空气)},\quad d_1=0.006\,4\ \text{kg/kg(干空气)}$$

根据冷却塔出口湿空气的温度为 $t_2=25$ ℃，$\varphi_2=100\%$，由湿空气的 h-d 图查得

$$h_2 = 77.0\ \mathrm{kJ/kg}(\text{干空气}),\quad d_2 = 0.021\ \mathrm{kg/kg}(\text{干空气})$$

(1) 计算 $q_{m,\mathrm{a}}$。

$$q_{m,\mathrm{a}} = \frac{q_{m,\mathrm{L3}}(h_{\mathrm{L3}} - h_{\mathrm{L4}})}{h_2 - h_1 - (d_2 - d_1)h_{\mathrm{L4}}}$$

$$= \frac{1 \times (167.50 \times 10^3 - 83.86 \times 10^3)}{77.0 \times 10^3 - 31.5 \times 10^3 - (0.021 - 0.0064) \times 83.86 \times 10^3}\ \mathrm{kg/s}$$

$$= 1.889\ \mathrm{kg/s}$$

(2) 计算 $\Delta q_{m,\mathrm{v}}$。

$$\Delta q_{m,\mathrm{v}} = q_{m,\mathrm{a}}(d_2 - d_1) = 1.889 \times (0.021 - 0.0064)\ \mathrm{kg/s} = 0.0276\ \mathrm{kg/s}$$

思　考　题

1. 混合气体中质量分数和摩尔分数各表示什么意义？混合气体中质量分数较大的组分是否摩尔分数也一定较大？

2. 什么是混合气体的分压力和分容积？理想气体的分压力和总压力、分体积和总容积有什么关系？

3. 试判断下列说法是否正确，并简要说明理由：

(1) 理想混合气体的密度 $\rho(T,p) = \sum \rho_i(T,p)$，其中 $\rho_i(T,p)$ 为各组气体处于混合气体温度和压力时的密度；

(2) 容积成分 $\varphi_i = \dfrac{v_i(T,p)}{v(T,p)}$；

(3) 理想气体混合物的比热力学能 u 是温度的单值函数；

(4) 理想气体混合物 $(c_p - c_V)$ 的差值仍等于其折合气体常数 R_g。

4. 为什么在计算理想气体混合物的熵时，必须采用各组元的分压力，而不应采用混合物的总压力？

5. 为何冬季人在室外呼出的气体是白色雾状？冬季室内有供暖装置时为什么会感到空气干燥？用火炉取暖时，经常在火炉上放一壶水，目的何在？

6. 湿空气的相对湿度越大，含湿量越高，这种说法正确吗？为什么？

7. 什么叫露点？如果已知水蒸气分压力，你能用蒸汽表和 h-d 图确定它吗？

8. 何为湿球温度？湿球温度与露点一样吗？

9. 等量的干空气和湿空气，降低相同温度，两者放出的热量是否相等？为什么？

10. 为什么在冷却水塔中能把热水冷却到比大气温度还低？这违背热力学第二定律吗？

习　题

8-1　理想气体混合物的摩尔分数为：$x_{\mathrm{N_2}} = 0.40$，$x_{\mathrm{CO}} = 0.10$，$x_{\mathrm{O_2}} = 0.10$，$x_{\mathrm{CO_2}} =$

0.40,求混合物的摩尔质量、气体常数和质量分数。

8-2 理想气体混合物的质量分数为:$w_{N_2}=0.85$,$w_{CO_2}=0.13$,$w_{CO}=0.02$。求混合物的气体常数、摩尔质量和摩尔分数。

8-3 锅炉烟气容积分数为:$x_{CO_2}=0.12$,$x_{H_2O}=0.08$,其余为 N_2。当其进入一段受热面时温度为 1 200 ℃,流出时温度为 800 ℃。烟气压力保持 $p=10^5$ Pa 不变。求:(1) 烟气进、出受热面时的摩尔体积;(2) 经过受热面前后每摩尔烟气的热力学能和焓的变化量;(3) 烟气对受热面放出的热量(用平均比热容计算)。

8-4 已知二元理想混合气体各组分的气体常数分别为 R_{g1} 和 R_{g2},混合气体在温度 T、压力 p 时的密度 ρ,试确定该混合气体的质量分数 w_i。

8-5 一绝热刚性容器被隔板分为 A、B 两部分。A 中有压力为 0.3 MPa、温度为 200 ℃的氮气,容积为 0.6 m³;B 中有压力为 1 MPa、温度为 20 ℃的氧气,容积为 1.3 m³。现抽去隔板,两种气体均匀混合。若比热容视为定值,求:(1) 混合气体的温度;(2) 混合气体的压力;(3) 混合过程各气体的熵变和总熵变。

8-6 湿空气温度为 50 ℃,相对湿度为 0.50,试求绝对湿度与蒸汽分压力。

8-7 湿空气的温度为 30 ℃,压力为 0.1 MPa,相对湿度为 70%。试分别利用计算法和焓湿图求:(1) 含湿量;(2) 水蒸气分压力;(3) 湿空气的焓;(4) 如果将其冷却到 10 ℃,在这个过程中会析出多少水分？放出多少热量？

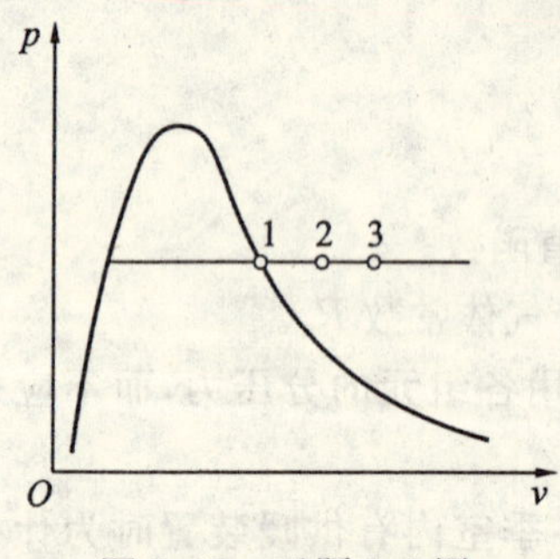

图 8-18 习题 8-8 图

8-8 已知湿空气经历分压力不变的过程,如图 8-18 所示。状态 1、2 和 3 的分压力相同,试比较状态 1、2 和 3 的绝对湿度 ρ_v、相对湿度 φ 及含湿量 d 的大小。

8-9 压力为 0.1 MPa 的湿空气在 $t_1=10$ ℃,$\varphi=0.7$ 下进入加热器,在 $t_1=25$ ℃下离开,试计算对每 1 kg 干空气加入的热量及加热器出口处湿空气的相对湿度。

8-10 温度 t_1 为 20 ℃、相对湿度 φ_1 为 0.4 的室内空气,与室外温度 t_2 为 −10 ℃、相对湿度 φ_2 为 0.8 的空气相混合,两股空气的质量流率分别为 $q_{m,a1}=50$ kg/s、$q_{m,a2}=20$ kg/s。试求混合后湿空气状态的 t_3、φ_3、h_3。

8-11 在空气调节设备中,将 $t_1=30$ ℃、$\varphi_1=0.75$ 的湿空气先冷却去湿到 $t_2=15$ ℃,然后再加热到 $t_3=22$ ℃。若干空气流量为 500 kg/min,使计算:(1) 调节后空气的相对湿度;(2) 在冷却器中放出的热量和凝结水量;(3) 加热器中加入的热量。

8-12 t_1 为 20 ℃及 φ_1 为 60%的空气干燥器。空气在加热器中先被加热到50 ℃,然后进入干燥器,从干燥器出来时 φ_3 为 80%,设空气流量为 50×10^3 kg/h。试求:

(1) 使物料蒸发 1 kg 水分需要多少干空气？

(2) 每小时蒸发的水分为多少 kg？

(3) 加热器每小时向空气加入的热量及蒸发 1 kg 水分所耗费的热量。

第9章 气体和蒸汽的流动

工质流动所具有的宏观动能在工程上占有非常重要的地位。如航空喷气发动机、火箭发动机就是利用喷管产生的强大动能推动飞机和火箭运动的;再如在叶轮式压气机中,外界输入的功先使工质的动能提高,然后再依靠扩压管的作用把动能转化成压力。另外,热力工程当中气体或蒸汽流经阀门、孔板等狭窄通道时会出现节流现象。本章主要研究以速度为主要状态参数的喷管和扩压管的能量转换规律并简要讨论绝热节流。

研究的方法是利用流动过程中所遵循的基本方程来探讨气体流动的规律及特性,并根据不同流动过程的条件得到具体流动过程的规律。

学完本章后要求:

(1) 掌握一维可逆绝热流动中,工质压力、流速、截面积之间的相互变化规律;

(2) 掌握渐缩喷管和缩放喷管中工质流动特性的差别;

(3) 熟练掌握喷管计算的有关内容;

(4) 掌握绝热滞止、绝热节流的概念及过程中参数变化的规律及其应用。

9.1 一维稳态流动的基本方程

9.1.1 理想模型——两个基本假设

实际系统是非常复杂的,在建立基本方程之前可对其进行简化,提出两个基本假设。在实际工程当中,工质的流动基本上是稳态的或近似于稳态的,所以,首先假设所讨论的流动都是稳定流动,即工质以恒定的流量连续不断地进出系统,系统内部及界面上各点工质的状态参数和宏观运动参数都保持一定,不随时间变化。其次,工质流动时实际上在空间的三个方向上都有流速,但是流动的一切参数仅沿一个方向有显著变化,而在其他两个方向上的变化是极小的,可假设工质的各个参数只沿着流动方向才有变化,而在垂直于流动方向的横截面上各参数均匀分布都是同一个数值,无变化。

9.1.2　质量守恒——连续性方程

由稳态稳流特点，任意截面的一切参数不随时间变化，因此流经一定截面的质量流量应该不随时间变化。如在图 9-1 中，任意截面的质量流量可写成

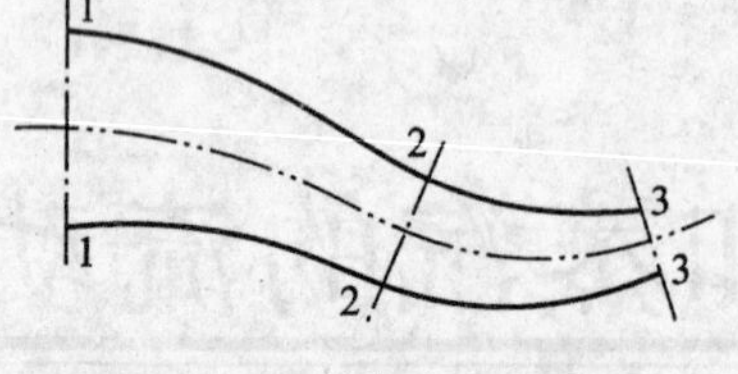

图 9-1　一维稳态流动

$$q_1 = q_2 = \cdots = q_m = \text{const}$$

而对于某任意截面有

$$q_m = A\rho c_f = \frac{Ac_f}{v} \tag{9-1}$$

将其微分得

$$\frac{\mathrm{d}A}{A} + \frac{\mathrm{d}c_f}{c_f} - \frac{\mathrm{d}v}{v} = 0 \tag{9-2}$$

该式为一维稳态流动连续性方程，它描述了流速、截面面积和比体积之间的函数关系，通过上式可知：任何时刻流过流道任何截面的流量都是不变的常数。该式由质量守恒定律直接得到，因此适用于任何工质的可逆与不可逆过程。

9.1.3　能量守恒——稳定流动能量方程

工质的稳定流动依然遵守热力学第一定律即能量守恒定律，可由前述稳态稳流能量方程

$$q = (h_2 - h_1) + \frac{1}{2}(c_2^2 - c_1^2) + g(z_2 - z_1) + w_s$$

一般工质在流道中高度变化不大，工质的密度也较小，位能可忽略不计。流动过程中与外界的热量交换较少，可忽略，此过程也不对外做功，这种流动过程有如下特点：

无轴功　　$w_s = 0$

气体和外界基本上绝热　　$q \approx 0$

重力位能基本上无变化　　$g(z_2 - z_1) \approx 0$

所以能量方程变为如下的简单形式：

$$\frac{1}{2}(c_2^2 - c_1^2) = h_1 - h_2$$

或

$$\frac{1}{2}c_2^2 + h_2 = \frac{1}{2}c_1^2 + h_1 = \frac{1}{2}c^2 + h = 常数 \tag{9-3}$$

对绝热、不做功、忽略位能的稳定流动过程微分可得

$$\mathrm{d}\left(\frac{c^2}{2}\right) + \mathrm{d}h = 0 \tag{9-4}$$

式(9-3)说明在工质流动方向上的任一截面上工质的焓与动能之和是一常数，若使流速增加必定要以降低本身储能为代价。

9.1.4　定熵过程方程

如前所述，工质在管道当中的流动视为绝热，如不考虑摩擦与扰动，则为定熵过程。由可逆绝热过程方程

$$pv^k = \text{const}$$

得

$$\frac{\mathrm{d}p}{p}+k\frac{\mathrm{d}v}{v}=0 \tag{9-5}$$

此方程适用于理想气体定比热可逆绝热流动过程，式中 k 取过程平均值。对实际气体，如水蒸气也可按式(9-5)分析，其中的 k 值可取经验值。

9.1.5　声速与马赫数

在弹性介质中，微小的压力变化(小扰动)会以波的形式向周围传播，使得周围的压力也产生变化，而声速是微小压力变化在流体中的传播速度。而在气体介质中压力波的传播就是气体的膨胀和压缩过程，由于这个膨胀和压缩过程进行得极快，来不及发生热交换，且压力波通过气体时状态变化很微弱，内摩擦很小可忽略。因此压力波的传播过程可视为可逆绝热过程——定熵过程。可得到声速方程为

$$c=\sqrt{\left(\frac{\partial p}{\partial \rho}\right)_s}=\sqrt{-v^2\left(\frac{\partial p}{\partial \rho}\right)_s}$$

对理想气体，代入状态方程可得

$$c=\sqrt{kR_{\mathrm{g}}T} \tag{9-6}$$

由式(9-6)可知，声速与工质的性质和状态有关，如果工质一定，其声速只随绝对温度而变。当流场中任意一点的状态不同其声速不同，所以称某一点的声速为当地声速，以区别不同状态下的声速。

研究工质流动时，常把气体的流速与当地声速作比较，它们的比值称为马赫数(无因次量)，即

$$Ma=\frac{c_{\mathrm{f}}}{c} \tag{9-7}$$

则可得到

$Ma>1$，超音速

$Ma=1$，临界音速

$Ma<1$，亚音速

9.2　定熵流动的基本特性

9.2.1　气体流速变化与状态参数间的关系——流速改变的力学条件

对定熵过程，由 $\mathrm{d}h=v\mathrm{d}p$ 及式(9-2)可得

$$c_f dc_f = -v dp \tag{9-8}$$

式(9-8)适用于定熵流动过程。从式中不难看出气流流速增加即 $dc_f>0$,必导致气体的压力下降即 $dp<0$;气体速度下降即 $dc_f<0$ 时,则将导致气体压力的升高即 $dp>0$。事实上,这样一个规律从经典力学上来说就是只有具有压差才能导致气体的速度发生变化,如果不能满足这样一个力学条件,那么热能和机械能之间是不会进行转换的。

9.2.2 管道截面变化的规律——流体改变的几何条件

在具有力学条件的基础之上,流体所流经的管道的几何形状也对流速变化有着重要作用。根据工质在流道当中流动时所遵守的 $c_f dc_f = -v dp$、连续性方程及可逆绝热过程方程,可得到

$$\frac{dA}{A} = (Ma^2 - 1)\frac{dc_f}{c_f} \tag{9-9}$$

根据式(9-9)可知,管道的截面变化与速度变化之间的关系,常称为速度变化的几何条件,除此之外,速度变化还与马赫数有关。

对于提高流速为目的的喷管来讲:因为 $dc_f>0$,当 $Ma<1$,则喷管截面缩小 $dA<0$,即需采用渐缩喷管;当 $Ma>1$ 的超音速气流时,必须 $dA>0$,即需采用渐扩喷管。

若将 $Ma<1$ 增大到 $Ma>1$,则喷管截面积由 $dA<0$ 转变为 $dA>0$,即需采用渐缩渐扩喷管,又称为拉伐尔(Laval)喷管。在 $Ma=1$ 而 $dA=0$ 处被定义为喉部,此处的截面称为临界截面。

对于以提高压力为目的的扩压管,气流在管道中速度降低,压力升高,即 $dc_f<0$,$dp>0$。根据式(9-8)和式(9-9),可以得到如下结论:

因为 $dp>0$,当 $Ma<1$ 则扩压管截面增大 $dA>0$,即需采用渐扩扩压管。当 $Ma>1$的超音速气流时,必须 $dA<0$,即需采用渐缩喷扩压管。若将 $Ma<1$ 增大到 $Ma>1$,则扩压截面积由 $dA>0$ 转变为 $dA<0$,即需采用缩放扩压管。在缩放扩压管中,流动情况较复杂,截面积的变化难以符合气流的变化要求,因此不能按理想的定熵流动规律实现由超音速到亚音速的连续转变。

具体管道类型与形状如表 9-1 所示。

表 9-1 喷管和扩压管流速变化与截面变化关系

流动状态 / 管道形状 / 管道种类	$M<1$	$M>1$	渐缩渐扩扩喷管 $M<1$ 转变为 $M>1$,渐缩渐扩扩压管 $M>1$ 转变为 $M<1$
喷管 $dc>0$ $dp<0$	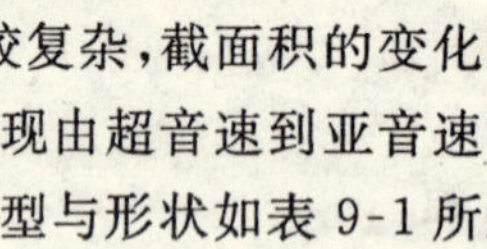 1 2 $\frac{dA}{A}<0$ $M<1$ $p_1>p_2$	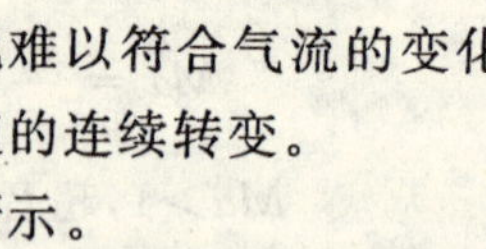 1 2 $\frac{dA}{A}>0$ $M>1$ $p_1>p_2$	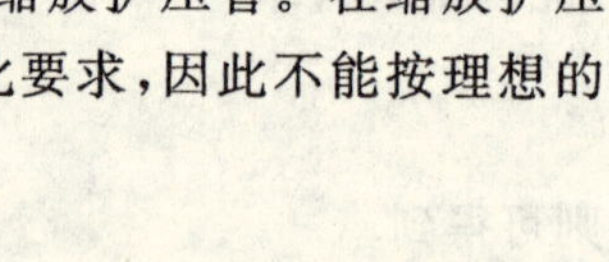 1 $M=1$ 2 $M<1$ $M>1$ $p_1>p_2$

续表

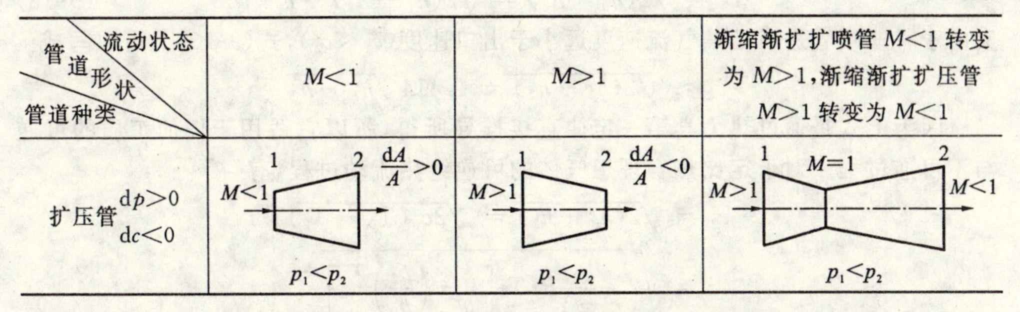

管道形状 流动状态 / 管道种类	$M<1$	$M>1$	渐缩渐扩扩喷管 $M<1$ 转变为 $M>1$,渐缩渐扩扩压管 $M>1$ 转变为 $M<1$
扩压管 $dp>0$ $dc<0$	1　2　$\frac{dA}{A}>0$　$M<1$　$p_1<p_2$	1　2　$\frac{dA}{A}<0$　$M>1$　$p_1<p_2$	1　$M=1$　2　$M>1$　$M<1$　$p_1<p_2$

9.3　气体和蒸汽在喷管中的流速和质量流量

喷管在工程上主要用于需要增速或降压的场合,对于喷管的计算可分为设计计算和校核计算。设计计算是指在已知气体工质的初态参数和喷管的出口截面处的工作压力即背压的情况下,结合给定的流量等条件进行的计算,其目的是选择喷管的外形及几何尺寸。另一方面有时需要对已有的喷管进行校核计算,即喷管的外形与尺寸已经确定,计算在不同条件下喷管的出口流速及流量。

9.3.1　气体和蒸汽在喷管中的流速计算与分析

1. 定熵滞止参数

气体在管内进行可逆绝热流动时,沿流动方向任意截面上的焓与动能之和为一常数,如式(9-3)所示。所以,如果流动中气体速度增加则焓减少,如果流动中气流速度减小则焓增加。其实质就是流动中气体的热力学能与宏观动能之间的相互转换。当气体流速减小到零时,焓达到最大值。通常把气体绝热流动时流速为零的状态称为定熵滞止状态,简称滞止状态。滞止状态的参数称为滞止参数或总参数,滞止状态的焓、温度和压力分别称为滞止焓或总焓 h_0、滞止温度或总温度 T_0、滞止压力或总压力 p_0。它们可由以下公式表示。

$$h_0 = h_1 + \frac{c_1^2}{2} \tag{9-10}$$

$$T_0 = T_1 + \frac{c_1^2}{2c_p} \tag{9-11}$$

应用等熵过程参数间的关系式得

$$\frac{p_0}{p_1} = \left(\frac{T_0}{T_1}\right)^{\frac{k}{k-1}}$$

即

$$p_0 = p_1\left(\frac{T_0}{T_1}\right)^{\frac{k}{k-1}} \tag{9-12}$$

2. 喷管的流速

将开口系统稳定流动能量方程应用于喷管,根据式(9-2)可得

$$c_2 = \sqrt{2(h_0 - h_2)} = \sqrt{2(h_1 - h_2) + c_1^2} \tag{9-13}$$

又由于一般喷管进口处的气流速度远小于出口速度($c_1 \ll c_2$),式(9-13)又可以写成

$$c_2 \approx \sqrt{2(h_1 - h_2)} = 1.414\sqrt{h_1 - h_2}$$

因为上式是通过热力学第一定律直接推导所得,所以它适用于任何工质的可逆与不可逆过程。对于定比热容理想气体的可逆绝热流动过程,有

$$\begin{aligned} c_2 &= \sqrt{2(h_0 - h_2)} = \sqrt{2c_p(T_0 - T_2)} \\ &= \sqrt{2\frac{k}{k-1}R_g T_0\left[1 - \left(\frac{p_2}{p_0}\right)^{\frac{k-1}{k}}\right]} \\ &= \sqrt{2\frac{k}{k-1}R_g T_0\left(1 - \frac{T_2}{T_0}\right)} \\ &= \sqrt{2\frac{k}{k-1}p_0 v_0\left[1 - \left(\frac{p_2}{p_0}\right)^{\frac{k-1}{k}}\right]} \end{aligned} \tag{9-14}$$

对于实际气体,有

$$c_2 = 44.72\sqrt{c_p(T_0 - T_2)} \tag{9-15}$$

式中:T_0、p_0、v_0 为滞止参数,取决于气流的初态,通过式(9-14)可以看到出口流速 c_2 取决于气流的初态及其在喷管出口截面上的压力 p_2 与滞止压力 p_0 之比,当初态一定时,c_2 则仅取决于(p_2/p_0),c_2 随(p_2/p_0)的变化关系如图 9-2 所示。

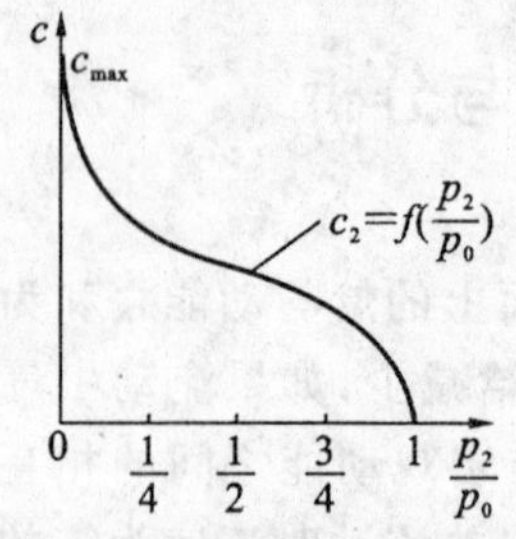

图 9-2 喷管出口流速随 p_2/p_0 的变化关系

从图中可看出当 $p_2/p_0=1$ 时,$c_2=0$,气体不会流动;当 p_2/p_0 从 1 逐渐减小时,c_2 增大,且初期增加较快,以后则逐渐减缓。从式(9-14)分析,当 $p_2=0$ 时,c_2 将达到最大值 $c_{2,\max}$,有

$$c_{2,\max} = \sqrt{2\frac{k}{k-1}p_0 v_0} = \sqrt{2\frac{k}{k-1}R_g T_0} \tag{9-16}$$

但是当流速达到最大值时,出口压力 $p_2 \to 0$ 时,比体积 $v_2 \to \infty$,实际中出口截面不可能无穷大,因而流速不可能达到最大值。

3. 临界压力比及临界流速

在绝热流动中,当流速达到声速或 $Ma=1$ 的状态时,这个状态称为临界状态,这个截面称为临界面,其相应状态参数相应的称为临界参数,如临界压力 p_{cr}、临界温度 T_{cr}、临界比体积 v_{cr}、临界声速 c_{cr} 等。

临界截面上的流速可根据式(9-14)计算,而此时流速与当地声速相等,可将 $c_{cr}=\sqrt{kp_{cr}v_{cr}}$ 代入式(9-14),得

$$2\frac{k}{k-1}p_0 v_0\left[1 - \left(\frac{p_{cr}}{p_0}\right)^{\frac{k-1}{k}}\right] = kp_{c}r_{cr}$$

将 $v_{cr} = v_0\left(\dfrac{p_0}{p_{cr}}\right)^{\frac{1}{k}}$ 代入上式,得

$$2\frac{k}{k-1}p_0v_0\left[1-\left(\frac{p_{cr}}{p_0}\right)^{\frac{k-1}{k}}\right]=kp_0v_0\left(\frac{p_{cr}}{p_0}\right)^{\frac{k-1}{k}} \tag{9-17}$$

而临界参数与总参数之比称为临界比，如临界压力比、临界温度比、临界比体积比。上式中$\frac{p_{cr}}{p_0}$即为临界压力比，用ν表示，上式简化后，得

$$\nu=\frac{p_{cr}}{p_0}=\left(\frac{2}{k+1}\right)^{\frac{k}{k-1}} \tag{9-18}$$

临界压力比是分析管内流动的一个非常重要的参数，截面上工质的压力与滞止压力之比等于临界压力比，它是气流速度从亚音速到超音速的转折点。从式(9-14)可知，临界压力比仅与工质性质有关。对于理想气体，如果取定值比热容时，双原子气体的$k=1.4$，$\nu=0.528$；对于水蒸气可取$k=1.3$，$\nu=0.546$；对于干饱和蒸汽可取$k=1.135$，$\nu=0.577$。

4. 质量流量的计算

根据气体稳定流动的连续性方程，气体通过喷管任何截面的质量流量都是相同的。因此，无论按哪一个截面计算所得结果均应相同，都可用式(9-1)进行计算。但是，各种形式喷管的流量大小都受其最小截面控制。

(1) 对于渐缩喷管，出口截面为最小截面，其流量为

$$q_m=\frac{A_2c_2}{v_2}(\text{kg/s})$$

对于理想气体则有

$$q_m=A_2\sqrt{2\frac{k}{k-1}\frac{p_0}{v_0}\left[\left(\frac{p_2}{p_0}\right)^{\frac{2}{k}}-\left(\frac{p_2}{p_0}\right)^{\frac{k+1}{k}}\right]} \tag{9-19}$$

从式(9-19)可知，对于一定的喷管，当气流进口状态一定时流量将仅随(p_2/p_0)而变化，它们的依变关系如图 9-3 所示。

由图 9-3 可知，当 $p_2/p_0=1$，质量流量为零，不流动，如图中点 a。当 p_2/p_0 下降时，质量流量增加，当压力比达到临界压力比时，质量流量达到最大值。

如图中点 b。当 p_2/p_0 再下降时，尽管从力学条件上气流可达到超音速，对于渐缩喷管而言，其几何形状限制了气流的膨胀。出口截面上的压力仍为 p_{cr}，流量为最大流量。实际按 bc 变化。

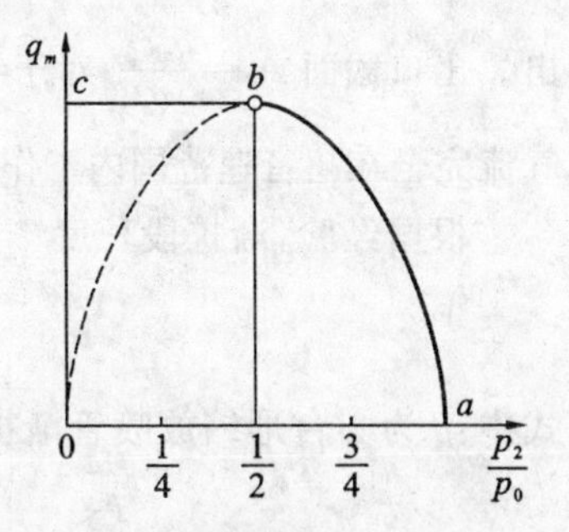

图 9-3　流量随 p_2/p_0 的变化关系

(1) 对于缩放喷管，临界截面为最小截面，其质量流量为

$$q_m=\frac{A_{cr}c_{cr}}{v_{cr}}$$

对于理想气体，由临界压力比及绝热过程方程得

$$q_m=q_{m,\max}=A_{cr}\sqrt{\frac{2k}{k+1}\left(\frac{2}{k+1}\right)^{\frac{2}{k-1}}\frac{p_{01}}{v_0}} \tag{9-20}$$

由于缩放喷管在喉口处已达到临界状态，质量流量始终保持最大流量不变。

9.3.2　喷管的设计及校核计算

1. 喷管的设计

喷管的设计是根据设计条件，即给定喷管进口前的初始压力 p_1、温度 t_1 和背压 p_b（喷管出口处的环境压力）及给定流量，来进行管形的选取和截面尺寸的计算。

1）管形的选取

所选的管形能使气流在管中完全符合定熵膨胀所需的形状，保证气流在管中获得最充分的膨胀，即气流能从进口处的压力 p_1 充分膨胀到给定的出口处背压，即出发点为 $p_2=p_b$，以达到使气流的技术功全部转换为动能的目的，否则将引起能量损失。

根据气流在渐缩喷管出口截面处的压力只能降到临界压力 p_{cr}，绝对不可能降到比临界压力更低的压力，如果背压 p_b 小于 p_{cr}时采用渐缩喷管，那么就会有部分技术功未被转换成动能而损失掉。要使技术功全部转换为动能，只有采用缩放喷管才能办到。根据这个原理，为使气流在管内获得充分的膨胀，可通过背压 p_b 与临界压力 p_{cr}进行比较来确定合理的喷管形状。

因此，选取管形的原则：当 $p_2=p_b\geqslant p_{cr}$时，采用渐缩喷管；当 $p_2=p_b<p_{cr}$时，采用缩放喷管。

2）截面尺寸的计算

为满足设计流量，在确定管形后还须计算喷管的截面积。对于渐缩喷管，通常进口截面积可不计算，所要计算的只是喷管的出口截面积。对于缩放喷管，需要计算的有喉部截面积、出口截面积及喷管渐扩部分的长度。上述截面积可由连续性方程求出。出口截面 $A_2=\dfrac{q_m c_2}{v_2}$；对于缩放喷管，喉部截面 $A_{cr}=\dfrac{q_m c_{cr}}{v_{cr}}$。缩放喷管的渐扩部分因气流完全在超音速范围内工作，故必须考虑实际流动时气流与管壁间的摩擦损失。

根据经验，渐扩段长度

$$l=\frac{d_2-d_1}{2\tan\theta}(\mathrm{m}) \tag{9-21}$$

式中：θ 为圆台形缩放喷管渐扩部分的顶锥角（见图 9-4）。

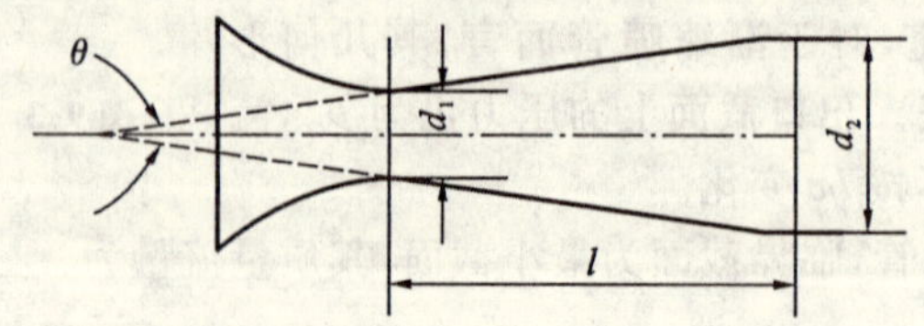

图 9-4　缩放喷管渐扩部分参数

2. 喷管的校核计算

喷管的校核计算是对已有的喷管，根据初始压力 p_1、温度 t_1 和背压 p_b 及已知的截面积，对喷管的出口流速和流量进行计算，从而确定喷管是否可用。

1）确定喷管出口压力 p_2

不同类型的喷管的加速范围不同，为了要充分利用喷管的压差，必须先确定喷管出口压力 p_2。

对于渐缩喷管：$p_b \geqslant p_{cr}$ 时，取 $p_2 = p_b$；

$p_b < p_{cr}$ 时，取 $p_2 = p_{cr}$。

对于缩放喷管：$p_b < p_{cr}$ 时，取 $p_2 = p_b$。

2）出口流速和流量的计算

根据已知条件和确定的出口压力计算喷管主要截面的热力参数及喷管主要截面的流速；根据流量公式，由最小截面处的流速、比体积和截面积求流量。

例 9-1　空气由输气管送来，管端接一出口截面面积 $A_2 = 10\ \text{cm}^2$ 的渐缩喷管，进入喷管前空气的压力 $p_1 = 2.5\ \text{MPa}$，温度 $T_1 = 353\ \text{K}$，速度 $c_{f1} = 35\ \text{m/s}$。已知喷管出口处背压 $p_b = 1.5\ \text{MPa}$。试确定空气经喷管射出的速度、流量以及出口截面上空气的比体积 v_2 和温度 T_2。(空气可看做理想气体，比热取定值，$c_p = 1.004\ \text{kJ/(kg·K)}$

解　(1) 求滞止参数。

$$T_0 = T_1 + \frac{c_{f1}^2}{2c_p} = 353 + \frac{35^2}{2 \times 1\,004}\ \text{K} = 353.8\ \text{K}$$

$$p_0 = p_1\left(\frac{T_0}{T_1}\right)^{k/(k-1)} = 2.5 \times 10^6 \times \left(\frac{353.8}{353}\right)^{1.4/(1.4-1)}\ \text{Pa}$$
$$= 2.515 \times 10^6\ \text{Pa}$$

$$v_0 = \frac{R_g T_0}{p_0} = \frac{287 \times 353.8}{2.515 \times 10^6}\ \text{m}^3/\text{kg} = 0.040\,4\ \text{m}^3/\text{kg}$$

(2) 求临界压力。

$$p_{cr} = \nu_{cr} p_0 = 0.528 \times 2.515 \times 10^6\ \text{Pa} = 1.328 \times 10^6\ \text{Pa}$$

由于 $p_{cr} < p_b$，所以空气在喷管内只能膨胀到 $p_2 = p_b$，即

$$p_2 = 1.5\ \text{MPa}$$

(3) 求出口截面参数。

$$v_2 = v_0\left(\frac{p_0}{p_2}\right)^{1/k} = 0.404 \times \left(\frac{2.515}{1.5}\right)^{1/1.4}\ \text{m}^3/\text{kg} = 0.058\,4\ \text{m}^3/\text{kg}$$

$$T_2 = \frac{p_2 v_2}{R_g} = \frac{1.5 \times 10^6 \times 0.058\,4}{287}\ \text{K} = 305.2\ \text{K}$$

(4) 计算出口截面上的流速和喷管流量。

$$c_{f2} = \sqrt{2(h_0 - h_2)} = \sqrt{2c_p(T_0 - T_2)} = 312.2\ \text{m/s}$$

$$q_m = \frac{A_2 c_{f2}}{v_2} = \frac{10 \times 10^{-4} \times 312.2}{0.058\,4}\ \text{kg/s} = 5.35\ \text{kg/s}$$

9.4　具有摩擦的绝热流动

以上讨论的为可逆绝热流动，但是实际的流动是存在摩擦的，流动过程当中存在

能量耗散,部分动能重新转化为热能被工质吸收,故过程是不可逆的。根据流动过程的绝热和不做功特点,管内稳定流动的能量方程为

$$h_0 = h_1 + \frac{c_{f1}}{2} = h_2 + \frac{c_{f2}}{2} = h_{2'} + \frac{c_{f2'}}{2} \tag{9-22}$$

式中:$h_{2'}$ 和 $c_{f2'}$ 分别是出口截面上气流的实际焓值和速度。从上式可得出口动能减小引起出口焓值增大,其值为动能减小量,即

$$h_{2'} - h_2 = \frac{1}{2}(c_{f2}^2 - c_{f2'}^2)$$

为衡量流动出口的速度的下降和动能的减少,工程上经常用速度系数和能量损失系数来表示,即

速度系数:
$$\phi = \frac{c_{f2'}}{c_{f2}} \tag{9-23}$$

能量损失系数:
$$\xi = \frac{c_{f2}^2 - c_{f2'}^2}{c_{f2'}^2} = \frac{h_1 - h_{2'}}{h_1 - h_2} = 1 - \phi^2 \tag{9-24}$$

9.5 绝热节流

9.5.1 绝热节流及其特征

节流过程是指流体(如液体、气体)在流道中流经阀门、孔板或多孔堵塞等设备时压力降低的一种特殊流动过程。如果节流过程中流体与外界没有热量交换就称为绝热节流(见图 9-5)。节流过程在热力设备中常用于压力、流量的调节和测量,以及获得低温等方面。

流体在通过缩孔时动能增加,压力下降并产生强烈扰动和摩擦,扰动和摩擦的不可逆性使节流后的压力不能回复到节流前,所以节流过程是典型的不可逆过程,过程中流体处于非平衡状态。根据热力学第一定律,因为过程中流体与外界无热量交换,也无净功量的交换,如果保持流体在节流后的高度和流速不变,即无重力位能和宏观动能的变化(或变化小到可以忽略不计),则节流后流体的焓 h_2 与节流前的焓 h_1 相等,即 $h_1 = h_2$,绝热节流前后的焓相等,但绝不是等焓过程。

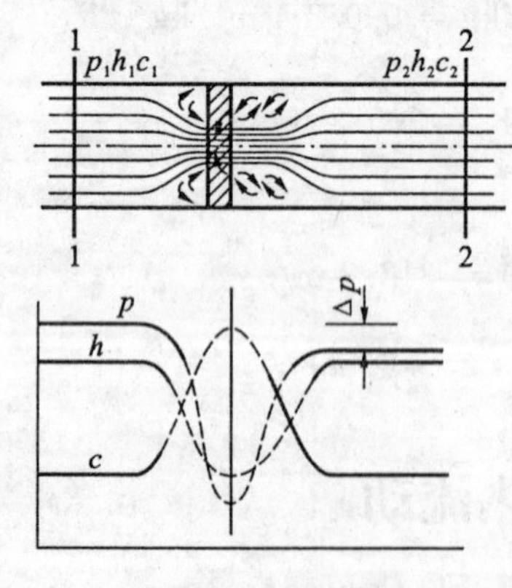

图 9-5 绝热节流

同时,因绝热节流是不可逆的绝热过程,节流后流体的熵必然增大,有 $s_1 < s_2$。绝热节流前后流体(流体、气体)的温度变化称为节流的温度效应。节流后流体的温度降低($T_2 < T_1$),称为节流冷效应;节流后流体的温度升高($T_2 > T_1$),称为节流热效应;节流前后流体的温度相等($T_2 = T_1$),称为节

流零效应。节流的温度效应与流体的种类、节流前所处的状态及节流前后压力降落的大小有关。

绝热节流的温度效应可用绝热节流系数：

$$\mu_J = \left(\frac{\partial T}{\partial p}\right)_h \tag{9-25}$$

来表征。对于压降很小的节流过程，$\mu_J>0$，表示节流冷效应；$\mu_J<0$，表示节流热效应；$\mu_J=0$，表示节流零效应，称为微分节流效应。对于有限压降的绝热节流过程，温度变化可沿连接节流前、后状态的定焓线用如下积分式计算：

$$T_1 - T_2 = \left(\int_{p_1}^{p_2} \mu_J \mathrm{d}p\right)_h \tag{9-26}$$

式(9-26)称为积分节流效应计算式。

测定绝热节流系数的实验称为焦耳-汤姆逊实验。在图9-6(a)所示的实验装置中，保持流体进口状态1不变，而用改变节流阀门开度或改变流体流量等方法，可以得到流体经过节流后的不同出口状态 $2a$、$2b$、$2c$……测出各状态的压力和温度值，并把它们表示在 T-p 坐标图上，如图9-6(b)所示。流体在节流前、后焓值相等，即状态点1、$2a$、$2b$、$2c$……有相同的焓值，它们的连线是一条定焓线。改变进口状态1，重复进行上述实验，就可得出一系列不同数值的定焓线，并可在 T-p 图上描出定焓线簇。在任意的一个状态点上，定焓线的斜率就是实验流体处于该处状态时的绝热节流系数 μ_J。

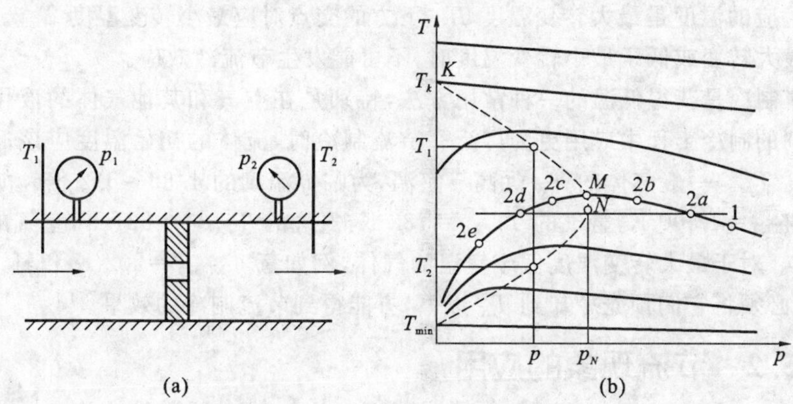

图9-6　焦耳-汤姆逊实验

值得注意的是定焓线并非绝热节流过程线，只是液体绝热节流前、后的状态落在同一条定焓线上。节流过程是典型的不可逆过程，过程中流体处于极不平衡的状态，不能在状态参数坐标图上用曲线表示出来。

从图9-6(b)可以看到，在一定的焓值范围内，每一条定焓线有一个温度最大值点，如1-2e线上的 M 点。在这个点上，$\mu_J=\left(\frac{\partial T}{\partial p}\right)_h=0$，这个点称为转变点，其温度称为转变温度 T_i。把所有定焓线上的转变点连接起来，就得到一条转变曲线，如图上虚线所示。转变曲线将 T-p 图分成两个区域:在曲线与温度轴包围的区域内恒有 $\mu_J>0$,发生在这个区域内的绝热节流过程总是呈节流冷效应,称为冷效应区;在转变曲线以外的区域内,恒有 $\mu_J<0$,发生在该区域内的绝热节流过程总是呈节流热效应,称为热效应区。如果流体的进口状态处于热效应区,而经绝热节流后的出口状态进入冷效应区,那么呈现的温度效应就与压力降落的范围有关。例如,节流前流体处于图中的 $2a$ 状态,当压降不很大,而节流后状态落在 $2d$ 点(它与 $2a$ 点温度相等)的右侧时,可呈节流热效应;但当压降足够大,使节流后的状态落在 $2d$ 点左侧时,则将呈节流冷效应。压降越大,流体温度降低越甚。

转变曲线上各点的 $\mu_J=0$。把这个条件代入绝热节流系数的一般关系式,就得到转变曲线方程的一般形式:

$$T\left(\frac{\partial v}{\partial T}\right)_p - v = 0 \tag{9-27}$$

应用微分的循环关系,式(9-27)可写成

$$T\left(\frac{\partial p}{\partial T}\right)_v + v\left(\frac{\partial p}{\partial v}\right)_T = 0 \tag{9-28}$$

转变曲线具有一个压力为最大值的极点(见图 9-6(b)上的点 N)。这一点的压力 p_N 称最大转变压力。流体在大于 p_N 的压力范围内不会发生节流冷效应。数值小于 p_N 的任一定压线 p 与转变曲线有两个交点,对应着两个温度值 T_1 和 T_2,分别称为对应于压力 p 的上转变温度和下转变温度。转变曲线与温度轴($p\to 0$)上方的交点(点 K)对应的温度是最大转变温度 T_K,下方的交点对应最小转变温度 $T_{\min}$。流体温度高于最大转变或低于最小转变温度时,不可能发生节流冷效应。

节流制冷是获得低温的一种常用方法,特别是在空气和其他气体的液化及低沸点制冷剂的制冷工程中应用更为广泛。节流制冷时,流体的初始温度应该低于最大转变温度 T_K。一般气体的 T_K 远高于室温,为临界温度的 4.85～6.2 倍。如二氧化碳的 $T_{K(CO_2)}=1\ 500$ K,氩气的 $T_{K(Ar)}=732$ K,氮气的 $T_{K(N_2)}=621$ K,空气的 $T_{K(Air)}=603$ K。对于最大转变温度低于室温的气体,例如氢 $T_{K(H_2)}=202$ K 和氦 $T_{K(He)}=25$ K,则必须将它们预先冷却到 T_K 以下,方能得到节流制冷的效果。

9.5.2 节流现象的应用

1. 利用节流制冷

对于一般临界温度不太低的气体,它的最大回转温度很高,大多数气体节流后温度是下降的,即冷效应。因此利用流体节流的冷效应是获得低温的常用方法。

2. 利用节流降低工质的压力与温度

气焊时使用的氧气瓶内的压力很高,常在瓶口处装一个调节阀,改变调节阀门的开度,就可得到所需要的低压氧气。

3. 利用节流减少汽轮机汽封系统的蒸汽泄漏量

汽轮机高压端动、静结合处为避免摩擦留有缝隙,高压蒸汽容易由此向外泄漏。

为此，常常采用梳齿形汽封以减少蒸汽泄漏量。如图9-7所示，压力为 p_1 的蒸汽通过每个汽封齿时都经历一次节流，使蒸汽的压力逐渐下降至汽封后压力 p_2，由于漏汽量的大小取决于每一汽封齿前后的压差，所以当汽封齿数增加时，在总压力差 p_1-p_2 不变的条件下，每一汽封齿前后的压力差减小，因此增加汽封齿数就能减少蒸汽泄漏量。

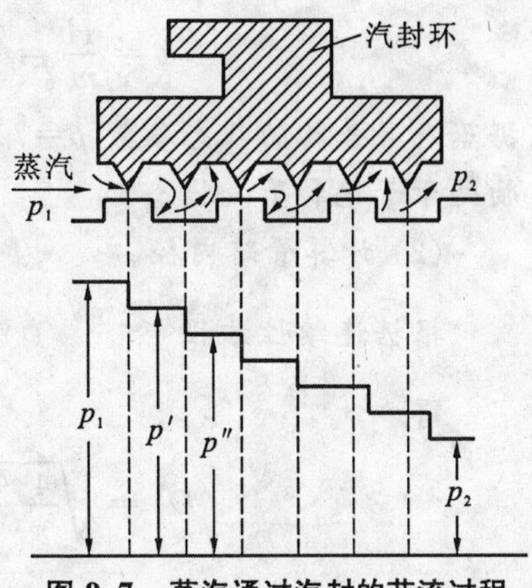

图 9-7 蒸汽通过汽封的节流过程

4. 利用节流测定流量

由于流体节流后压力降低程度与流体的流量有关，当节流孔板的形式和截面尺寸一定时，可根据节流压降的大小来确定流体的流量。

5. 利用节流调节汽轮机的功率

绝热节流是不可逆过程，绝热节流后工质做功能力下降，因此可用节流来调节发动机功率。在汽轮机中，当主蒸汽参数不变时，可通过改变调速汽门的开度来控制进入汽轮机的蒸汽参数和蒸汽量，以调节汽轮机功率。

例 9-2 压力 $p_1=15$ bar、温度 $t_1=250$ ℃、质量流量 $m_1=1.5$ kg/s 的水蒸气经阀门被节流到 $p_{1'}=7$ bar。然后与 $m_2=3.6$ kg/s、$p_2=7$ bar、$x_2=0.97$ 的湿蒸汽混合。试确定：

(1) 水蒸气混合物的状态；

(2) 若节流前水蒸气的流速 $c_1=18$ m/s，输送该蒸汽的管路内径为多少？

解 (1) 确定水蒸气混合物的状态。

据 $p_1=15$ bar、$t_1=250$ ℃，查 h-s 图可知蒸汽为过热状态，且 $h_1=2\,928$ kJ/kg，$v_1=0.15$ m³/kg。

按绝热节流过程的基本特性，节流前的焓和节流后的焓相等，即

$$h_1 = h_{1'} = 2\,928 \text{ kJ/kg}$$

混合前过热蒸汽的总焓

$$H_{1'} = m_1 h_{1'} = 1.5 \times 2\,928 \text{ kJ} = 4\,392 \text{ kJ}$$

据 $p_2=7$ bar、$x_2=0.97$，查 h-s 图得

$$h_2 = 2\,708 \text{ kJ/kg}$$

混合前湿蒸汽的总焓

$$H_2 = m_2 h_2 = 3.6 \times 2\,708 \text{ kJ} = 9\,748.8 \text{ kJ}$$

蒸汽混合物的质量

$$m = m_1 - m_2 = (1.5 + 3.6) \text{ kg} = 5.1 \text{ kg}$$

蒸汽混合物的总焓

$$H = H_{1'} + H_2 = (4\,392 + 9\,748.8) \text{ kJ} = 14\,141 \text{ kJ}$$

蒸汽混合物的比焓

$$h=\frac{H}{m}=\frac{14\ 141}{5.1}\ \text{kJ/kg}=2\ 772.7\ \text{kJ/kg}$$

据蒸汽混合物的状态参数 $p=7\times10^5$ Pa、$h=2\ 772.7$ kJ/kg，查 h-s 图可得蒸汽混合物处于干饱和蒸汽状态。

(2) 计算管路内径。

根据连续性方程
$$A=\frac{mv}{c}=\pi\frac{D^2}{4}$$

得

$$D_1=\sqrt{\frac{4}{\pi}\frac{4m_1-v_1}{18}}=0.126\ \text{m}=12.6\ \text{cm}$$

思 考 题

1. 有人说只要用对喷管就能提高气流速度，这种说法对吗，为什么？

2. 为什么气体在渐缩喷管只能膨胀到临界状态？

3. 公式 $c_{f2}=\sqrt{2(h_0-h_2)}$ 有无摩擦损耗时都可用来进行计算流速，可不可以认为流速与有无摩擦损耗无关，在有无摩擦损耗时，流速都相等呢？

4. 喷管的临界状态有哪些特性？什么是最大流量，如何确定？什么是临界压力比？它和什么因素有关，有何用处？

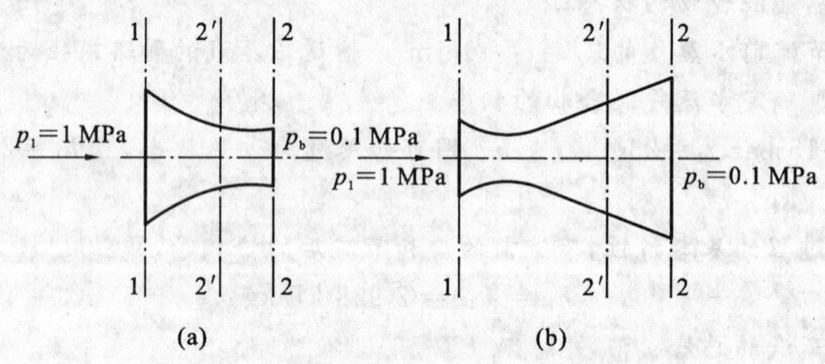

图 9-8 思考题 5 图

5. 图 9-8(a)所示为渐缩喷管，图 9-8(b)所示为缩放喷管。设两喷管的工作背压均为 0.1 MPa，进口截面压力均为 1 MPa，进口流速 c_{f1} 可忽略不计。① 若两喷管的最小截面面积相等，问两喷管的流量、出口截面流速和压力是否相同？② 假如沿截面 $2'$—$2'$ 切取一段，将会产生哪些后果？出口截面上的压力、流速和流量将起什么变化？

6. 若可压缩流体流经无摩擦喷管对外散热，试问下式是否成立？

$$\frac{c_2^2-c_1^2}{2}=-\int_1^2 v\mathrm{d}p$$

7. 请判断下列说法是否正确：

(1) 流体流动速度越快,则弱扰动在该流体中的传播速度也越快。

(2) 气体在变截面管内定熵流动,气流的最小截面即为临界截面。

习　题

9-1　压力为30 bar,温度为450 ℃的蒸汽经节流降为5 bar,然后定熵膨胀至0.1 bar,求绝热节流后蒸汽温度变为多少度?熵变了多少?由于节流,损失了多少技术功?

9-2　已知气体燃烧产物的 $c_p=1.089$ kJ/kg·K,$k=1.36$,并以流量 $m=45$ kg/s流经一喷管,进口 $p_1=1$ bar、$T_1=1\ 100$ K、$c_1=1\ 800$ m/s。喷管出口气体的压力 $p_2=0.343$ bar,喷管的流量系数 $c_d=0.96$;喷管效率为 $\eta=0.88$。求合适的喉部截面积、喷管出口的截面积和出口温度。

9-3　空气流经一断面为0.1 m^2 的等截面管道,且在点1处测得 $c_1=100$ m/s、$p_1=1.5$ bar、$t_1=100$ ℃;在点2测得 $p_2=1.4$ bar。若流动是无摩擦的,求:(1) 质量流量;(2) 点2处的流速 c_2 和温度 T_2;(3) 点1和点2之间的传热量。若流动是有摩擦的,计算:(1) 质量流量;(2) 点2处的流速 c_2 和温度 t_2;(3) 管壁的摩擦阻力。

9-4　进入出口截面积 $A_2=10\ cm^2$ 的渐缩喷管的空气初参数为 $p_1=2\times10^6$ Pa、$t=27$ ℃,初速度很小可忽略不计。求空气经喷管射出时的速度、流量,以及出口截面处空气的状态参数 v_2、t_2。设空气取定值比热容,$c_p=1\ 005$ J/(kg·K)、$k=1.4$,喷管的背压力 p_b 分别为1.5 MPa和1 MPa。

9-5　喷管出口处空气的流量为30 kg/min,马赫数 $Ma=2.2$,此时空气的滞止压力和滞止温度分别为14.7 bar和150 ℃。若流动是等熵的,求该喷管喉部和出口的直径。

9-6　蒸汽进入喷管时的流量为30 000 kg/h,其压力 $p_1=17$ bar,$t_1=280$ ℃,流速 $c_1=60$ m/s;出口处外界的压力 $p_2=6$ bar。现测得平均出口速度为 $c_2=555$ m/s,喷管出口处的截面积为8.5 cm^2。求:该喷管喉部截面积(设喉部以前的流动都是可逆的)。

9-7　压力 $p_1=15$ bar,温度 $t_1=300$ ℃的蒸汽以1.5 kg/s的流量在喷管中膨胀至压力 $p_2=4$ bar。若忽略进入喷管的蒸汽流速,并假定流动过程是等熵的。求在压力 $p_x=8.5$ bar处喷管的面积和蒸气流速。

9-8　压力 $p_1=100$ kPa、温度 $t_1=27$ ℃的空气流经扩压管,压力提高到 $p_2=180$ MPa,问:空气进入扩压管时至少有多大流速?这时进口马赫数是多少?应设计什么形状的扩压管?

9-9　空气的压力为588.4 kPa,温度为27 ℃的空气,经渐缩喷管向外射出,流量为0.5 kg/s。若是定熵流动,且进口速度可略去不计,试求:

(1) 外界压力为392.3 kPa时的出口流速和出口截面积;

(2) 外界压力为98.07 kPa时的出口流速和出口截面积。

9-10　滞止压力为0.65 MPa，滞止温度为350 K的空气可逆绝热流经收缩喷管，在截面积为2.6×10^{-3} m^2处的气流马赫数为0.6。若喷管背压力为0.28 MPa，试求喷管出口截面积。

9-11　滞止压力$p_0=4$ MPa、滞止温度$t_0=400$ ℃的水蒸气经阀门被节流到3.5 MPa，然后进入缩放喷管绝热膨胀到出口截面压力$p_2=1$ MPa，已知速度系数$\varphi=0.94$，试求喷管出口流速、节流的可用能损失和喷管的可用能损失。已知环境温度为20 ℃。

9-12　初态为3.5 MPa和450 ℃的水蒸气以初速100 m/s进入喷管，在喷管中绝热膨胀到2.5 MPa，已知流喷管的质流量为10 kg/min。(1) 忽略摩擦损失，试确定喷管的形式和尺寸；(2) 若存在摩擦损失，且已知速度系数$\varphi=0.94$，确定上述喷管实际流量。

9-13　压力为2.5 MPa、温度为490 ℃的蒸汽，经节流产阀压力降为1.5 MPa，然后定熵膨胀至40 kPa，求：

(1) 绝热节流后蒸汽的温度；

(2) 节流过程熵的变化；

(3) 节流的可用能损失；

(4) 由于节流使技术功减少了多少？

9-14　压力为9.8×10^5 Pa，温度为30 ℃的空气，流经阀门时产生绝热节流作用，使压力降为7×10^5 Pa，求节流前后：(1) 焓、温度、内能的变化；(2) 熵的变化；(3) 比容变化；(4) 若大气温度为10 ℃，做功能力的损失。

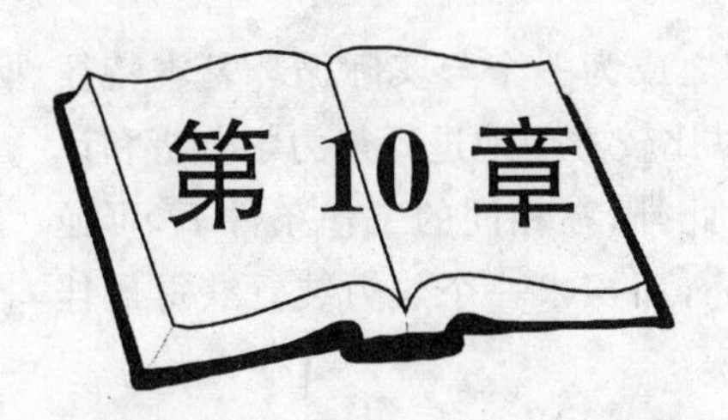

第10章 气体动力循环

热能与其他形式的能量之间的相互转换是通过热机(动力循环)实现的。将工程中的各种实际热力循环抽象为相应的理想热力循环,并利用热力学第一和第二定律分析能量的转换效率是工程热力学的重要内容之一。虽然各种热力系统在结构和组成细节上有诸多不同,但是这些动力循环还是具有很多共同的特点,热力学分析方法基本上也是相同的。本章结合各种气体动力循环的热力系统结构、装置特点展开循环的热力学分析,探讨提高各种循环能量利用经济性的具体方法和途径。

学完本章后要求:

(1) 掌握动力循环分析的方法及步骤,会运用等效卡诺循环分析法分析循环;

(2) 掌握活塞式内燃机循环的三种类型,以及不同循环类型对应的工程背景;

(3) 理解内燃机循环分析中各特性参数的定义及在循环中的意义,掌握内燃机循环分析中各特征状态点参数的确定、能量转换及热效率的计算;

(4) 掌握燃气轮机装置等压加热循环的分析方法,以及等压加热实际循环热效率的影响因素,了解提高燃气轮机装置循环热效率的有效途径。

10.1 分析动力循环的一般方法和步骤

人们出于不同的动力需求,创造了各种类型动力机械组成的循环。例如,交通运输、移动设备等常用的动力装置,通常采用以燃气、烟气、空气等作为工质的气体动力循环,包括活塞式内燃机循环和叶轮式燃气轮机循环两大类;在现代电力生产最主要的热能动力装置中,通常采用以水蒸气为工质的蒸汽动力循环。

10.1.1 分析循环的目的和途径

从热力学角度对动力循环分析的目的主要有两个:① 分析循环的能量转换,计算其热效率;② 分析影响动力装置工作性能的主要因素,指出提高热效率的途径。实际循环是复杂的、不可逆的,为使分析简化,突出主要问题,对动力循环的分析大致可分为两步。

(1) 根据实际热力装置工作循环的基本特征,进行合理的热力学抽象与概括。虽然实际的热力循环是多样的、不可逆的,而且还是相当复杂的,但通常总可以近似地用一系列简单的、典型的、可逆的过程来代替，使之成为一个与实际循环基本特征相符合的理想可逆循环。对这样的理论循环就可以比较方便地进行热力学分析和计算，也比较容易找出影响循环经济性的主要因素。此外，在相同的工作条件下，可逆循环又是一切实际循环中的能量转换最有效的循环，而探求一个热力装置获得最佳的能量转换将具有重要的理论和工程意义。

(2) 在理想可逆循环的基础上，进一步考虑实际循环中各种不可逆因素的影响。通过分析找出实际循环中各部位不可逆损失的大小及其原因，以便采取针对性的措施改善循环的工作特性，促进能量的有效转换。

对动力循环进行热力学分析有两种途径，即采用热力学第一定律或热力学第二定律进行分析。前者以热力学第一定律为基础，从能量的数量出发，分析循环中所投入的能量有多少被有效利用，并以此来评价能量的利用程度和循环的经济性，通常以热效率作为其评价指标。后者以热力学第二定律为基础，从能量的“品质”出发，分析循环中投入的有效能被有效利用或损失的程度及能量贬值的情况，以此来评价循环的经济性和合理性。通常用㶲效率或有效能损失系数作为其评价指标。由于这两种途径的出发点不同，所以得到的结果也会有所不同。

10.1.2 可逆循环完善程度的评价

在循环的热力学分析中，平均温度法是应用得比较多的一种分析可逆循环优劣的方法。对如图 10-1 所示的任一可逆动力循环 $a—b—c—d—a$，吸热量为 q_1，放热量为 q_2，可以给出一个等效卡诺循环 $A—B—C—D—A$，即吸热温度为 $\overline{T}_1$、放热温度为 $\overline{T}_2$ 的卡诺循环，其中 $\overline{T}_1$ 为循环 $a—b—c—d—a$ 的平均吸热温度，$\overline{T}_2$ 为平均放热温度，由下面两式求得

$$\overline{T}_1 = \frac{q_1}{\Delta s} = \frac{\int_{a-b-c} T\mathrm{d}s}{s_c - s_a} \tag{10-1}$$

$$\overline{T}_2 = \frac{q_2}{\Delta s} = \frac{\int_{c-d-a} T\mathrm{d}s}{s_c - s_a} \tag{10-2}$$

则循环 $a—b—c—d—a$ 的热效率等于其等效卡诺循环的热效率，即

$$\eta_{t,a-b-c-d-a} = 1 - \frac{q_2}{q_1} = 1 - \frac{\overline{T}_2}{\overline{T}_1} \tag{10-3}$$

可见，欲提高循环热效率 η_t，应设法提高 $\overline{T}_1$ 和降低 $\overline{T}_2$。平均温度法(见图 10-1)特别适用于两种同类循环性能的比较，只需要比较它们的吸、放热平均温度即可。

此外，对理论循环的热力学完善性进行估量，还可采用充满系数法。所谓充满系数，是 T-s 图上某循环所围成的面积与同温度、同熵变范围内的卡诺循环所围成面积之比，如图 10-2 所示，其定义为

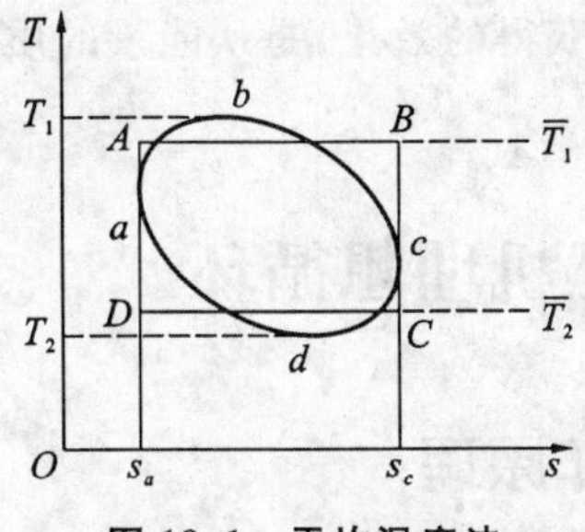

图 10-1　平均温度法

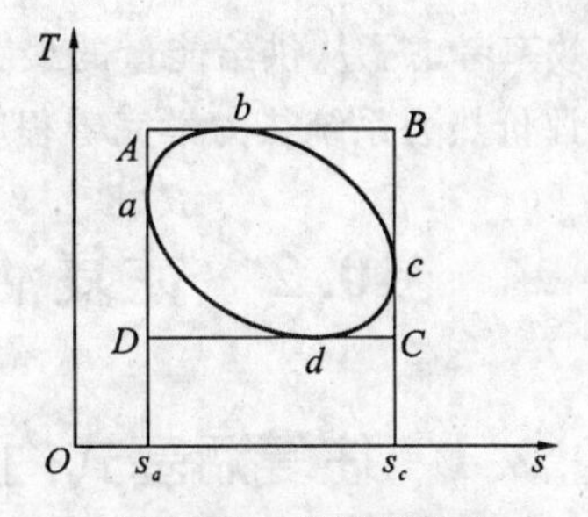

图 10-2　充满系数法

$$充满系数 = \frac{实际循环功量}{对应的卡诺循环功量} = \frac{面积\ abcda}{面积\ ABCDA} \tag{10-4}$$

显然，在相同的温度和熵变范围内，充满系数的大小，可以表明循环的热力学完善程度。充满系数越大，说明该循环越接近理想的卡诺循环。

10.1.3　实际热力循环完善程度的评价

实际循环由于存在各种不可逆因素，其效率较相应的理论可逆循环低。实际循环中能量的损失除去散热、泄漏等因素外，可归结为工质内部损失和外部损失，其实质是传热存在温差及运动有摩擦。不可逆循环的热效率中实际做功量和循环加热量之比为循环的内部热效率，用 η_i 表示，即

$$\eta_i = \frac{w_{实际}}{q_{实际}} = \eta_t \eta_T = \eta_c \eta_0 \eta_T \tag{10-5}$$

式中：$\eta_c = 1 - T_0/T_1$ 是以燃气为高温热源（假定其温度不变且为 T_1）、环境（温度为 T_0）为低温热源时卡诺循环的热效率；η_t 为实际循环相应的内部可逆循环的热效率；$\eta_0 = \eta_t/\eta_c$ 为相对热效率，反映该内部可逆理论循环因与高、低温热源存在温差（外部不可逆）而造成的损失；η_T 为循环内部效率，是循环中实际功量和理论功量之比，反映了内部摩擦引起的损失。因此，式(10-5)考虑了温差传热及摩阻对循环经济性的影响。

热效率分析法是以热力学第一定律为基础对实际循环经济性进行分析。以热力学第二定律为基础，对整个动力装置逐一分析各设备的熵产，可以衡量每个过程不可逆性的程度及做功能力损失大小，找出不可逆程度最大的薄弱环节，指导实际循环的改善。利用熵分析法计算做功能力损失的普遍式可写成

$$I = T_0 \sum_{j=1}^{n} S_g \tag{10-6}$$

式中：T_0 为环境温度；$\sum\limits_{j=1}^{n} S_g$ 为工质流经整个动力装置或热力循环各部件的总熵产。

热力学第二定律分析方法中的另一种方法为㶲分析法。系统的㶲效率表示为

$$\eta_{E_x} = \frac{E_{x有效}}{E_{x提供}} \tag{10-7}$$

㶲效率考虑了从供给能量的最大做功能力中获得的效果，是从能量的质和量两方面来评价热力系统热力学完善程度的参数。

10.2 往复活塞式内燃机理想循环

10.2.1 往复活塞式内燃机的工作原理

往复活塞式内燃机的共同特点是：工质在同一个带活塞的气缸内进行吸气、压缩、燃烧、膨胀、排气等过程，从而完成一个工作循环。按所用燃料不同，有煤气机、汽油机和柴油机之分。按引燃方式不同，又可分为点燃式和压燃式。煤气机、汽油机为点燃式内燃机，燃料与空气的可燃混合物经压缩，被电火花点燃。柴油机为压燃式内燃机，空气被压缩后，柴油喷入高温的空气中而自燃。早期的柴油机利用高压气将柴油喷入气缸，称为气力喷射式柴油机。现今的柴油机采用高压油泵将柴油升压，经过喷油嘴喷入气缸称为机械喷射式柴油机。下面以机械喷射式四冲程柴油机为例，介绍内燃机的工作原理。

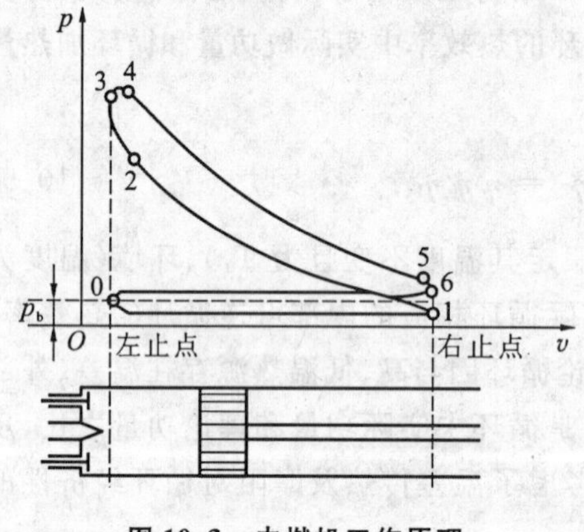

图 10-3 内燃机工作原理

在活塞式内燃机的气缸中，工质的压力随体积变化的曲线可用示功器绘出，如图 10-3 所示。图中 0—1 线表示吸气冲程。开启进气阀，活塞自左止点向右移动至右止点，空气被吸入气缸。由于阀门的节流作用，吸入缸内的气体压力略低于大气压力 p_b。吸气冲程是缸内气体数量增加，而热力状态没有变化的机械输送过程。1—2 线表示压缩冲程。进气阀关闭、活塞返行，自右止点移向左止点，消耗外功对空气压缩升压。压缩终了时，气体的温度应超过燃料的自燃温度（柴油的自燃温度为 335 ℃左右），一般为 600～700 ℃。由于空气与缸壁的热交换（缸壁夹层有水冷却），空气压缩为放热压缩，过程的平均多变指数 n=1.34～1.37。2—3—4 线表示缸内燃烧过程。通常在空气压缩终了前，一部分柴油由高压油泵提前喷入气缸，这部分柴油遇高温空气即迅速自燃。此时活塞在左止点附近，位置变动很少，燃烧几乎在定容下进行（2—3 段），燃气的压力骤增至 4.5～8.0 MPa。随后喷入的柴油陆续燃烧，且活塞向右移动，这时燃烧近乎在定压下进行（3—4 段），燃烧终了时燃气温度达 1 400～1 500 ℃。4—5 线表示膨胀冲程。活塞自左向右移动，高温高压燃气膨胀做功。由于气缸容积的限制，膨胀终了的废气压力一般为 0.3～0.5 MPa。考虑到燃气与气缸壁的热交换，总的说来，燃气膨胀为放热膨胀过程。5—6—0 线表示排气冲程。活塞右移至右止点附近时，排气阀开启，排出部分废气，缸内压力骤减到略高于大气压力（5－6 段）。活塞向左返行，将其余废气排至大气中（6－0 段）。6－0 段排气冲程也是机械输送过程。

综上所述，四冲程柴油机在一个循环中经过以下四个冲程：进气冲程 0－1；压缩冲程 1－2；燃烧与膨胀冲程 2－3－4－5；排气冲程 5－6－0。然后开始下一个循环的进气冲程。

10.2.2　活塞式内燃机实际循环的抽象和概括

由上可见，现有的内燃机循环是开式的（工质与大气连通）、不可逆的，工质的成分也是有变化的——进入内燃机气缸的是新鲜空气，而从气缸中排出的是废气（燃烧产物）。为了方便进行理论分析，必须对实际循环进行一些简化，抽象和概括为理想化的循环，以突出主要矛盾。考虑燃气和空气的成分相差并不悬殊，工程热力学中引入“空气标准假设”，主要包括以下几个简化假定。

（1）忽略燃油和燃烧对工质性质的影响，认为工质自始至终都是空气，且空气的性质为定比容理想气体。

（2）不计吸气和排气过程，将内燃机工作过程看做是气缸内工质进行的封闭循环，如图 10-3 中 1－2－3－4－5－6－1 所示。这样处理，主要忽略了因进、排气过程推挤功的差别而完成的负功（在图上为面积 0－1－6－0 所表示）。由于进、排气压力都接近大气压力，它们的推挤功近乎大小相等、符号相反，完成的负功很小，因此上述处理是合理的。

（3）以外部热源向空气的加热过程代替实际的燃烧过程，即 2－3 是定容加热过程，3－4 是定压加热过程。

（4）忽略压缩和膨胀过程中工质与缸壁之间的热交换以及内摩擦，认为 1－2 是定熵压缩过程，4－5 是定熵膨胀过程（终于右止点）。

（5）用活塞处在右止点位置的定容放热过程代替排气过程 5－6。工质从膨胀终点定容放热，压力降低，直达压缩过程起点，完成循环。

应用如上空气标准假设对四冲程柴油机进行理想化后，得到的理想循环称为混合加热理想可逆循环，又称萨巴德循环，其 p-v 图和 T-s 图如图 10-4 所示。现行的柴油机大都是在这种循环的基础上设计制造的。循环构成如下：1－2 为定熵压缩过程、2－3 为定容加热过程、3－4 为定压加热过程、4－5 为定熵膨胀过程、5－1 为定容放热过程。

这种抽象和概括的方法同样适用于其他类型的活塞式内燃机。下面将重点研究理想化的循环。

10.2.3　活塞式内燃机理想循环的分析

1. 混合加热理想循环

下面将对混合加热循环的热效率及影响热效率的主要因素进行分析。混合加热

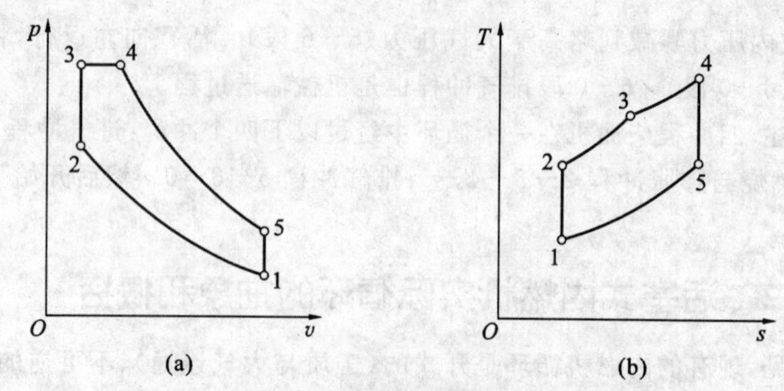

图 10-4　混合加热理想可逆循环(萨巴德循环)

(a) p-v 图；(b) T-s 图

循环(见图 10-4)的特性可以用三个特性参数来说明。

(1) 压缩比　$\varepsilon=v_1/v_2$，它说明燃烧前气体在气缸中被压缩的程度，即气体比体积缩小的倍率。

(2) 升压比　$\lambda=p_3/p_2$，它说明定容燃烧时气体压力升高的倍率。

(3) 预胀比　$\rho=v_4/v_3$，它说明定压燃烧时气体比体积增大的倍率。

如果内燃机进气状态(状态 1)和压缩比 ε、升压比 λ 以及预胀比 ρ 均已知，那么整个混合加热循环也就确定了。假定工质为定比热理想气体，则循环的吸热量 q_1 为

$$q_1 = c_V(T_3 - T_2) + c_p(T_4 - T_3) \tag{10-8}$$

循环放热量 q_2，即定容放热过程 5－1 中放出的热量为

$$q_2 = c_V(T_5 - T_1)\text{(取绝对值)} \tag{10-9}$$

故循环的热效率为

$$\eta_t = 1 - \frac{c_V(T_5 - T_1)}{c_V(T_3 - T_2) + c_p(T_4 - T_3)} = 1 - \frac{T_5 - T_1}{(T_3 - T_2) + k(T_4 - T_3)} \tag{10-10}$$

对于定熵压缩过程 1－2，有

$$T_2 = T_1\left(\frac{v_1}{v_2}\right)^{k-1} = T_1 \cdot \varepsilon^{k-1} \tag{10-11}$$

对于定容加热过程 2－3，有

$$T_3 = T_2\frac{p_3}{p_2} = T_2\lambda = T_1\lambda\varepsilon^{k-1} \tag{10-12}$$

对于定压加热过程 3－4，有

$$T_4 = T_3\left(\frac{v_4}{v_3}\right) = T_3\rho = T_1\lambda\rho\varepsilon^{k-1} \tag{10-13}$$

注意到 $v_5=v_1$，$v_3=v_2$，对于定熵膨胀过程 4－5，有

$$T_5 = T_4\left(\frac{v_4}{v_1}\right)^{k-1} = T_4\left(\frac{v_4}{v_2}\cdot\frac{v_2}{v_1}\right)^{k-1} = T_4\left(\frac{v_4}{v_3}\cdot\frac{v_2}{v_1}\right)^{k-1} = T_4\frac{\rho^{k-1}}{\varepsilon^{k-1}} = T_1\lambda\rho^k \tag{10-14}$$

把以上各温度代入热效率公式(10-10)，得

$$\eta_t = 1 - \frac{1}{\varepsilon^{k-1}} \cdot \frac{\lambda\rho^k - 1}{(\lambda - 1) + k\lambda(\rho - 1)} \tag{10-15}$$

式(10-15)说明，混合加热循环的热效率随压缩比 ε 和升压比 λ 的增大而提高，随预胀比 ρ 的增大而降低。

可以用图 10-5 和图 10-6 来解释为什么压缩比 ε 和定容升压比 λ 的增大会使混合加热循环的热效率升高。当压缩比 ε 和定容升压比 λ 增大时，循环的平均吸热温度提高($T'_{m1} > T'_{m2}$)，而平均放热温度不变，故循环热效率也升高($\eta'_t > \eta_t$)。预胀比增大之所以导致循环热效率的降低，是因为在定压加热后期加入的热量越多，在膨胀过程中能够转换为功量的部分越少(见图 10-6)。

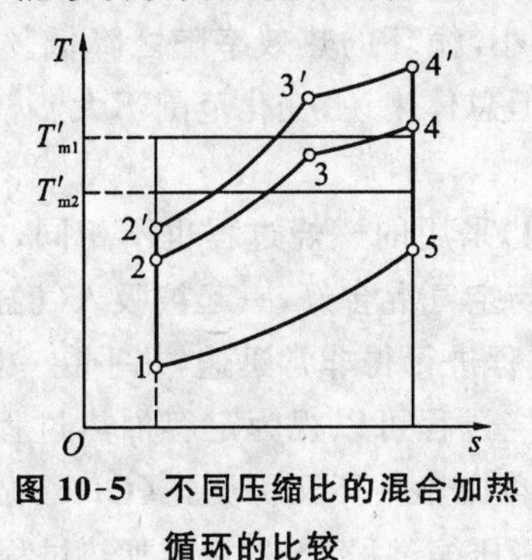

图 10-5　不同压缩比的混合加热循环的比较

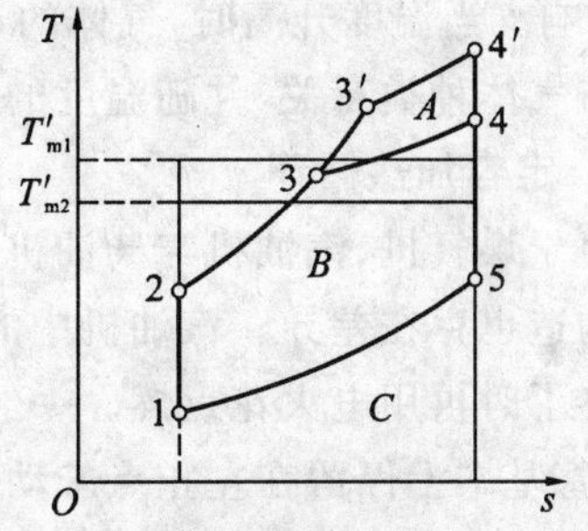

图 10-6　升压比和预胀比不同的混合加热循环

2. 定压加热循环

仅有定压加热过程的内燃机循环称为定压加热循环，又称狄赛尔(Diesel)循环。早期低速柴油机是以狄赛尔循环为基础设计生产的。由于转速低，活塞移动速度慢，活塞到达上死点开始向右移动时才喷入燃油，边喷边燃烧，因此只有定压燃烧过程。狄赛尔循环其 p-v 图和 T-s 图如图 10-7 所示。整个循环由定熵压缩过程 1—2、定压加热过程 2—3、定熵膨胀过程 3—4、定容放热过程 4—1 所组成。

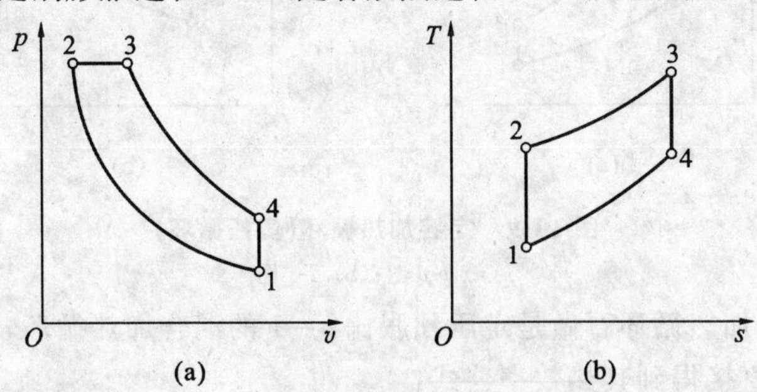

图 10-7　定压加热循环(狄赛尔循环)

(a) p-v 图；(b) T-s 图

可以将定压加热循环看做是定容升压比 $\lambda=1$ 的混合加热循环。将 $\lambda=1$ 代入式(10-15)可得其热效率为

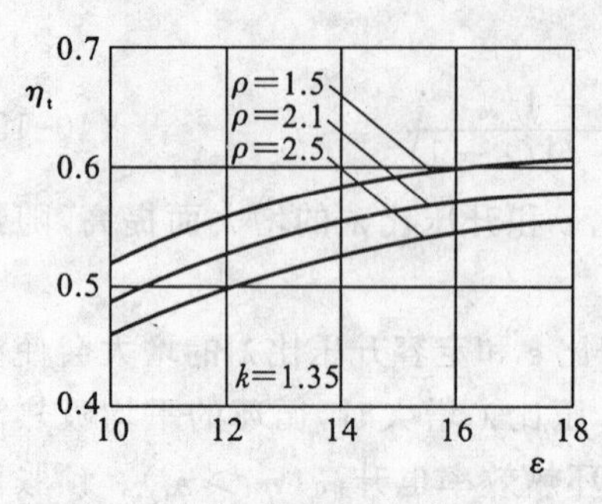

图 10-8　定压加热理想循环 η_t

$$\eta_{t,p}=1-\frac{\rho^{k}-1}{\varepsilon^{k-1}\cdot k(\rho-1)} \tag{10-16}$$

式(10-16)说明,定压加热循环的热效率随压缩比的增大而提高,随预胀比 ρ 的增大而降低。图 10-8 表示 $k=1.35$ 时各种 ε 值和 ρ 值与热效率的关系。显然,这种柴油机功率越大,需要的吸热量越大,预胀比 ρ 也越大,会使热效率下降。

在重负荷下(此时,ρ 增大,q_1 也增大时),实际柴油机内部热效率会降低。除 ρ 的影响外,柴油机的内部热效率还受到绝热指数 k 的影响。当温度升高时,气体的 k 值相应地变小,循环的热效率随之降低。k 值的大小与气体种类有关,并随温度的增加而减小,但总体来说,变化范围不大。

3. 定容加热循环

由于煤气机、汽油机与柴油机燃料性质不同,采用的燃烧过程也不相同,相应的机器构造也存在差异。汽油机中的燃料是预先与空气混合好,一起被吸入气缸的,在压缩终了时再用电火花点燃。一经点燃,燃烧过程进行得非常迅速,几乎在一瞬间完成,活塞基本上停留在左止点未动,因此这一燃烧过程可以视为定容加热过程,不再有边燃烧边膨胀的接近于定压的过程。这种定容加热循环又称奥托(Otto)循环,其 p-v 图和 T-s 图如图 10-9 所示。奥托循环由定熵压缩过程 1—2、定容加热过程 2—3、定熵膨胀过程 3—4、定容放热过程 4—1 所组成。

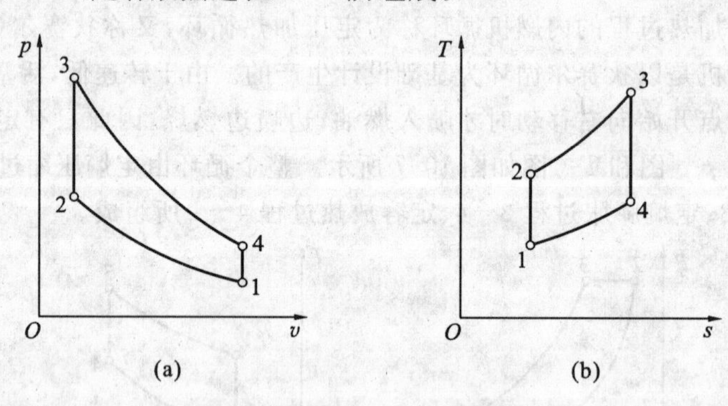

图 10-9　定容加热循环(奥托循环)

(a) p-v 图;(b) T-s 图

可以将定容加热循环看做是定压预胀比 $\rho=1$ 的混合加热循环,因此,将 $\rho=1$ 代入式(10-15)可直接得到其热效率公式:

$$\eta_{t,V}=1-\frac{1}{\varepsilon^{k-1}} \tag{10-17}$$

由上式可见,奥托循环的热效率将随着压缩比 ε 增大而提高。随着负荷增加(即 q_1 增大),循环热效率并不变化,因为 q_1 增加不会使压缩比发生变化。但实际汽油机,随着压缩比的增大、q_1 的增加，都会使加热过程终了时工质的温度上升，造成 k 值有所减小，这个因素会导致循环的热效率有所下降。

前已述及，汽油机、煤气机与柴油机的不同之处在于：吸气过程中吸入气缸的是空气-燃料混合物，经压缩后用电火花点燃，实现接近于定容燃烧加热过程。这里被压缩的气体是空气-燃料混合物，要受到混合气体自燃温度的限制，不能采用较大的压缩比，否则混合气体就会"爆燃"，使发动机不能正常工作。实际汽油机压缩比在5～12的范围内变化(见表10-1)，这类内燃机由于压缩比相对较小，因此循环热效率比较低。为了解决汽油机的"爆燃"问题，人们尝试将燃料和空气分开，使吸气过程与压缩过程的工质都仅仅是空气，这样压缩后就不会出现自燃问题，从而可以提高压缩比，达到提高循环热效率的目的。这样就诞生了柴油机。所以一般柴油机的压缩比都比较高(见表10-1)。压缩比高的柴油机主要用于装备重型机械，如推土机、重型卡车、船舶主机等。汽油机主要应用于轻型设备，如轿车、摩托车、园艺机械、螺旋桨直升机等。

归纳对活塞式内燃机理论循环的分析可知，增大压缩比可使循环热效率提高。实际发动机的内部热效率虽然由于气体的比热容不是常数、k 值随气体温度而变以及燃烧不完全等原因，总是小于理想循环的热效率，但实际发动机的内部热效率在一定范围内仍主要取决于压缩比，因此理想循环的分析对实际仍具指导意义。

表10-1　现代汽油机和柴油机的有效效率及压缩比

机器类别	有效效率	压缩比
汽油机	0.21～0.28	5.5～12
低速混合加热柴油机	0.38～0.43	14～20
高速混合加热柴油机	0.34～0.37	14～20

注：有效效率——发动机曲轴上输出的有效功与燃料燃烧所发出的全部热量之比。

10.2.4　活塞式内燃机各种理想循环的热力学比较

活塞式内燃机各种循环的热效率比较取决于实施循环时的条件，在不同条件下进行比较可得到不同的结果。一般分别以压缩比、吸热量、放热量、循环最高压力、循环最高温度和循环初始状态相同作为比较热效率的条件。

1. 进气状态、压缩比、吸热量彼此相同

图10-10所示为压缩比 ε 与加热量 q_1 相同时三种理想循环的 T-s 图。1—2—3—4—5—1是定容加热循环，1—2—3—4′—5′—1是混合加热循环；1—2—4″—5″—1是等压加热循环。在所给条件下，三种循环的等熵压缩线1—2重合，同时定容

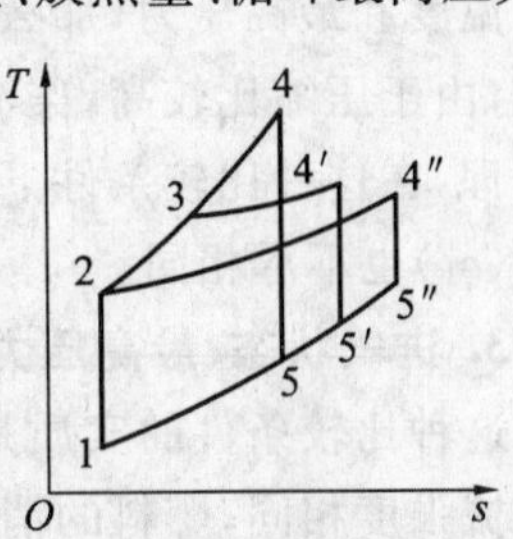

图10-10　压缩比、吸热量相同时三种理想循环的比较

放热都在通过 1 的定容线上。从图中可以看出：三种循环加热量相同，即

$$q_{1V} = q_1 = q_{1p}$$

而各循环的放热量不同，即

$$q_{2V} < q_2 < q_{2p}$$

根据循环热效率公式 $\eta_t = 1 - q_2/q_1$，三种循环热效率之间有如下关系：

$$\eta_{t,V} > \eta_t > \eta_{t,p}$$

即在压缩比 ε 与加热量 q_1 相同时，定容加热循环热效率最高，定压加热循环热效率最低，混合加热循环热效率居中。从循环的平均吸热温度和平均放热温度来比较，可得出相同的结果。

需说明的是，上述结论是在各循环压缩比相同的条件下分析得出的，回避了不同机型可有不同的压缩比的问题，并不完全符合内燃机的实际情况。

2. 进气状态、最高压力、最高温度彼此相同

这种比较条件实际上是指内燃机的使用场合、机械强度与受热强度相同。图 10-11 示出了符合上述条件的内燃机的三种理论循环：1—2—3—4—5—1 为混合加热循环；1—2′—4—5—1 为定容加热循环；1—2″—4—5—1 为定压加热循环。可以看出，三种理想循环的放热量相同，即

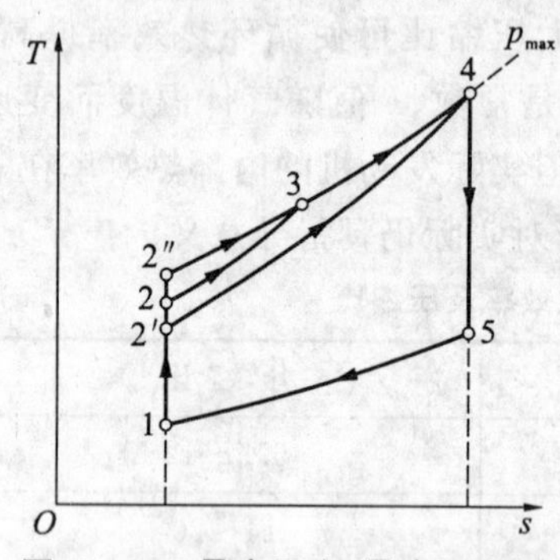

图 10-11　最高压力、最高温度相同时三种循环的比较

$$q_{2V} = q_2 = q_{2p}$$

而三种理想循环的吸热量的比较为

$$q_{1V} < q_1 < q_{1p}$$

于是由热效率公式 $\eta_t = 1 - q_2/q_1$ 可得

$$\eta_{t,V} < \eta_t < \eta_{t,p}$$

以上分析说明，在进气状态、最高压力和最高温度相同的条件下，定压加热循环的热效率最高，定容加热循环的热效率最低。这一结论说明了两点：第一，在内燃机的热强度和机械强度受到限制的情况下，为了获得较高的热效率，采用定压加热循环是适宜的；第二，如果近似地认为点燃式内燃机循环和压燃式内燃机循环具有相同的最高温度和最高压力，那么压燃式内燃机具有较高的热效率。在实际情况中也的确如此，由于压缩比较高，柴油机的热效率通常要高于汽油机。但是这种比较方法并不尽合理，在这种比较条件下，因为循环的最高温度不易控制，而且，三种循环的燃料消耗量（q_1）也不尽相同。

3. 进气状态、最高压力、吸热量彼此相同

这种比较条件的实质是，各不同方式工作的内燃机在同一地区使用，机器所承受的机械强度相同，燃料的消耗量相同。如图 10-12 所示，1—2—3—4—5—1 是混合加热循环；1—2′—3′—4′—1 是定容加热循环；1—2″—3″—4″—1 是定压加热循环。很明显，三种理想循环的放热量之间存在下列关系

$$q_{2p} < q_2 < q_{2V}$$

根据比较条件

$$q_{1p} = q_1 = q_{1V}$$

所以由热效率公式 $\eta_t = 1 - q_2/q_1$ 可得

$$\eta_{t,p} > \eta_t > \eta_{t,V}$$

以上分析说明，在进气状态、最高压力、吸热量彼此相同的情况下，定压加热循环热效率最高。但是在这种情况下，定压加热循环的压缩比大于混合加热循环的压缩比，对机械强度的要求较高。此外，定压加热循环对柴油的雾化要求也较高。

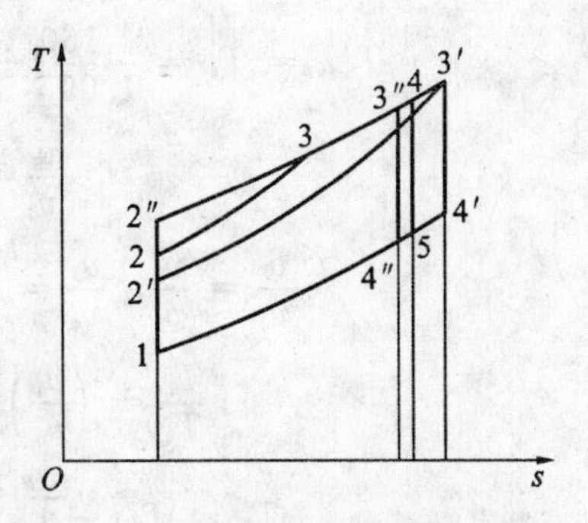

图 10-12　最高压力、吸热量相同时三种循环的比较

实际上，压燃式内燃机（柴油机）的压缩比比汽油机的高出很多，柴油机的热效率高于汽油机，且比较省油，柴油储运也比较安全，但柴油机比较笨重，机械效率较低（为75%～80%），噪声和振动都比同功率的汽油机大，且喷油设备构造精细，对工艺和材料的要求都比较高。因此，柴油机适合用于功率较大的场合，如载重汽车、火车、轮船、电站等，对于要求轻便和间断操作的场合多半采用汽油机。

例 10-1　以 1 kg 空气为工质的混合加热循环（见图 10-4），压缩开始时压力 $p_1 = 0.1$ MPa，温度 $T_1 = 300$ K、压缩比 $\varepsilon = 15$，定容下加入的热量为 700 kJ，定压下加入的热量为 1 160 kJ。试求：

(1) 循环的最高压力 $p_{\max}$；

(2) 循环的最高温度 $T_{\max}$；

(3) 循环热效率 η_t；

(4) 循环净功量 w_0。

解　(1) 由已知条件求各特征状态点的参数。

点 1：$v_1 = R_g T_1/p_1 = 287\ \text{J/(kg·K)} \times 300\ \text{K}/(0.1\times10^6\ \text{Pa}) = 0.861\ \text{m}^3/\text{kg}$

点 2：

$$v_2 = v_1/\varepsilon = 0.861/15\ \text{m}^3/\text{kg} = 0.057\,4\ \text{m}^3/\text{kg}$$

$$T_2 = T_1(v_1/v_2)^{k-1} = 300 \times 15^{1.40-1}\ \text{K} = 886\ \text{K}$$

$$p_2 = p_1(v_1/v_2)^k = 0.1 \times 15^{1.40}\ \text{MPa} = 4.43\ \text{MPa}$$

点 3：

因为

$$q_{2-3} = c_V(T_3 - T_2)$$

所以

$$T_3 = \frac{q_{2-3}}{c_V} + T_2 = (700/0.716 + 886)\ \text{K} = 1\,864\ \text{K}$$

$$\frac{p_3}{p_2} = \frac{T_3}{T_2}$$

$$p_3 = p_{\max} = p_2 \times \frac{T_3}{T_2} = 4.43 \times \frac{1\,864}{886}\ \text{MPa} = 9.32\ \text{MPa}$$

(2)

$$q_{3-4} = c_p(T_4 - T_3) = 1.005(T_4 - 1\,864) = 1\,160\ \text{kJ/kg}$$

$$T_{\max} = T_4 = \frac{1\,160}{1.005} + T_3 = \left(\frac{1\,160}{1.005} + 1\,864\right)\text{K} = 3\,018\text{ K}$$

(3)
$$\frac{v_4}{v_3} = \frac{T_4}{T_3} = \frac{3\,018}{1\,864} = 1.619$$

$$\frac{v_5}{v_4} = \frac{v_5}{v_3}\cdot\frac{v_3}{v_4} = \frac{v_1}{v_2}\cdot\frac{v_3}{v_4} = \varepsilon\,\frac{v_3}{v_4} = \frac{15}{1.619} = 9.265$$

$$\frac{T_5}{T_4} = \left(\frac{v_4}{v_5}\right)^{k-1} = \frac{1}{(9.265)^{1.40-1}} = 0.410$$

$$T_5 = T_4\left(\frac{v_4}{v_5}\right)^{k-1} = 3\,018\times 0.410\text{ K} = 1\,237\text{ K}$$

$$\begin{aligned}\eta_t &= 1-\frac{q_2}{q_1} = 1-\frac{c_V(T_5-T_1)}{c_V(T_3-T_2)+c_p(T_4-T_3)}\\ &= 1-\frac{T_5-T_1}{(T_3-T_2)+k(T_4-T_3)}\\ &= 1-\frac{1\,237-300}{(1\,864-886)+1.40(3\,018-1\,864)}\\ &= 0.639\end{aligned}$$

(4)
$$\begin{aligned}w_0 &= \eta_t q_1 = \eta_t(q_{2-3}+q_{3-4})\\ &= 0.639\times(700+1\,160)\text{ kJ/kg} = 1\,189\text{ kJ/kg}\end{aligned}$$

10.3 燃气轮机装置循环

10.3.1 燃气轮机工作原理

往复式内燃机的压缩、燃烧和膨胀都在同一气缸里顺序、重复地进行，气流的不连续性，以及活塞往复运动时惯性力对转速的影响都使发动机的功率受到很大的限制。如果让压气、燃烧和膨胀分别在压气机、燃烧室和燃气轮机三种设备里进行，就构成了一种新型的内燃动力装置——燃气轮机装置。

图 10-13 所示为燃气轮机装置示意图。压气机 1 不断地从大气中吸入空气，进行压缩升压。压缩空气送入燃烧室 2。在燃烧室中，空气与供入的燃料在定压下进行燃烧，形成该压力下的高温燃气。高温燃气与来自燃烧室夹层通道的压缩空气相混合，使其温度降低至燃气轮机叶片所能承受的温度范围。燃气流经燃气轮机 3 的喷管，膨胀加速，形成高速气流，冲动叶轮对外输出功量。做功后的废气排入大气。燃气轮机做出的功量除用以带动压气机外，剩余部分（循环净功）对外输出。

10.3.2 燃气轮机装置定压加热理想循环

由上述可见，燃气轮机装置中工质经历的是一个连续进行的压缩，燃烧和膨胀做功过程，过程中有物质化学结构的变化和热力状态的变化，没有完成闭合循环。为使

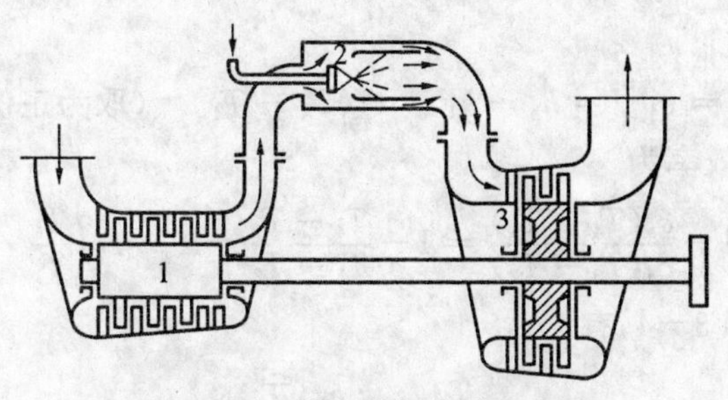

图 10-13　燃气轮机装置示意图

1—轴流式压气机；2—燃烧室；3—燃气轮机

分析简化，不妨对工质状态变化过程做如下理想化的假设。

(1) 假定工质进行的是一个封闭的热力循环　设想工质没有经历燃烧的化学反应，在燃烧室中燃料释放的热量认为是工质从外部热源吸收的热量。喷入的燃料质量忽略不计。废气带入大气的余热则认为是工质在某一散热器中排向冷源的热量。经过冷却的工质又进入压气机，即认为是定量工质完成封闭的循环。

(2) 假定工质经历的热力过程都是准平衡过程　工质在压气机和燃气轮机中的过程，因其向外散热极少，理想化为可逆绝热过程，即定熵过程。在燃烧室中，忽略流动阻力引起的压降损失，燃烧时压力变化不大，理想化为定压加热过程。燃气轮机排出的废气和压气机吸入的空气都接近大气压力，故将放热过程视为定压放热过程。

(3) 假定工质热力性质按理想气体性质计算，且比热容视为定值。

经过上述假定后，得到的理想循环的 p-v 图及 T-s 图如图 10-14 所示。它由定熵压缩过程 1－2，定压加热过程 2－3，定熵膨胀过程 3－4，定压放热过程 4－1 所组成。这种循环称为燃气轮机装置定压加热理想循环，又称布雷敦循环。下面对该循环进行分析。

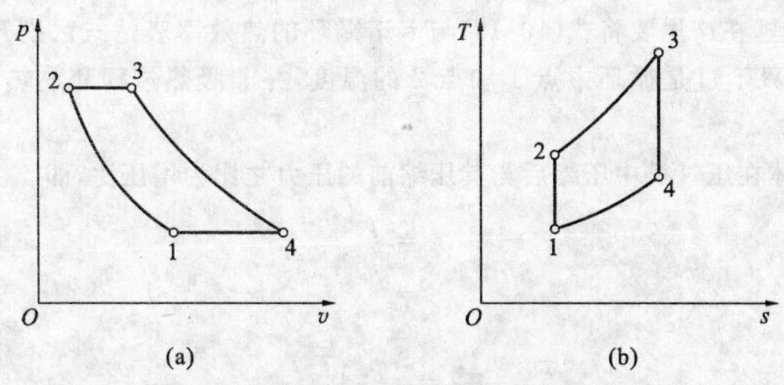

图 10-14　定压加热理想循环(布雷敦循环)

(a) p-v 图；(b) T-s 图

1. 布雷敦循环的热效率

根据布雷敦循环的过程组成，应有

循环的吸热量：

$$q_1 = q_{2-3} = h_3 - h_2 = c_p(T_3 - T_2)$$

循环的放热量:

$$q_2 = q_{4-1} = h_4 - h_1 = c_p(T_4 - T_1) \quad (\text{取为正值})$$

则布雷敦循环的热效率为

$$\eta_{t,B} = 1 - \frac{q_2}{q_1} = 1 - \frac{c_p(T_4 - T_1)}{c_p(T_3 - T_2)} = 1 - \frac{T_4 - T_1}{T_3 - T_2} = 1 - T_1\left(\frac{T_4}{T_1} - 1\right)/T_2\left(\frac{T_3}{T_2} - 1\right)$$

由绝热过程 1—2 和 3—4,有

$$\frac{T_4}{T_3} = \left(\frac{p_4}{p_3}\right)^{\frac{k-1}{k}}$$

$$\frac{T_1}{T_2} = \left(\frac{p_1}{p_2}\right)^{\frac{k-1}{k}}$$

由定压过程 2—3 和 4—1,又有

$$p_4 = p_1, \quad p_3 = p_2$$

因此

$$\frac{p_4}{p_3} = \frac{p_1}{p_2}$$

可见

$$\frac{T_4}{T_3} = \frac{T_1}{T_2}$$

即

$$\frac{T_4}{T_1} = \frac{T_3}{T_2}$$

于是,应有

$$\eta_{t,B} = 1 - \frac{T_1}{T_2} \tag{10-18}$$

从式(10-18)可以看出,布雷敦循环的热效率仅取决于压缩过程的始、末态温度。但值得注意的是,在这里要将式(10-18)与卡诺循环的热效率表达式区别开来,上式中的 T_1 和 T_2 只不过是循环中点 1 和点 2 的温度,并非吸热过程和放热过程的热源温度。

定义气体在压气机中压缩后与其压缩前的压力之比为增压比,即

$$\pi = \frac{p_2}{p_1} \tag{10-19}$$

则可得

$$\frac{T_2}{T_1} = \left(\frac{p_2}{p_1}\right)^{\frac{k-1}{k}}$$

因此,布雷敦循环的热效率又可表达为

$$\eta_{t,B} = 1 - \frac{1}{\pi^{\frac{k-1}{k}}} \tag{10-20}$$

从式(10-20)可以得出这样一个结论:按定压加热循环工作的燃气轮机装置的理论热效率仅取决于压缩过程的增压比 π,随 π 的增大而提高。

2. 布雷敦循环的净功

燃汽轮机装置由于没有往复运动部件及因此引起的不平衡惯性力，故可以设计成很高的转速，并且工作过程是连续的，因此，可以在质量和尺寸都很小的情况下发出很大的功率，目前，燃气轮机装置常用于船、舰动力装置，以及用做航空发动机。在这些场合中通常总是希望发动机能有尽量小的质量而又有最大的功率。因此对于燃气轮机增压比的选择，还应考虑到它对单位质量工质在循环中所做的净功量的影响。循环净功量 w_0 是燃气轮机做功与压气机耗功之差，也等于循环吸热量 q_1 与放热量 q_2 之差，在 p-v 图及 T-s 图上相当于封闭过程线包围的面积 12341。燃气轮机做功量 w_T 为

$$w_T = h_3 - h_4 = c_p T_3\left(1 - \frac{T_4}{T_3}\right) = c_p T_3\left(1 - \frac{1}{\pi^{\frac{k-1}{k}}}\right)$$

压气机耗功量 w_C(绝对值)为

$$w_C = h_2 - h_1 = c_p T_1\left(\frac{T_2}{T_1} - 1\right) = c_p T_1(\pi^{\frac{k-1}{k}} - 1)$$

因此，循环净功量 w_0 的计算式为

$$w_0 = w_T - w_C = c_p T_3\left(1 - \frac{1}{\pi^{\frac{k-1}{k}}}\right) - c_p T_1(\pi^{\frac{k-1}{k}} - 1) \tag{10-21}$$

定义循环的增温比为循环的最高温度与最低温度之比，即对于图 10-14 中所示的循环，增温比为

$$\tau = \frac{T_3}{T_1} \tag{10-22}$$

将式(10-22)代入式(10-21)，有

$$w_0 = c_p T_1(\pi^{\frac{k-1}{k}} - 1)\left(\frac{\tau}{\pi^{\frac{k-1}{k}}} - 1\right) \tag{10-23}$$

分析式(10-23)可知，在工质一定，循环的初态 1 已知，即 c_p、k 和 T_1 一定的条件下，当循环的增温比 τ 一定时，布雷敦循环的净功 w_0 随增压比 π 的提高先是增大，但达到一极大值后反转随增压比 π 的提高而减少，见图 10-15。循环净功为极大值 $w_{0,\max}$ 时所对应的增压比 $\pi_{w_0,\max}$ 可利用 $\frac{\mathrm{d}w_0}{\mathrm{d}\pi}=0$ 的条件求得。按此条件求得的该增压比值为

$$\pi_{w_0,\max} = \tau^{\frac{k}{2(k-1)}} \tag{10-24}$$

可见循环增温比 τ 越大，$\pi_{w_0,\max}$ 也越大，而这时的 $w_{0,\max}$ 值也越大。

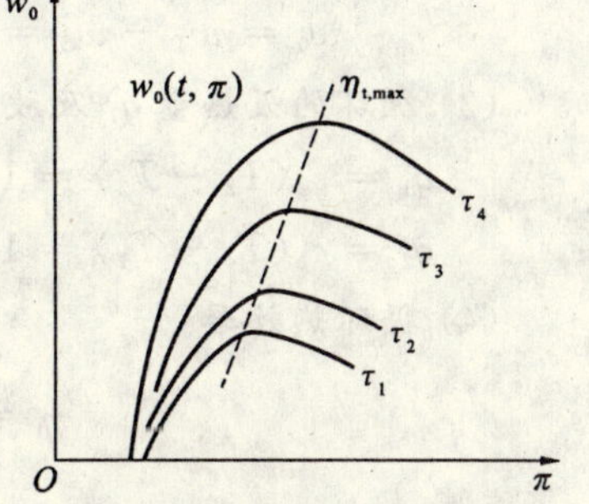

图 10-15 燃气轮机装置的净功

通常燃汽轮机装置的压气机吸入的为大气，因而布雷敦循环的初始温度(最低温度)T_1 不可能随意降低，为了提高循环的增温比 τ，实际上只有提高循环的最高温度 T_3 这一条途径。T_3 与材料的耐

热强度有关，因此结论是：在材料允许的条件下，尽量采用高的增温比 τ，以便获得尽可能大的装置功率输出。

例 10-2　某燃气轮机装置定压加热理想循环中，工质可视为空气。空气进入压气机时的压力为 0.1 MPa，温度为 17 ℃。循环增压比 $\pi=6.2$，燃气轮机进口温度为 870 K。若空气的比热容 $c_p=1.004\ \text{kJ/(kg·K)}$，$k=1.4$，试分析此循环。

解　循环的 p-v 图及 T-s 图见图 10-14。

(1) 循环各特性点的基本状态参数为

点 1：

$$p_1=0.1\ \text{MPa},\quad t_1=17\ ℃,\quad T_1=290\ \text{K}$$

$$v_1=\frac{R_g T}{p_1}=\frac{287\ \text{J/(kg·K)}\times 290\ \text{K}}{0.1\times 10^6\ \text{Pa}}=0.832\ 3\ \text{m}^3/\text{kg}$$

点 2：

$$p_2=\pi p_1=6.2\times 0.1\ \text{MPa}=0.62\ \text{MPa}$$

$$T_2=T_1\pi^{\frac{k-1}{k}}=290\ \text{K}\times 6.2^{\frac{1.4-1}{1.4}}=488.4\ \text{K}$$

$$v_2=\frac{R_g T_2}{p_2}=\frac{287\ \text{J/(kg·K)}\times 488.4\ \text{K}}{0.62\times 10^6\ \text{Pa}}=0.226\ 0\ \text{m}^3/\text{kg}$$

点 3：

$$p_3=p_2=0.62\ \text{MPa},\quad T_3=870\ \text{K}$$

$$v_3=\frac{R_g T_3}{p_3}=\frac{287\ \text{J/(kg·K)}\times 870\ \text{K}}{0.62\times 10^6\ \text{Pa}}=0.402\ 7\ \text{m}^3/\text{kg}$$

点 4：

$$p_4=p_1=0.1\ \text{MPa}$$

$$T_4=\frac{T_3}{\pi^{\frac{k-1}{k}}}=\frac{870}{6.2^{\frac{1.4-1}{1.4}}}\ \text{K}=516.6\ \text{K}$$

$$v_4=\frac{R_g T_4}{p_4}=\frac{287\ \text{J/(kg·K)}\times 516.6\ \text{K}}{0.1\times 10^6\ \text{Pa}}=1.482\ \text{m}^3/\text{kg}$$

(2) 压气机耗功量 w_C 及燃气轮机做功量 w_T

$$w_C=c_p(T_2-T_1)=1.004\times(488.4-290)\ \text{kJ/kg}=199.2\ \text{kJ/kg}$$

$$w_T=c_p(T_3-T_4)=1.004\times(870-516.6)\ \text{kJ/kg}=354.8\ \text{kJ/kg}$$

循环净功量 w_0

$$w_0=w_T-w_C=(354.8-199.2)\ \text{kJ/kg}=155.6\ \text{kJ/kg}$$

(3) 循环的吸热量 q_1 及放热量 q_2

$$q_1=c_p(T_3-T_2)=1.004\times(870-488.4)\ \text{kJ/kg}=383.1\ \text{kJ/kg}$$

$$q_2=c_p(T_4-T_1)=1.004\times(516.6-290)\ \text{kJ/kg}=227.5\ \text{kJ/kg}$$

(4) 循环热效率

$$\eta_t=\frac{w_0}{q_1}=\frac{155.6}{383.1}=0.406\ 1$$

或

$$\eta_t=1-\frac{1}{\pi^{\frac{k-1}{k}}}=1-\frac{1}{6.2^{\frac{1.4-1}{1.4}}}=0.406\ 2$$

10.3.3　实际定压加热循环分析

实际燃气轮机装置循环中的各个过程都存在着不可逆因素，这里主要考虑压缩过程和膨胀过程存在的不可逆性。因为流经叶轮式压气机和燃气轮机的工质通常在很高的流速下实现能量之间的转换，这时流体之间、流体与流道之间的摩擦不能再忽略不计。因此，尽管工质流经压气机和燃气轮机时向外散热可忽略不计，但其压缩过程和膨胀过程都是不可逆的绝热过程，如图 10-16 所示。

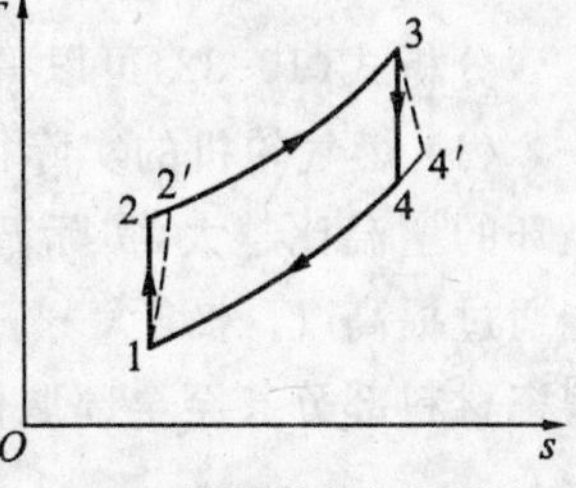

图 10-16　燃气轮机装置实际循环的 T-s 图

燃气轮机的摩擦损失通常用相对内效率 η_T 来度量，即

$$\eta_T=\frac{\text{实际膨胀做出的功}}{\text{理想膨胀做出的功}}=\frac{w'_T}{w_T} \tag{10-25}$$

所以，燃气流经燃气轮机时实际做功

$$w'_T=h_3-h_{4'}=\eta_T(h_3-h_4) \tag{10-26}$$

压气机的摩擦损失用压气机的绝热效率来衡量，即

$$\eta_{C,s}=\frac{w_{C,s}}{w'_C}=\frac{h_2-h_1}{h'_2-h_1} \tag{10-27}$$

所以实际压气机耗功为

$$w'_C=h'_2-h_1=\frac{1}{\eta_{C,s}}(h_2-h_1) \tag{10-28}$$

压气机实际出口空气焓值为

$$h'_2=h_1+\frac{h_2-h_1}{\eta_{C,s}}$$

循环吸热量为

$$q'_1=h_3-h_2=h_3-h_1+\frac{h_2-h_1}{\eta_{C,s}} \tag{10-29}$$

循环净功量为

$$w'_0=w'_T-w'_C=\eta_T(h_3-h_4)-\frac{1}{\eta_{C,s}}(h_2-h_1) \tag{10-30}$$

实际循环的热效率为

$$\eta'_t=\frac{w'_0}{q'_1}=\frac{\eta_T(h_3-h_4)-\frac{1}{\eta_{C,s}}(h_2-h_1)}{h_3-h_1+\frac{h_2-h_1}{\eta_{C,s}}} \tag{10-31}$$

又因为$\frac{T_2}{T_1}=\frac{T_3}{T_4}=\pi^{\frac{k-1}{k}}$、$\tau=\frac{T_3}{T_1}$，则取工质为定比热理想气体时，式(10-31)可改写为

$$\eta'_t = \frac{\eta_T(T_3 - T_4) - \frac{1}{\eta_{C,s}}(T_2 - T_1)}{T_3 - T_1 + \frac{T_2 - T_1}{\eta_{C,s}}} = \frac{\frac{\tau}{\pi^{\frac{k-1}{k}}}\eta_T - \frac{1}{\eta_{C,s}}}{\frac{\tau - 1}{\pi^{\frac{k-1}{k}} - 1} - \frac{1}{\eta_{C,s}}} \tag{10-32}$$

分析式(10-32)可以得出如下的结论。

(1) 燃气轮机的实际循环热效率不再仅与 p 相关，与增温比 τ 也有很大关系。循环的增温比越大，实际循环的热效率越高。但由于温度 T_1 取决于大气环境，故只能通过提高 T_3 来增大 τ。实际上，T_3 受限于金属材料的耐热性能，目前正在研究用陶瓷材料部分甚至全部取代金属材料，以达到更大的增温比。

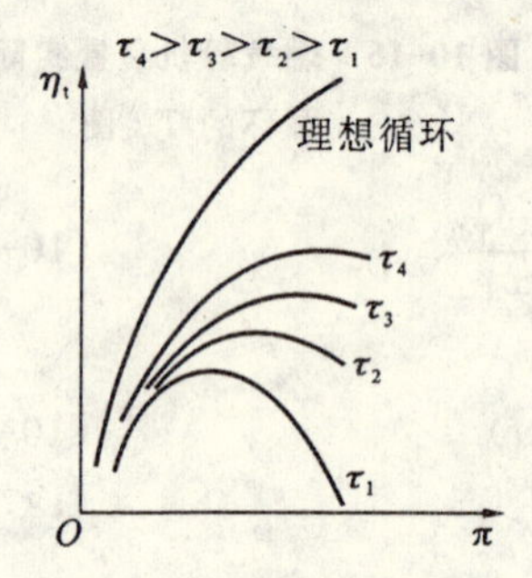

图 10-17　燃气轮机装置实际循环的热效率

(2) 实际上循环的增温比 τ 一定时，存在着一定的某一个增压比 π 值会令燃气轮机装置的实际热效率为最大，超过此增压比以后，随着增压比 π 的增大循环热效率反而下降。如图 10-17 所示。当增温比 τ 增大时，和实际循环热效率的极大值相对应的增压比也提高，因而可以更进一步提高实际循环的热效率。因此，从循环特性参数方面说，提高 T_3 是提高热效率的主要手段。

(3) 提高压气机的绝热效率和燃气轮机的相对热效率，即减小压气机中压缩过程和燃气轮机中膨胀过程的不可逆性，装置实际循环的热效率都会随之提高。目前，一般压气机绝热效率在 0.80～0.90 之间，而燃气轮机的相对内效率在 0.85～0.92 之间。

从热力学角度探讨提高定压加热理想循环的热效率，除上述讨论的通过改变循环特性参数的方法外，还可以从改进循环着手，如采用回热、在回热基础上采用分级压缩中间冷却和在回热基础上采用分级膨胀中间再热等方法。

例 10-3　某燃气轮机装置的定压加热实际循环如图 10-16 所示。压气机的绝热效率为 0.82，燃气轮机的相对内效率为 0.86，其他条件同例 10-2，试求：(1) 循环各点的温度；(2) 循环的吸热量、放热量和净功；(3) 循环的热效率；(4) 由于压气机和燃气轮机的不可逆过程引起的有效能(㶲)损失。环境温度 $T_0 = 290$ K。

解　(1) 求循环各点的温度。

由例 10-2 知：$T_2 = 488.4$ K。根据 $\eta_{C,s}$ 的定义

$$\eta_{C,s} = \frac{h_2 - h_1}{h'_2 - h_1} = \frac{T_2 - T_1}{T'_2 - T_1}$$

有
$$T'_2 = T_1 + \frac{T_2 - T_1}{\eta_{C,s}} = \left(290 + \frac{488.4 - 290}{0.82}\right)\ \text{K} = 532.0\ \text{K}$$

同理可得
$$T'_4 = T_3 - \eta_T(T_3 - T_4)$$

由例 10-2 知：$T_4 = 516.6$ K，故 $T'_4 = [870 - 0.86 \times (870 - 516.6)]\ \text{K} = 566.1\ \text{K}$

(2) 循环的吸热量 q_1、放热量 q_2 及循环净功量 w_0

$$q_1 = c_p(T_3 - T'_2) = 1.004 \times (870 - 532.0)\ \text{kJ/kg} = 339.4\ \text{kJ/kg}$$

$$q_2 = c_p(T'_4 - T_1) = 1.004 \times (566.1 - 290)\ \text{kJ/kg} = 277.2\ \text{kJ/kg}$$

循环净功量为

$$w_0 = q_1 - q_2 = 62.2\ \text{kJ/kg}$$

(3) 循环热效率

$$\eta'_t = \frac{w_0}{q_1} = \frac{62.2}{339.4} = 0.183 = 18.3\%$$

(4) 有效能损失

$$\Delta s_{1-2'} = s'_2 - s_1 = s'_2 - s_2 = c_p \ln \frac{T'_2}{T_2} = 1.004 \times \ln \frac{532.0}{488.4}\ \text{kJ/(kg·K)}$$

$$= 0.0858\ \text{kJ/(kg·K)}$$

$$\Delta s_{3-4'} = s_{4'} - s_3 = s_{4'} - s_4 = c_p \ln \frac{T'_4}{T_4} = 1.004 \times \ln \frac{566.1}{516.6}$$

$$= 0.0919\ \text{kJ/(kg·K)}$$

故，压气机引起的有效能损失为

$$I_{1-2'} = T_0 \Delta s_{1-2'} = 290 \times 0.0858\ \text{kJ/kg} = 24.88\ \text{kJ/kg}$$

燃气轮机引起的有效能损失为

$$I_{3-4'} = T_0 \Delta s_{3-4'} = 290 \times 0.0919\ \text{kJ/kg} = 26.64\ \text{kJ/kg}$$

显然，由于压缩、膨胀过程的不可逆，循环热效率、净功量均有大幅度的下降。

10.4 具有回热的燃气轮机装置循环

10.4.1 定压加热-回热循环

在布雷敦循环基础上加入回热过程便成为燃气轮机的定压加热回热循环。回热措施可以有效地提高燃气轮机装置的循环热效率。燃气轮机装置的定压加热回热循环系统流程示意图和循环的 T-s 图分别如图 10-18 和图 10-19 所示。

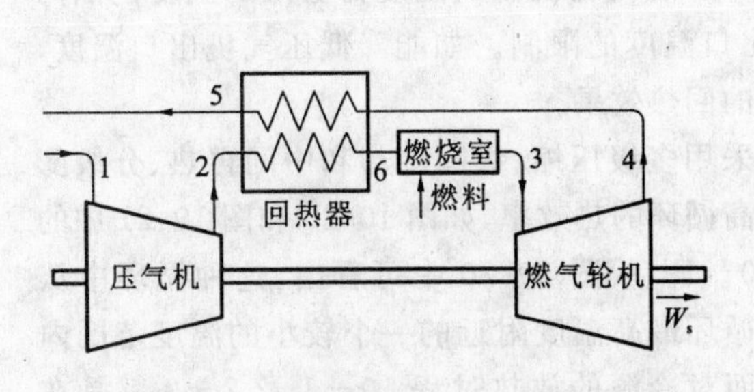

图 10-18 具有回热的燃气轮机装置流程示意图

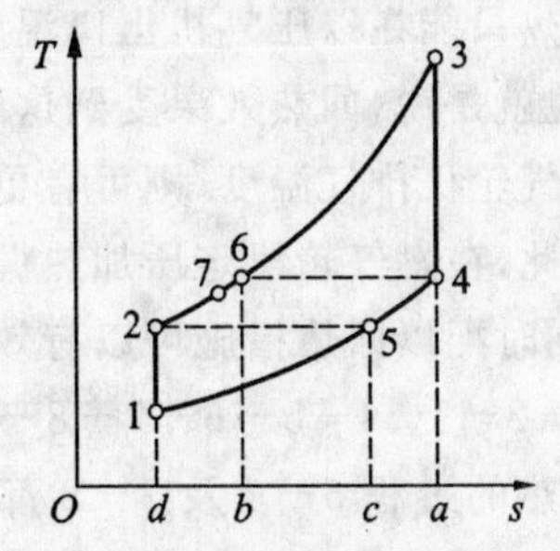

图 10-19 极限回热理论循环

燃气轮机排出的废气温度一般在400 ℃以上。所谓回热就是让燃气轮机的排气先通过系统中的回热加热器，在其中对新气进行回热，然后才排放到大气中去。图中，T-s 图上的2—6和4—5便是回热过程。在回热器中，燃气轮机的排气从 T_4 降温至 T_5，而新气则利用其放出的热量从 T_2 被加热至 T_6。理想情况下，应有 $T_4=T_6$ 和 $T_2=T_5$，这时的循环称为极限回热循环，或完全回热循环，也称为理想回热循环。实际的回热循环由于回热加热器的进、出口处存在着端差，因而总是只能有 $T_4>T_6$ 和 $T_5>T_2$ 的关系。

定压加热循环中实际回热的热量与理想回热时所能回热给新气的热量之比定义为循环的回热度。如图10-18所示，回热加热器中的过程可视为定压加热过程，工质视为定比热容理想气体，若假定新气只能被回热到温度 T_7（$T_7<T_6$），而排气温度则与新气相等（实际上废气总是排到大气中），即 $T_5=T_2$，则循环的回热度可表达为

$$\sigma=\frac{h_7-h_2}{h_4-h_5}=\frac{h_7-h_2}{h_4-h_2}=\frac{T_7-T_2}{T_4-T_2}<1 \tag{10-33}$$

一般定压加热回热循环的回热度不大于0.8($\sigma \ngtr 0.8$)。

由图10-19中的 T-s 图可以看出，采用回热与不采用回热的情况下，循环的净功是一样的，但是回热时循环的吸热量 q_1 和放热量 q_2 却减少了。毫无疑问，回热将会使循环的热效率有明显的改善。其实从定压加热循环的平均吸热温度和平均放热温度的变化上，也不难看出回热措施对循环效率的有利影响。

值得注意的是，只有在压气机的增压比 π 较小时回热措施对循环的热效率才会有较明显的影响；在其他条件不变的情况下，随着增压比 π 的提高 T_2 将不断提高，回热的热量将越来越少，当增压比 π 高至令 $T_2=T_4$ 时，事实上已不可能再有回热过程的存在。

对于燃气轮机装置来说，回热措施只能在陆用的固定设备中采用。船舰和航空动力装置由于要求设备自重要尽量小，因而不会采用回热措施。

10.4.2 提高燃气轮机装置循环热效率的其他途径

回热只能在以压气机出口温度为下限，燃气轮机排气温度为上限的温度范围内进行，也就是说，回热效果受到这两个出口温度的限制。如能降低压气机出口温度，提高燃气轮机排气温度，则可有更显著的回热效果。

因此，在燃气轮机定压加热循环中采用多级压缩、级间冷却和中间再热、分级膨胀，并同时配以回热措施可以有效地提高循环的热效率，如图10-20和图10-21中的循环1—2—3—4—5—6—7—8—9—10—1。从图10-20中可看出，这种循环中从热源吸热的过程5—6及7—8都是在循环最高温度附近的一个较小的温度范围内进行的，所以有较高的吸热平均温度，而对冷源的放热过程10—1及2—3都是在接近循环最低温度下进行的，故有较低的放热平均温度，因而此循环有较高的热效率。

随着压缩和膨胀的分级数增多，回热的温度范围增大，吸热和放热平均温度各自向循环最高温度和最低温度靠近，因而循环热效率将进一步提高。在极限情况下，当分级数趋于无限大时，压缩过程变为定温压缩，膨胀过程变为定温膨胀（见图 10-21 中的定温线 1－a 及 6－b），而在两个温度之间的两个定压过程 a－6 和 b－1 中进行极限回热，此时循环成为一个概括性卡诺循环，与相同温度范围内的卡诺循环有相同的热效率，实现给定温度范围内的最有利情况。循环 1－a－6－b－1 称为埃尔逊(Ericsson)循环。

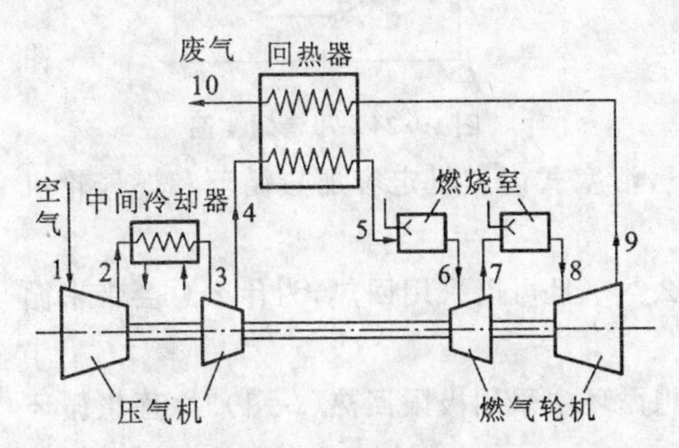

图 10-20　多级压缩、膨胀、回热燃气轮机装置

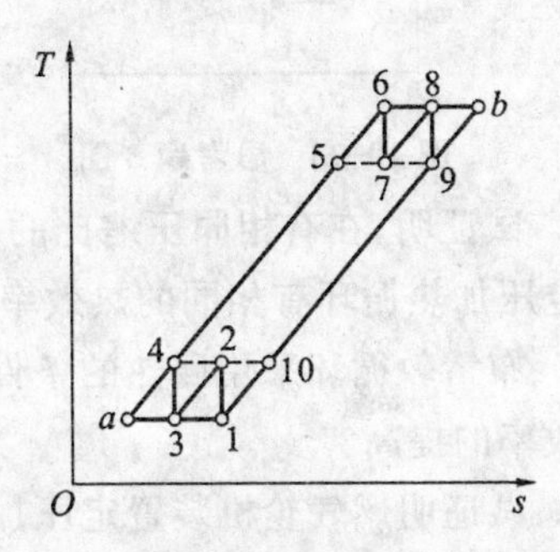

图 10-21　多级压缩、膨胀回热燃气轮机循环

应强调的是，分级压缩中间冷却，分级膨胀中间再热，只有在回热的基础上进行才能提高装置的热效率，若不采用回热，仅仅分级循环的热效率反而会降低。

思　考　题

1. 比较循环热效率的方法有哪几种？各有何特点？

2. 煤气机最初发明时无燃烧前的压缩，设这种煤气机的示功图如图 10-22 所示，6－1 为进气线，活塞向右移动，进气阀打开，空气与煤气的混合物进入气缸。活塞到达位置 1 时，进气阀关闭，火花塞点火。1－2 为接近定容的燃烧过程，2－3 为膨胀线，在 3－4 中，排气阀开启，部分废气排出，气缸中压力降低。4－5－6 为排气线，这时活塞向左沿动，排净废气。试画出这种内燃机理想循环的 p-v 图和 T-s 图。

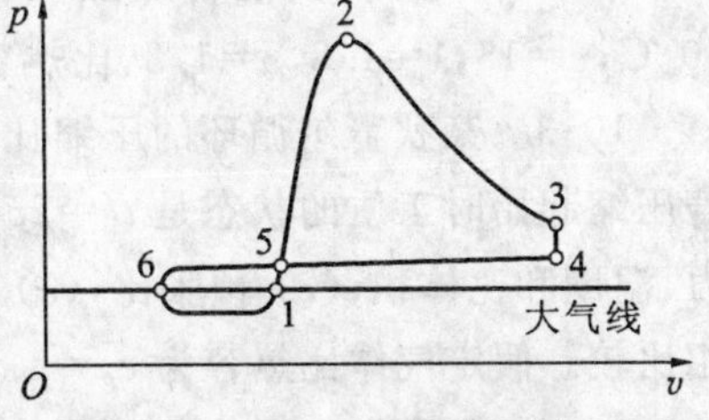

图 10-22　思考题 2 图

3. 活塞式内燃机循环理论上能否利用回热来提高热效率，实际中是否采用，为什么？

4. 燃气轮机装置定压加热理想循环中，压缩过程若采用定温压缩，则可减少压气机耗功量，从而增加循环净功。在不采用回热的情况下，这种循环 1－2′－3－4－1（见图 10-23）的热效率比采用绝热压缩的循环 1－2－3－4－1 是增高了还是降低了，为什么？

5. 在图 10-24 所示的内燃机定容加热循环中，如果绝热膨胀过程不是在点 4 结束，而一直延续到与进气压力相等的点 5($p_5=p_1$)，试从 T-s 图上比较循环 1—2—3—4—1 和 1—2—3—5—1 的热效率。

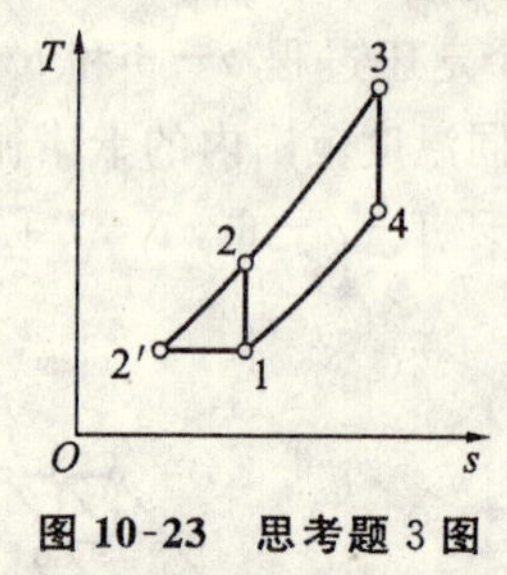

图 10-23　思考题 3 图

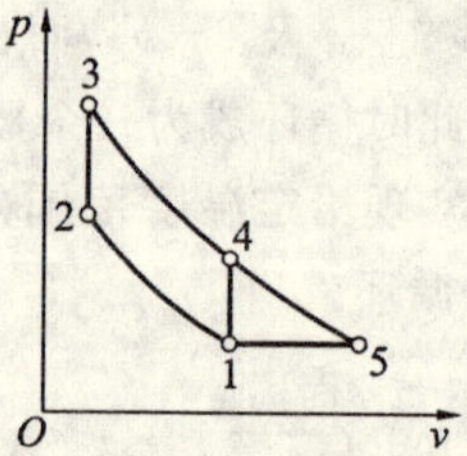

图 10-24　思考题 4 图

6. 试证明，在有相同压缩比的条件下，活塞式内燃机定容加热循环和燃气轮机装置定压加热循环有相同的热效率。

7. 布雷敦循环采用回热的条件是什么？一旦可以采用回热，为什么总会带来循环热效率的提高？

8. 试证明燃气轮机装置定压加热理想循环中采用极限回热($s=1$)时，理想循环热效率的公式为

$$\eta_t = 1 - \frac{T_1}{T_3}\pi^{\frac{k-1}{k}}$$

习　题

10-1　压缩比为 6 的定容加热理想循环(奥托循环)，工质可视为空气，压缩冲程的初始状态为 98.1 kPa、60 ℃、吸热量为 879 kJ/kg。试求：(1) 各个过程终了的压力和温度；(2) 该循环的热效率。设比热容为定值，且 $c_p=1.005$ kJ/(kg·K)，$k=1.4$。

10-2　一内燃机混合加热循环，工质可视为空气。已知 $p_1=0.1$ MPa，$t_1=50$ ℃，$e=15$，$\lambda=1.8$，$\rho=1.3$，比热容为定值。求此循环的吸热量及循环热效率。

10-3　某狄赛尔循环的压缩比是 17∶1，输入每千克空气的热量是 830 kJ/kg。若压缩起始时工质的状态是 $t_1=25$ ℃，$p_1=100$ kPa。试计算：(1) 循环中各点的压力、温度和比体积；(2) 预胀比；(3) 循环的热效率，并与同温限的卡诺循环的热效率相比较。假定气体比热容为 $c_p=1.005$ kJ/(kg·K)，$c_V=0.718$ kJ/(kg·K)。

10-4　某内燃机混合加热循环，吸热量为 2 600 kJ/kg，其中定容过程与定压过程的吸热量各占一半，压缩比 $\varepsilon=14$，压缩过程的初始状态为 $p_1=100$ kPa、$t_1=27$ ℃，试计算输出净功及循环热效率。

10-5　两个内燃机理想循环，其一为定容加热循环 1—2—3—4—1，其二为定压加热循环 1—2′—3—4—1，如图 10-25 所示。已知下面两点的参数：$p_1=0.1$ MPa，$t_1=60$ ℃，$p_3=2.45$ MPa，$t_3=1\,100$ ℃，工质可视为空气，比热容为定值。试求此两

循环的热效率，并将此两循环表示在 p-v 图上。

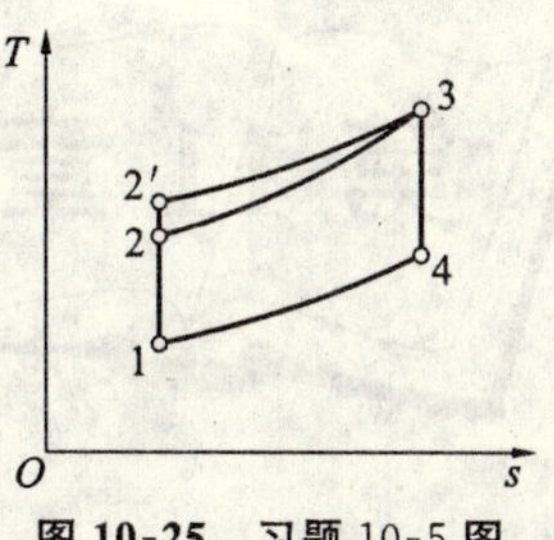

图 10-25　习题 10-5 图

10-6　在燃气轮机装置的定压加热理想循环中，工质可视为空气，进入压气机的温度 $t_1=27$ ℃、压力 $p_1=0.1$ MPa，循环增压比 $\pi=p_2/p_1=4$。在燃烧室中加入热量 $q_1=333$ kJ/kg，经绝热膨胀到 $p_4=0.1$ MPa。设比热容为定值，试求：(1) 循环的最高温度；(2) 循环的净功量；(3) 循环热效率；(4) 吸热平均温度及放热平均温度。

10-7　上题中，为提高循环热效率采用极限回热。试求具有回热的燃气轮机定压加热装置理想循环的热效率。

10-8　设上题装置中的压气机绝热效率为 0.85，燃气轮机的相对内效率为 0.90，求未采用回热的燃气轮机装置的实际循环效率。若采用极限回热，是否能提高实际循环效率？

10-9　参考图 10-24(思考题 10-4 图)，求循环 1—2—3—5—1 的热效率，并比较循环 1—2—3—4—1 与循环 1—2—3—5—1 的热效率，1、2、3 各点的状态参数与习题 10-1 中的数值相同。

10-10　某极限回热的定压加热燃气轮机装置为理想循环。已知 $T_1=300$ K、$T_3=1\,200$ K、$p_1=0.1$ MPa、$p_2=1.0$ MPa，$k=1.37$。(1) 求循环的热效率；(2) 设 T_1、T_3、p_1 各维持不变，问 p_2 增大到何值时就不可能再采用回热方式。

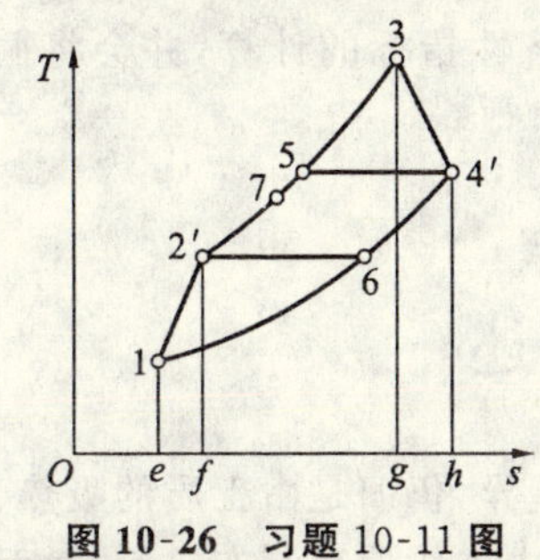

图 10-26　习题 10-11 图

10-11　某电厂以燃气轮机装置产生动力，向发电机输出的功率为 20 MW，循环的简图如图 10-26 所示，循环的最低温度为 290 K，最高为 1 500 K，循环的最低压力为 95 kPa、最高压力为 950 kPa。循环中设一回热器，回热度为 75%。压气机绝热效率 $\eta_{C,s}=0.85$，燃气轮机的相对内效率为 $\eta_T=0.87$。(1) 试求燃气轮机发出的总功率、压气机消耗的功率和循环热效率；(2) 假设循环中工质向 1 800 K 的高温热源吸热，向 290 K 的低温热源放热，求每一过程的不可逆损失。

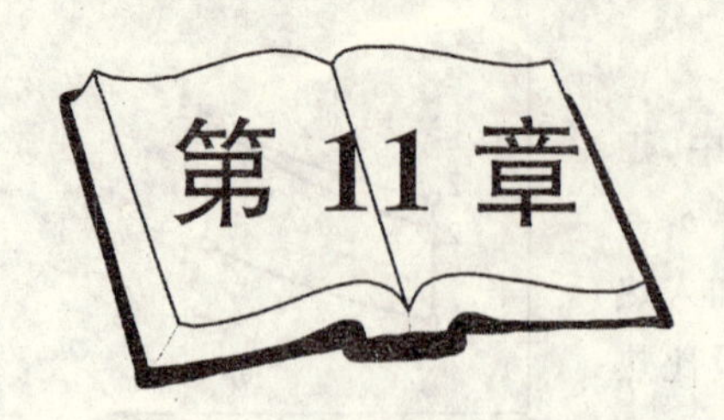

蒸汽动力循环

蒸汽动力循环是指以蒸汽作为工质的动力循环，实现这种循环的装置称为蒸汽动力装置。以水和水蒸气作为工质的蒸汽动力装置是工业上最早使用的能量转换装置。随着太阳能、地热能及工业余热能等低品位热能的开发，其他一些蒸汽，例如氟利昂、氨等作为工质的动力设备相继出现。但无论是以水蒸气为工质，还是以其他蒸汽为工质的动力装置，从热力学的观点来看，它们在原理上都是相同的。因此，本章将重点讨论在水蒸气性质和热力过程的基础上如何对蒸汽动力循环的构成及特点进行分析，并寻求改进循环热工性能的途径。本章首先对基本的蒸汽动力装置循环——朗肯循环进行分析，并在此基础上讨论再热、回热、热电循环的热功转换效果。

学完本章后要求：

(1) 掌握朗肯循环各经济性指标的计算，并会分析其参数对热效率的影响。

(2) 熟练掌握再热、回热、热电循环的组成及各项经济性指标的计算，并会将循环表示在 T-s 图上进行热力学分析。

(3) 了解采用高参数蒸汽动力循环的优点。

11.1 蒸汽动力循环简述

蒸汽动力装置与气体动力装置在热力学本质上并无差异，仍旧是由工质的吸热、膨胀、放热、压缩过程组成的热动力循环，所不同的是循环中工质偏离液态较近，时而处于液态，时而处于气态，如在蒸汽锅炉中液态水汽化产生蒸汽，经汽轮机膨胀做功后，进入冷凝器又凝结成水再返回锅炉，因而对蒸汽动力循环的分析必须结合水蒸气的性质和热力过程。此外，由于水和水蒸气均不能燃烧而只能从外界吸热，必需配备制备蒸汽的锅炉设备，因而装置的设备也不同。相对于内燃机装置，这类动力装置又称外燃动力装置。由于燃烧产物不参与循环，因此蒸汽动力装置可以使用各种常规的固体、液体、气体燃料及核燃料，可以利用劣质煤和工业废热，还可以利用太阳能和地热等能源，这是这类循环的一大优点。

根据热力学第二定律，在一定的温度范围内卡诺循环的热效率为最高。当采用气体工质时，因为定温吸、放热过程难以实施，所以是难以实现卡诺循环的。而且气体的定温线和绝热线在 p-v 图上的斜率相差不多，即使实现了卡诺循环，所做的功也不大。但当采用蒸汽作为工质时，定压吸、放热过程是易于实施的，而且湿饱和蒸汽区内的定温过程同时又是定压过程，在 p-v 图上其与绝热线之间斜率相差也大，故所做的功也较大。所以，理论上蒸汽卡诺循环是可以实现的，如图 11-1 中循环 6—7—8—5—6 所示。然而，在实际的蒸汽动力装置中并不采用这样一种循环，其主要原因有以下三个：

(1) 在压缩机中绝热压缩过程 8—5 难以实现，因状态 8 是水和水蒸气的混合物，这种湿蒸气比体积大，耗功甚多，而且会使压缩机工作不稳定；

(2) 循环局限于饱和区，上限温度受制于临界温度(374 ℃)，而凝结温度又受限于环境温度，二者温差不大，故即使实现卡诺循环，其热效率也不高；

(3) 饱和蒸汽在汽轮机中做功后的排汽(点 7)湿度很大，使高速运转的汽轮机安全性受到极大威胁(一般需限制汽轮机排汽(点 2)的干度不得小于 0.85～0.88)。

综上所述，水蒸气卡诺循环是难以在实际中采用的。为了改进上述压缩过程，人们将汽轮机出口的低压湿蒸气完全凝结为水，以便用水泵来完成压缩过程；同时为了提高循环热效率，采用远高于临界温度的过热蒸汽作为汽轮机的进口蒸汽以提高平均吸热温度。这样改进的结果，即图 11-1 中所示的循环 1—2—3—4—5—1，也就是下面即将要讨论的朗肯(Ranking)循环。

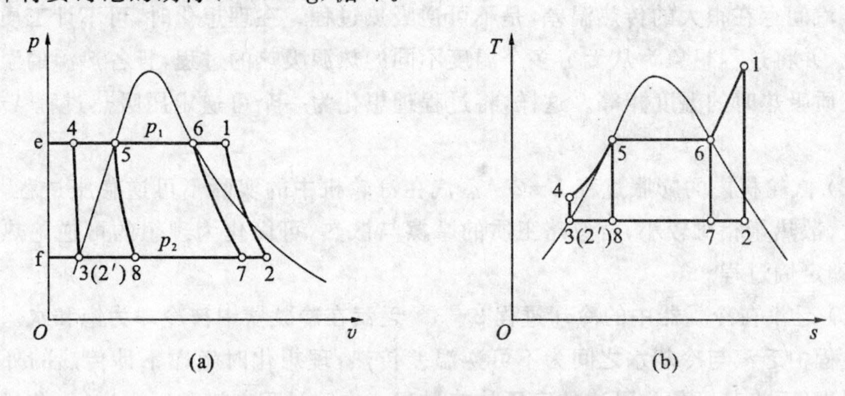

图 11-1 水蒸气的卡诺循环与朗肯循环

(a) p-v 图；(b) T-s 图

11.2 朗肯循环

11.2.1 朗肯循环的装置与流程

最简单的水蒸气动力循环装置由锅炉、汽轮机、冷凝器和水泵组成，如图 11-2(a)所示。其工作过程如下：水在锅炉和过热器中吸热，由饱和水变为过热蒸汽；过热蒸汽进入汽轮机中膨胀，对外做功；在汽轮机出口，工质为低压湿蒸气状态(称为乏汽)，此乏汽进入凝汽器向冷却水放热，凝结为饱和水(称为凝结水)；水泵消耗外功，将凝

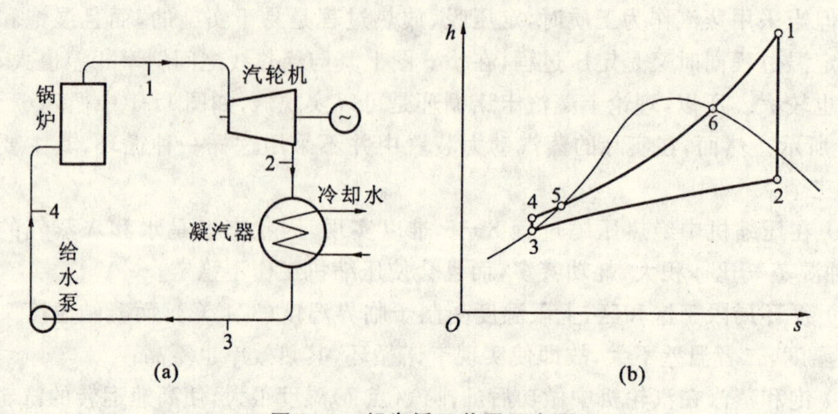

图 11-2　朗肯循环装置示意图

(a) 朗肯循环装置示意图；(b) 朗肯循环的 h-s 图

结水升压并送回锅炉，完成动力循环。

为突出主要矛盾，分析主要参数对循环的影响，不妨先对实际循环进行简化和理想化。

(1) 蒸汽在锅炉中的吸热过程 4－1　实际吸热过程工质有一定的压力变化，烟气与蒸汽间存在很大的传热温差，是不可逆吸热过程。在理想化时，可不计工质的压力变化，并将过程想象为从无穷多个温度不同的热源吸热的过程，且各热源的温度分别与工质吸热时的温度相等。这样，将过程理想化为一个可逆定压吸热过程 4－5－6－1。

(2) 汽轮机内的膨胀过程 1－2　蒸汽在汽轮机中的实际不可逆膨胀过程，因其流量大、散热量相对较小，若忽略工质的摩擦与散热，可简化为理想的可逆绝热膨胀过程，即定熵过程。

(3) 乏汽在冷凝器中的冷却过程 2－3　乏汽在冷凝器中被冷却为饱和水。实际传热过程中乏汽与冷却水之间为不可逆温差传热，理想化时考虑不计传热的外部不可逆因素，而将其简化为可逆的定压放热过程。由于过程在饱和区内进行，此过程也是定温过程。

(4) 给水泵中水的压缩过程 3－4　在水泵中水的压缩升压过程实际也是不可逆的，经忽略摩擦与放热之后，也被理想化为可逆定熵压缩过程。

经过以上步骤将各过程理想化以后，简单蒸汽动力装置中的实际不可逆循环被简化为理想的可逆循环，称为朗肯循环，其 p-v 图和 T-s 图见图 11-1 中所示的循环 1－2－3－4－5－1。相应的 h-s 图如图 11-2(b)所示。

应该指出的是，朗肯循环中的加热过程包括三段，4－5 的未饱和水加热段、5－6 汽化加热段及 6－1 的饱和蒸汽过热加热段。4－5 和 6－1 两段不在两相区，因此只能是定压而不是定温的。由图 11-1(b)可以看出，未饱和水加热段与汽化加热段，即 4－5－6 过程，工质的加热温度要远低于循环的最高温度(T_1)，因此，理论朗肯循环的平均吸热温度较低，是其热效率远低于同温度范围的卡诺循环热效率的重要原因。

11.2.2　朗肯循环的能量分析及热效率

下面可通过对上述装置中各设备和整个循环的能量分析，来计算循环吸收和放出的热量，以及循环中对外所做出的和接受的功量，并据此计算出朗肯循环的热效率。

在锅炉中，工质经定压吸热过程 4－1，吸入热量

$$q_1 = h_1 - h_4$$

在汽轮机中，工质经绝热膨胀 1－2 对外做功

$$w_T = h_1 - h_2$$

在凝汽器中，工质经定压放热过程 2－3，放出热量

$$q_2 = h_2 - h_3$$

在水泵中，水被绝热压缩，接受外功量

$$w_P = h_4 - h_3$$

这里，q_1、w_T、q_2、w_P 都取绝对值。则朗肯循环的热效率为

$$\eta_t = \frac{w_0}{q_1} = \frac{w_T - w_P}{q_1} = \frac{(h_1 - h_2) - (h_4 - h_3)}{h_1 - h_4} \tag{11-1}$$

式中：ω_0 为循环净功。

通常，由于饱和水比体积 v_3 非常小，给水泵耗功远小于汽轮机所做的功量，（在实际的 T-s 图和 h-s 图上，点 3 和点 4 几乎重合，图 11-1 中是夸大了的画法），例如在 10 MPa 时，给水泵耗功约为占汽轮机做功的 2%。因此在近似计算中，泵功常忽略不计，即 $h_4 \approx h_3$。由于点 3 的工质状态为 p_2 压力下的饱和水，其焓值按习惯应表示为 h'_2，因此有 $h_4 \approx h_3 \approx h'_2$。这样，不计给水泵耗功时，循环的热效率可以表示为

$$\eta_t = \frac{h_1 - h_2}{h_1 - h_4} = \frac{h_1 - h_2}{h_1 - h'_2} \tag{11-2}$$

评价蒸汽动力装置的另一个重要指标是汽耗率，其定义是装置每输出 1 kW · h（等于 3 600 kJ）功量所耗费的蒸汽量，用 d 表示，即

$$d = \frac{3\ 600}{w_0} \tag{11-3}$$

式中：循环的净功量的单位为 kJ/kg；汽耗率 d 的单位为 kg/(kW · h)。显然对于朗肯循环（忽略泵功）有

$$d = \frac{3\ 600}{h_1 - h_2} \tag{11-4}$$

在机组功率一定的情况下，汽耗率涉及机组尺寸的大小，它是度量动力装置经济性的又一个指标。

11.2.3　提高朗肯循环热效率的基本途径

提高蒸汽动力循环的热效率具有很重要的意义。一套功率为 5 万千瓦的蒸汽动力装置，只要热效率提高 1%，每小时即可节约标准煤 200～500 kg。若从全国蒸汽动力装置的总容量考虑，则其节约燃料的数量将是惊人的。

分析式(11-2)可知，朗肯循环的热效率取决于新蒸汽的焓值 h_1、乏汽的焓值 h_2 和凝结水的焓值 h'_2。其中 h_1 与新蒸汽的状态(p_1、T_1)有关，而乏汽状态 2 则由定熵过程 1－2 和定压过程 2－3 共同决定，因而 h_2 取决于 p_1、T_1 和 p_2；凝结水的焓值 h'_2 完全取决于终压力(汽轮机的背压)。可见，不计给水泵耗功的情况下，朗肯循环的热效率取决于循环的初参数 p_1、T_1 和终压力 p_2。

1. 提高新蒸汽温度 t_1 对热效率的影响

在 p_1、p_2 不变的情况下，当 t_1 提高时，从 T-s 图(见图 11-3)上可以看出，由于吸热过程的高温段向上延伸，结果吸热过程的平均温度有了提高，与此同时，循环的放热过程中的平均放热温度没有变化。因此，由 $\eta_t=1-\overline{T}_2/\overline{T}_1$ 可知，循环的热效率将因此而得到提高。并且，只要初温度 T_1 能够提高，循环的热效率无例外地就会跟随提高。图 11-4 表示提高初温时热效率随之增加的情况。

从图 11-3 上还可以看到，初温度 T_1 提高时乏汽的状态点将向上界限线一侧移动，即乏汽的干度将会提高。通常水蒸气在汽轮机中膨胀做功，直到成为湿蒸气才从汽轮机中排出，出于汽轮机安全和经济运行的要求，汽轮机的乏汽干度被限制在0.82以上，不能太低。因为蒸汽中含水太多将会危及汽轮机的安全，并降低最后几级的工作效果。提高新蒸汽的温度能够提高乏汽的干度，从而提高汽轮机的相对内效率，无疑对蒸汽动力装置来说这是提高初温度带来的另一显著好处。

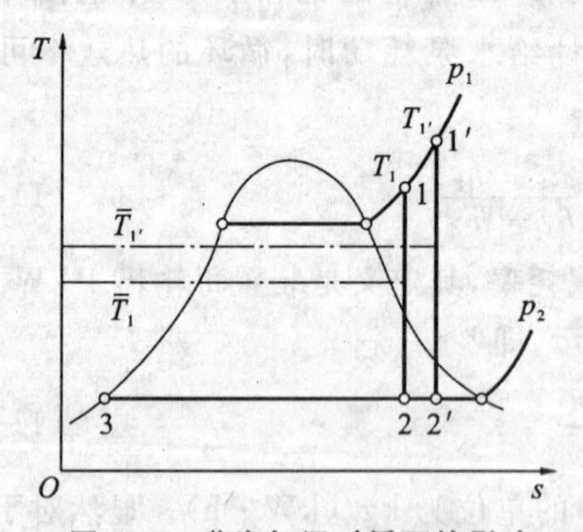

图 11-3　蒸汽初温对循环的影响

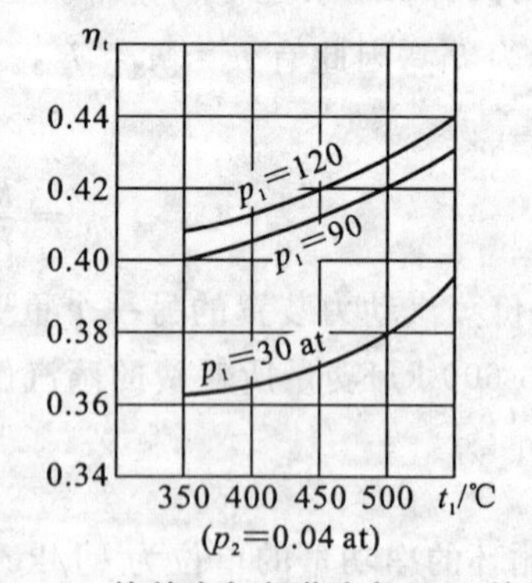

图 11-4　热效率与新蒸汽初温 t_1 的关系

从热效率的角度来看，提高初温度总是有利的。当代先进的蒸汽动力装置大多采用550 ℃左右的初温度，只是由于冶金水平的限制目前才没有采用更高的新蒸汽的温度。可以期望，一旦冶金工业能够生产出可以在更高温度下长期安全工作，价格又能被普遍接受的适用钢材，蒸汽动力装置的初温度便会再获提高，循环的热效率也就再上一个台阶。

2. 提高蒸汽初压 p_1 对热效率的影响

蒸汽在锅炉中形成的过程可以划分为未饱和水的预热、饱和水的汽化和蒸汽的过热三个阶段。对目前所使用到的新蒸汽压力说来，由于汽化潜热较大，因而汽化段的吸热份额在三者中一般居较显要的位置。在 T_1、p_2 不变的情况下，当 p_1 提高时，水蒸气的饱和温度有所提高，因而影响到循环的吸热过程平均温度有所提高，从而提高了循环的热效率。这是提高初压力 p_1 带来的好处。

不过，从图 11-5 上可以看到，在 T_1、p_2 不变的情况下提高初压力 p_1 将会使汽轮机的乏汽干度下降，这是它的不利之处。

根据前面介绍，新蒸汽温度 T_1 的提高一方面将会促使循环的热效率提高，另一方面它会令乏汽的干度提高。这会让人很容易联想到，应当将新蒸汽的压力和温度同时配套地提高，以便获得理想的效果。事实的确如此。在蒸汽动力装置的发展历史过程中，曾从低的初参数经由中参数、高参数，发展到超高参数，这期间所采用的新蒸汽压力始终是以冶金水平确定的新蒸汽温度而转移的。图 11-6 所示为热效率与新蒸汽初压 p_1 的关系。

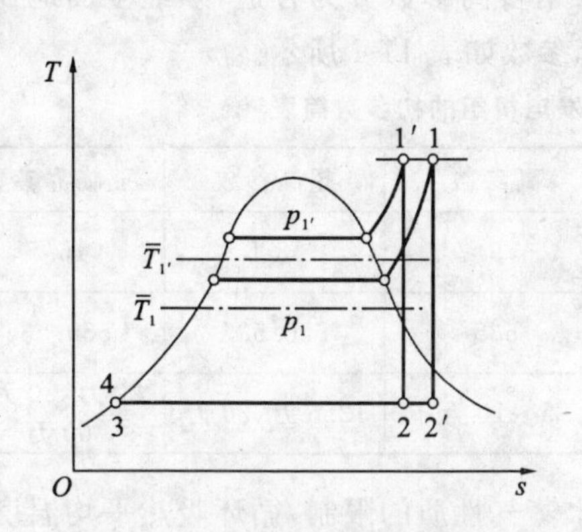

图 11-5　蒸汽初压对循环的影响

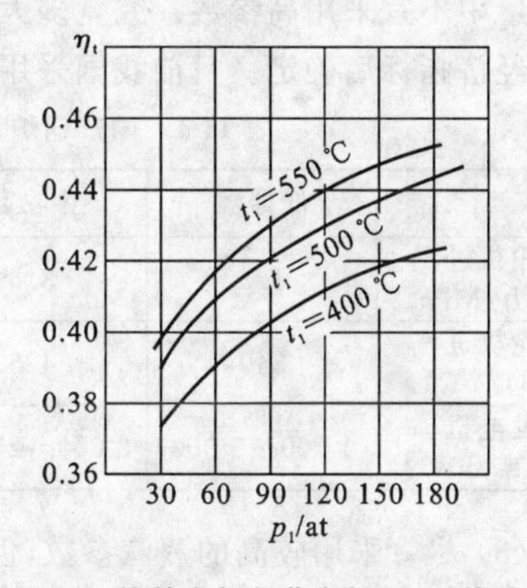

图 11-6　热效率与新蒸汽初压 p_1 的关系

3. 降低乏汽压力 p_2 对热效率的影响

降低循环终压力 p_2 时循环的平均放热温度下降，一方面，在初参数 T_1、p_1 不变的情况下，循环的热效率将显著提高；另一方面，乏汽的干度将略有降低，但影响不大。因此只要终压力能够降低，就将毫无例外地采用更低的终压力。由于乏汽的凝结通常用冷却水来使之冷凝，相变过程的压力是与相变时的温度对应的，因此，蒸汽动力装置循环的终压力不可能低于当地环境温度所对应的水蒸气饱和压力。应该指出的是，现代蒸汽动力装置的乏汽压力 p_2，通常设计为 0.003～0.004 MPa，其对应的饱和温度在 28 ℃左右。此温度应比冷凝器内冷却水的温度略高，所以欲进一步降低终压力，将受到自然环境温度的限制。图 11-7 所示为蒸汽终参数对循环的影响，图 11-8 所示为热效率与乏汽压力 p_2 的关系。

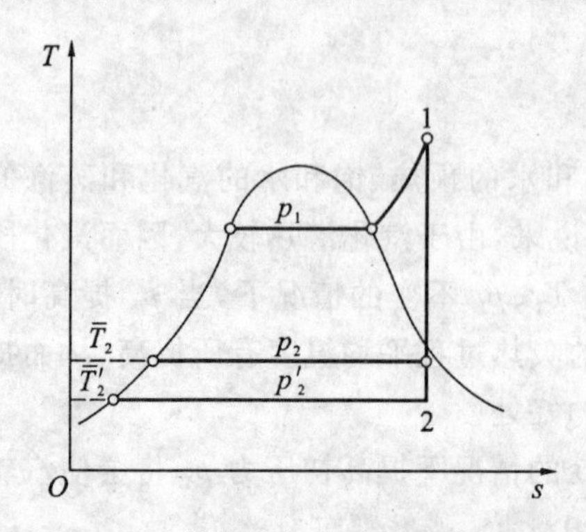

图 11-7　蒸汽终参数对循环的影响

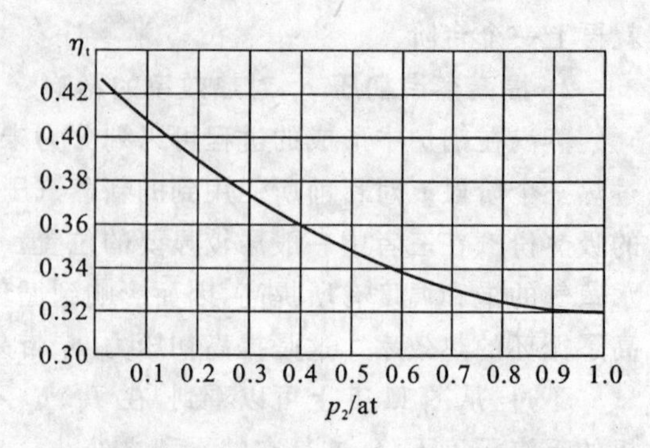

图 11-8　热效率与乏汽压力 p_2 的关系

综上所述，可将蒸汽参数对循环热效率的影响归结如下。

(1) 提高蒸汽 p_1、T_1、降低 p_2 可以提高循环的热效率，因而现代蒸汽动力循环都朝着采用高参数、大容量的方向发展。

(2) 提高初参数 p_1、T_1 后，因循环热效率增加而使动力厂的运行费用下降。但由于高参数的采用，设备的投资费用和一部分运行费用又将增加，因而在一般中小型动力厂中不宜采用高参数。究竟多大容量采用多高参数方为合适，须经全面地比较技术经济指标后确定。目前我国采用的配套参数如表 11-1 所示。

表 11-1　国产锅炉、汽轮机发电机组的初参数简表

	低参数	中参数	高参数	超高参数	亚临界参数
汽轮机进汽压力/MPa	1.3	3.5	9	13.5	16.5
汽轮机进汽温度/℃	340	435	535	550.535	550.535
发电机功率/kW	1 500～3 000	6 000～25 000	5～10 万	12.5 万，20 万	20 万，30 万，60 万

(3) 尽管采用较高的蒸汽参数，但由于水蒸气性质的限制，循环吸热平均温度仍然不高，故对蒸汽动力循环的改进主要集中于对吸热过程的改进，即采用种种提高吸热平均温度的措施。后面即将介绍的蒸汽的再热与回热，以及采用双工质循环等就是实现这些措施的例子。

11.2.4　有能量损失的实际蒸汽动力装置循环

实际的蒸汽动力装置循环所经历的过程性质与朗肯循环一样，只是实际的过程都存在有不可逆因素。下面通过有能量损失的实际蒸汽动力循环分析，计算能量损失对循环经济性的影响。仔细分析循环的 T-s 图可知，循环的吸热和放热过程是否可逆不会改变新蒸汽和凝结水的状态(图中的点 1 和点 3)，因而它们本身不会影响循环的热效率，倒是蒸汽在汽轮机中做功过程的不可逆性会改变汽轮机输出的技术功，如图 11-9 所示。不可逆性使汽轮机输出的技术功减少，从而使循环的热效率下降。

在初、终参数相同的情况下，实际不可逆的蒸汽动力装置基本循环与朗肯循环比较，汽轮机输出的技术功减少为

$$\Delta h_2=(h_1-h_{2_s})-(h_1-h_2)=h_2-h_{2_s} \tag{11-5}$$

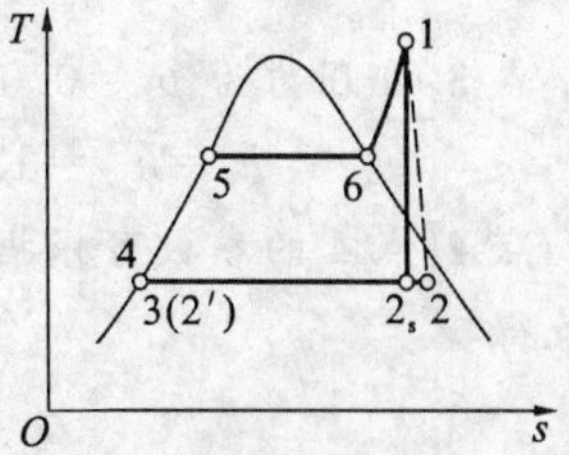

T
1
5
6
4
3(2′)
2_s 2
O
s

图 11-9　实际的蒸汽动力装置基本循环

因此，不计给水泵消耗的技术功时，实际循环的热效率为

$$\eta_t=\frac{h_1-h_2}{h_1-h'_2}=\frac{h_1-(h_{2_s}+\Delta h_2)}{h_1-h'_2} \tag{11-6}$$

按热力过程中的状态变化，蒸汽在汽轮机内部所做的技术功，尚未传到轮轴上之前称为内部功，当轴承的机械效率为100 %时内部功就等于汽轮机的轴功。定义实际的不可逆的汽轮机内部功与理想的定熵的汽轮机内部功之比称为汽轮机的相对内效率，也称汽轮机的定熵效率，或者就简称为汽轮机的效率。相对内效率的表达式为

$$\eta_T=\frac{h_1-h_2}{h_1-h_{2_s}} \tag{11-7}$$

根据式(11-7)可得实际汽轮机的乏汽焓与理想汽轮机乏汽焓之间的关系式

$$h_2=h_{2_s}+(1-\eta_T)(h_1-h_{2_s}) \tag{11-8}$$

可见，实际汽轮机与理想汽轮机的乏汽焓差为

$$\Delta h_2=h_2-h_{2_s}=(1-\eta_T)(h_1-h_{2_s}) \tag{11-9}$$

实际汽轮机的内部功与循环吸热量之比称为汽轮机的绝对内效率(η_i)，它实际上也就是不计给水泵耗功情况下的实际蒸汽动力装置循环的热效率，结合式(11-8)应有

$$\eta_i=\eta_t=\frac{h_1-h_2}{h_1-h'_2}=\frac{\eta_T(h_1-h_{2_s})}{h_1-h'_2}=\eta_T\eta_{t,R} \tag{11-10}$$

例 11-1　某朗肯循环的蒸汽参数取为 $t_1=550$ ℃，$p_1=30$ bar，$p_2=0.05$ bar。试计算：(1) 水泵所消耗的功量；(2) 汽轮机做功量；(3) 汽轮机出口蒸汽干度；(4) 循环净功；(5) 循环热效率及汽耗率。

解　循环的 T-s 图参见图 11-1。1、2、3、4 各状态点的焓、熵值可根据蒸汽表或图查得，下面以蒸汽表为例，给出各点参数的获得过程。

点 1：由过热蒸汽表可查得 $t_1=550$ ℃，$p_1=30$ bar 时的参数为

$$h_1=3\ 568.6\ \text{kJ/kg},\quad s_1=7.375\ 2\ \text{kJ/(kg}\cdot\text{K)}$$

点 2：点 2 的参数可根据 $s_1=s_2=7.375\ 2$ kJ/(kg·K)及 $p_2=0.05$ bar 查得并计算，由饱和水和饱和汽表可得 $p_2=0.05$ bar 时的 $s'_2=0.476\ 2$ kJ/(kg·K)，$s''_2=8.395\ 2$ kJ/(kg·K)，所以排汽干度为

$$x_2=\frac{s_1-s'_2}{s''_2-s'_2}=0.87$$

则 $$h_2=h'_2+x_2(h''_2-h'_2)=2\ 236\ \text{kJ/kg}$$

点 3：即压力为 $p_2=0.05$ bar 的饱和水的参数，可由饱和水表查得

$$h_3=h'_2=137.8\ \text{kJ/kg},\quad s_3=0.476\ 2\ \text{kJ/(kg·K)}$$

点 4：点 4 的参数可根据 $s_4=s_3$ 及 $p_1=30$ bar 查未饱和水与过热水蒸气热力性质表得

$$h_4=140.9\ \text{kJ/kg}$$

根据上面所查得的各参数值，可得

(1) 水泵所消耗的功量为

$$w_p=h_4-h_3=(140.9-137.78)\ \text{kJ/kg}=3.1\ \text{kJ/kg}$$

(2) 汽轮机做功量

$$w_t=h_1-h_2=3\ 568.6-2\ 236\ \text{kJ/kg}=1\ 332.6\ \text{kJ/kg}$$

(3) 汽轮机出口蒸汽干度已经在前面求得

$$x=\frac{s_2-s'_2}{s''_2-s'_2}=0.87$$

(4) 循环净功

$$w_0=w_T-w_p=(1\ 332.6-3.1)\ \text{kJ/kg}=1\ 329.5\ \text{kJ/kg}$$

(5) 循环热效率

$$q_1=h_1-h_4=(3\ 568.6-140.9)\ \text{kJ/kg}=3\ 427.7\ \text{kJ/kg}$$

故 $$\eta_T=\frac{w_0}{q_1}=0.387\ 9=38.79\%$$

若忽略泵功，$h_4=h_3=h'_2$，则循环的热效率为

$$\eta_T=\frac{w_0}{q_1}=\frac{h_1-h_2}{h_1-h'_2}=\frac{3\ 568.6-2\ 236}{3\ 568.6-137.78}=0.388\ 4=38.84\%$$

由计算可见，忽略泵功引起的热效率误差只有 0.5%左右。

忽略泵功后汽轮机的汽耗率为 $d=\frac{3\ 600}{h_1-h_2}=\frac{3\ 600}{1\ 332.6}=2.701\ \text{kg/(kW·h)}$

讨论：从上面的例子可以看到朗肯循环的热效率是很低的，只有 40%左右。应当指出，朗肯循环只是最基本的蒸汽动力循环。现代大、中型蒸汽动力装置中所采用的都是在它的基础上加以改进后得到的较复杂的蒸汽动力循环。

11.3 再热循环

由以上的分析可知，提高蒸汽的初压 p_1、初温 t_1 和降低排汽压力 p_2 都可以提高循环的热效率，但都受到一定的条件限制，例如提高蒸汽初压 p_1 将引起乏汽的干度 x_2 下降，而提高蒸汽初温 t_1 又要受到金属材料的限制。为解决这个矛盾，常采用蒸汽中间再过热的办法。蒸汽中间再过热的设备系统如图 11-10 所示。

所谓蒸汽中间再过热，就是将汽轮机（高压部分）内膨胀至某一中间压力的蒸汽

全部引出，进入到锅炉的再热器中再次加热，然后回到汽轮机(低压部分)内继续做功。再热循环的 T-s 图如图 11-11 所示。经过再热以后，蒸汽膨胀终了的干度 x 有明显的提高。这里应着重指出，虽然最初只是将再热作为解决乏汽干度问题的一种办法，而发展到今天，它的意义已远不止此。现代大型机组几乎毫无例外地都采用再热循环，因此它已成为大型机组提高热效率的必要措施。这一点从下面的分析中就可清楚地看出。

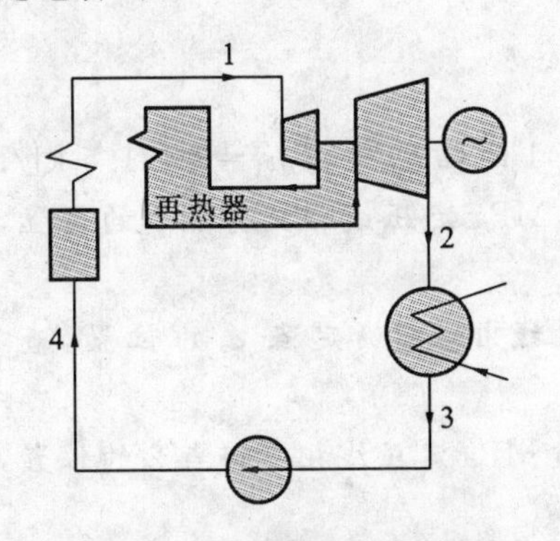

图 11-10　再热循环设备简图

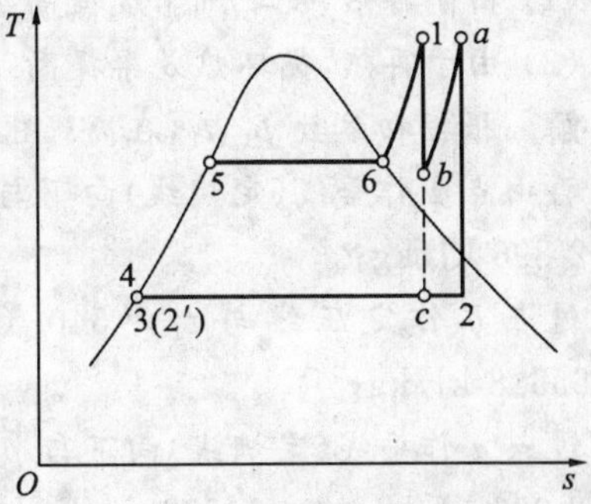

图 11-11　再热循环的 T-s 图

对于具有一次再热的蒸汽动力循环，忽略给水泵的功耗时，再热循环输出的功为一次汽和二次汽在汽轮机中所做的技术功之和，即

$$w_{\text{net}} = (h_1 - h_a) + (h_b - h_2)$$

循环的吸热量为蒸汽分别在锅炉的过热器和再热器所吸热量之和，即

$$q_1 = (h_1 - h'_2) + (h_b - h_a)$$

因此再热循环的热效率为

$$\eta_{\text{t,reh}} = \frac{(h_1 - h_a) + (h_b - h_2)}{(h_1 - h'_2) + (h_b - h_a)} = \frac{(h_1 - h_2) + (h_b - h_a)}{(h_1 - h'_2) + (h_b - h_a)} \tag{11-11}$$

再热对循环热效率的影响从式(11-11)不易直观看出，但由 T-s 图(见图 11-11)可以定性分析，如果将再热部分看做基本循环 $1-c-2'-5-6$ 的附加循环 $b-a-2-c-b$，这样，只需分析附加循环的效率对基本循环的影响就行了。如果附加部分较基本循环热效率高，则能够使循环的总效率提高，反之则降低。可见，如所取中间压力较高，则能使 η_t 提高；如中间压力过低，也会使 η_t 降低。但中间压力取得高对 x_2 的改善较少，且如中间压力过高，则附加部分与基本循环相比所占比例甚小，即使其本身效率高，而对整个循环作用不大。事实证明存在着一个最佳的中间再热压力($p_{\text{a,opt}}$)，其值约等于新蒸汽(又称一次汽)压力的 20%～30%，即 $p_{\text{a,opt}} = (0.2 \sim 0.3)p_1$。但选取中间压力时必须注意使进入冷凝器的乏汽干度在允许范围内，此为再热之根本目的。

目前，随着初参数的进一步提高，更加引起了对再热的重视。高参数 10^5 kW 以上的机组，压力在 13 MPa 至临界压力以下，一般采用一次中间再过热，超临界参数方考虑二次再热。通常一次再热可使循环热效率提高 2%～3.5%，若再热次数增加，虽然会使热效率提高一些，但管道系统过于复杂，使投资增加，运行不便，反带来不利影响。因此实际再热次数很少超过两次，而压力低于 10 MPa 时，则很少采用再热循环。

例 11-2　按朗肯循环工作的某汽轮机初态为 $p_1=15$ MPa，$t_1=540$ ℃，蒸汽膨胀至 $p_{\rm reh}=2$ MPa 时进再热器中定压再热至 540 ℃，然后回到汽轮机中继续膨胀至排汽压力 $p_2=0.006$ MPa，试求：

(1) 由于再热，使乏汽干度提高了多少？

(2) 由于再热，循环热效率提高了多少？

解　根据初参数 p_1、t_1，在 h-s 图上定出点 1 的位置，查得 $h_1=3\ 421.5$ kJ/kg。

再由点 1 作垂线（定熵线）向下与 $p_{\rm reh}=2$ MPa 定压线相交得点 b 的位置，查得 $h_b=2\ 896$ kJ/kg；

过点 b 作定压线与 $t_1=540$ ℃ 的定温线相交，确定点 a 的位置，查得 $h_a=3\ 555.8$ kJ/kg；

过点 a 作垂线（定熵线）向下与 $p_2=0.006$ MPa 定压线相交得点 2 的位置，查得 $h_2=2\ 326$ kJ/kg，$x_2=0.898$；

为求不采用再热的朗肯循环的热效率，还应知道点 c 的参数值，可由 s_1 和 p_2 确定位置，查得 $h_c=1\ 997$ kJ/kg，$x_c=0.764$。

(1) 可见再热循环后乏汽的干度比无再热循环提高，有

$$\Delta x=x_2-x_c=0.898-0.764=0.134$$

(2) 再热循环的热效率（忽略泵功）

$$\eta_{\rm t,reh}=\frac{(h_1-h_a)+(h_b-h_2)}{(h_1-h'_2)+(h_b-h_a)}=\frac{(3\ 421.5-2\ 896)+(3\ 555.8-2\ 326)}{(3\ 421.5-151.5)+(3\ 555.8-2\ 986)}=0.447=44.7\%$$

若无再热，同参数的朗肯循环的热效率为

$$\eta_{\rm t,R}=\frac{h_1-h_c}{h_1-h'_2}=\frac{3\ 421.5-1\ 997}{3\ 421.5-151.5}=0.436=43.6\%$$

循环的热效率相对提高

$$\frac{\eta_{\rm t,reh}-\eta_{\rm t,R}}{\eta_{\rm t,R}}=\frac{44.7\%-43.6\%}{43.6\%}=2.5\%$$

11.4 回热循环

11.4.1 理想回热

通过对朗肯循环的分析已经知道，其热效率低的主要原因是工质的吸热平均温度不高。提高吸热过程的平均温度，以减少烟气与蒸汽之间的传热温差，是提高蒸汽动力循环热效率的根本途径。提高工质吸热平均温度的基本措施有二：除前述提高蒸汽初参数以提高蒸汽吸热过程的平均温度以外，另一个基本措施就是改善吸热过

程。为了说明这个问题，现在来研究如图 11-12 所示的蒸汽吸热过程 4—5—1。其中，4—5 是水的预热段，是整个吸热过程中温度最低的部分。显然，若能将这一低温的吸热段加以改进，则循环的吸热平均温度将有较大的提高。改进这一低温吸热段可以有以下两种方法。

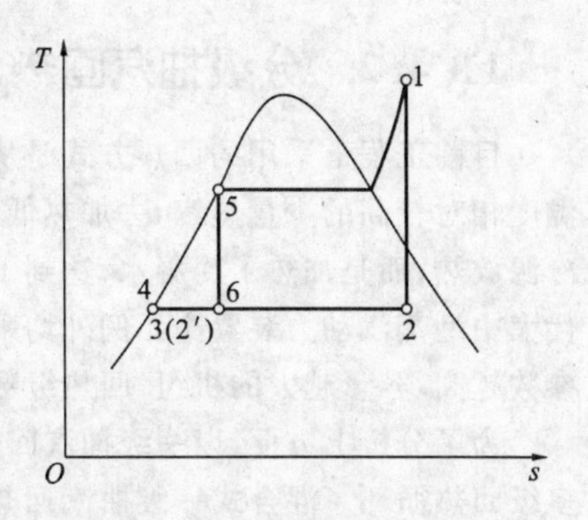

图 11-12　改善朗肯循环的一种考虑

第一种方法是消除 4—5 的低温预热段。当蒸汽冷凝到图中状态点 6 时，即用压缩机将汽水混合物定熵压缩至点 5，使锅炉内的吸热过程直接由点 5 开始。这种方法虽然可以避免低温吸热段，但它需用体积庞大的压缩机。前已介绍，这种方法既难实现又不经济。

第二种方法是采用回热。回热的原理就是把本来要放给来源的热量利用来加热工质，以减少工质从热源的吸热量。但是朗肯循环中乏汽温度仅略高于进入锅炉的未饱和水的温度，因此不可能利用乏汽在冷凝器中传给冷却水的那部分热量来加热锅炉给水。图 11-13 所示为一种理想的回热装置。蒸汽在汽轮机中绝热膨胀到点 $c(T_c=T_a)$，即边膨胀边放热以加热回热水套内的给水。由图 11-12(b)可以看出，蒸汽放出的热量(图上以面积 $cHG2c$ 表示)，正好等于水在低温吸热段 $4-a$ 所吸入的热量(在图上以面积 $aFE4a$ 表示)。经这样回热以后，锅炉内水的吸热过程将从点 a 开始，循环的吸热过程由 $4-a-b-1$ 变为 $a-b-1$，这就消除了水的低温吸热段 $4-a$，而使得循环的吸热平均温度明显地得到提高。当然热效率也随之增高。

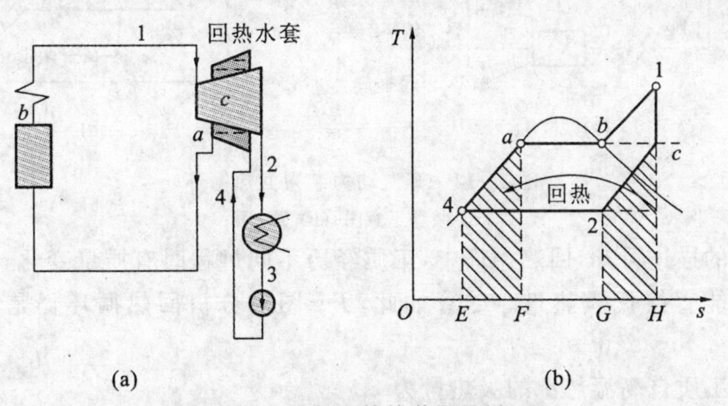

图 11-13　理想回热的装置及循环图

然而，图 11-13 所示的理想回热在实际中是不可能实现的，其原因如下：① 汽轮机的结构不允许蒸汽一边做功，一边放热给被加热流体，在汽轮机缸外加上一层回热水套的办法，只是一种设想，实际难以实现；② 被回热的流体是液态水，它的比热容与蒸汽不一致，也就无法满足热量相等的理想回热条件；③ 采用理想回热后乏汽的干度有可能变得过低而危害汽轮机经济安全运行。因此，实际中并不采用上述理想回热。

11.4.2 分级抽汽回热

目前工程上采用的回热方式是从汽轮机的适当部位抽出尚未完全膨胀的，压力、温度相对较高的少量蒸汽，去加热低温凝结水。这部分抽汽并未经过冷凝器，没有向冷源放热，而是加热了冷凝水，达到了回热的目的。这种循环称为抽汽回热循环。现代大中型蒸汽动力装置毫无例外均采用回热循环，抽汽的级数由2～3级到7～8级，参数越高、容量越大的机组，回热级数越多。

为了分析上方便，以一级抽汽回热循环为例进行讨论。其计算原则同样适用于多级回热循环。混合式一级抽汽回热循环的装置示意图和 T-s 图如图11-14所示。每1 kg状态为1的新蒸汽进入汽轮机，绝热膨胀到状态 $0_1(p_{0_1}, t_{0_1})$ 后，其中的 α_1 kg即被抽出汽轮机引入回热器，这 α_1 kg状态为 0_1 的回热抽汽将 $(1-\alpha_1)$ kg凝结水加热到了 0_1 压力下的饱和水状态，其本身也变成为 0_1 压力下的饱和水，然后两部分汇合成1 kg的状态为 $0'_1$ 的饱和水，经水泵加压后进入锅炉加热、汽化、过热成新蒸汽，完成循环。

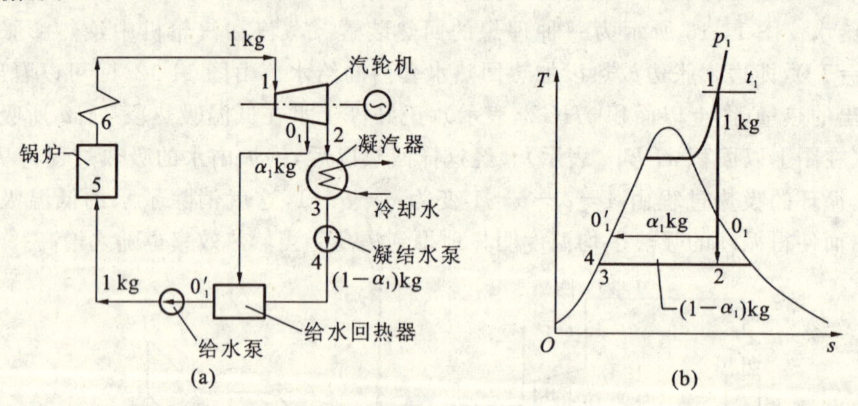

图11-14 蒸汽动力装置回热循环

(a) 装置示意图；(b) T-s 图

从上面的描述可知，回热循环中，工质经历不同过程时有质量变化，因此，T-s 图上的面积不能直接代表热量。尽管如此，T-s 图对分析回热循环仍是十分有用的工具。

循环中工质自高温热源的吸热量为

$$q_1 = h_1 - h'_{0_1}$$

忽略给水泵的耗功时，循环的功由凝汽和抽汽两部分蒸汽所做的功构成

$$w_{t,T} = (1-\alpha_1)(h_1 - h_2) + \alpha_1(h_1 - h_{0_1})$$

因此，具有一级抽汽回热的循环热效率为

$$\eta_{t,reg} = \frac{(1-\alpha_1)(h_1-h_2)+\alpha_1(h_1-h_{0_1})}{h_1-h'_{0_1}} = \frac{(h_1-h_{0_1})+(1-\alpha_1)(h_{0_1}-h_2)}{h_1-h'_{0_1}} \tag{11-12}$$

图11-15是混合式回热器的示意图，对其建立能量平衡关系式，有

$$(1-\alpha_1)(h'_{0_1}-h'_2)=\alpha_1(h_{0_1}-h'_{0_1})$$

从而可以得到抽汽量的计算式

$$\alpha_1=\frac{h'_{0_1}-h'_2}{h_{0_1}-h'_2} \tag{11-13}$$

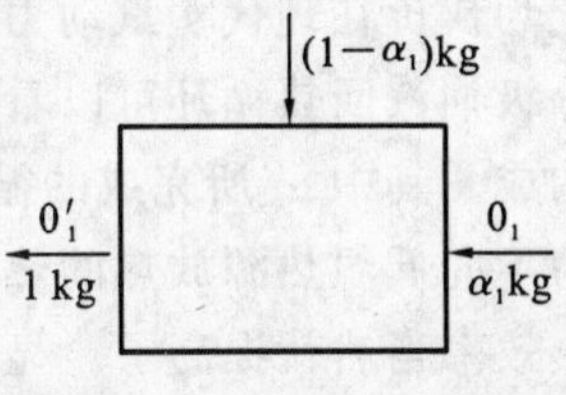

(1−α₁)kg

$0'_1$ 1 kg

0_1 $\alpha_1$kg

图11-15 混合式回热器示意图

由此，有 $h'_{0_1}=h'_2+\alpha_1(h_{0_1}-h'_2)$

将上式代入 q_1 的计算式中，然后在式中右侧分别加上 $\alpha_1 h_1$ 项和减去 $\alpha_1 h_1$ 项，有

$$\begin{aligned}q_1&=h_1-h'_{0_1}=h_1-h'_2-\alpha_1(h_{0_1}-h'_2)\\&=h_1-\alpha_1 h_1-h'_2+\alpha_1 h'_2+\alpha_1 h_1-\alpha_1 h_{0_1}\\&=(1-\alpha_1)(h_1-h'_2)+\alpha_1(h_1-h_{0_1})\end{aligned}$$

利用以上关系可以将式(11-12)改写为

$$\eta_{t,reg}=\frac{(1-\alpha_1)(h_1-h_2)+\alpha_1(h_1-h_{0_1})}{(1-\alpha_1)(h_1-h'_2)+\alpha_1(h_1-h_{0_1})}$$

显然

$$\eta_{t,reg}>\frac{(1-\alpha_1)(h_1-h_2)}{(1-\alpha_1)(h_1-h'_2)}=\frac{(h_1-h_2)}{(h_1-h'_2)}=\eta_{t,R}$$

可见，与简单的朗肯循环比较起来，回热使循环的热效率得到了提高。

对于有 n 级抽汽回热的循环，若各级回热抽汽所占的份额分别为 α_1、α_2、α_3、…、α_n，最终进入凝汽器的凝汽份额为 α_c，按质量平衡，有

$$\alpha_c=1-\alpha_1-\alpha_2-\alpha_3-\cdots-\alpha_n$$

循环中向冷源的放热量为

$$q_2=\alpha_c(h_2-h'_2)$$

不计给水泵耗功时，循环的净功为

$$w_{net}=w_T=\alpha_1(h_1-h_{0_1})+\alpha_2(h_1-h_{0_2})+\cdots+\alpha_n(h_1-h_{0_n})+\alpha_c(h_1-h_2)$$

循环中工质自高温热源的吸热量为

$$\begin{aligned}q_1&=q_2+w_{net}\\&=\alpha_c(h_2-h_{2'})+\alpha_1(h_1-h_{0_1})+\alpha_2(h_1-h_{0_2})+\cdots+\alpha_n(h_1-h_{0_n})+\alpha_c(h_1-h_2)\end{aligned}$$

上式整理后可改写为

$$q_1=\alpha_c(h_1-h_{2'})+\sum_{i=1}^{n}\alpha_i(h_1-h_{0_i})$$

这时的循环热效率应为

$$\eta_{t,reg}=1-\frac{q_2}{q_1}=1-\frac{\alpha_c(h_2-h'_2)}{\alpha_c(h_1-h'_2)+\sum_{i=1}^{n}\alpha_i(h_1-h_{0_i})} \tag{11-14}$$

11.4.3 给水回热的好处

采用回热循环可以使循环的热效率得到显著提高，这正是人们不惜以系统复杂

化为代价在现代蒸汽动力装置中采用了多至7～9级抽汽回热的原因。实际上整个分级抽汽回热循环可以看成分别由α_1、α_2、…、α_n、α_c等几部分蒸汽完成各自的循环所构成。其中α_c所完成的循环与简单朗肯循环无异，但各抽汽部分所完成的子循环则为不向低温热源放热的热效率等于100%的完美循环。这样，综合起来整个循环的热效率当然就提高了。显然抽汽部分所完成的子循环是不可能独立存在的，否则就与热力学第二定律相悖了。

不难理解，从热力学原理上说来自然是回热抽汽部分所做的循环功比例越大越好，为此，在保证完成预定回热任务的前提下，回热抽汽的压力应当尽可能低，抽汽的数量应当尽可能大。任何以高压抽汽来代替低压抽汽的做法，以及其他可能会排挤回热抽汽的做法，从热力学上来说都是不可取的。

除了使循环的热效率提高外，回热循环还在实际上带来以下好处：

(1) 由于回热抽汽的结果，汽轮机的气耗率增加了，这有利于提高汽轮机前几级的部分进汽度，从而改善了汽轮机的相对内效率；

(2) 由于锅炉给水温度的提高，使省煤器缩小了，从而在锅炉的尾部受热面中可以有较大比例分配给空气预热器，产生更高温度的预热空气，这有益于燃料的更完全燃烧，利于提高锅炉的热效率；

(3) 凝汽器缩小了，循环水量及循环水泵的耗电量也都减少了，结果厂用电减少了，整个发电厂的能量转换效率提高了。

例 11-3　某回热并再热的蒸汽动力循环如图11-16所示。已知压力p_1=10 MPa，初温t_1=500 ℃；第一次抽汽压力，亦即再热压力$p_a=p'_1$=1.5 MPa，再热温度t'_1=500 ℃；第二次抽汽压力p_b=0.13 MPa；终压p_2=0.005 MPa。试求：该循环的理论热效率，它比相同参数的朗肯循环(0—1—2—3—0)的理论循环热效率提高多少？

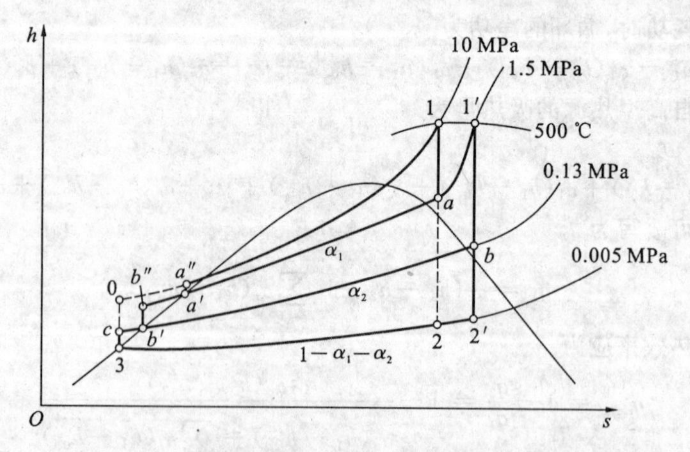

图11-16　例题11-3图

解　查水蒸气的焓熵图和水蒸气热力性质表，得各状态点的焓值为

$$h_1 = 3\ 376\ \text{kJ/kg},\quad s_1 = 6.595\ \text{kJ/(kg·K)}$$

$$h_{1'}=3\ 475\ \text{kJ/kg},\quad s_{1'}=7.565\ \text{kJ/(kg·K)}$$

$$h_a=2\ 866\ \text{kJ/kg},\quad h_b=2\ 810\ \text{kJ/kg},\quad h_{2'}=2\ 308\ \text{kJ/kg}$$

$$h_2=2\ 008\ \text{kJ/kg},\quad h_3=137.3\ \text{kJ/kg},\quad h_c=137.8\ \text{kJ/kg}$$

$$h_0=147.7\ \text{kJ/kg},\quad h_{b'}=449.2\ \text{kJ/kg},\quad h_{b''}=450.6\ \text{kJ/kg}$$

$$h_{a'}=844.8\ \text{kJ/kg},\quad h_{a''}=854.6\ \text{kJ/kg}$$

计算抽汽率

$$\alpha_1=\frac{h_{a'}-h_{b''}}{h_a-h_{b''}}=\frac{844.8-450.6}{2\ 866-450.6}=0.163\ 2=16.32\%$$

$$\alpha_2=(1-\alpha_1)\frac{h_{b'}-h_c}{h_b-h_c}=(1-0.163\ 2)\times\frac{449.2-137.8}{2\ 810-137.8}=0.097\ 5=9.75\%$$

再热、回热循环的理论热效率为

$$\begin{aligned}\eta_{t再热、回热}&=1-\frac{Q_2}{Q_1}=1-\frac{(1-\alpha_1-\alpha_2)(h_{2''}-h_3)}{(h_1-h_{a''})+(1-\alpha_1)(h_{1'}-h_a)}\\&=1-\frac{(1-0.163\ 2-0.097\ 5)(2\ 308-137.7)}{(3\ 376-854.6)+(1-0.163\ 2)(3\ 475-2\ 866)}\\&=0.470\ 6=47.06\%\end{aligned}$$

相同参数的朗肯循环的理论热效率为

$$\eta_t=1-\frac{q_2}{q_1}=1-\frac{h_2-h_3}{h_1-h_0}=1-\frac{2\ 008-137.7}{3\ 376-147.7}=0.420\ 7=42.07\%$$

前者比后者热效率提高的百分率为

$$\frac{\Delta\eta_t}{\eta_t}=\frac{0.470\ 6-0.420\ 7}{0.420\ 7}=0.118\ 6=11.86\%$$

11.5　提高蒸汽循环热效率的其他方式

11.5.1　从能量利用角度考虑——热电循环

尽管采用了高参数和回热等措施，现代蒸汽动力循环的效率一般仍低于 50%，即尚有约 50%的热能传给冷凝器中的冷却水而散失于大气之中。这部分热能虽然数量很大，但由于它是在接近大气温度 T_0 下放出的，根据热力学第二定律可知要利用这部分热量来做功，其价值不大。但如果把这部分热能直接排到环境中(如将冷却水带入电厂附近的水体)，不仅会造成能量的浪费，而且对环境来说，也是一种负荷。大量热量排入自然环境，会加剧城市的热岛效应，并使电厂下游水体变暖，造成水系的热污染，从而破坏水系的生态平衡。

根据前面的论述，为提高蒸汽动力装置循环的热效率，总是把乏汽压力尽可能降低。一些大型冷凝式汽轮机乏汽压力常低到 3～4 kPa，其对应饱和温度仅为 24.11～28.95 ℃。如果能把乏汽的压力提高到 0.2 MPa，则其饱和温度可达 120 ℃

左右，这样温度的热能就可以用于暖气设备及某些工业，如印染、造纸及化工等一般只需低压蒸汽的场合。采用这种措施的循环既发电又供热，可以使能量得到更加充分的利用，被称为热电联产循环。

在热电联产循环中，若蒸汽是膨胀到某一压力后全部自汽轮机引出，以向热用户供热，这类汽轮机称为背压式汽轮机。采用背压式汽轮机的热电循环装置如图11-17所示。它与凝汽式动力循环的主要区别在于：

(1) 循环放热不是通过凝汽器散于大气，而是通过换热器或直接供给热用户；

(2) 为了满足热用户一定的汽温或水温的要求，背压 p_2 不能过低，一般在0.1 MPa以上。

背压式汽轮机常用于需汽量很大的工厂的自备热电站中。这种循环的缺点是供热与供电互相影响。当蒸汽的供应量增大或减少时，电能的生产也跟着增大或减少，并且这种方式也无法同时供应对热力参数有不同要求的热用户。

另一种热电联产循环所采用的为抽汽供热汽轮机，其装置如图 11-18 所示。通常热电站多采用这类循环，热、电生产的相互影响较小，同时还可以用不同压力的抽汽来满足各种热用户的不同要求，而且热效率也远高于背压式汽轮机热电循环。

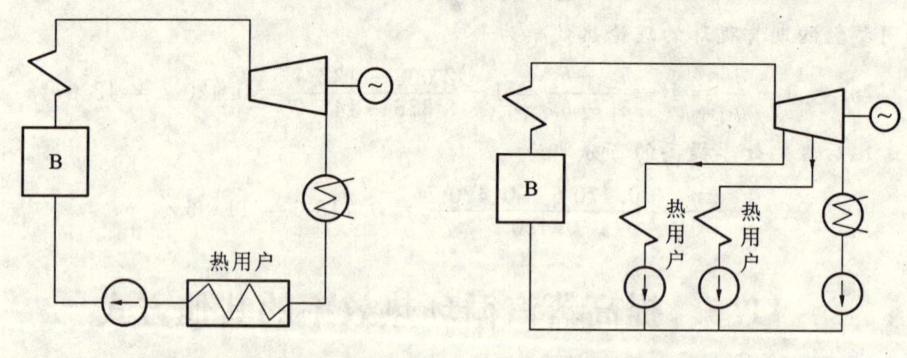

图 11-17 采用背压式汽轮机的系统　　图 11-18 抽汽供热系统

采用热电联产，对热电厂的热效率来讲无疑是不利的。但从能量利用的角度来看，热电循环除了输出机械功外，同时提供了可利用的热量 Q_2，能量利用更合理。因此衡量热电联产循环经济性的指标应有两个，一为循环的热效率，另一个能量利用系数 K，有

$$K=\frac{\text{已利用的能量}}{\text{工质从热源得到的能量}}$$

式中，已利用的能量包括功量和供给热用户的热量。在理想情况下，K 值可达到 1，但实际上由于各种损失和热、电负荷间的不协调，一般 $K\approx70\%$。

在热效率 η_t 中未考虑低温热能的利用，而在能量利用系数 K 中又未考虑电能与热能之间的差异，二者各有其片面性。因此，在衡量热电循环的经济性时，应将二者结合起来考虑。

11.5.2　从工质性质角度考虑——双蒸汽循环

前面已考虑并几乎广泛实际用于蒸汽动力循环的唯一工质就是水。至今还没有发现比水更适用于蒸气动力循环的单一工作流体。然而，如前所提及，受到临界温度的限制，水蒸气动力循环的热效率即使在最理想的情况下也无法达到很高。因此，提高蒸汽循环的热效率的方法之一就是探求新的热工工质，这也是热力工程和工程热力学中的重要课题。这种理想工质应该便于实现容许温度范围内的卡诺循环，同时还应该考虑一些工程实践中的具体问题。现将理想工质应当满足的条件归纳如下。

(1) 为了实现工质在饱和区内的定温吸热过程，理性工质的临界点温度应较大地超过金属材料的容许温度。并且在此温度下的汽化潜热要足够大，相应的饱和压力不太高。这样可在不采用过热的情况下就能实现较高温度下的定温吸热。

(2) 理想工质的三相点温度应低于大气温度，使膨胀至大气温度时工质不致凝固。同时对应的饱和压力不能太低，因为过高的真空度在实际工程中不易保持。

(3) 为了减少低温的液态吸热，理想工质的下界限线应较陡，最好接近绝热线，也就是说要求饱和液体的比热容要小。

(4) 由于膨胀终了时温度不能太大，因而要求理想工质的上界限线也要比较陡，同时膨胀终了时的比容不宜过大，否则会使汽轮机最后几级和排气管道尺寸过大。

(5) 理想工质还应保持化学稳定性，不腐蚀金属材料、无毒，并且来源丰富，价格便宜等。

上述理想工质的性质，可以用图11-19中虚线所示的图形来表示。显然，这样的工质所进行的循环，对同温度范围内的卡诺循环的充满系数会很大。但是，要找到这样一种理想工质是很困难的。就水蒸气而言，虽然在低温时它的性质比较适合，但在高温时的性质则由于临界温度太低，相应饱和压力增大快（如在300 ℃时为8.58 MPa，而在350 ℃时为16.5 MPa）而不能满足上述特性。而另外一些物质，如汞，它在上限温度时颇符合理想工质的条件，其临界温度高达1 650 ℃，在515～550 ℃时，其饱和压力在1.5～2 MPa之间。但在低温时又几乎不能使用。于是，人们就产生了把两种不同的工质联合运行的想法。用汞作高温部分的工质，而用水作低温部分的工质，以充分利用高低温限而提高热效率。汞-水两气循环装置如图11-20所示。其中，虚线表示汞蒸汽循环线路，而实线表示水蒸气循环线路。在换热器中汞放出热量对水加热。由该循环装置的 T-s 图（见图11-21）可见，双气循环的结果使整个循环的充满系数大为增加，其热效率可达相同温度范围内卡诺循环效率的90%～95%。

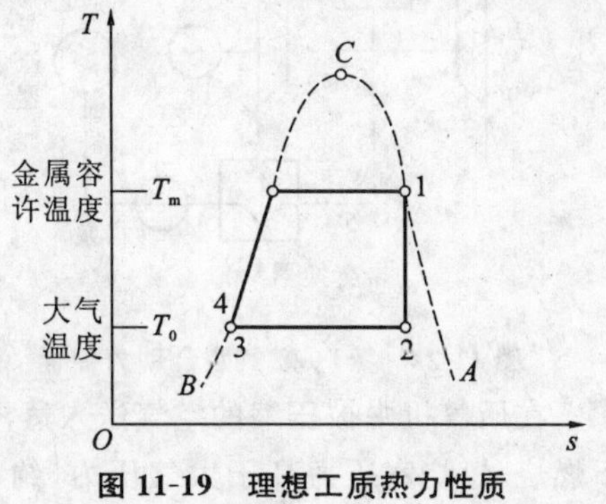

图11-19　理想工质热力性质

迄今为止，虽然汞-水两气循环装置可以

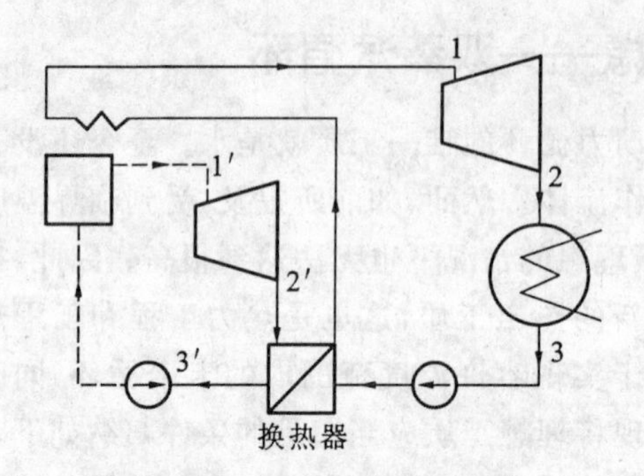

图 11-20　汞-水两气循环装置

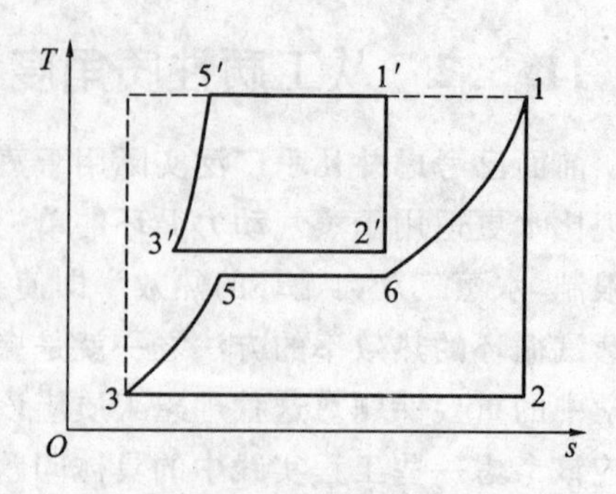

图 11-21　双工质循环 T-s 图

达到较高热效率，但是极少在实际中得到应用。主要原因是由于汞价格昂贵，且有剧毒，危害人体健康。近年来，运用其他金属蒸汽与水蒸气的双工质有了新的发展。例如，钾蒸气即具有与汞蒸气类似的性质，一些发达的工业国家正设计和建造功率约为 10^6 kW 的钾-水蒸气两气循环电站，其热效率可达 49.9%～60.9%。

应当指出，两气循环只是使实际循环接近卡诺循环以提高热效率的方案之一。如果能运用化学方法合成一种符合前述要求的理想工质，那就不必采用两气循环了。

11.5.3　提高吸热过程平均温度的其他方法——蒸汽-燃气联合循环

如前所述，蒸汽动力循环中液体加热段的温度低，影响吸热平均温度的提高。燃气轮机装置的排气温度较高，因而可利用废气的余热来加热进入锅炉的给水，组成蒸汽-燃气联合循环。蒸汽-燃气联合动力装置可采用不同的组合方案。这里仅介绍其中的一种，即采用正压锅炉（蒸汽发生器）的蒸汽-燃气联合动力装置，其系统装置及循环的 T-s 图分别如图 11-22 及图 11-23 所示。

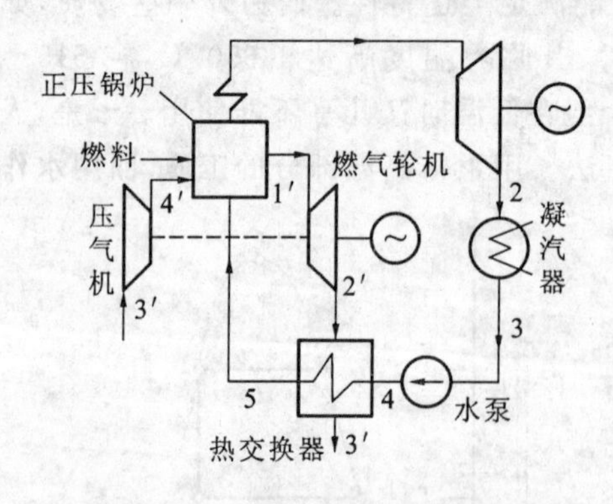

图 11-22　蒸汽-燃气联合动力装置

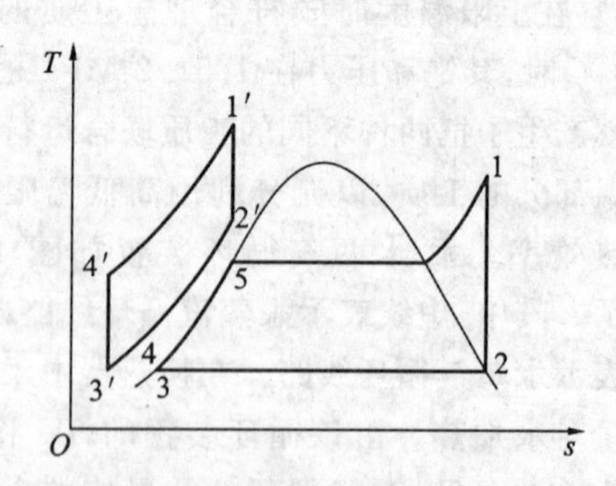

图 11-23　蒸汽-燃气联合动力循环示意图

在压气机中被压缩的空气送入蒸汽发生器的燃烧室。在燃烧室中，燃料在定压下燃烧，燃烧室压力高于大气压力（约 0.55 MPa，这种蒸汽发生器也称正压锅炉）。

蒸汽发生器中形成的水蒸气经过热后进入蒸汽轮机。燃烧产物由于在蒸汽发生器中放出热量，其温度下降。然后将燃气送入燃气轮机，最后进入热交换器，放出余热以预热蒸汽动力装置中的给水。整个循环由蒸汽、燃气两个循环组成。

在联合循环中，蒸汽循环的理论功量为

$$w_s = (h_1 - h_2) - (h_4 - h_3)$$

燃气循环的理论功量为

$$w_g = m[(h_{1'} - h_{2'}) - (h_{4'} - h_{3'})]$$

式中，$m=\frac{m_g}{m_s}$，为联合循环中燃气的质量与蒸汽质量之比。若 $2'-3'$ 过程的排热能为 4—5 过程吸收，则可由热交换器的热量平衡方程式确定，即

$$m = \frac{h_5 - h_4}{h_{2'} - h_{3'}}$$

蒸汽-燃气联合循环的热效率为

$$\eta_t = \frac{[(h_1 - h_2) - (h_4 - h_3)] + m[(h_{1'} - h_{2'}) - (h_{4'} - h_{3'})]}{m(h_{1'} - h_{4'}) + (h_1 - h_5)}$$

思　考　题

1. 为什么蒸汽动力循环不采用卡诺循环，而采用过热蒸汽作为工质的朗肯循环？

2. 蒸汽动力循环中，在汽轮机膨胀做功后的乏汽排入凝汽器，向循环冷却水放出大量的热量 Q_2。如果将乏汽直接送入锅炉使其吸热再变为新蒸汽，这样不仅减少了 Q_2，并且减少了对新蒸气的加热量 Q_1，效率自然升高，这种想法对不对？为什么？

3. 说明采用高（进汽参数）、低背压（排气）各自有什么优点？又受到什么限制？

4. 采用再热循环有何优点？为什么再热循环级数不宜过多？

5. 回热是什么意思，为什么回热能提高循环的热效率？

6. 蒸汽动力循环是根据哪些原则并利用了哪些方法来提高热效率的？

7. 热电联产降低了循环效率为什么还要推广采用？

8. 试说明燃气-蒸汽联合循环为什么能使热效率提高？

习　题

11-1　一简单蒸汽动力装置循环（即朗肯循环），蒸汽的初压 $p_1=3$ MPa，终压 $p_1=6$ kPa，初温如表 11-2 所示。试求在各种不同初温时循环的热效率 η_t、耗汽率 d 及蒸汽的终干度 x_2，并将所求得的各值填入表 11-2 内，以比较所求得的结果。

表 11-2 习题 11-1 表

t_1/℃	300	500
η_t		
d/(kg/J)		
x_2		

11-2 一简单蒸汽动力装置循环，蒸汽初温 $t_1=500$ ℃，终压 $p_2=0.006$ MPa，初压如表 11-3 所示。试求在各种不同初压时循环的热效率 η_t、耗汽率 d 及蒸汽的终干度 x_2，并将所求得的各值填入表 11-3 内，以比较所求得的结果。

表 11-3 习题 11-2 表

p_1/MPa	3.0	15.0
η_t		
d/(kg/J)		
x_2		

11-3 某电厂按朗肯循环工作，冷却水水温为 40 ℃，凝汽器内蒸汽在高于冷却水 20 ℃下进行冷凝，要求锅炉管受压不超过 700 kPa，汽轮机和水泵中都是单相工质。试求：

(1) 为保证汽轮机中工质是单相，新蒸汽必需的最低过热度、循环热效率和汽耗率；

(2) 在没有过热和有过热的情况下卡诺循环的热效率；

(3) 锅炉改为承压 1.5 MPa，此时朗肯循环的热效率和汽耗率。

11-4 过热水蒸气的参数为 $p_1=15$ MPa、$t_1=600$ ℃。在蒸汽轮机中定熵膨胀到 $p_2=0.005$ MPa。蒸汽流量为 130 t/h。求蒸汽轮机的理论功率和出口乏汽的干度。若蒸汽轮机的相对内效率为 85%，求蒸汽轮机的功率和出口乏汽的干度，并计算因不可逆膨胀造成蒸汽比熵的增加。

11-5 某热电厂中，装有按朗肯循环工作的功率为 12 MW 的背压式汽轮机，蒸汽参数为 $p_1=3.5$ MPa、$t_1=435$ ℃、$p_2=0.6$ MPa。经过热用户之后，蒸汽变为 p_2 下的饱和水返回锅炉。锅炉所用的燃料发热量为 26 000 kJ/kg。求锅炉每小时的消耗量。

11-6 具有一次再热的动力循环的蒸汽参数为 $p_1=9.0$ MPa，再热温度 $t_a=t_1=535$ ℃，$p_2=0.004$ MPa。如果再热压力 p_a 分别为 4、2、0.5 MPa，试与无再热的朗肯循环进行如下比较：

(1) 汽轮机出口乏汽干度的变化；

(2) 循环热效率的变化；

(3) 汽耗率的变化；

(4) 说明再热压力对提高乏汽干度和循环热效率的影响。

11-7 设有两套蒸汽再热动力装置循环，蒸汽的初参数都为 p_1＝12.0 MPa、t_1＝450 ℃，终压 p_2＝0.004 MPa。第一个再热循环再热时压力为 2.4 MPa，第二个再热循环再热时压力为 0.5 MPa，两个循环再热后蒸汽的温度都为 400 ℃。试确定这两个再热循环的热效率和终湿度。

注：湿度是指 1 kg 湿蒸气中所含的饱和水的质量，即(1－x)。

11-8 具有二级抽汽回热的蒸汽动力循环，已知参数为 p_1＝3.5 MPa、t_1＝435 ℃、p_2＝0.004 MPa，如图 11-24 所示。已知其参数为 p_1＝3.5 MPa、t_1＝435 ℃、p_2＝0.004 MPa、p_A＝0.6 MPa、p_B＝0.1 MPa，若忽略泵功不计，试求：

(1) 抽汽量 a_A、a_B；

(2) 循环吸热量 q_1；

(3) 循环功量 w；

(4) 循环热效率，并与无回热的朗肯循环相比较(参数相同)。

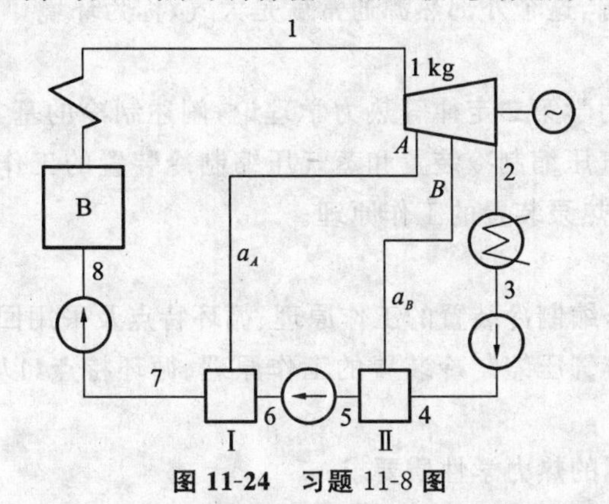

图 11-24 习题 11-8 图

11-9 某发电厂的蒸汽动力装置采用一级抽汽回热循环，抽汽压力为 0.5 MPa。蒸汽以 p_1＝6.0 MPa，t_1＝600 ℃的初态进入汽轮机，蒸汽质量流率为 80 kg/s。汽轮机的 η_T＝0.88，凝汽器内压力维持 10 kPa。假定锅炉内传热过程是在 1 400 K 的热源和水之间进行，凝汽器内冷却水的平均温度为 25 ℃。试求：(1) 两台水泵的总耗功；(2) 锅炉内水的质量流量；(3) 汽轮机所做的功；(4) 凝汽器内的放热量；(5) 循环热效率；(6) 各过程及循环做功能力的不可逆损失。

11-10 写一个程序确定再热压力对再热循环热效率的影响。假定水蒸气进入汽轮机时压力为 12 MPa、温度为 550 ℃，凝汽压力为 10 kPa，忽略泵功，采用一次再热，再热蒸汽温度为 550 ℃。列表表示再热压力为 10 MPa、8 MPa、6 MPa、5 MPa、4 MPa、3 MPa、2 MPa 及 1 MPa 时的循环热效率。

11-11 写一个程序确定回热级数对回热循环效率的影响。假定汽轮机进口水蒸气的压力为 12 MPa，温度为 550 ℃，凝汽压力 10 kPa，忽略泵功。列表表示出当级数分别为 1、2、3、4、6、8、10 时的循环热效率。假定每级回热器温升相同，给水温度为 150 ℃。

制冷循环

对物体进行冷却，使其温度低于周围环境的温度，并维持这个低温称为制冷。为了保持或获得低温，必须从冷物体或冷空间把热量带走。制冷装置便是以消耗能量(功量或热量)为代价来实现这一效果的设备。为了使制冷装置能够连续运转，必须把热量排向外部热源，这个外部热源通常就是大气，称为环境。因此制冷装置是一部逆向工作的热机。

本章将依据热力学第二定律等热力学理论，阐述制冷的基本原理。重点讨论以消耗功为代价的空气压缩制冷装置和蒸气压缩制冷装置的工作原理、循环特点及其经济性，并简要介绍热泵装置的工作原理。

学完本章后要求：

(1) 掌握空气压缩制冷装置的工作原理、循环特点及采用回热的必要性；

(2) 熟练掌握蒸气压缩制冷装置的工作原理、循环特点，以及应用图、表进行热力学计算；

(3) 了解制冷剂的热力学性质要求；

(4) 了解制冷剂性能及热泵装置的工作原理。

12.1 概　　述

前文所述的功热转换的手段主要是热力循环，是一种动力循环，其主要目的是将热转化为功输出动力。除此之外，还有一种循环将机械能转化成热能，属于逆循环，称其为制冷循环或热泵循环，它可以将热从低温物体(如冷藏室)移向高温物体(环境)。根据热力学第二定律可知，热从低温物体移向高温物体时其有用能将增加，这种过程是不能无补偿地进行的，必须消耗外部有用能，通常是消耗机械功或其他高温热源提供的能量。制冷循环与热泵循环在热力学原理上并无区别，其工作循环都是逆向循环，只是使用的目的有所不同而已。下面着重分析各种工程上常见的制冷逆循环。

评价制冷循环的经济性指标称为制冷系数，即从冷源移出的热量与所耗功量之比，有

$$\varepsilon = \frac{q_2}{w} \tag{12-1}$$

评价热泵循环的经济性指标称为供暖系数，即向热源输送的热量与耗功量之比称为供暖系数 ε'，显然

$$\varepsilon' = \frac{q_1}{w} \tag{12-2}$$

制冷装置工作的好坏有时也用性能系数COP(coefficient of performance)来度量，其定义为

$$\text{COP}=\frac{\text{得到的收益}}{\text{付出的代价}}$$

显然，对制冷机和热泵，其COP分别为 ε 及 ε'。

在 q_2 与 q_1 相同时，热泵的 COP_{HP} 与制冷机的 COP_R 有如下关系

$$\text{COP}_{HP}=\text{COP}_R+1$$

这意味着 $\text{COP}_{HP}>1$。因此使用热泵供热比用电能或燃用燃料直接供热经济性要高。但实际热泵装置由于存在种种损失，在某些情况下其 COP_{HP} 可下降为1，甚至小于1。这时宁可采用燃料直接加热或用电阻加热方式供热。

制冷装置每小时从冷源(冷藏室)吸取的热量(kJ/h)称为制冷装置的制冷量。每千克制冷剂每小时从冷源吸取的热量[kJ/(kg·h)]称为制冷剂的单位制冷率。

与热动力装置类似，逆卡诺循环虽提供了一个在一定温度范围内最有效的制冷循环，但实际的制冷装置常不是按逆卡诺循环工作，而依所用制冷剂的性质采用不同的循环。本章将讨论一些在工程上实施的制冷循环。

按照制冷剂的不同，制冷装置分为空气制冷装置和蒸气制冷装置。蒸气制冷装置采用不同物质的蒸气作制冷剂，可分为蒸气压缩制冷装置、蒸气喷射制冷装置及吸收式制冷装置等。

例12-1 逆向卡诺循环供应35 kJ/s的制冷量，凝汽器的温度为30 ℃，而制冷温度为-20 ℃，计算此制冷循环所消耗的功率及循环的制冷系数。

解 逆向卡诺循环的制冷系数：$\varepsilon_c=\frac{q_0}{w_s}=\frac{T_L}{T_H-T_L}$

$$\varepsilon_c=\frac{T_L}{T_H-T_L}=\frac{253}{303-253}=5.06$$

单位制冷剂耗功量：设制冷剂循环量为 m kg/s，单位制冷剂提供的冷量为 q_0，有

$$Q_0 = mq_0 = 35\ \text{kJ/s}$$

$$\varepsilon_c = \frac{q_0}{w_s} = \frac{mq_0}{mw_s} = \frac{Q_0}{mw_s}$$

$$P_T = W_s = \frac{Q_0}{\varepsilon_c} = \frac{35}{5.06}\ \text{kJ/s} = 6.92\ \text{kJ/s} = 6.92\ \text{kW}$$

12.2 压缩空气制冷循环

12.2.1 压缩空气制冷循环工作原理及分析

由于空气的定温加热和定温放热过程在实际中很难实现，因此实际循环并不采用逆向卡诺循环，而是以定压过程代替了定温过程。空气制冷装置的示意图如图12-1所示。工质空气(制冷剂)在膨胀机中绝热膨胀做功，压力由 p_1 降到 p_2，温度由 T_1 降到 T_2。低温空气经过置于冷库内的盘管，从冷藏室库中定压吸热($p_3=p_2$)，吸热后空气温度由 T_2 上升至 T_3。冷藏室中的温度即是所要求的低温。理论上，空气在冷库内盘管出口的温度 T_3 应等于冷库温度，但是实际上温度总是比冷藏室温度更低一些。吸热后的空气进入压缩机，经绝热压缩，压力从 p_3 提高到 p_4，温度从 T_3 升至 T_4。被压缩后的空气送到冷却器中，空气对冷却水定压放热($p_4= p_1$)，温度降低至 T_1，从而完成一封闭的制冷循环。理论上，空气在冷却器出口的温度应等于冷却水的温度(即环境温度 T_1)，但实际上空气温度总是略高于冷却水温度。

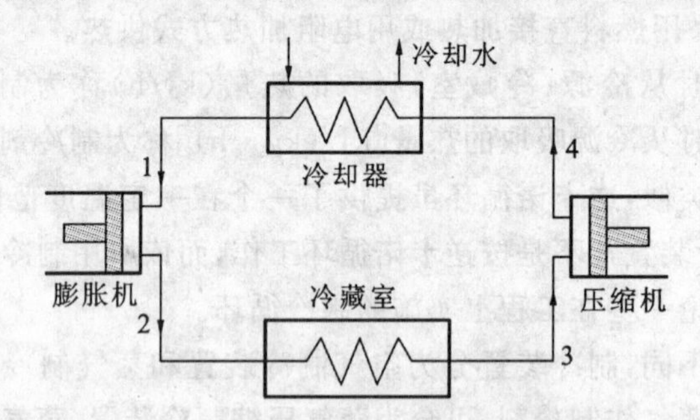

图 12-1 压缩空气制冷装置示意图

上述空气制冷装置理想循环的 p-v 图及 T-s 图如图 12-2 所示。其中：

过程 1—2 空气在膨胀机中绝热可逆膨胀做功；

过程 2—3 空气在冷库中定压吸热；

过程 3—4 空气在压缩机中耗功绝热可逆压缩；

过程 4—1 空气在冷却器中定压放热。

压缩空气制冷循环消耗的净功量 w 可用 p-v 图上 12341 围成的面积表示。从冷库取出的热量 q_2 和空气排向环境的热量 q_1 在 T-s 图中分别用 $23dc2$ 围成面积和 $41cd4$ 围成的面积表示。如果把空气视为定比热容的理想气体，则

$$q_2 = h_3 - h_2 = c_p(T_3 - T_2)$$

$$q_1 = h_4 - h_1 = c_p(T_4 - T_1)$$

循环消耗的净功量为

$$w = q_1 - q_2 = c_p(T_4 - T_1) - c_p(T_3 - T_2)$$

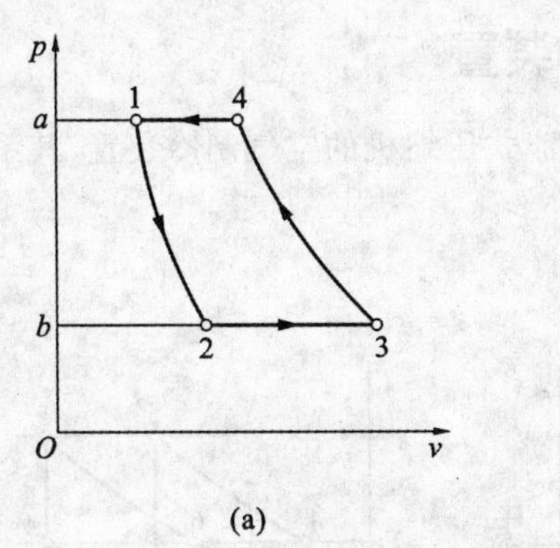

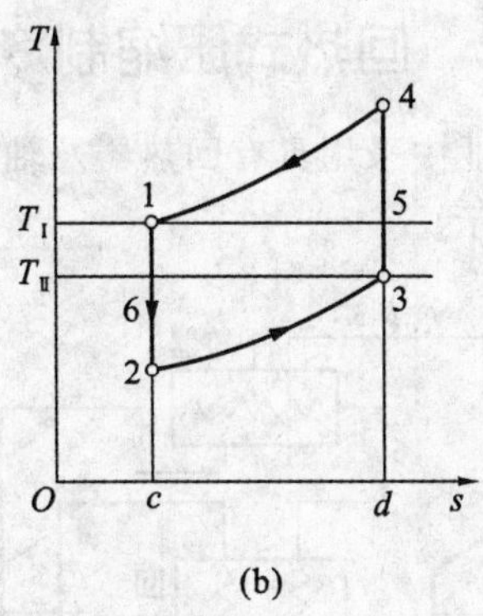

(a)　(b)

图 12-2　空气制冷循环 p-v 及 T-s 图

(a) p-v 图;(b) T-s 图

压缩空气制冷理想循环的制冷系数为

$$\varepsilon=\frac{q_2}{w}=\frac{T_3-T_2}{(T_4-T_1)-(T_3-T_2)}$$

由于 3—4、1—2 为定熵过程,有

$$\frac{T_4}{T_3}=\left(\frac{p_4}{p_3}\right)^{\frac{k-1}{k}},\quad \frac{T_2}{T_1}=\left(\frac{p_2}{p_1}\right)^{\frac{k-1}{k}} \tag{a}$$

由于 $p_1=p_4$,$p_2=p_3$,故 $\frac{T_4}{T_3}=\frac{T_1}{T_2}$,将此关系代入制冷系数表达式,可得

$$\varepsilon=\frac{1}{\frac{T_1}{T_2}-1}=\frac{T_2}{T_1-T_2} \tag{12-3}$$

利用式(a)代换式(12-3)中的 $\frac{T_1}{T_2}$,则可得到以增压比 $\frac{p_1}{p_2}$ 表示的循环制冷系数的表达式,即

$$\varepsilon=\frac{1}{\left(\frac{p_1}{p_2}\right)^{\frac{k-1}{k}}-1} \tag{12-4}$$

可见,空气制冷循环的制冷系数 ε 与增压比 $\frac{p_1}{p_2}$ 有关。$\frac{p_1}{p_2}$ 越小,ε 越大。这说明降低循环中的增压比,制冷循环的温度和压力范围将减小,而 ε 就增加,循环也就更接近逆卡诺循环(见图 12-3)。但增压比较小的制冷循环 1′—2′—3　4′—1′ 的制冷能力较小。过程 2′—3 的吸热量 q'_2 显然小于过程 2—3 的吸热量 q_2。

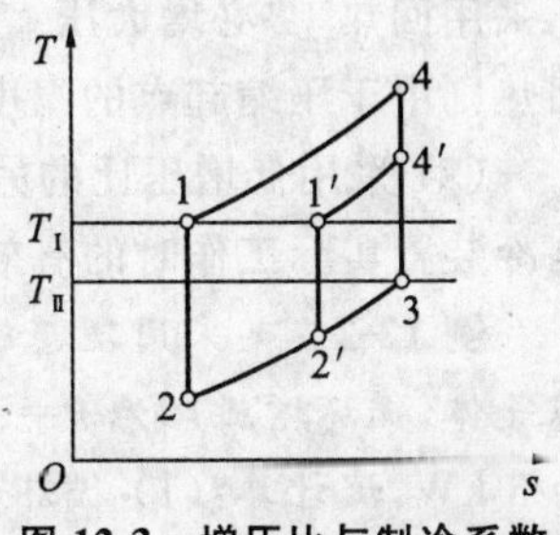

图 12-3　增压比与制冷系数及制冷量的关系

12.2.2　回热式压缩制冷装置

目前,工业中采用具有回热器及轴流式压缩机的空气制冷装置,其系统示意图如图 12-4(a)所示。

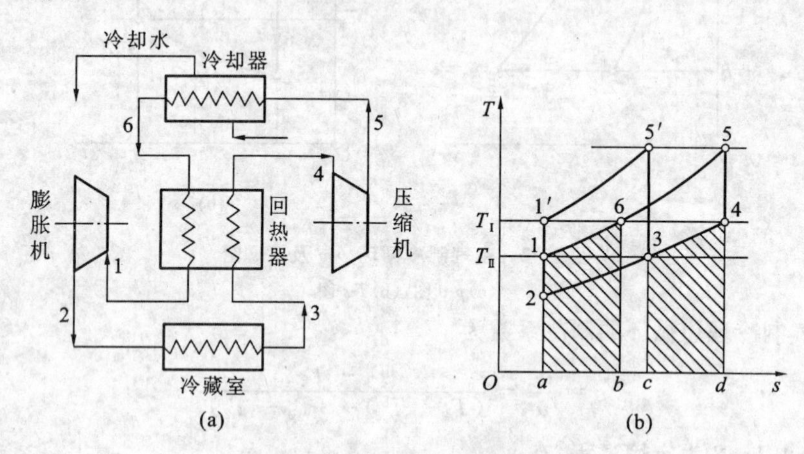

图 12-4　回热式空气制冷循环

(a) 系统示意图;(b) T-s 图

处于初态 1 的空气在膨胀机中定熵膨胀到状态 2 后,在冷藏室中定压吸热而至状态 3。然后进入回热器,在其中定压吸热至状态 4。进入压缩机定熵压缩至状态 5,再进入冷却器,利用冷却水使之冷却到环境温度的状态 6。最后进入回热器继续冷却至状态 1 而完成闭合循环。

该循环的 T-s 图如图 12-4(b)所示。不难看出,当 $T_5=T_{5'}$ 时采用回热的制冷循环 1—2—3—4—5—6—1 的吸热量 q_2、放热量 q_1,分别与另一未采用回热的制冷循环 1′—2—3—5′—1′相同,因而两者的制冷系数也相同。但采用回热的循环与未采用回热的循环相比,具有以下优点。

(1) 在制冷量及制冷系数相同的情况下,可采用小得多的增压比。这样带来了采用叶轮式压缩机(低压、大排量)以代替活塞式压缩机的可能性,由于空气流量增大,从而可提高空气制冷装置的制冷量。在深度冷冻中,由于 $T_Ⅰ$、$T_Ⅱ$ 相差很大,若不采用回热,势必增大压缩机的增压比。这对叶轮式压缩机而言是难以满足的,采用回热则由于压缩起点的温度较高,此一困难可得到解决。

(2) 采用低增压比的另一好处是减小压缩及膨胀过程中不可逆性的影响,提高制冷装置实际工作时的有效性。

例 12-2　某采用理想回热的压缩气体制冷装置,如图 12-4 所示,工质为某种理想气体,循环增压比为 $\pi=5$,冷库温度 $T_c=-40$ ℃,环境温度为 300 K,若输入功率为 3 kW,试计算:(1) 循环制冷量;(2) 循环制冷系数;(3) 若循环制冷系数及制冷量不变,但不用回热措施。此时,循环的增压比应该是多少?(该气体热可取定值,$c_p=0.85$ kJ/(kg · K)、$k=1.3$。)

解　对于回热循环，计算各个转折温度：

$$T_3 = T_2\pi^{\frac{k-1}{k}} = T_0\pi^{\frac{k-1}{k}} = 300\ \text{K} \times 5^{\frac{1.3-1}{1.3}} = 434.93\ \text{K}$$

$$T_5 = T_1 = T_c = 233.15\ \text{K}$$

$$T_6 = T_5\left(\frac{1}{\pi}\right)^{\frac{k-1}{k}} = 233.15\ \text{K} \times \left(\frac{1}{5}\right)^{\frac{1.3-1}{1.3}} = 160.82\ \text{K}$$

$$T_{3'} = T_3$$

无回热循环的增压比

$$\pi' = \frac{p_{3'}}{p_1} = \left(\frac{T_{3'}}{T_1}\right)^{\frac{k}{k-1}} = \left(\frac{434.93\ \text{K}}{233.15\ \text{K}}\right)^{\frac{1.3}{1.3-1}} = 14.9$$

(1) 计算循环制冷量。

$$q_{c,1234561} = c_p(T_1 - T_6) = 0.815\ \text{kJ/(kg·K)}(233.15 - 160.82)\ \text{K} = 58.95\ \text{kJ/kg}$$

(2)计算循环制冷系数。

$$\varepsilon_{1234561} = \varepsilon'_{1'235'1'} = 1 - \frac{1}{\pi'^{\frac{k-1}{k}}} = 1 - \frac{1}{14.9^{\frac{1.3-1}{1.3}}} = 0.464$$

(3) 若循环制冷系数及制冷量不变，其循环的增压比为

$$\pi' = \frac{p_{3'}}{p_1} = \left(\frac{T_{3'}}{T_1}\right)^{\frac{k}{k-1}} = \left(\frac{434.93\ \text{K}}{233.15\ \text{K}}\right)^{\frac{1.3}{1.3-1}} = 14.9$$

12.3　蒸气压缩制冷循环

从上述讨论中可知压缩空气制冷循环存在着两点不足：首先，空气制冷循环制冷系数不大，其根本原因在于其吸热与放热过程不是在定温条件下进行的，而是用定压过程代替，直接导致了空气制冷循环偏离逆卡诺循环，从而降低了经济性；其次，循环的制冷量也较小，这是由于空气工质本身的定压比热容较小。为克服压缩空气制冷循环以上不足之处，我们采用低沸点物质（即在大气压力下，其沸腾温度 $t_s \leqslant 0$ ℃）作为制冷剂。利用湿蒸气在低温下吸收汽化潜热来制冷。

用湿蒸气完成压缩制冷循环的系统简图如图12-5所示。蒸气压缩制冷装置由蒸发器、压缩机、凝汽器和节流阀（代替膨胀机）组成。其工作过程如下。

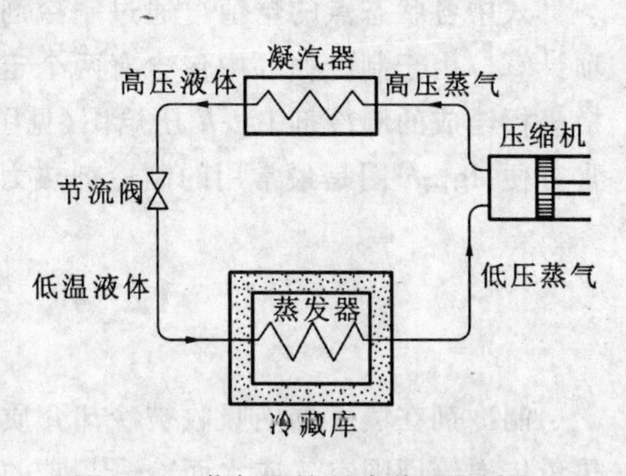

图12-5　蒸气压缩制冷装置及循环

饱和蒸气从蒸发器出来，引入到压缩机进行绝热压缩升压，制冷剂蒸气的干度增大，温度升高。经压缩后的制冷剂蒸气引入到凝汽器中，冷却放热而凝结成饱和液体，由凝汽器出来的制冷剂的饱和液体，被引向节流阀节流减压。由于在两相共存区域内，

节流系数 μ_J 总是大于零，故节流后制冷剂温度降低，熵增而焓不变。由于节流阀出来的低干度湿蒸气被引入到冷库内的蒸发器，定压吸热（也就是定温吸热）而气化，其干度增加。利用节流阀开度的变化，能方便地改变节流后制冷剂的压力和温度，以实现冷库温度的连续调节。

从理论上分析，用蒸气作为工质进行制冷逆卡诺循环应可实现，如图 12-6 中循环 7—3—4—6—7 所示。但是从技术上讲，过程 7—3 两相压缩难以实现，且干度小对设备不利，因此工质完成制冷任务后成为干饱和蒸气 1 状态，这样压缩机将饱和蒸气压缩成过热蒸气就实现了单相同时压缩制冷量也增大。过程 4—6 湿蒸气的干度不高，对膨胀机的工作也不利，所以实际中用节流阀取代膨胀机，膨胀过程 4—6 由节流过程 4—5 所代替。

循环的吸热量

$$q_2 = q_{51} = h_5 - h_1 = h_1 - h_4$$

循环的放热量

$$q_1 = | q_{2-3-4} | = h_2 - h_4$$

循环的制冷系数

$$\varepsilon = \frac{q_2}{q_1 - q_2} = \frac{h_1 - h_4}{(h_2 - h_4) - (h_1 - h_4)} = \frac{h_1 - h_4}{h_2 - h_1} \qquad (12\text{-}5)$$

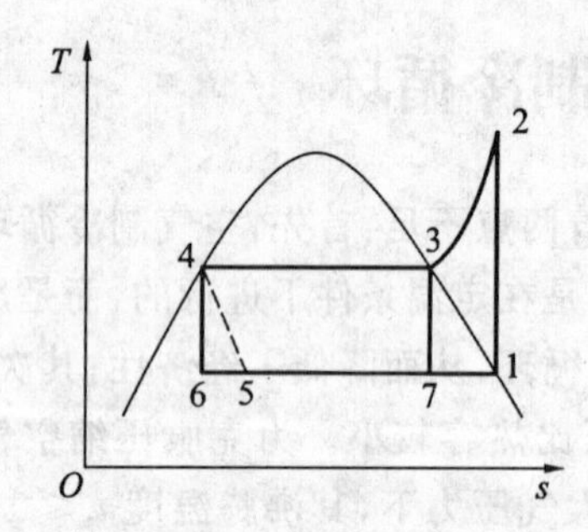

图 12-6　蒸气压缩制冷循环 T-s 图

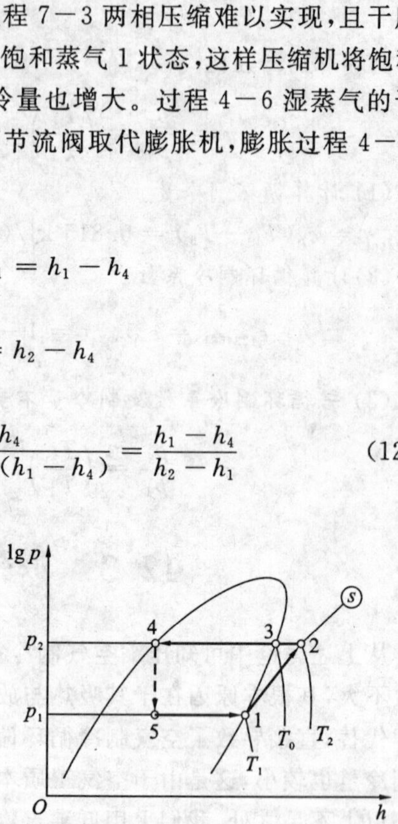

图 12-7　水蒸气压缩制冷循环 $\lg p$-h 图

式中各状态点的焓值可通过制冷剂热力性质专用图表查得后，就可进行上述各项计算。由于制冷循环中包含有两个定压换热过程，因此，用以压力为纵坐标、焓为横坐标绘成的制冷剂 $\lg p$-h 压焓图（见图 12-7）来进行制冷循环的热力分析和计算非常方便，$\lg p$-h 图是最常用的制冷剂热力性质图。

12.4　制 冷 剂

制冷剂在蒸发器内吸收被冷却介质（水或空气等）的热量而气化，在凝汽器中将热量传递给周围空气或水而冷凝。它的性质直接关系到制冷装置的制冷效果、经济性、安全性及运行管理,因而对制冷剂性质要求的了解是不容忽视的。对理想的制冷剂要求具有下列特性。

(1) 临界温度要高,凝固温度要低　这是对制冷剂性质的基本要求。临界温度高,便于用一般的冷却水或空气进行冷凝;凝固温度低,以免其在蒸发温度下凝固,便于满足较低温度的制冷要求。

(2) 在大气压力下的蒸发温度要低　这是低温制冷的一个必要条件。

(3) 压力要适中　蒸发压力最好与大气压相近并稍高于大气压力,以防空气渗入制冷系统中,从而降低制冷能力。冷凝压力不宜过高(一般大于12绝对大气压),以减少制冷设备承受的压力,以免压缩功耗过大并可降低高压系统渗漏的可能性。

(4) 单位容积制冷量要大　这样在制冷量一定时,可以减少制冷剂的循环量,缩小压缩机的尺寸。

(5) 蒸气的比体积要小(密度要大)　这样可以减小压缩机尺寸。

(6) 具有化学稳定性　不燃烧、不爆炸、高温下不分解、不腐蚀金属、与润滑油不起化学反应、对人身健康无损无害。

(7) 价格便宜,易于购得,且应具有一定的吸水性　这样可以避免当制冷系统中渗进极少量的水分时,产生“冰塞”而影响正常运行。

目前,已采用的制冷剂有多种。下面介绍一些应用广泛的制冷剂及其特性。

氨(NH_3,代号:R717)是一种良好的制冷剂,氨是目前使用最为广泛的一种中压中温制冷剂。氨的凝固温度为−77.7 ℃,标准蒸发温度为−33.3 ℃,在常温下冷凝压力一般为1.1~1.3 MPa,即使当夏季冷却水温高达30 ℃时冷凝压力也不可能超过1.5 MPa 。氨的单位标准容积制冷量大约为520 kcal/m^3 。

氨有很好的吸水性,即使在低温下水也不会从氨液中析出而冻结,故系统内不会发生“冰塞”现象。氨对钢铁不起腐蚀作用,但氨液中含有水分后,对铜及铜合金有腐蚀作用,且使蒸发温度稍微提高。因此,氨制冷装置中不能使用铜及铜合金材料,并规定氨中的含水量不应超过0.2%。

氨的密度和黏度小,放热系数高,价格便宜,易于获得。但是,氨有较强的毒性和可燃性。若以容积计,当空气中氨的含量达到0.5%~0.6%时,人在其中停留半个小时即可中毒,达到11%~13%时即可点燃,达到16%时遇明火就会爆炸。因此,氨制冷机房必须注意通风排气,并需经常排除系统中的空气及其他不凝性气体。

综上所述,氨作为制冷剂的优点是:易于获得、价格低廉、压力适中、单位制冷量大、放热系数高、几乎不溶解于油、流动阻力小,泄漏时易发现。其缺点是:有刺激性臭味、有毒、可以燃烧和爆炸,对铜及铜合金有腐蚀作用。

应用广泛的另一种制冷剂是氟利昂(或称氟氯烷,代号:R12),R12为烷烃的卤代物,学名二氟二氯甲烷。它是我国中小型制冷装置中使用较为广泛的中压中温制冷剂。R12 的标准蒸发温度为−29.8 ℃，冷凝压力一般为 0.78～0.98 MPa，凝固温度为−155 ℃，单位容积标准制冷量约为 288 kcal/m³。R12 是一种无色、透明、没有气味，几乎无毒性、不燃烧、不爆炸，很安全的制冷剂。只有在空气中容积浓度超过 80%时才会使人窒息。但与明火接触或温度达 400℃以上时，则分解出对人体有害的气体。

R12 能与任意比例的润滑油互溶且能溶解各种有机物，但其吸水性极弱。因此，在小型氟利昂制冷装置中不设分油器，而装设干燥器。同时规定 R12 中含水量不得大于 0.002 5%，系统中不能用一般天然橡胶做密封垫片，而应采用丁腈橡胶或氯乙醇橡胶等人造橡胶；否则，会造成密封垫片的膨胀，引起制冷剂的泄漏。

例 12-3 某蒸气压缩制冷装置用 NH_3 作制冷剂。制冷量 $Q_0=100\ 000$ kJ/h，冷藏室温度 $t_2=-20$ ℃，冷却水温度 $t_1=20$ ℃。试求：(1) 每千克 NH_3 吸收的热量 q_2；(2) 每千克 NH_3 传给冷却水的热量 q_1；(3) 循环耗功量 w；(4) 制冷系数 ε；(5) 循环中每小时 NH_3 的质量流量；(6) 同温度范围内逆卡诺循环的制冷系数 ε_c。

解 先利用 NH_3 的 $\lg p$-h 图确定各状态点的参数。

由饱和氨蒸气性质表查得：

$t_1=20$ ℃时冷凝器中的饱和压力为 0.857 1 MPa，以及

$$s_4=s''=8.542\ \text{kJ/(kg·K)},\quad h_4=h''=1\ 699.96\ \text{kJ/kg},\quad h_1=h'=512.46\ \text{kJ/kg}$$

$t_2=-20$ ℃时蒸发器中的饱和压力为 0.190 2 MPa，以及

$$s'_2=s'=3.840\ \text{kJ/(kg·K)}$$

$$h'_2=h'=327.19\ \text{kJ/kg}$$

设压缩机内系定熵压缩，故

$$s_3=s_4=8.542\ \text{kJ/(kg·K)}$$

$$\begin{aligned}h_3&=h'_2+T_2(s_3-s'_2)\\&=327.19+(273-20)\times(8.542-3.840)\ \text{kJ/kg}\\&=1\ 516.80\ \text{kJ/kg}\end{aligned}$$

节流前后焓相等，有

$$h_1=h_2=512.46\ \text{kJ/kg}$$

(1) 每千克 NH_3 的吸热量

$$q_2=h_3-h_2=(1\ 516.80-512.46)\ \text{kJ/kg}=1\ 004.34\ \text{kJ/kg}$$

(2) 传给冷却水的放热量

$$q_1=h_4-h_1=(1\ 699.96-512.46)\ \text{kJ/kg}=1\ 187.50\ \text{kJ/kg}$$

(3) 循环耗功量

$$w=q_1-q_2=(1\ 187.50-1\ 004.34)\ \text{kJ/kg}=183.16\ \text{kJ/kg}$$

(4) 制冷系数

$$\varepsilon=\frac{q_2}{w}=\frac{1\ 004.34\ \text{kJ/kg}}{183.16\ \text{kJ/kg}}=5.483$$

(5) 循环中每小时 NH_3 的质量流量

$$\dot{m}=\frac{Q_0}{q_2}=\frac{100\ 000\ \mathrm{kJ/h}}{1\ 004.34\ \mathrm{kJ/kg}}=99.57\ \mathrm{kg/h}$$

(6) 同温度范围内逆卡诺循环制冷系数

$$\varepsilon_c=\frac{T_{\mathrm{II}}}{T_{\mathrm{I}}-T_{\mathrm{II}}}=\frac{273\ \mathrm{K}-20\ \mathrm{K}}{(273+20)\mathrm{K}-(273-20)\mathrm{K}}=6.325$$

可见，蒸气压缩制冷循环的制冷系数，与同温度范围内逆卡诺循环的制冷系统较为接近。

12.5　热泵供热循环

热泵的热力学原理、系统设备组成及功能与制冷机的是一样的，可利用逆循环实现将热从低温冷源向高源热源的输送。而其目的在于输送热量给被加热对象(如室内供暖)。但是两者工作的温度范围不同：制冷装置工作的上限温度为大气环境温度，其目的系从冷藏室吸热，以保持冷藏室低温(下限温度)恒冷；热泵工作的下限温度为大气环境温度，其目的是向暖室放热，以保持暖室温度(上限温度)恒暖。

热泵工作的效果用供暖系数 ε' 来衡量。供暖系数为

$$\varepsilon'=\frac{q_1}{w} \tag{12-6}$$

前面已建立同一逆向循环的供暖系数 ε' 与制冷系数 ε 间的关系。由于

$$q_1=q_2+w$$

根据能量守恒，供暖系数与制冷系数关系为

$$\varepsilon'=\frac{q_1}{w}+\frac{q_2+w}{w}=\varepsilon+1 \tag{12-7}$$

由式(12-7)可见，循环制冷系数越高，供暖系数也越高。

根据热力学第一、第二定律，此功量全部被转换成热，作为实现热从低温物体移向高温物体这种非自发过程的补偿，这部分热量和从低温物体吸取的热量都用来加热高温物体。热泵优于其他供暖装置(如电热器等)之处就在于消耗同样多的能量(如功量 w)对室内供热，可比其他方法供热得到更多的热量。这里因为电加热器仅将功变为热，而热泵利用同样数量的功，将取自冷源的热连同功量转换而得的热一起输送到高温热源，即实现了热从低温位向高温位的输送。

在热泵中同样可使用空气或蒸气作逆循环。热泵的 COP 一般在 1.5～4 的范围内，并与系统及冷、热源温度有关。

思　考　题

1. 压缩空气制冷循环是否可以与压缩蒸气制冷循环一样，采用节流阀来代替膨

胀机？为什么？

2. 判断下列说法是否正确。

(1) 对正卡诺循环而言，冷、热源温差越大，其热效率越高。

(2) 对逆卡诺循环而言，冷、热源温差越大，其 COP 也越高。

(3) 制冷机或热泵一经设计制造完成其性能系数 COP 即是固定不变的。

(4) 卡诺机在进行正循环工作时，其热效率越高，则在进行逆循环工作时性能系数 COP 也越大。

(5) 实际制冷机或热泵的 COP_R 不可能超过在同温度范围内工作的卡诺制冷机或热泵。

3. 压缩空气制冷循环采用回热措施后是否提高其理论制冷系数？能否提高其实际制冷系数？为什么？

4. 与压缩蒸气制冷相比，压缩空气制冷有何特点？

5. 为什么同一装置既可用做制冷机又可用做热泵？

习　题

12-1　某制冷机使用制冷剂 R134a 进行理想蒸气压缩制冷循环，其工作压力在 0.14～0.8 MPa 之间，制冷剂的质量流率为 0.05 kg/s，试确定：(1) 从制冷空间传出的热量；(2)压缩功率消耗；(3) 制冷机的 COP。

12-2　一空气制冷装置，空气进入膨胀机的温度 $t_1=20$ ℃，压力 $p_1=0.4$ MPa，绝热膨胀到 $p_2=0.1$ MPa。经从冷藏室吸热后，温度 $t_3=-5$ ℃。已知制冷量 Q_0 为 150 000 kJ/h，试计算该制冷循环。

12-3　压缩空气制冷循环空气进入压气机时的状态为 $p_1=0.1$ MPa，$t_1=-20$ ℃，在压气机内定熵压缩到 $p_2=0.5$ MPa，进入冷却器。离开冷却器时空气的温度为 $t_3=20$ ℃。若 $t_C=-20$ ℃，$t_0=20$ ℃，空气视为定比热容的理想气体，$k=1.4$。试求：(1) 无回热时的制冷系数及 1 kg 空气的制冷量；(2) 若制冷量保持不变而采用回热，理想情况下压缩比是多少？

12-4　某制冷装置采用氨作制冷剂，蒸发室温度为 −10 ℃，冷凝室温度为38 ℃，制冷量为 10×10^5 $kJ\cdot h^{-1}$，试求：(1) 压缩机消耗的功率；(2) 制冷剂的流量；(3) 制冷系数。

12-5　蒸气压缩制冷装置采用氟利昂(R12)作为制冷剂，冷凝温度为 30 ℃，蒸发温度为 −20 ℃，节流膨胀前液体制冷剂的温度为 25 ℃，蒸发器出口处蒸气的过热温度为 5 ℃，制冷剂循环流量为 100 kg/h。试求：(1) 该制冷装置的制冷能力和制冷系数；(2) 在相同温度条件下逆向卡诺循环的制冷系数。

12-6　一制冷机在 −20 ℃和 30 ℃的热源间工作，若其吸热为 10 kW，循环制冷系数是同温度限间逆向卡诺循环的 75%，试计算：(1) 散热量；(2) 循环净耗功量。

12-7　压缩空气制冷循环运行温度 T_C＝290 K，T_0＝300 K，如果循环增压比分别为 3 和 6，分别计算它们的循环性能系数和每千克工质的制冷量。（假定空气为理想气体，此热容取定值 c_p＝1.005 kJ/(kg·K)、k＝1.4）

12-8　某热泵型空调节器用氟利昂 134a 为工质，设蒸发器中氟利昂 134a 的温度为 －10 ℃，进压气机时蒸气干度 x_1＝0.98，凝汽器中饱和液温度为 35 ℃。求热泵耗功和循环供暖系数。

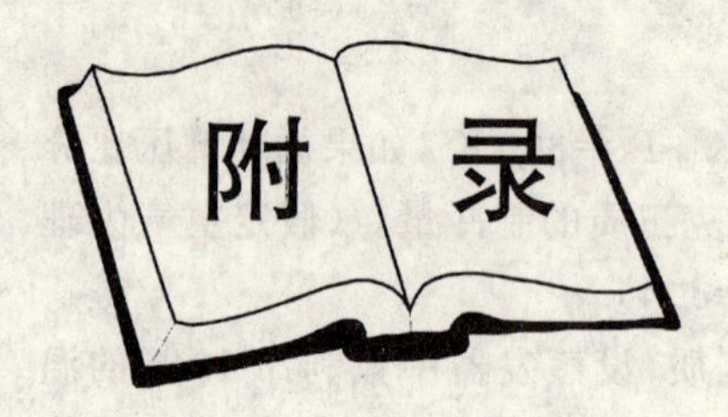

附表 1 国家法定计量单位与英、美计量单位之间的换算关系

单位类型	法定单位	非法定单位	换算关系
长度	m—米，meter km—千米，kilometer cm—厘米，centimeter mm—毫米，millimeter n mile—海里，nautical mile	ft—英尺，foot in—英寸，inch mile—英里，mile	1 m＝100 cm＝1 000 mm＝3.280 8 ft ＝39.370 in 1 km＝1 000 m＝3 280.8 ft＝0.621 6 mile 1 ft＝12 in＝0.304 8 m 1 in＝2.54 cm 1 mile＝5 280 ft＝$1.609\ 3\times10^{3}$ m ＝1.609 3 km 1 nmile＝1 852 m＝1.852 km＝6 076 ft
质量	kg—千克，kilogram g—克，gram t—吨，tonne	lb—[英]磅，磅质量，pound-mass slug—斯勒格，slug	1 t＝1 000 kg 1 kg＝1 000 g＝2.204 622 6 lb ＝$6.852\ 13\times10^{-2}$ slug 1 lb＝0.453 592 37 kg＝$3.108\ 01\times10^{-2}$ slug 1 slug＝32.174 lb＝14.593 902 94 kg
时间	s—秒，second ms—毫秒，millisecond μs—微秒，microsecond min—分，minute h—[小]时，hour	—	1 h＝60 min＝3 600 s 1 ms＝10^{-3} s＝10^{3} μs 1 μs＝10^{-3} ms＝10^{-6} s
力	N—牛[顿]，Newton	kgf—千克力，kilogram-force lbf—磅力，pound-force dyn—达因，dyne tf—吨力，ton-force	1 N＝1 kg·m/s^{2}＝0.102 kgf ＝0.224 81 lbf 1 dyn＝1 g·cm/s^{2}＝10^{-5} N 1 lbf＝$4.448\ 22\times10^{-5}$ dyn＝4.448 22 N ＝0.453 6 kgf 1 kgf＝9.806 65 N＝9.806 65 kg·m/s^{2} ＝$9.806\ 65\times10^{5}$ dyn＝2.204 6 lbf 1 tf＝1 000 kgf

续表

单位类型	法定单位	非法定单位	换算关系
能量	J—焦[耳],Joule kJ—千焦,kilojoule eV—电子伏, electronvolt	cal—卡[路里],calorie kcal—大卡,千卡,large calorie, kilocalorie, kilogram calorie kgf·m—千克力·米, kilo-gram-force meter ft·lbf—英尺·磅力, foot pound-force Btu—英制热单位,British thermal unit kWh—千瓦·时, kilowatt hour erg—尔格,erg dyn·cm—达因·厘米, dyne centimeter	1 J＝1 N·m＝1 kg·m^2/s^2＝0.101 972 kgf·m ＝0.238 8 cal 1 kJ＝1 000 J＝101.972 kgf·m＝0.947 82 Btu ＝0.238 8 kcal 1 kgf·m＝9.806 65 J＝9.806 65×10^{-3} kJ ＝2.342 28 cal＝9.294 94×10^{-3} Btu 1 kJ/kg＝0.430 Btu/lb 1 kWh＝3 600 kJ＝3 412.14 Btu 1 Btu＝778.169 ft·lbf＝252 cal＝1 055.06 J ＝107.585 4 kgf·m 1 kcal＝4 186.8 J＝427.2 kgf·m ＝3.09 ft·lbf 1 ft·lbf＝1.355 8 J＝3.24×10^{-4} kcal ＝0.138 3 kgf·m 1 erg＝1 g·cm^2/s^2＝10^{-7} J 1 eV＝1.602 177 33×10^{-19} J
功率	W—瓦[特],Watt kW—千瓦[特],kilowatt	hp (British)—[英]马力, British horse power hp (metric)—[米制]马力, metric horse power ton of refrigeration—冷吨	1 W＝1 J/s＝1 kg·m^2/s^2＝0.101 972 kgf·m/s ＝0.947 82 Btu/s＝0.238 8 cal/s 1 kW＝1 000 W＝1 000 J/s＝1 000 kg·m^2/s^2 ＝101.972 kgf·m/s＝3 412.14 Btu/h ＝859.845 kcal/h 1 hp(British)＝0.745 70 kW ＝2 544.5 Btu/h＝550 ft·lbf/s ＝1.013 869 hp(metric) 1 hp(metric)＝75 kgf·m/s＝735.498 8 W ＝2 509 Btu/h＝542.3 ft·lbf/s ＝0.986 321 hp(British) 1 ton of refrigeration＝200 Btu/min ＝1.2×10^4 Btu/h ＝3.517 kW
(比)体积	m^3—立方米, cubic meter, stere L—升,立方分米, litre, cubic decimeter m^3/kg—立方米/千克, cubic meter per kilogram	U. S gal—美国加仑, U. S. gallon ft^3/lb—立方英尺/磅, cubic foot per pound	1 m^3＝1 000 dm^3＝1 000 L＝6.102 4×10^4 in^3 ＝35.313 ft^2＝264.17 U. S. gal 1 L＝1 dm^3＝0.001 m^3＝61.024 in^3 ＝0.035 313 ft^3＝0.264 17 U. S. gal 1 U. S. gal＝231 in^3＝3.785 4 L 1 m^3/kg＝16.018 5 ft^3/lb 1 ft^3/lb＝0.062 427 960 57 m^3/kg

续表

单位类型	法定单位	非法定单位	换算关系
压力	Pa—帕[斯卡],Pascal N/m^2—牛/米^2, Newton per square meter MPa— 兆帕[斯卡], megapascal kPa—千帕[斯卡], kilopascal	atm—大气压, 标准大气压, atmosphere, standard atmosphere, normal atmosphere at—工程大气压, technical atmosphere kgf/cm^2—千克力/厘米^2, kilogram-force per square centimeter bar—巴,bar mmHg—毫米汞柱, millimeter of mercury mmH_2O—毫米水柱, millimeter of water lbf/in^2 (psi)— 磅力/英寸^2, pound-force per square inch Torr—托,torr	1 MPa=10^6 Pa=10^3 kPa 1 atm =760 mmHg=760 Torr =101 325 N/m^2 =1.033 23 kgf/cm^2 =1.033 23 at =14.695 9 lbf/in^2 =14.695 9 psi 1 bar =10^5 Pa=10^5 N/m^2 =1.019 7 kgf/cm^2 =750.06 mmHg=750.06 Torr =14.503 8 lbf/in^2 =14.503 8 psi 1 at =1 kgf/cm^2 =735.6 mmHg=735.6 Torr =9.806 65×10^4 N/m^2 =0.967 841 atm =14.223 3 lbf/in^2 =14.223 3 psi 1 Pa =1 N/m^2 =10^{-5} bar=1.019 72×10^{-5} at =0.986 923×10^{-5} atm=7.500 62×10^{-3} mmHg =7.500 62×10^{-3} Torr =0.101 972 mmH_2O =1.450 38×10^{-4} lbf/in^2 =1.450 38×10^{-4} psi 1 mmHg =1.359 51×10^{-3} kgf/cm^2 =133.322 Pa=0.019 34 lbf/in^2 =0.019 34 psi=1 Torr 1 mmH_2O =1 kgf/m^2 =9.806 65 Pa =1.422 33×10^{-3} lbf/in^2 =1.422 33×10^{-3} psi 1 psi =1 lbf/in^2 =0.068 947 572 93 bar =0.068 046 2 atm=0.070 307 2 at =51.706 mmHg=51.706 Torr =703.071 mmH_2O 1 Torr=1 mmHg
温度	K—开[尔文], kelvin ℃—摄氏度,degree celsius	℉—华氏度, degree fahrenheit R—朗肯度, degree rankine	$t(℃)=\frac{5}{9}[t(℉)-32]=T(K)-273.15$ $T(R)=t(℉)+459.67$ 1 K=1 ℃=1.8 ℉=1.8 R(用于温度间隔或温度差进行单位换算时)
速度	m/s—米/秒,meter per second km/h—千米/[小]时, kilometer per hour kn—节,knot n mile/h—海里/[小]时, nautical mile per hour	mile/h—英里/[小]时, mile per hour ft/s—英尺/秒, foot per second	1 m/s =3.6 km/h=3.281 5 ft/s =2.237 4 mile/h 1 km/h =0.277 8 m/s=0.911 5 ft/s =0.621 5 mile/h 1 mile/h =5 280 ft/h=1.466 67 ft/s =0.447 04 m/s=1.609 3 km/h 1 kn=1 n mile/h=6 076 ft/h=1.687 8 ft/s =1.150 mile/h=0.514 444 m/s =1.852 km/h

续表

单位类型	法定单位	非法定单位	换算关系
比热容	J/(kg·K)—焦[耳]/(千克·开[尔文]),joule per kilogram kelvin kJ/(kg·K)—千焦[耳]/(千克·开[尔文]),kilojoule per kilogram kelvin	kcal/(kg·℃)——千卡/(千克·摄氏度),kilocalorie per kilogram degree Celsius Btu/(lb·R)—英热单位/(磅·朗肯度),British thermal unit per pound degree Rankine kJ/(kmol·K)—焦[耳]/(千摩尔·开[尔文]),kilo joule per kilomol kelvin	1 kJ/(kg·K)=1 000 J/(kg·K) 1 kJ/(kg·K)=0.238 85 kcal/(kg·℃) =0.238 8 Btu/(lb·R) 1 kcal/(kg·℃)=4.186 8 kJ/(kg·K) =1 Btu/(lb·R) 1 Btu/(lb·R)=1 Btu/(lb·℉) =4.186 8 kJ/(kg·K) =1 kcal/(kg·℃) =1 Btu/(lb·R) =1 Btu/(lb·℉) =4.186 8 kJ/(kmol·K)
常用词头换算	T—10^{12},太[拉],tera G—10^{9},吉[咖],giga M—10^{6},兆,mega k—10^{3},千,kilo m—10^{-2},毫,milli μ—10^{-6},微,micro n—10^{-9},纳[诺],nano p—10^{-12},皮[可],pico f—10^{-15},飞[母托],femto a—10^{-18},阿[托],atto		1 T=1 000 G 1 G=1 000 M 1 M=1 000 k 1 k=1 000 1=1 000 m 1 m=1 000 μ 1 μ=1 000 n 1 n=1 000 p 1 p=1 000 f 1 f=1 000 a
常用物理常数	阿伏伽德罗常数　$N_A=6.022\ 14\times10^{23}\ mol^{-1}$ 玻耳兹曼常数　$k=1.380\ 66\times10^{-23}$ J/K 通用气体常数或摩尔气体常数 $R=8.314\ 411\approx8.314$ J/(mol·K)=1.985 8 cal/(mol·K)=1.985 8 Btu/(lb·R) 重力加速度　$g=9.806\ 65\ m/s^2$ 水的比热容　$c_w=4.186\ 8$ kJ/(kg·K) 1 kg 干空气的气体常数　$R_{g.o}=287.05$ J/(kg·K) 1 kg 水蒸气的气体常数　$R_{g.v}=461.5$ J/(kg·K) 1(物理)大气压　1 atm=760 mmHg=101 325 Pa=101.325 kPa		

附表 2　常用气体的某些基本热力性质

物　质	M	c_p	$C_{p,m}$	c_V	$C_{V,m}$	R_g	γ
	$\frac{g}{mol}$	$\frac{kJ}{kg\cdot K}$	$\frac{J}{mol\cdot K}$	$\frac{kJ}{kg\cdot K}$	$\frac{J}{mol\cdot K}$	$\frac{kJ}{kg\cdot K}$	c_p/c_V
氩 Ar	39.94	0.523	20.89	0.315	12.57	0.208	1.67
氦 He	4.003	5.200	20.81	3.123	12.50	2.077	1.67
氢 H_2	2.016	14.32	28.86	10.19	20.55	4.124	1.40
氮 N_2	28.02	1.038	29.08	0.742	20.77	0.296	1.40
氧 O_2	32.00	0.917	29.34	0.657	21.03	0.260	1.39
一氧化碳 CO	28.01	1.042	29.19	0.745	20.88	0.297	1.40
空　气	28.97	1.004	29.09	0.717	20.78	0.287	1.40
水蒸气 H_2O	18.016	1.867	33.64	1.406	25.33	0.461	1.33
二氧化碳 CO_2	44.01	0.845	37.19	0.656	28.88	0.189	1.29
二氧化硫 SO_2	64.07	0.644	41.26	0.514	32.94	0.130	1.25
甲烷 CH_4	16.04	2.227	35.72	1.709	27.41	0.518	1.30
丙烷 C_3H_8	44.09	1.691	74.56	1.502	66.25	0.189	1.13

附表 3　空气在理想气体状态下的热力性质表①

T/K	h/(kJ/kg)	p_r	u/(kJ/kg)	v_r	s^0/[kJ/(kg · K)]
200	199.97	0.336 3	142.56	1 707	1.295 59
210	209.97	0.398 7	149.69	1 512	1.344 44
220	219.97	0.469 0	156.82	1 346	1.391 05
230	230.02	0.547 7	164.00	1 205	1.435 57
240	240.02	0.635 5	171.13	1 084	1.478 24
250	250.05	0.732 9	178.28	979	1.519 17
260	260.09	0.840 5	185.45	887.8	1.558 48
270	270.11	0.959 0	192.60	808.0	1.596 34
280	280.13	1.088 9	199.75	738.0	1.632 79
285	285.14	1.158 4	203.33	706.1	1.650 55
290	290.16	1.231 1	206.91	676.1	1.568 02
295	295.17	1.306 8	210.49	647.9	1.685 15
300	300.19	1.386 0	214.07	621.2	1.702 03
305	305.22	1.468 5	217.67	596.0	1.718 65
310	310.24	1.554 6	221.25	572.3	1.734 98
315	315.27	1.644 2	224.85	549.8	1.751 06

① 此表引自：华自强，张忠进. 工程热力学. 3 版. 北京：高等教育出版社，2000.

续表

T/K	h/(kJ/kg)	p_r	u/(kJ/kg)	v_r	s^0/[kJ/(kg·K)]
320	320.29	1.737 5	228.43	528.6	1.766 90
325	325.31	1.834 5	232.02	508.4	1.782 49
330	330.34	1.935 2	235.61	489.4	1.797 83
340	340.42	2.149	242.82	454.1	1.827 90
350	350.49	2.379	250.02	422.2	1.857 08
360	360.67	2.626	257.24	393.4	1.885 43
370	370.67	2.892	264.46	367.2	1.913 13
380	380.77	3.176	271.69	343.4	1.940 01
390	390.88	3.481	278.93	321.5	1.966 33
400	400.98	3.806	286.16	301.6	1.991 94
410	411.12	4.153	293.43	283.3	2.016 99
420	421.26	4.522	300.69	266.6	2.041 42
430	432.43	4.915	307.99	251.1	2.065 33
440	441.61	5.332	315.30	236.8	2.088 70
450	451.80	5.775	322.62	223.6	2.111 61
460	462.02	6.245	329.97	211.4	2.134 07
470	472.24	6.712	337.32	200.1	2.146 04
480	482.49	7.268	344.70	189.5	2.177 60
490	492.74	7.824	352.08	179.7	2.198 76
500	503.02	8.411	359.49	170.6	2.219 52
510	513.32	9.031	366.92	162.1	2.239 93
520	523.63	9.684	374.36	154.1	2.259 97
530	533.98	10.37	381.84	146.7	2.279 67
540	544.35	11.10	389.34	139.7	2.299 06
550	554.74	11.86	396.86	133.1	2.318 09
560	565.17	12.66	404.42	127.0	2.336 85
570	575.59	13.50	411.97	121.2	2.355 31
580	586.04	14.38	419.55	115.7	2.373 48
590	596.52	15.31	427.15	110.6	2.391 40

续表

T/K	h/(kJ/kg)	p_r	u/(kJ/kg)	v_r	s^0/[kJ/(kg·K)]
600	607.02	16.28	434.78	105.8	2.409 02
610	617.53	17.30	442.42	101.2	2.426 44
620	628.07	18.36	450.09	96.92	2.443 56
630	638.63	19.48	457.78	92.84	2.460 48
640	649.22	20.64	465.50	88.99	2.477 16
650	659.84	21.86	473.25	85.34	2.493 64
660	670.47	23.13	481.01	81.89	2.509 85
670	681.14	24.46	488.81	78.61	2.525 89
680	691.82	25.85	496.62	75.50	2.541 75
690	702.52	27.29	504.45	72.56	2.557 31
700	713.27	28.80	512.33	67.76	2.572 77
710	724.04	30.38	520.23	67.07	2.588 10
720	734.82	32.02	528.14	64.53	2.603 19
730	745.62	33.72	536.07	62.13	2.618 03
740	765.44	35.50	544.02	59.82	2.632 80
750	767.29	37.35	551.99	57.63	2.647 37
760	778.18	39.27	560.01	55.54	2.661 76
780	800.03	43.35	576.12	51.64	2.690 13
800	821.95	47.75	592.30	48.08	2.717 87
820	843.98	52.49	608.59	44.84	2.745 04
840	866.08	57.60	624.95	41.85	2.771 70
860	888.27	63.09	641.40	39.12	2.797 83
880	910.56	68.98	657.95	36.61	2.823 44
900	932.93	75.29	674.58	34.31	2.848 56
920	955.38	82.05	691.28	32.18	2.873 24
940	977.92	89.28	708.08	30.22	2.897 48
960	1 000.56	97.00	725.02	28.40	2.921 28
980	1 023.25	105.02	741.98	26.73	2.944 68
1 000	1 646.04	114.0	758.94	25.17	2.967 70

续表

T/K	h/(kJ/kg)	p_r	u/(kJ/kg)	v_r	s^0/[kJ/(kg·K)]
1 020	1 068.89	123.4	771.60	23.72	2.990 34
1 040	1 091.85	133.3	793.36	22.39	3.012 60
1 060	1 114.86	143.9	810.62	21.14	3.034 49
1 080	1 137.89	155.2	827.88	19.98	3.056 08
1 100	1 161.07	167.1	845.33	18.896	3.077 32
1 120	1 184.28	179.7	862.79	17.886	3.093 25
1 140	1 207.57	193.1	880.35	16.946	3.118 83
1 160	1 230.92	207.2	897.91	16.064	3.139 16
1 180	1 254.34	222.2	915.57	15.241	3.159 16
1 200	1 277.79	238.0	933.53	14.470	3.178 88
1 220	1 301.31	254.7	951.09	13.747	3.198 34
1 240	1 324.93	272.3	968.95	13.069	3.217 51
1 260	1 348.55	290.8	986.90	12.435	3.236 38
1 280	1 372.24	310.4	1 004.76	11.835	3.255 10
1 300	1 395.97	330.9	1 022.82	11.275	3.273 45
1 320	1 419.76	325.5	1 040.88	10.747	3.291 60
1 340	1 443.60	375.3	1 058.94	10.247	3.309 59
1 360	1 467.69	399.1	1 077.10	9.780	3.327 24
1 380	1 491.44	424.2	1 095.26	9.337	3.344 74
1 400	1 515.42	450.5	1 113.52	8.919	3.362 00
1 420	1 539.44	478.0	1 131.77	8.526	3.779 01
1 440	1 563.51	506.9	1 150.13	8.153	3.395 86
1 460	1 587.63	537.1	1 168.49	7.801	3.412 47
1 480	1 611.79	568.8	1 168.95	7.468	3.428 92
1 500	1 635.97	601.9	1 205.41	7.152	3.445 16
1 520	1 660.23	636.5	1 233.87	6.854	3.461 20
1 540	1 684.51	672.8	1 242.43	6.569	3.477 12
1 560	1 708.82	710.5	1 260.99	6.301	3.492 76
1 580	1 733.17	750.0	1 279.65	6.046	3.508 29

续表

T/K	h/(kJ/kg)	p_r	u/(kJ/kg)	v_r	s^0/[kJ/(kg·K)]
1 600	1 757.57	791.2	1 298.30	5.804	3.523 64
1 620	1 782.00	834.1	1 316.96	5.574	3.538 79
1 640	1 806.46	878.9	1 335.72	5.355	3.553 81
1 660	1 830.96	925.6	1 354.48	5.147	3.568 67
1 680	1 855.50	974.2	1 373.24	4.949	3.583 35
1 700	1 880.1	1 025	1 392.7	4.761	3.597 9
1 750	1 941.6	1 161	1 439.8	4.328	3.633 6
1 800	2 000.3	1 310	1 487.2	3.944	3.668 4
1 850	2 065.3	1 475	1 534.9	3.601	3.702 3
1 900	2 127.4	1 655	1 582.6	3.295	3.735 4
1 950	2 189.7	1 852	1 630.6	3.022	3.767 7
2 000	2 252.1	2 068	1 678.7	2.776	3.799 4
2 050	2 314.6	2 303	1 726.8	2.555	3.830 3
2 100	2 377.4	2 559	1 775.3	2.356	3.860 5
2 150	2 440.3	2 837	1 823.8	2.175	3.890 1
2 200	2 503.2	3 138	1 872.4	2.012	3.919 1
2 250	2 566.4	3 464	1 921.3	1.864	3.947 4

附表 4　某些常用气体在理想气体状态下的比定压热容与温度的关系式[①]

	平均比热容/[kJ/(kg·K)]		平均比热容/[kJ/(kg·K)]
空气	$c_{V,m}=0.708\ 8+0.000\ 093\ t$	CO	$c_{v,m}=0.733\ 1+0.000\ 096\ 81\ t$
	$c_{p,m}=0.995\ 6+0.000\ 093\ t$		$c_{p,m}=1.035+0.000\ 096\ 81\ t$
H_2	$c_{V,m}=10.12+0.000\ 594\ 5\ t$	H_2O	$c_{V,m}=1.372+0.000\ 311\ 1\ t$
	$c_{p,m}=14.33+0.000\ 594\ 5\ t$		$c_{p,m}=1.833+0.000\ 311\ 1\ t$
N_2	$c_{V,m}=0.730\ 4+0.000\ 089\ 55\ t$	CO_2	$c_{V,m}=0.683\ 7+0.000\ 240\ 6\ t$
	$c_{p,m}=1.032+0.000\ 089\ 55\ t$		$c_{p,m}=0.872\ 5+0.000\ 240\ 6\ t$
O_2	$c_{V,m}=0.659\ 4+0.000\ 106\ 5\ t$		
	$c_{p,m}=0.919+0.000\ 106\ 5\ t$		

① 此表引自：沈维道，等. 工程热力学. 2 版. 北京：高等教育出版社，1983.

附表 5　某些常用气体在理想气体状态下的平均比定压热容[①]

温度/℃ \ 气体	O_2	N_2	CO	CO_2	H_2O	SO_2	空气
0	0.915	1.039	1.040	0.815	1.859	0.607	1.004
100	0.923	1.040	1.042	0.866	1.873	0.636	1.006
200	0.935	1.043	1.046	0.910	1.894	0.662	1.012
300	0.950	1.049	1.054	0.949	1.919	0.687	1.019
400	0.965	1.057	1.063	0.983	1.948	0.708	1.028
500	0.979	1.066	1.075	1.013	1.978	0.724	1.039
600	0.993	1.076	1.086	1.040	2.009	0.737	1.050
700	1.005	1.087	1.098	1.064	2.042	0.754	1.061
800	1.016	1.097	1.109	1.085	2.075	0.762	1.071
900	1.026	1.108	1.120	1.104	2.110	0.775	1.081
1 000	1.035	1.118	1.130	1.122	2.144	0.783	1.091
1 100	1.043	1.127	1.140	1.138	2.177	0.791	1.100
1 200	1.051	1.136	1.149	1.153	2.211	0.795	1.108
1 300	1.058	1.145	1.158	1.166	2.243		1.117
1 400	1.065	1.153	1.166	1.178	2.274		1.124
1 500	1.071	1.160	1.173	1.189	2.305		1.131
1 600	1.077	1.167	1.180	1.200	2.335		1.138
1 700	1.083	1.174	1.187	1.209	2.363		1.144
1 800	1.089	1.180	1.192	1.218	2.391		1.150
1 900	1.094	1.186	1.198	1.226	2.417		1.156
2 000	1.099	1.191	1.203	1.233	2.442		1.161
2 100	1.104	1.197	1.208	1.241	2.466		1.166
2 200	1.109	1.201	1.213	1.247	2.489		1.171
2 300	1.114	1.206	1.218	1.253	2.512		1.176
2 400	1.118	1.210	1.222	1.259	2.533		1.180
2 500	1.123	1.214	1.226	1.264	2.554		1.184
2 600	1.127				2.574		
2 700	1.131				2.594		
2 800					2.612		
2 900					2.630		
3 000							

① 此表引自：曾丹苓，等. 工程热力学. 北京：人民教育出版社，1980.

附表 6　某些常用气体在理想气体状态下的平均比定容热容[1]

温度/℃ \ 气体	O_2	N_2	CO	CO_2	H_2O	SO_2	空气
0	0.655	0.742	0.743	0.626	1.398	0.477	0.716
100	0.663	0.744	0.745	0.677	1.411	0.507	0.719
200	0.675	0.747	0.749	0.721	1.432	0.532	0.724
300	0.690	0.752	0.757	0.760	1.457	0.557	0.732
400	0.705	0.760	0.767	0.794	1.486	0.578	0.741
500	0.719	0.769	0.777	0.824	1.516	0.595	0.752
600	0.733	0.779	0.789	0.851	1.547	0.607	0.762
700	0.745	0.790	0.801	0.875	1.581	0.621	0.773
800	0.756	0.801	0.812	0.896	1.614	0.632	0.784
900	0.766	0.811	0.823	0.916	1.618	0.615	0.794
1 000	0.775	0.821	0.834	0.933	1.682	0.653	0.804
1 100	0.783	0.830	0.843	0.950	1.716	0.662	0.813
1 200	0.791	0.839	0.857	0.964	1.749	0.666	0.821
1 300	0.798	0.848	0.861	0.977	1.781		0.829
1 400	0.805	0.856	0.869	0.989	1.813		0.837
1 500	0.811	0.863	0.876	1.001	1.843		0.844
1 600	0.817	0.870	0.883	1.011	1.873		0.851
1 700	0.823	0.877	0.889	1.020	1.902		0.857
1 800	0.829	0.883	0.896	1.029	1.929		0.863
1 900	0.834	0.889	0.901	1.037	1.955		0.869
2 000	0.839	0.894	0.906	1.045	1.980		0.874
2 100	0.844	0.900	0.911	1.052	2.005		0.879
2 200	0.849	0.905	0.916	1.058	2.028		0.884
2 300	0.854	0.909	0.921	1.064	2.050		0.889
2 400	0.858	0.914	0.925	1.070	2.072		0.893
2 500	0.863	0.918	0.929	1.075	2.093		0.897
2 600	0.868				2.113		
2 700	0.872				2.132		
2 800					2.151		
2 900					2.168		
3 000							

① 此表引自:曾丹苓,等.工程热力学.北京:人民教育出版社,1980.

附表 7　一些常用物质的临界参数①

物质	分子式	临界点参数		
		温度/K	压力/MPa	摩尔体积/(m^3/mol)
空气	—	132.5	3.77	0.088 3
氨	NH_3	405.5	11.28	0.072 4
氩	Ar	151	4.86	0.074 9
苯	C_5H_6	562	4.92	0.260 3
溴	Br_2	584	10.34	0.135 5
正丁烷	C_4H_{10}	425.2	3.80	0.254 7
二氧化碳	CO_2	304.2	7.39	0.094 3
一氧化碳	CO	133	3.50	0.093 0
四氧化碳	CCl_4	556.4	4.56	0.275 9
氯	Cl_2	417	7.71	0.124 2
三氯甲烷	$CHCl_3$	536.6	5.47	0.240 3
R12	CCl_2F_2	384.7	4.01	0.217 9
R21	$CHCl_2F$	451.7	5.17	0.197 3
乙烷	C_2H_6	305.5	4.48	0.148 0
乙醇	C_2H_5OH	516	6.38	0.167 3
乙烯	C_2H_4	282.4	5.12	0.124 2
氦	He	5.3	0.23	0.057 8
正已烷	C_6H_{14}	507.9	3.03	0.367 7
氢	H_2	33.3	1.30	0.064 9
氪	Kr	209.4	5.50	0.092 4
甲烷	CH_4	191.1	4.64	0.099 3
甲醇	CH_3OH	513.2	7.95	0.118 0
甲基氯	CH_3Cl	416.3	6.68	0.143 0
氖	Ne	44.5	2.73	0.041 7
氮	N_2	126.2	3.39	0.089 9
一氧化二氮	N_2O	309.7	7.27	0.096 1
氧	O_2	154.8	5.08	0.078 0
丙烷	C_3H_8	370	4.26	0.199 8
丙烯	C_3H_6	365	4.62	0.181 0
二氧化硫	SO_2	430.7	7.88	0.121 7
R34a	CF_3CH_2F	374.3	4.067	0.184 7
R11	CCl_3F	471.2	4.38	0.247 8
水	H_2O	647.3	22.09	0.056 8
氙	Xe	289.8	5.88	0.118 6

① 本表引自：K. A. Kobe and R. E. Lynn, Jr.. Chemical Review52(1953). pp. 177～236; and ASHRAE. Hand book of hundamentals,(Atlanta. CA; American Society of Heating. Refrigerating and Air-Conditioning Engieern, lne. 1993), pp. 16.4 and 36,1.

附表 8　饱和水与饱和蒸汽的热力性质(按温度排列)

t	p	v'	v''	h'	h''	r	s'	s''
℃	MPa	m³/kg		kJ/kg			kJ/(kg·K)	
0	0.000 611 2	0.001 000 22	206.154	−0.05	2 500.51	2 500.6	−0.000 2	9.154 4
0.01	0.000 611 7	0.001 000 21	206.012	0.00	2 500.53	2 500.5	0	9.154 1
1	0.000 657 1	0.001 000 18	192.464	4.18	2 502.35	2 498.2	0.015 3	9.127 8
2	0.000 705 9	0.001 000 13	179.787	8.39	2 504.19	2 495.8	0.030 6	9.101 4
3	0.000 758 0	0.001 000 09	168.041	12.61	2 506.03	2 493.4	0.045 9	9.075 2
4	0.000 813 5	0.001 000 08	157.151	16.82	2 507.87	2 491.1	0.061 1	9.049 3
5	0.000 872 5	0.001 000 08	147.048	21.02	2 509.71	2 488.7	0.076 3	9.023 6
6	0.000 935 2	0.001 000 10	137.670	25.22	2 511.55	2 486.3	0.091 3	8.998 2
7	0.001 001 9	0.001 000 14	128.961	29.42	2 513.39	2 484.0	0.106 3	8.973 0
8	0.001 072 8	0.001 000 19	120.868	33.62	2 515.23	2 481.6	0.121 3	8.948 0
9	0.001 148 0	0.001 000 26	113.342	37.81	2 517.06	2 479.3	0.136 2	8.923 3
10	0.001 227 9	0.001 000 34	106.341	42.00	2 518.90	2 476.9	0.151 0	8.898 8
11	0.001 312 6	0.001 000 43	99.825	46.19	2 520.74	2 474.5	0.165 8	8.874 5
12	0.001 402 5	0.001 000 54	93.756	50.38	2 522.57	2 472.2	0.180 5	8.850 4
13	0.001 497 7	0.001 000 66	88.101	54.57	2 524.41	2 469.8	0.195 2	8.826 5
14	0.001 598 5	0.001 000 80	82.828	58.76	2 526.24	2 467.5	0.209 8	8.802 9
15	0.001 705 3	0.001 000 94	77.910	62.95	2 528.07	2 465.1	0.224 3	8.779 4
16	0.001 818 3	0.001 001 10	73.320	67.13	2 529.90	2 462.8	0.238 8	8.756 2
17	0.001 937 7	0.001 001 27	69.034	71.32	2 531.72	2 460.4	0.253 3	8.733 1
18	0.002 064 0	0.001 001 45	65.029	75.50	2 533.55	2 458.1	0.267 7	8.710 3
19	0.002 197 5	0.001 001 65	61.287	79.68	2 535.37	2 455.7	0.282 0	8.687 7
20	0.002 338 5	0.001 001 85	57.786	83.86	2 537.20	2 453.3	0.296 3	8.665 2
21	0.002 487 3	0.001 002 06	54.511	88.05	2 539.02	2 451.0	0.310 6	8.643 0
22	0.002 644 4	0.001 002 29	51.445	92.23	2 540.84	2 448.6	0.324 7	8.621 0
23	0.002 810 0	0.001 002 52	48.574	96.41	2 542.66	2 446.2	0.338 9	8.599 1
24	0.002 984 6	0.001 002 76	45.884	100.59	2 544.47	2 443.9	0.353 0	8.577 4
25	0.003 168 7	0.001 003 02	43.362	104.77	2 546.29	2 441.5	0.367 0	8.556 0
26	0.003 362 5	0.001 003 28	40.997	108.95	2 548.10	2 439.2	0.381 0	8.534 7
27	0.003 566 6	0.001 003 55	38.777	113.13	2 549.92	2 436.8	0.395 0	8.513 6
28	0.003 781 5	0.001 003 83	36.694	117.32	2 551.73	2 434.4	0.408 9	8.492 7
29	0.004 007 4	0.001 004 12	34.737	121.50	2 553.54	2 432.0	0.422 8	8.471 9
30	0.004 245 1	0.001 004 42	32.899	125.68	2 555.35	2 429.7	0.436 6	8.451 4
31	0.004 494 9	0.001 004 73	31.170	129.86	2 557.16	2 427.3	0.450 3	8.431 0
32	0.004 757 4	0.001 005 04	29.545	134.04	2 558.96	2 424.9	0.464 1	8.410 8
33	0.005 033 1	0.001 005 37	28.016	138.22	2 560.77	2 422.5	0.477 7	8.390 7
34	0.005 322 6	0.001 005 70	26.577	142.41	2 562.57	2 420.2	0.491 4	8.370 8
35	0.005 626 3	0.001 006 05	25.222	146.59	2 564.38	2 417.8	0.505 0	8.351 1
36	0.005 945 0	0.001 006 40	23.945	150.77	2 566.18	2 415.4	0.518 5	8.331 6
37	0.006 279 2	0.001 006 76	22.742	154.96	2 567.98	2 413.0	0.532 0	8.312 2
38	0.006 629 5	0.001 007 13	21.608	159.14	2 569.77	2 410.6	0.545 5	8.293 0
39	0.006 996 6	0.001 007 50	20.538	163.32	2 571.57	2 408.2	0.558 9	8.274 0
40	0.007 381 1	0.001 007 89	19.529	167.50	2 573.36	2 405.9	0.572 3	8.255 1

续表

t	ρ	v′	v″	h′	h″	r	s′	s″
℃	MPa	m³/kg		kJ/kg			kJ/(kg·K)	
41	0.007 783 8	0.001 008 28	18.576 2	171.69	2 575.15	2 403.5	0.585 6	8.236 4
42	0.008 205 2	0.001 008 68	17.676 4	175.87	2 576.94	2 401.1	0.598 9	8.217 8
43	0.008 646 2	0.001 009 09	16.826 4	180.05	2 578.73	2 398.7	0.612 2	8.199 3
44	0.009 107 4	0.001 009 51	16.023 0	184.24	2 580.52	2 396.3	0.625 4	8.181 1
45	0.009 589 7	0.001 009 93	15.263 6	188.42	2 582.30	2 393.9	0.638 6	8.163 0
46	0.010 093 8	0.001 010 36	14.545 3	192.60	2 584.08	2 391.5	0.651 7	8.145 0
47	0.010 620 5	0.001 010 80	13.865 7	196.78	2 585.86	2 389.1	0.664 8	8.127 1
48	0.011 170 6	0.001 011 24	13.222 4	200.96	2 587.64	2 386.7	0.677 8	8.109 5
49	0.011 745 0	0.001 011 70	12.613 4	205.15	2 589.42	2 384.3	0.690 8	8.091 9
50	0.012 344 6	0.001 012 16	12.036 5	209.33	2 591.19	2 381.9	0.703 8	8.074 5
51	0.012 970	0.001 012 62	11.489 9	213.51	2 592.96	2 379.5	0.716 7	8.057 3
52	0.013 623	0.001 013 09	10.971 8	217.69	2 594.73	2 377.0	0.729 6	8.040 1
53	0.014 303	0.001 013 57	10.480 5	221.88	2 596.50	2 374.6	0.742 4	8.023 2
54	0.015 013	0.001 014 06	10.014 5	226.06	2 598.26	2 372.2	0.755 2	8.006 3
55	0.015 752	0.001 014 55	9.572 3	230.24	2 600.02	2 369.8	0.768 0	7.989 6
56	0.016 522	0.001 015 06	9.152 6	234.42	2 601.78	2 367.4	0.780 7	7.973 0
57	0.017 324	0.001 015 56	8.754 1	238.60	2 603.54	2 364.9	0.793 4	7.956 6
58	0.018 160	0.001 016 08	8.375 5	242.79	2 605.29	2 362.5	0.806 0	7.940 2
59	0.019 029	0.001 016 60	8.015 8	246.97	2 607.04	2 360.1	0.818 6	7.924 0
60	0.019 933	0.001 017 13	7.674 0	251.15	2 608.79	2 357.6	0.831 2	7.908 0
61	0.020 874	0.001 017 66	7.348 9	255.34	2 610.53	2 355.2	0.843 7	7.892 0
62	0.021 852	0.001 018 20	7.039 8	259.52	2 612.27	2 352.8	0.856 2	7.876 2
63	0.022 869	0.001 018 75	6.745 6	263.71	2 614.01	2 350.3	0.868 7	7.860 5
64	0.023 926	0.001 019 30	6.465 7	267.89	2 615.75	2 347.9	0.881 1	7.844 9
65	0.025 024	0.001 019 86	6.199 2	272.08	2 617.48	2 345.4	0.893 5	7.829 5
66	0.026 164	0.001 020 43	5.945 4	276.26	2 619.21	2 342.9	0.905 9	7.814 2
67	0.027 349	0.001 021 00	5.703 7	280.45	2 620.94	2 340.5	0.918 2	7.798 9
68	0.028 578	0.001 021 58	5.473 3	284.64	2 622.66	2 338.0	0.930 5	7.783 8
69	0.029 854	0.001 022 17	5.253 7	288.82	2 624.38	2 335.6	0.942 7	7.768 8
70	0.031 178	0.001 022 76	5.044 3	293.01	2 626.10	2 333.1	0.955 0	7.754 0
71	0.032 551	0.001 023 36	4.844 6	297.20	2 627.81	2 330.6	0.967 1	7.739 2
72	0.033 974	0.001 023 96	4.654 1	301.39	2 629.52	2 328.1	0.979 3	7.724 5
73	0.035 450	0.001 024 58	4.472 3	305.58	2 631.23	2 325.6	0.991 4	7.710 0
74	0.036 980	0.001 025 19	4.298 7	309.77	2 632.93	2 323.2	1.003 5	7.695 6
75	0.038 565	0.001 025 82	4.133 0	313.96	2 634.63	2 320.7	1.015 6	7.681 2
76	0.040 207	0.001 026 45	3.974 7	318.15	2 636.32	2 318.2	1.027 6	7.667 0
77	0.041 908	0.001 027 09	3.823 5	322.34	2 638.01	2 315.7	1.039 6	7.652 9
78	0.043 668	0.001 027 73	3.678 9	326.54	2 639.70	2 313.2	1.051 5	7.638 9
79	0.045 490	0.001 028 38	3.540 7	330.73	2 641.38	2 310.7	1.063 4	7.625 0
80	0.047 376	0.001 029 03	3.408 6	334.93	2 643.06	2 308.1	1.075 3	7.611 2
81	0.049 327	0.001 029 70	3.282 2	339.12	2 644.74	2 305.6	1.087 2	7.597 4
82	0.051 345	0.001 030 36	3.161 3	343.32	2 646.41	2 303.1	1.099 0	7.583 8
83	0.053 431	0.001 031 04	3.045 6	347.52	2 648.08	2 300.6	1.110 8	7.570 3
84	0.055 588	0.001 031 72	2.934 8	351.72	2 649.74	2 298.0	1.122 6	7.556 9
85	0.057 818	0.001 032 40	2.828 8	355.92	2 651.40	2 295.5	1.134 3	7.543 6

附表 9　饱和水与饱和蒸汽的热力性质(按压力排列)

ρ	t	v'	v''	h'	h''	r	s'	s''
MPa	℃	m³/kg		kJ/kg			kJ/(kg·K)	
0.001 0	6.949	0.001 000 1	129.185	29.21	2 513.29	2 484.1	0.105 6	8.973 5
0.001 5	12.975	0.001 000 7	87.957	54.47	2 524.36	2 469.9	0.194 8	8.825 6
0.002 0	17.540	0.001 001 4	67.008	73.58	2 532.71	2 459.1	0.261 1	8.722 0
0.002 5	21.101	0.001 002 1	54.253	88.47	2 539.20	2 450.7	0.312 0	8.641 3
0.003 0	24.114	0.001 002 8	45.666	101.07	2 544.68	2 443.6	0.354 6	8.575 8
0.003 5	26.671	0.001 003 5	39.473	111.76	2 549.32	2 437.6	0.390 4	8.520 3
0.004 0	28.953	0.001 004 1	34.796	121.30	2 553.45	2 432.2	0.422 1	8.472 5
0.004 5	31.053	0.001 004 7	31.141	130.08	2 557.26	2 427.2	0.451 1	8.430 8
0.005 0	32.879	0.001 005 3	28.191	137.72	2 560.55	2 422.8	0.476 1	8.393 0
0.005 5	34.614	0.001 005 9	25.770	144.98	2 563.68	2 418.7	0.499 7	8.359 4
0.006 0	36.166	0.001 006 5	23.738	151.47	2 566.48	2 415.0	0.520 8	8.328 3
0.006 5	37.627	0.001 007 0	22.013	157.58	2 569.10	2 411.5	0.540 5	8.300 0
0.007 0	38.997	0.001 007 5	20.528	163.31	2 571.56	2 408.3	0.558 9	8.273 7
0.007 5	40.275	0.001 008 0	19.236	168.65	2 573.85	2 405.2	0.576 0	8.249 3
0.008 0	41.508	0.001 008 5	18.102	173.81	2 576.06	2 402.3	0.592 4	8.226 6
0.008 5	42.649	0.001 008 9	17.097	178.58	2 578.10	2 399.5	0.607 5	8.205 2
0.009 0	43.790	0.001 009 4	16.204	183.36	2 580.15	2 396.8	0.622 6	8.185 4
0.009 5	44.817	0.001 009 9	15.399	187.65	2 581.98	2 394.3	0.636 2	8.166 3
0.010	45.799	0.001 010 3	14.673	191.76	2 583.72	2 392.0	0.649 0	8.148 1
0.011	47.693	0.001 011 1	13.415	199.68	2 587.10	2 387.4	0.673 8	8.114 8
0.012	49.428	0.001 011 9	12.361	206.94	2 590.18	2 383.2	0.696 4	8.084 4
0.013	51.049	0.001 012 6	11.465	213.71	2 593.05	2 379.3	0.717 3	8.056 5
0.014	52.555	0.001 013 4	10.694	220.01	2 595.71	2 375.7	0.736 7	8.030 6
0.015	53.971	0.001 014 0	10.022	225.93	2 598.21	2 372.3	0.754 8	8.006 5
0.016	55.340	0.001 014 7	9.433 4	231.66	2 600.62	2 369.0	0.772 3	7.984 3
0.017	56.596	0.001 015 4	8.910 7	236.91	2 602.82	2 365.9	0.788 3	7.963 1
0.018	57.805	0.001 016 0	8.445 0	241.97	2 604.95	2 363.0	0.803 6	7.943 3
0.019	58.969	0.001 016 6	8.027 2	246.84	2 606.99	2 360.1	0.818 3	7.924 6
0.020	60.065	0.001 017 2	7.649 7	251.43	2 608.90	2 357.5	0.832 0	7.906 8
0.021	61.138	0.001 017 7	7.307 6	255.91	2 610.77	2 354.9	0.845 5	7.890 0
0.022	62.142	0.001 018 3	6.995 2	260.12	2 612.52	2 352.4	0.858 0	7.873 9
0.023	63.124	0.001 018 8	6.709 5	264.22	2 614.23	2 350.0	0.870 2	7.858 5
0.024	64.060	0.001 019 3	6.446 8	268.14	2 615.85	2 347.7	0.881 9	7.843 8
0.025	64.973	0.001 019 8	6.204 7	271.96	2 617.43	2 345.5	0.893 2	7.829 8
0.026	65.863	0.001 020 4	5.980 8	275.69	2 618.97	2 343.3	0.904 2	7.816 3
0.027	66.707	0.001 020 8	5.772 7	279.22	2 620.43	2 341.2	0.914 6	7.803 3
0.028	67.529	0.001 021 3	5.579 1	282.66	2 621.85	2 339.2	0.924 7	7.790 8
0.029	68.328	0.001 021 8	5.398 5	286.01	2 623.22	2 337.2	0.934 5	7.778 8
0.030	69.104	0.001 022 2	5.229 6	289.26	2 624.56	2 335.3	0.944 0	7.767 1
0.032	70.611	0.001 023 1	4.922 9	295.57	2 627.15	2 331.6	0.962 4	7.745 1
0.034	72.014	0.001 024 0	4.650 8	301.45	2 629.54	2 328.1	0.979 5	7.724 3
0.036	73.361	0.001 024 8	4.408 3	307.09	2 631.84	2 324.7	0.995 8	7.704 7
0.038	74.651	0.001 025 6	4.190 6	312.49	2 634.03	2 321.5	1.001 3	7.686 3
0.040	75.872	0.001 026 4	3.993 9	317.61	2 636.10	2 318.5	1.026 0	7.668 8
0.045	78.737	0.001 028 2	3.576 9	329.63	2 640.94	2 311.3	1.060 3	7.688 8

附表 10　未饱和水与过热水蒸气的热力性质表

t	0.001 MPa　t_s=6.949 ℃			0.002 MPa　t_s=17.540 ℃			0.004 MPa　t_s=28.953 ℃		
	v'	h'	s'	v'	h'	s'	v'	h'	s'
	0.001 000 1	29.21	0.105 6	0.001 001 4	73.58	0.261 1	0.001 004 1	121.30	0.422 1
	v''	h''	s''	v''	h''	s''	v''	h''	s''
	129.185	2 513.3	8.973 5	67.007	2 532.7	8.722 0	34.796	2 553.5	8.472 5
℃	m^3/kg	kJ/kg	kJ/(kg·K)	m^3/kg	kJ/kg	kJ/(kg·K)	m^3/kg	kJ/kg	kJ/(kg·K)
0	0.001 000 2	−0.05	−0.000 2	0.001 000 2	−0.05	−0.000 2	0.001 000 2	−0.05	−0.000 2
10	130.598	2 519.0	8.993 8	0.001 000 3	42.00	0.151 0	0.001 000 3	42.01	0.151 0
20	135.226	2 537.7	9.058 8	67.578	2 537.3	8.737 8	0.001 001 8	83.87	0.296 3
30	139.851	2 556.4	9.121 6	69.896	2 556.1	8.800 8	34.918	2 555.4	8.479 0
40	144.475	2 575.2	9.182 3	72.212	2 574.9	8.861 7	36.080	2 574.3	8.540 3
50	149.096	2 593.9	9.241 2	74.526	2 593.7	8.920 7	37.241	2 593.2	8.599 6
60	153.717	2 612.7	9.298 4	76.839	2 612.5	8.978 0	38.400	2 612.0	8.657 1
70	158.337	2 631.4	9.354 0	79.151	2 631.3	9.033 7	39.558	2 630.9	8.712 9
80	162.956	2 650.3	9.408 0	81.462	2 650.1	9.087 8	40.716	2 649.8	8.767 2
90	167.574	2 669.1	9.460 7	83.773	2 669.0	9.140 5	41.873	2 668.7	8.820 0
100	172.192	2 688.0	9.512 0	86.083	2 687.9	9.191 8	43.029	2 687.7	8.871 4
110	176.809	2 706.9	9.562 1	88.393	2 706.8	9.241 9	44.185	2 706.6	8.921 6
120	181.426	2 725.9	9.610 9	90.703	2 725.8	9.290 9	45.341	2 725.6	8.970 6
130	186.044	2 744.9	9.658 7	93.012	2 744.8	9.338 6	46.497	2 744.7	9.018 4
140	190.660	2 764.0	9.705 4	95.321	2 763.9	9.385 4	47.652	2 763.8	9.065 2
150	195.277	2 783.1	9.751 1	97.630	2 783.0	9.431 1	48.807	2 782.9	9.110 9
160	199.893	2 802.3	9.795 9	99.939	2 802.2	9.475 9	49.962	2 802.1	9.155 7
170	204.510	2 821.5	9.839 7	102.248	2 821.4	9.519 7	51.117	2 821.3	9.199 6
180	209.126	2 840.7	9.882 7	104.556	2 840.7	9.562 7	52.272	2 840.6	9.242 6
190	213.742	2 860.0	9.924 9	106.865	2 860.0	9.604 9	53.426	2 859.9	9.284 8
200	218.358	2 879.4	9.966 2	109.173	2 879.4	9.646 3	54.581	2 879.3	9.326 2
210	222.974	2 898.8	10.006 9	111.481	2 898.8	9.686 9	55.735	2 898.7	9.366 9
220	227.590	2 918.3	10.046 8	113.790	2 918.3	9.726 8	56.890	2 918.2	9.406 8
230	232.205	2 937.9	10.086 0	116.098	2 937.8	9.766 0	58.044	2 937.7	9.446 0
240	236.821	2 957.5	10.124 6	118.406	2 957.4	9.804 6	59.199	2 957.3	9.484 6
250	241.437	2 977.1	10.162 5	120.714	2 977.1	9.842 5	60.353	2 977.0	9.522 6
260	246.053	2 996.8	10.199 8	123.022	2 996.8	9.879 9	61.507	2 996.7	9.559 9
270	250.668	3 016.6	10.236 6	125.330	3 016.6	9.916 6	62.661	3 016.5	9.596 6
280	255.284	3 036.4	10.272 7	127.638	3 036.4	9.952 8	63.816	3 036.3	9.632 8
290	259.899	3 056.3	10.308 3	129.946	3 056.3	9.988 4	64.970	3 056.2	9.668 4
300	264.515	3 076.2	10.343 4	132.254	3 076.2	10.023 5	66.124	3 076.2	9.703 5
310	269.130	3 096.2	10.378 0	134.562	3 096.2	10.058 1	67.278	3 096.2	9.738 2
320	273.746	3 116.3	10.412 2	136.870	3 116.3	10.092 2	68.432	3 116.2	9.772 3
330	278.362	3 136.4	10.445 8	139.178	3 136.4	10.125 9	69.586	3 136.3	9.805 9
340	282.977	3 156.6	10.479 0	141.486	3 156.6	10.159 0	70.740	3 156.5	9.839 1
350	287.592	3 176.8	10.511 7	143.794	3 176.8	10.191 8	71.894	3 176.8	9.871 8
360	292.208	3 197.1	10.544 0	146.102	3 197.1	10.224 1	73.048	3 197.1	9.904 1
370	296.823	3 217.5	10.575 9	148.409	3 217.5	10.256 0	74.202	3 217.4	9.936 0
380	301.439	3 237.9	10.607 4	150.717	3 237.9	10.287 5	75.356	3 237.8	9.967 5
390	306.054	3 258.4	10.638 5	153.025	3 258.3	10.318 6	76.510	3 258.3	9.998 7
400	310.669	3 278.9	10.669 2	155.333	3 278.9	10.349 3	77.664	3 278.8	10.029 4

续表

t	0.001 MPa　t_s=6.949 ℃			0.002 MPa　t_s=17.540 ℃			0.004 MPa　t_s=28.953 ℃		
	v'	h'	s'	v'	h'	s'	v'	h'	s'
	0.001 000 1	29.21	0.105 6	0.001 001 4	73.58	0.261 1	0.001 004 1	121.30	0.422 1
	v''	h''	s''	v''	h''	s''	v''	h''	s''
	129.185	2 513.3	8.973 5	67.007	2 532.7	8.722 0	34.796	2 553.5	8.472 5
℃	m³/kg	kJ/kg	kJ/(kg·K)	m³/kg	kJ/kg	kJ/(kg·K)	m³/kg	kJ/kg	kJ/(kg·K)
410	315.285	3 299.5	10.699 6	157.641	3 299.5	10.379 7	78.818	3 299.4	10.059 7
420	319.900	3 320.1	10.729 6	159.948	3 320.1	10.409 7	79.972	3 320.1	10.089 8
430	324.516	3 340.8	10.759 3	162.256	3 340.8	10.439 3	81.126	3 340.8	10.119 4
440	329.131	3 361.6	10.788 6	164.564	3 361.6	10.468 7	82.280	3 361.5	10.148 7
450	333.746	3 382.4	10.817 6	166.872	3 382.4	10.497 7	83.434	3 382.4	10.177 7
460	338.362	3 403.3	10.846 3	169.179	3 403.3	10.526 4	84.588	3 403.3	10.206 4
470	342.977	3 424.3	10.874 7	171.487	3 424.2	10.554 8	85.742	3 424.2	10.234 8
480	347.592	3 445.3	10.902 8	173.795	3 445.3	10.582 9	86.896	3 445.2	10.262 9
490	352.208	3 466.4	10.930 6	176.102	3 466.4	10.610 7	88.050	3 466.3	10.290 7
500	356.823	3 487.5	10.958 1	178.410	3 487.5	10.638 2	89.204	3 487.5	10.318 3
510	361.438	3 508.7	10.985 4	180.718	3 508.7	10.665 5	90.358	3 508.7	10.345 6
520	366.054	3 530.0	11.012 5	183.026	3 530.0	10.692 5	91.512	3 530.0	10.372 6
530	370.669	3 551.4	11.039 2	185.333	3 551.4	10.719 3	92.665	3 551.4	10.399 4
540	375.284	3 572.9	11.065 8	187.641	3 572.9	10.745 8	93.819	3 572.8	10.425 9
550	379.900	3 594.4	11.092 1	189.949	3 594.4	10.772 2	94.973	3 594.4	10.452 3
560	384.515	3 616.0	11.118 2	192.256	3 616.0	10.798 3	96.127	3 616.0	10.478 4
570	389.130	3 637.7	11.144 1	194.564	3 637.7	10.824 2	97.281	3 637.7	10.504 3
580	393.746	3 659.6	11.169 8	196.872	3 659.5	10.849 9	98.435	3 659.5	10.530 0
590	398.361	3 681.4	11.195 3	199.179	3 681.4	10.875 4	99.589	3 681.4	10.555 5
600	402.976	3 703.4	11.220 6	201.487	3 703.4	10.900 8	100.743	3 703.4	10.580 8
620	412.207	3 747.7	11.270 8	206.102	3 747.7	10.950 9	103.050	3 747.7	10.631 0
640	421.437	3 792.4	11.320 3	210.718	3 792.4	11.000 4	105.358	3 792.4	10.680 4
660	430.668	3 837.5	11.369 1	215.333	3 837.5	11.049 2	107.666	3 837.5	10.729 3
680	439.898	3 883.0	11.417 3	219.948	3 883.0	11.097 4	109.974	3 882.9	10.777 5
700	449.129	3 928.8	11.464 9	224.564	3 928.8	11.145 1	112.281	3 928.8	10.825 1
720	458.359	3 975.0	11.512 0	229.179	3 975.0	11.192 1	114.589	3 975.0	10.872 2
740	467.590	4 021.6	11.558 4	233.794	4 021.6	11.238 5	116.897	4 021.6	10.918 6
760	476.820	4 068.4	11.604 2	238.410	4 068.4	11.284 3	119.204	4 068.4	10.964 3
780	486.051	4 115.5	11.649 3	243.025	4 115.5	11.329 4	121.512	4 115.5	11.009 5
800	495.281	4 162.8	11.693 8	247.640	4 162.8	11.373 9	123.820	4 162.8	11.054 0
820	504.521	4 210.3	11.737 6	252.265	4 210.3	11.417 7	126.127	4 210.3	11.097 8
840	513.751	4 257.9	11.780 8	256.879	4 257.9	11.460 9	128.435	4 257.9	11.141 0
860	522.981	4 305.7	11.823 4	261.494	4 305.7	11.503 5	130.743	4 305.7	11.183 5
880	532.211	4 353.6	11.865 3	266.109	4 353.6	11.545 4	133.050	4 353.6	11.225 4
900	541.441	4 401.7	11.906 6	270.723	4 401.7	11.586 7	135.358	4 401.7	11.266 8
920	550.671	4 449.9	11.947 3	275.338	4 449.9	11.627 4	137.666	4 449.9	11.307 5
940	559.901	4 498.3	11.987 5	279.953	4 498.3	11.667 6	139.979	4 498.3	11.347 7
960	569.130	4 546.8	12.027 3	284.568	4 546.8	11.707 4	142.286	4 546.8	11.387 5
980	578.361	4 595.6	12.066 5	289.182	4 595.6	11.746 6	144.593	4 595.6	11.426 7
1 000	587.591	4 644.7	12.105 3	293.797	4 644.7	11.785 4	146.901	4 644.7	11.465 5

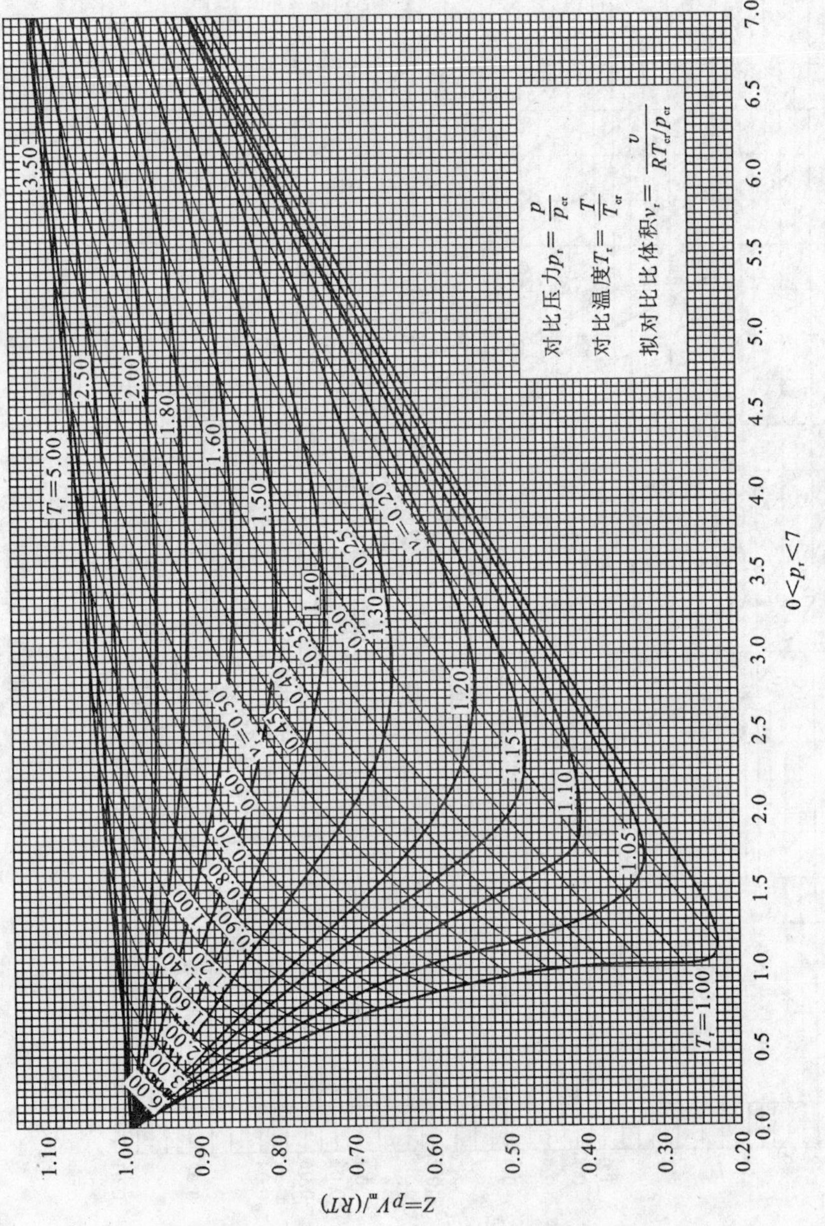
$Z=pV_m/(RT)$
$0<p_r<7$
对比压力 $p_r=\frac{p}{p_{cr}}$
对比温度 $T_r=\frac{T}{T_{cr}}$
拟对比比体积 $v_r=\frac{v}{RT_{cr}/p_{cr}}$
$T_r=5.00$
$T_r=1.00$
$v_r=0.20$
$v_r=0.50$

附图1　通用压缩因子图

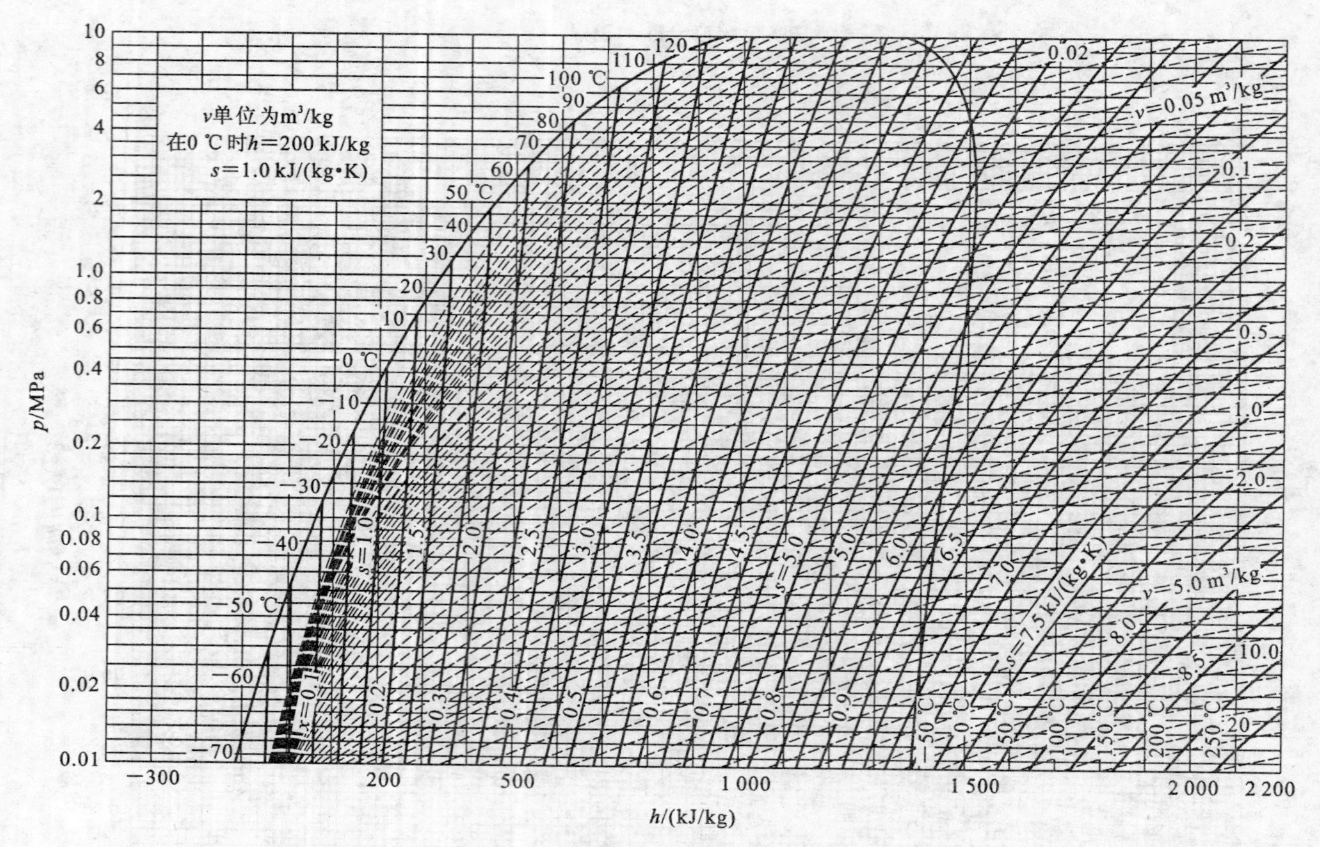

附图2 氨(NH_3)的lg p-h图

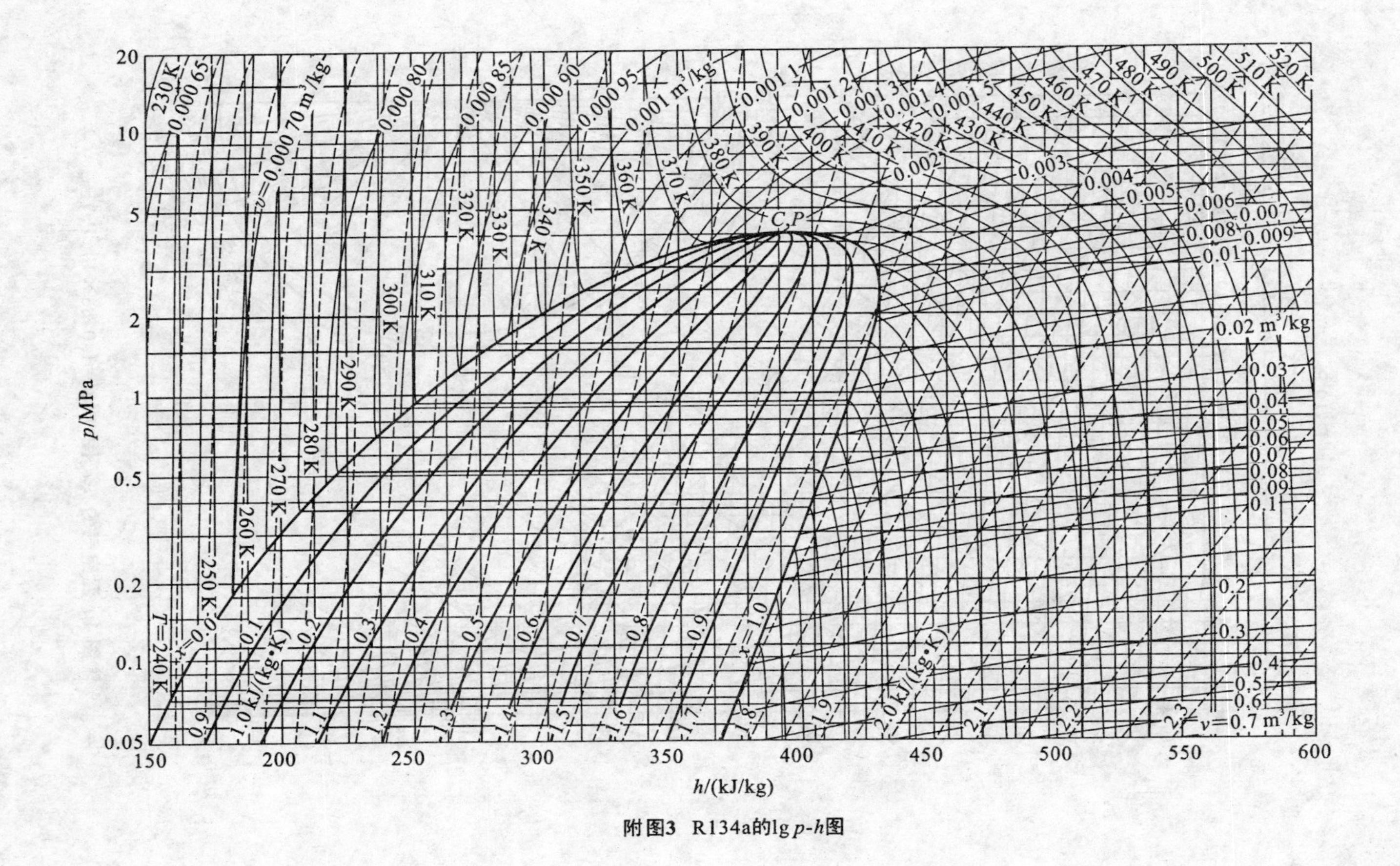

附图3　R134a的lg *p-h*图

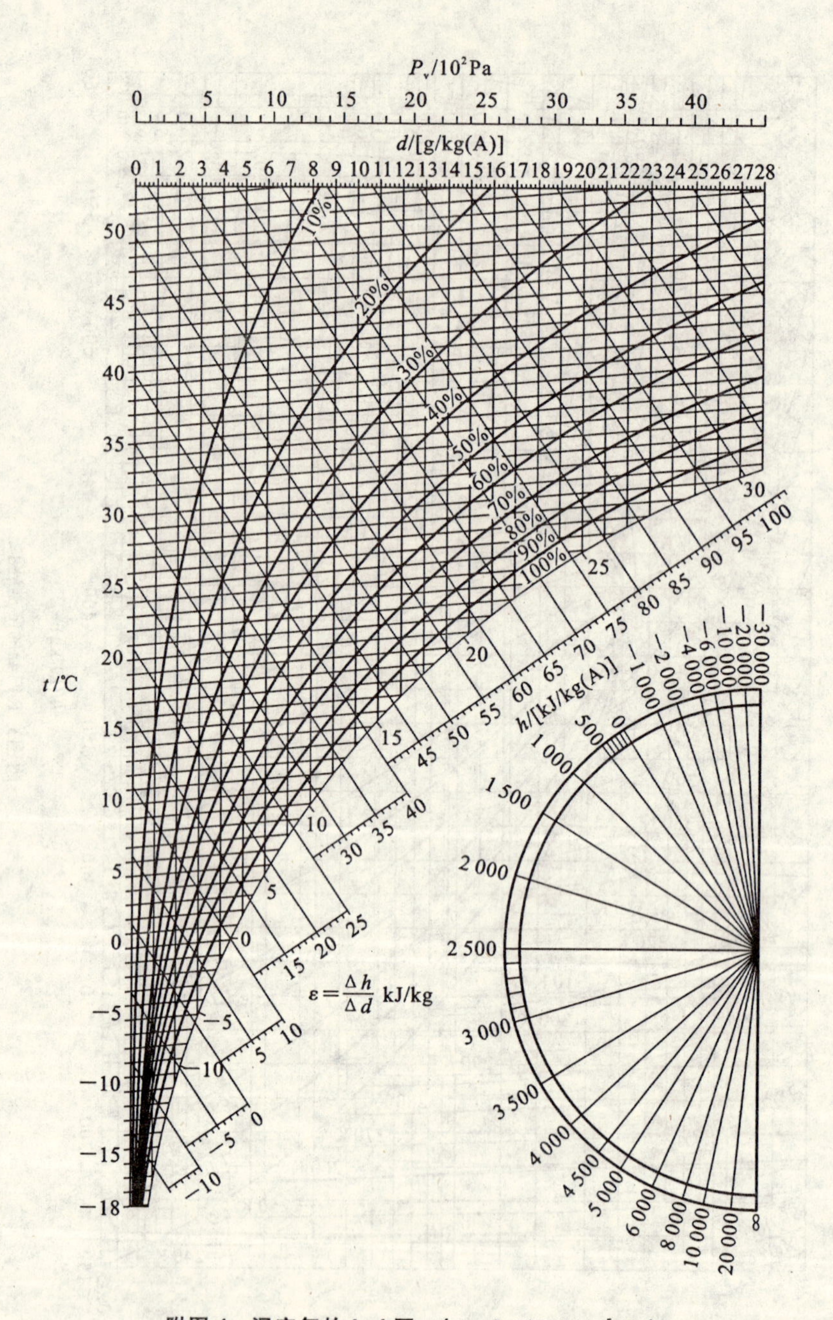

附图 4　湿空气的 h-d 图　($p=1.0133\times10^5$ Pa)

[1] 沈维道,童钧耕.工程热力学[M].4 版.北京:高等教育出版社,2007.
[2] Gengel Y A,Boles M A. Thermodynamics,An Engineering Approach. [M]. Fourth Edition. 北京:清华大学出版社(影印版),2004.
[3] 曾丹苓,敖越,朱克雄,等.工程热力学[M].3 版.北京:高等教育出版社,2002.
[4] 严家騄,工程热力学[M].4 版.北京:高等教育出版社,2006.
[5] 严家騄,王永青.工程热力学[M].北京:中国电力出版社,2007.
[6] 朱明善,林兆庄,刘颖,等.工程热力学[M].北京:清华大学出版社,1989.
[7] 冯青,李世武,张丽.工程热力学[M].西安:西北工业大学出版社,2006.
[8] 童钧耕.工程热力学学习辅导与习题解答[M].北京:高等教育出版社,2004.
[9] 武淑萍.工程热力学[M].重庆:重庆大学出版社,2006.
[10] 严家騄,余晓福.水和水蒸气热力性质计算程序的编制和应用[M].北京:高等教育出版社,1995.
[11] 何雅玲.工程热力学常见题型解析及模拟题[M].西安:西北工业大学出版社,2004.
[12] 赵冠春,钱立伦.㶲分析及其应用[M].北京:高等教育出版社,1984.
[13] 朱明善.能量系统的㶲分析[M].北京:清华大学出版社,1988.
[14] 项新耀.工程㶲分析方法[M].北京:石油工业出版社,1990.
[15] 徐达.工程热力学[M].北京:中国电力出版社,1999.
[16] 陈贵堂.工程热力学[M].北京:北京理工大学出版社,1998.
[17] Bejan A,Tsatsaronis G,Moran M J. Thermal design & optimization[M]. New York:John Wiley & Sons Inc,1996.
[18] Moran M J,Shapiro H N. Fundamentals of engineering thermodynamics[M]. Third Edition. New York:John Wiley & Sons Inc,1995.